"十二五"普通高等教育本科国家级规划教材

电机与拖动基础（第4版）

李发海　王　岩　编著

清华大学出版社
北京

内 容 简 介

本书主要讲述电机与电力拖动的基本理论和基础知识,主要内容包括电力拖动系统动力学,直流电机原理,他励直流电动机的启动、调速与四象限运行,变压器,交流电机电枢绕组电动势与磁通势,三相异步电动机原理、启动和四象限运行,同步电动机,交流电机调速,微控电机和电动机的选择。

本书适合于普通高等学校的非电机专业作为教材使用,也可供有关科技人员参考。与本书配套使用的教材为王岩和曹李民编写的《电机与拖动基础(第4版)学习指导》和陈宜林制作的《电机与拖动基础电子教案》。

图书在版编目(CIP)数据

电机与拖动基础/李发海,王岩编著. —4版. —北京:清华大学出版社,2012.6(2025.1重印)
ISBN 978-7-302-27812-2

Ⅰ. ①电… Ⅱ. ①李… ②王… Ⅲ. ①电机—高等学校—教材 ②电力传动—高等学校—教材
Ⅳ. ①TM3 ②TM921

中国版本图书馆 CIP 数据核字(2012)第 000036 号

责任编辑:张占奎
封面设计:傅瑞学
责任校对:赵丽敏
责任印制:曹婉颖

出版发行:清华大学出版社
　　　　网　　　址:https://www.tup.com.cn, https://www.wqxuetang.com
　　　　地　　　址:北京清华大学学研大厦 A 座　　　　邮　　编:100084
　　　　社 总 机:010-83470000　　　　邮　　购:010-62786544
　　　　投稿与读者服务:010-62776969, c-service@tup.tsinghua.edu.cn
　　　　质量反馈:010-62772015, zhiliang@tup.tsinghua.edu.cn
　　　　课件下载:https://www.tup.com.cn, 010-62770175-4119
印 装 者:小森印刷霸州有限公司
经　　销:全国新华书店
开　　本:185mm×260mm　　印　　张:24.5　　字　　数:560 千字
版　　次:2012 年 6 月第 4 版　　印　　次:2025 年 1 月第 27 次印刷
定　　价:72.00 元

产品编号:044523-08

FOREWORD

前言

本书是为工业自动化等非电机专业编写的教材,全面阐述了这些专业所需的电机与电力拖动的基本理论和基础知识。

本书为第4版,第1版由中央广播电视大学出版社出版,第2、3版由清华大学出版社出版。本书被普通高校、夜大学广泛选用,受到师生普遍欢迎,第3版被选定为普通高等教育"十一五"国家级规划教材。根据教材的使用情况及有关专业发展的需要,对本书再次进行修订。

本书保留了原有12章的绝大部分内容,对第8章三相异步电动机的启动与制动、第10章三相交流电动机调速、第11章电动机的选择进行了重新编排,增加了异步电动机三相反并联晶闸管软启动、变频电源等内容,使本书能更紧密地结合近些年相关专业发展的实际情况。本书受到了普遍欢迎和肯定,其特点并没有也不能改变,仍然适用于不同层次、不同学校的相关专业。

本书曾获得清华大学优秀教材一等奖、中央广播电视大学优秀教材奖,并被列入普通高等教育"十一五"国家级规划教材,作者在此对广大读者的支持表示深深的感谢。

由于作者水平有限,虽再次修订,缺点、错误还会存在,欢迎广大读者批评指正。

李发海　王岩
2011 年 7 月于清华园

本书是为工业自动化等非电机专业编写的教材,全面阐述了这些专业所需的电机与电力拖动的基本理论和基础知识。

本书为第 3 版,第 1 版由中央广播电视大学出版社出版,第 2 版由清华大学出版社出版,均广泛地被普通高校、夜大学和广播电视大学选作为教材,受到师生普遍欢迎。根据教材使用情况及有关专业的需要,对本书再次进行修订。本书保留了绝大部分原有内容,删掉了少部分内容,如直流并励发电机电压建立条件,电焊变压器,电动机额定功率选择的复杂计算等。

本书内容共 12 章。第 1 章绪论,介绍了常用的物理概念和定律;第 2 章介绍了电力拖动系统;第 3、4 章阐述了直流电机原理,他励直流电动机的机械特性、启动、调速、电动与制动运行及其过渡过程;第 5 章为变压器;第 6 章阐述交流电机电枢绕组电动势与磁通势;第 7、8 章阐述了三相异步电动机的电磁关系、机械特性、启动、电动与制动运行;第 9 章同步电动机;第 10 章阐述了三相交流电动机各种调速方法;第 11 章介绍电动机的发热与温升及简单的选择方法;第 12 章为微控电机。

本书主要特点是:

(1) 将电机原理与电力拖动两部分内容有机地结合为一个整体。

(2) 以电力拖动系统中应用最广泛的他励直流电动机和三相异步电动机及其电力拖动为重点。

(3) 侧重于基本原理和基本概念的阐述,并始终强调基本理论的实际应用。阐述电机原理时紧密围绕着电力拖动,并着重分析电动机的机械特性。

(4) 文字阐述方面层次清楚、概念准确、通俗易懂、深入浅出。有许多地方例如直流电机电枢绕组电阻值的计算、电力拖动系统过渡过程中有关虚稳态点的概念、三相绕线式异步电动机定子串电阻启动计算等,比前两版简单、准确。变压器连接组别的确定方法受到授课教师和学生好评。

(5) 内容阐述循序渐进,富于启发性,便于自学。

(6) 针对各章内容中的重点和难点,精心编写了大量的例题、思考题和习题。题目具有典型性、规范性、启发性、趣味性和正确性,能很好地引导学生掌握本课程的主要理论,培养学生解决工程实际问题的能力。

(7) 适用面宽。本书从内容上、写法上都考虑了为不同层次的学生所使用,大学本科与专科、夜大学等,只要对书中内容稍加取舍,都能选作为教材。

(8) 采用了国家最新标准。

本书第 1 版、第 2 版都受到了广大师生欢迎,特别是 1993 年获得清华大学优秀教材一等奖和中央广播电视大学优秀教材奖之后,更被广泛使用。作者在此对广大读者的支持表示深深的感谢。

由于作者水平有限,虽经修订,还会有缺点和错误,望广大读者批评指正。

李发海　王岩

2005 年 5 月于清华园

目 录

CONTENTS

第 1 章

CHAPTER 1

绪　论

1.1　课程性质

　　现代社会中,电能是使用最广泛的一种能源。这是因为电能在生产、传输、分配、转换、控制和管理等方面都非常方便。

　　电能的生产和使用中,电机起着重要的作用。从能量转换角度看,电机中有发电机和电动机之分。把机械能转换为电能的电机为发电机;反过来,把电能转换为机械能的电机为电动机。

　　以汽轮机拖动发电机生产电能的工厂,称为火电厂或核电厂。前者以煤为燃料,后者以核能为动力,它们都是通过锅炉产生的蒸汽推动汽轮机旋转发电。以水轮机拖动发电机生产电能的工厂,称为水电厂。显然,水电厂是利用水库里水的位能进行发电。近年来,利用取之不尽、用之不竭的风能发电,取得了长足的发展。

　　发电机发出的电压一般为 $10\sim20kV$。为了减少远距离输电中的能量损失,并保证输电质量,须采用变压器将电压升高,达到 $110kV$,$220kV$,$330kV$,$500kV$ 甚至更高。高压输电线将电能输送到用电地区,再经降压变压器,将电压降至用电设备所能承受的电压,如 $220V$,$380V$,$6kV$ 和 $10kV$ 等。

　　电能利用中,绝大多数负载都要求将电能转换为机械能加以使用,即由电动机来拖动各种用途的生产机械。电动机拖动生产机械运转完成既定的工艺要求,称为电力拖动。电力拖动有如下的优点:①电动机效率高,运行经济;②电动机具有各种良好的特性,且种类和规格繁多,能很好地满足不同生产机械的需要;③电力拖动易于操作和控制,可以实现自动控制和远距离控制,还能较好地满足控制精度的要求。

　　在国民经济的各行各业中使用的生产机械,诸如各种机床、轧钢机、矿井提升机、球磨机、风机、水泵、压缩机、铁路牵引机车、电动汽车、纺织机械、造纸机、印刷机、化工机械、榨油机、碾米机、电动工具乃至家用电器等,数不胜数。在电力拖动自动控制系统中,要大量应用控制电机。控制电机是具有特定功能要求,且容量很小的电机。

　　本课程以电力拖动系统中应用最广泛的电机及其电力拖动为重点,对电机基本原理及特性,从选材、重点及阐述方法上,有别于一般电机学的传统做法,既强调基本原理,又突出其实用性。

　　本课程是工业电气自动化专业和非电机专业最主要的技术基础理论课,可为学习自动控制系统等专业课打下坚实的理论基础,同时,本课程又兼有专业课的性质。

1.2　本课程常用的物理概念和定律

　　为学习本课程,先复习几个常用的物理概念和定律。

1.2.1　磁感应强度(或磁通密度)B

　　磁场是由电流产生的。描述磁场强弱及方向的物理量是磁感应强度 $\boldsymbol{B}$。为了形象地描绘磁场,人们采用磁感应线或称磁力线。磁力线是无头无尾的闭合曲线。图 1.1 中画出了直线电流、圆电流及螺线管电流产生的磁力线。

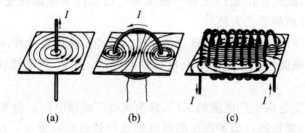

(a)　　　　　(b)　　　　　(c)

图 1.1　电流磁场中的磁力线

　　磁感应强度 $\boldsymbol{B}$ 与产生它的电流之间的关系用毕奥-萨伐尔定律描述,磁力线的方向与电流的方向满足右手螺旋关系,如图 1.2 所示。

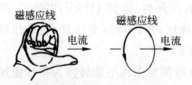

磁感应线　　　电流　　　磁感应线　　　电流

图 1.2　磁力线与电流的右手螺旋关系

1.2.2　磁通量(或磁通)Φ

　　穿过某一截面 S 的磁感应强度 $\boldsymbol{B}$ 的通量,即穿过截面 S 的磁力线根数称为磁通量,简称磁通,用 Φ 表示,即

$$\Phi = \int_S \boldsymbol{B} \cdot \mathrm{d}\boldsymbol{S}$$

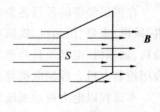

　　在均匀磁场中,如果截面 S 与 $\boldsymbol{B}$ 垂直,如图 1.3 所示,则上式变为

图 1.3　均匀磁场中的磁通

$$\Phi = BS \quad \text{或} \quad B = \frac{\Phi}{S}$$

式中 B 为单位截面积上的磁通,称为磁通密度,简称磁密。在电机和变压器中常采用磁密。在国际单位制中,Φ 的单位名称为韦[伯],单位符号为 Wb;B 的单位名称为特[斯拉],单位符号为 T,$1\text{T} = 1\text{Wb}/\text{m}^2$。

1.2.3 磁场强度 H

计算导磁物质中的磁场时,引入辅助物理量磁场强度 H,它与磁密 B 的关系为

$$B = \mu H$$

式中 μ 为导磁物质的磁导率。

真空中磁导率 $\mu_0 = 4\pi \times 10^{-7}\,\text{H/m}$。铁磁材料的 $\mu \gg \mu_0$,例如铸钢的 μ 约为 μ_0 的 1000 倍,各种硅钢片的 μ 约为 μ_0 的 6000~7000 倍。国际单位制中,磁场强度 H 的单位名称为安[培]/米,单位符号为 A/m。

1.2.4 安培环路定律

在磁场中,沿任意一个闭合磁回路的磁场强度线积分等于该回路所环链的所有电流的代数和,即

$$\oint_l H \cdot \mathrm{d}l = \sum I$$

式中 $\sum I$ 为该磁路所包围的全电流,因此,这个定律也叫全电流定律。

工程应用中遇到的磁路,其几何形状是比较复杂的,直接利用安培环路定律的积分形式进行计算有一定的困难。为此,在计算磁路时,要进行简化。简化的办法是把磁路分成几段,几何形状一样的为一段,找出它的平均磁场强度,再乘上这段磁路的平均长度,得磁位差(也可理解为一段磁路所消耗的磁通势)。最后把各段磁路的磁位差加起来,就等于总磁通势,即

$$\sum_1^n H_k l_k = \sum I = IN$$

式中 H_k 为磁路里第 k 段磁路的磁场强度,单位为 A/m;

l_k 为第 k 段磁路的平均长度,单位为 m;

IN 为作用在整个磁路上的磁通势,即全电流数,单位为安匝;

N 为励磁线圈的匝数。

上式也可以理解为,消耗在任一闭合磁回路上的磁通势,等于该磁路所链着的全部电流。

1.2.5 铁磁材料的磁化特性

铁磁材料(如铁、镍、钴等)的磁导率 μ 比真空磁导率 μ_0 大几千到几万倍。对于铁磁材料,磁导率 μ 除了比 μ_0 大得多外,还与磁场强度以及物质磁状态的历史有关,所以铁磁

材料的 μ 不是一个常数。在工程计算时,不按 $H = B/\mu$ 进行计算,而是事先把各种铁磁材料用试验的方法,测出它们在不同磁场强度 H 下对应的磁密 B,并画成 B-H 曲线(称为磁化曲线)如图 1.4 所示。从图 1.4(a) 中的曲线 1,3 可看出,铁磁材料的 B-H 曲线不是单值的,而是具有磁滞回线的特点,即在同一个磁场强度 H 下,对应着两个磁密 B 值。这就是说,一个 H 究竟是对应着哪一个磁密 B 值,还要看铁磁材料工作状态的历史情况。当铁磁材料的磁滞回线较窄时,可以用两条曲线的平均值,即基本磁化曲线(见图 1.4(a) 中曲线 2)来进行计算。这样,B 与 H 之间便呈现了单值关系。顺便还要指出,磁化特性的另一个特点是具有饱和性。图 1.4(b) 是铁磁材料的原始磁化特性,它与平均磁化特性相差甚小。当磁场强度从零增大时,磁密 B 随磁场强度 H 增加较慢(图中 Oa 段);之后,磁密 B 随 H 的增加而迅速增大(ab 段);过了 b 点,B 的增加减慢了(bc 段);最后为 cd 段,又呈直线。其中 a 点称为跗点,b 点为膝点,c 点为饱和点。过了饱和点 c,铁磁材料的磁导率趋近于 μ_0。

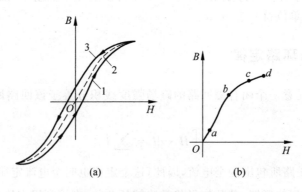

图 1.4 铁磁材料的磁化特性

1—磁滞回线上升分支;2—平均磁化特性;3—磁滞回线下降分支

磁滞回线较窄的铁磁材料属于软磁材料,如硅钢片、铁镍合金、铁淦氧、铸钢等。这些材料磁导率较高,回线包围面积小,磁滞损耗小,多用于做电机、变压器的铁心。硬磁材料,如钨钢、钴钢等,磁滞回线较宽,主要用做永久磁铁。

1.2.6 简单磁路的计算方法

图 1.5 是一个最简单的磁路,它是由铁磁材料和气隙两部分串联而成。铁心上绕了匝数为 N 的线圈,称为励磁线圈,线圈电流为 I。进行磁路计算时,把这个磁路按材料及形状分成两段:一段是截面积为 S 的铁心,长度为 l,磁场强度为 H;另一段是气隙,长度为 δ,磁场强度为 H_δ。根据安培环路定律,有

$$Hl + H_\delta\delta = IN$$

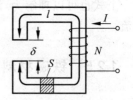

图 1.5 简单磁路

在电机或变压器里作磁路计算时,一般已知的是磁路里各段的磁通 Φ 以及各段磁路的几何尺寸(即磁路长度与横截面),要求出所需的总磁通势 IN。从上式看出,磁路长度 l,δ

以及匝数 N 是已知的,要求出电流 I,必须先找出各段磁路的 H 和 H_δ。具体计算时,根据给定各段磁路里的磁通 Φ,先算出各段磁路中对应的磁通密度 $B\left(B=\dfrac{\Phi}{S},S\ \text{为截面积}\right)$,然后根据算出的磁通密度 B,求磁场强度 $H\left(H=\dfrac{B}{\mu}\right)$。

如果是铁磁材料,可以根据其磁化特性查出磁场强度 H。

1.2.7 载流导体在磁场中的安培力

磁场对场中载流导体施加的力称为安培力。在通以电流 i 的导体上取一小段导体 $\mathrm{d}l$,其电流元 $i\mathrm{d}l$ 受安培力的大小及方向,由安培定律来描述,即

$$\mathrm{d}\boldsymbol{f} = i\mathrm{d}\boldsymbol{l} \times \boldsymbol{B}$$

式中 $\boldsymbol{B}$ 为电流元所在处的磁感应强度;

   $\mathrm{d}\boldsymbol{f}$ 为磁场对电流元的作用力。

在均匀磁场中,若载流直导体与 $\boldsymbol{B}$ 方向垂直,长度为 l,流过的电流为 i,则载流导体所受的力为

$$f = Bli$$

在电机学中,习惯上用左手定则确定 f 的方向,即把左手伸开,大拇指与其他四指成 90°,如图 1.6 所示,如果磁力线指向手心,其他四指指向导体中电流的方向,则大拇指的指向就是导体受力的方向。

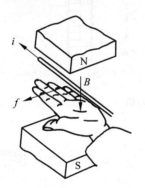

图 1.6 确定载流导体受力
      方向的左手定则

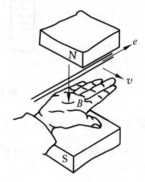

图 1.7 确定感应电动势
      方向的右手定则

1.2.8 电磁感应定律

变化的磁场会产生电场,使导体中产生感应电动势,这就是电磁感应现象。在电机中,电磁感应现象主要表现在两个方面:①导体与磁场有相对运动,导体切割磁力线时,导体内产生感应电动势,称之为切割电动势;②线圈中的磁通变化时,线圈内产生感应电动势,称为变压器电动势。下面对这两种情况下产生的感应电动势作定性与定量的描述。

1. 切割电动势

长度为 l 的直导体在磁场中与磁场相对运动,导体切割磁力线的速度为 v,导体处的磁感应强度为 B 时,若磁场均匀,且直导体 l、磁感应强度 B、导体相对运动方向 v 三者互相垂直,则导体中感应电动势为

$$e = Blv$$

在电机学中,习惯上用右手定则确定电动势 e 的方向,即把右手手掌伸开,大拇指与其他四指成 $90°$ 角,如图 1.7 所示,如果让磁力线指向手心,大拇指指向导体运动方向,则其他四指的指向就是导体中感应电动势的方向。

2. 变压器电动势

如图 1.8 所示,匝数为 N 的线圈环链着磁通 Φ,当 Φ 变化时,线圈 AX 两端感应电动势 e,其大小与线圈匝数及磁通变化率成正比,方向由楞次定律决定。当 Φ 增加时,即 $\dfrac{\mathrm{d}\Phi}{\mathrm{d}t}>0$,A 点为高电位,X 点为低电位;当 Φ 减小时,即 $\dfrac{\mathrm{d}\Phi}{\mathrm{d}t}<0$,根据楞次定律,X 点为高电位,A 点为低电位。为了写成数学表达式,首先要规定电动势 e 的正方向,有以下两种方法。

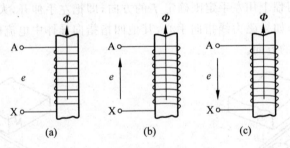

图 1.8 磁通及其感应电动势

(1) 按左手螺旋关系规定 e 与 Φ 的正方向

如图 1.8(b)所示,此时 e 的正方向从 X 指向 A。与实际情况比较,当 $\dfrac{\mathrm{d}\Phi}{\mathrm{d}t}>0$ 时,实际上是 A 点高电位,X 点低电位,而规定的 e 的正方向与之相同,这样 $e>0$;当 $\dfrac{\mathrm{d}\Phi}{\mathrm{d}t}<0$ 时,实际上是 A 点低电位,X 点高电位,而规定的 e 的方向与之正好相反,因此 $e<0$。也就是说,$\dfrac{\mathrm{d}\Phi}{\mathrm{d}t}$ 与 e 的符号是一致的,同时为正或同时为负,这样,e 和 Φ 之间的关系就应写为

$$e = N\frac{\mathrm{d}\Phi}{\mathrm{d}t}$$

(2) 按右手螺旋关系规定 e 与 Φ 的正方向

如图 1.8(c)所示,此时 e 的正方向从 A 指向 X。与实际情况比较,当 $\dfrac{\mathrm{d}\Phi}{\mathrm{d}t}>0$ 时,实际

上 A 点为高电位,X 点为低电位,而规定的 e 的正方向与实际方向相反,此时 $e<0$;同理,当 $\dfrac{\mathrm{d}\varPhi}{\mathrm{d}t}<0$ 时,$e>0$。这就是说,$\dfrac{\mathrm{d}\varPhi}{\mathrm{d}t}$ 与 e 总是符号相反,e 与 $\varPhi$ 的关系式就应写为

$$e=-N\frac{\mathrm{d}\varPhi}{\mathrm{d}t}$$

以上两种不同正方向的规定下,数学式的符号不同。

思 考 题

1.1 通电螺线管电流方向如图 1.9 所示,请画出磁力线方向。

1.2 请画出图 1.10 所示磁场中载流导体的受力方向。

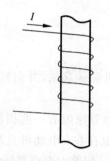

图 1.9 思考题 1.1 图

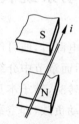

图 1.10 思考题 1.2 图

1.3 请画出图 1.11 所示运动导体产生感应电动势的方向。

1.4 螺线管中磁通与电动势的正方向如图 1.12 所示,当磁通变化时,分别写出它们之间的关系式。

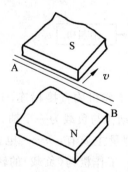

图 1.11 思考题 1.3 图

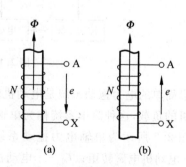

图 1.12 思考题 1.4 图

第 2 章 CHAPTER 2

电力拖动系统动力学

2.1 电力拖动系统转动方程式

当电动机接通电源后,便可产生电磁转矩,使电机旋转起来,并向转轴拖动的机械负载输出机械功率(后面章节中介绍)。

电动机转子旋转时,转子本身由于风阻、轴承摩擦等原因有一些损耗,称之为空载损耗。电动机若不拖动负载,即空载运行时,空载损耗也存在;电动机负载运行时,空载损耗仍然存在,因此,电动机输出的转矩就比电磁转矩小,相差一个空载转矩。

电力拖动系统一般是由电动机、生产机械的传动机构、工作机构、控制设备和电源组成,如图 2.1 所示。

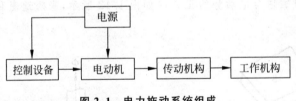

图 2.1　电力拖动系统组成

最简单的电力拖动系统是电动机转轴与生产机械的工作机构直接相连,工作机构是电动机的负载,这种简单系统称为单轴电力拖动系统,电动机与负载为一个轴、同一转速。

图 2.2 所示为单轴电力拖动系统,图中标示的物理量主要有:n——电动机转速;T——电动机电磁转矩;T_0——电动机空载转矩;T_F——工作机构(负载)的转矩。图中还标注各量的正方向。为了分析问题的方便,通常称 $T_F + T_0 = T_L$ 为负载转矩,分析电力拖动系统运行时,所指负载转矩即为 T_L。电动机负载运行时,一般情况下 $T_F \gg T_0$,可以忽略 T_0,认为 $T_L = T_F$。

转速的单位名称为转/分,单位符号为 r/min,转矩的单位名称为牛·米,单位符号为 N·m。

如图 2.2 所示,单轴电力拖动系统中电磁转矩、负载转矩与转速之间的关系用转动方程式来描述,为

$$T - T_L = J \frac{d\Omega}{dt}$$

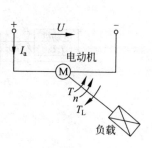

图 2.2 单轴电力拖动系统

在实际工程计算中,经常用转速 n 代替角速度 Ω 来表示系统转动速度,用飞轮惯量或称飞轮矩的 GD^2 代替转动惯量 J 来表示系统的机械惯性。Ω 与 n,J 与 GD^2 的关系为

$$\Omega = \frac{2\pi n}{60}$$

$$J = m\rho^2 = \frac{G}{g} \frac{D^2}{4} = \frac{GD^2}{4g}$$

式中　m 为系统转动部分的质量,单位为 kg;

　　　G 为系统转动部分的重力,单位为 N;

　　　ρ 为系统转动部分的转动惯性半径,单位为 m;

　　　D 为系统转动部分的转动惯性直径,单位为 m;

　　　g 为重力加速度,一般计算中取 $g = 9.80 \text{m/s}^2$。

把上边两式代入转动方程,化简后得

$$T - T_L = \frac{GD^2}{375} \frac{dn}{dt} \tag{2-1}$$

式中　GD^2 为转动部分的飞轮矩,它是一个物理量,单位为 $\text{N} \cdot \text{m}^2$;

　　　系数 375 是个有单位的系数,单位为 m/(min·s);

　　　转矩的单位仍为 N·m,转速的单位仍为 r/min。

$(T - T_L)$ 称为动转矩。动转矩等于零时,系统处于恒转速运行的稳态;动转矩大于零时,系统处于加速运动的过渡过程中;动转矩小于零时,系统处于减速运动的过渡过程中。

实际的电力拖动系统,大多数是电动机通过传动机构与工作机构相连。图 2.3(a)所示的电力拖动系统,传动机构为二级齿轮减速机构,其速比为 j_1,j_2,传动效率为 η_1,η_2。这个系统中,有三根转速不相同的转轴,其转速分别为 n,n_b 和 n_f。三根轴上的转矩、飞轮矩也都不一样。在分析该三轴系统时,应分别对每一根转轴列写出它的转动方程式,三个转动方程式联立求解,便可得出系统的运行状态。显然,对于多轴电力拖动系统,上述方法是相当麻烦的。为了简化多轴系统的分析计算,通常把负载转矩与系统飞轮矩折算到电动机轴上来,变多轴系统为单轴系统,列写一个转动方程进行计算,其结果与联立求解多个方程式的结果完全一样。例如,把图 2.3(a)所示的多轴系统,简化为(或变为)图 2.3(b)所示的单轴系统,把负载转矩 T_f 折算到电动机轴上变成为 T_F,这时 T_F 可看成为一个等效负载的负载转矩;把系统各轴上的飞轮矩折算到电动机轴上变成为一个总飞轮矩 GD^2。折算的原则是保持系统的功率传递关系及系统的贮存动能不变。这样一来,分析计算该系统时,首先就要从已知的实际负载转矩 T_f,求出等效的负载转矩 T_F,称为负载转矩的折算。从已知的各转轴上的飞轮矩 GD_a^2、GD_b^2、GD_f^2,求出系统的总飞轮矩 GD^2,称为系统飞轮矩的折算。

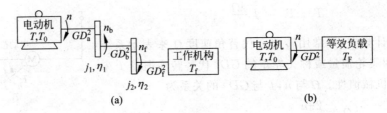

图 2.3 电力拖动系统的简化

2.2 多轴电力拖动系统简化

2.2.1 工作机构为转动情况时,转矩与飞轮矩的折算

1. 转矩折算

多轴电力拖动系统中,如果不考虑传动机构的损耗时,工作机构折算前的机械功率为 $T_f\Omega_f$,折算后的机械功率为 $T_F\Omega$,折算的原则是折算前后功率不变,因此有

$$T_f\Omega_f = T_F\Omega$$

$$T_F = \frac{T_f\Omega_f}{\Omega} = \frac{T_f n_f}{n} = \frac{T_f}{j} \qquad (2\text{-}2)$$

式中　Ω_f 为工作机构转轴的角速度;

　　　Ω 为电动机转轴的角速度;

　　　T_f 为工作机构的实际负载转矩;

　　　T_F 为工作机构负载转矩折算到电动机轴上的折算值;

　　　$j = \dfrac{n}{n_f}$ 为传动机构总的速比,写成一般形式为 $j = j_1 j_2 j_3 \cdots$,即各级速比的乘积如

图 2.3(a)所示系统中 $j = j_1 j_2$。

式(2-2)说明,转矩按照速比的反比来折算。

若考虑传动机构的传动效率,根据功率不变的原则,负载转矩的折算值还要加大,为

$$T_F = \frac{T_f}{j\eta} \qquad (2\text{-}3)$$

式中　η 为传动机构总效率,等于各级传动效率乘积,即 $\eta = \eta_1 \eta_2 \eta_3 \cdots$。图 2.3(a)所示系统中,$\eta = \eta_1 \eta_2$。

式(2-2)与式(2-3)为工作机构转矩的折算关系式。显然,上两式转矩折合值之差为

$$\frac{T_f}{j\eta} - \frac{T_f}{j} = \Delta T$$

式中　ΔT 为传动机构转矩损耗。图 2.3 所示电力拖动系统中,负载由电动机拖着转,电磁转矩为拖动性转矩,ΔT 由电动机负担。

2. 飞轮矩折算

飞轮矩的大小是运动物体机械惯性大小的体现。旋转物体的动能大小为

$$\frac{1}{2} J\Omega^2 = \frac{1}{2} \cdot \frac{GD^2}{4g} \cdot \left(\frac{2\pi n}{60}\right)^2$$

以图 2.3(a)所示系统为例,其工作机构转轴的飞轮矩为 GD_f^2,动能为

$$\frac{1}{2} \cdot \frac{GD_f^2}{4g} \cdot \left(\frac{2\pi n_f}{60}\right)^2$$

折合到电动机转轴上以后的飞轮矩为 GD_F^2(亦称 GD_F^2 为 GD_f^2 的折算值),折算后其动能为

$$\frac{1}{2} \cdot \frac{GD_F^2}{4g} \cdot \left(\frac{2\pi n}{60}\right)^2$$

折算的原则是折算前后该转轴的动能不变,即

$$\frac{1}{2} \cdot \frac{GD_f^2}{4g} \cdot \left(\frac{2\pi n_f}{60}\right)^2 = \frac{1}{2} \cdot \frac{GD_F^2}{4g} \cdot \left(\frac{2\pi n}{60}\right)^2$$

化简后得到

$$GD_F^2 = \frac{GD_f^2}{j^2} \tag{2-4}$$

式(2-4)为负载轴上飞轮矩的折算公式。该式说明,飞轮矩的折算是按照速比平方的反比进行的。

传动机构中还有转速为 n_b 的轴,其轴上各部分的总飞轮矩实际值为 GD_b^2,动能是

$$\frac{1}{2} \cdot \frac{GD_b^2}{4g} \cdot \left(\frac{2\pi n_b}{60}\right)^2$$

折合到电动机轴上以后的飞轮矩为 GD_B^2,其动能为

$$\frac{1}{2} \cdot \frac{GD_B^2}{4g} \cdot \left(\frac{2\pi n}{60}\right)^2$$

根据折算前后该轴动能不变的原则,有

$$\frac{1}{2} \cdot \frac{GD_b^2}{4g} \cdot \left(\frac{2\pi n_b}{60}\right)^2 = \frac{1}{2} \cdot \frac{GD_B^2}{4g} \cdot \left(\frac{2\pi n}{60}\right)^2$$

$$GD_B^2 = \frac{GD_b^2}{j_1^2} \tag{2-5}$$

式(2-4)和式(2-5)是一致的。飞轮矩折算时,其折算值为实际值除以速比的平方。注意,不同转速的轴,速比也不一样。

从上面分析的结果可以得到整个电力拖动系统折算到电动机转轴上的总飞轮矩 GD^2,也就是简化后的系统转轴的飞轮矩,为

$$GD^2 = GD_a^2 + \frac{GD_b^2}{j_1^2} + \frac{GD_f^2}{(j_1 j_2)^2}$$

写成一般形式为

$$GD^2 = GD_a^2 + \frac{GD_b^2}{j_1^2} + \frac{GD_c^2}{(j_1 j_2)^2} + \cdots + \frac{GD_f^2}{j^2}$$

　　一般来说,传动机构各轴以及工作机构转轴的转速要比电动机转轴的转速低,飞轮矩的折算与速比平方成反比,因此,尽管可能有多根轴,但它们的飞轮矩折算到电动机转轴上后数值不大,是系统总飞轮矩中的次要部分。而电动机转子本身的飞轮矩,却是系统总飞轮矩中的主要部分,其值可以从有关电机产品目录中查到。因此,实际工作中,为了减少折算的麻烦,往往可以采用下式估算系统的总飞轮矩:

$$GD^2 = (1+\delta)GD_D^2$$

式中　GD_D^2 是电动机转子的飞轮矩。若电动机轴上只有传动机构中第一级小齿轮时,取 $\delta = 0.2 \sim 0.3$,如果电动机轴上有其他部件如抱闸等,δ 的数值需要加大。

　　例题 2-1　图 2.3(a)所示的电力拖动系统中,已知飞轮矩 $GD_a^2 = 14.5\text{N} \cdot \text{m}^2$,$GD_b^2 = 18.8\text{N} \cdot \text{m}^2$,$GD_f^2 = 120\text{N} \cdot \text{m}^2$,传动效率 $\eta_1 = 0.91$,$\eta_2 = 0.93$,转矩 $T_f = 85\text{N} \cdot \text{m}$,转速 $n = 2450\text{r/min}$,$n_b = 810\text{r/min}$,$n_f = 150\text{r/min}$,忽略电动机空载转矩,求:

　　(1) 折算到电动机轴上的系统总飞轮矩 GD^2;

　　(2) 折算到电动机轴上的负载转矩 T_F。

　　解　(1) 系统总飞轮矩

$$GD^2 = \frac{GD_f^2}{\left(\dfrac{n}{n_f}\right)^2} + \frac{GD_b^2}{\left(\dfrac{n}{n_b}\right)^2} + GD_a^2$$

$$= \frac{120}{\left(\dfrac{2450}{150}\right)^2} + \frac{18.8}{\left(\dfrac{2450}{810}\right)^2} + 14.5$$

$$= 0.45 + 2.05 + 14.5 = 17\text{N} \cdot \text{m}^2$$

　　(2) 负载转矩

$$T_F = \frac{T_f}{\dfrac{n}{n_f}\eta_1\eta_2} = \frac{85}{\dfrac{2450}{150} \times 0.91 \times 0.93} = 6.15\text{N} \cdot \text{m}$$

2.2.2　工作机构为平移运动时,转矩与飞轮矩的折算

1. 转矩折算

　　图 2.4 为刨床切削示意图,通过齿轮与齿条啮合,把旋转运动变成直线运动。切削时,工件与工作台的速度为 v,刨刀作用在工件上的力为 F,传动机构效率为 η。

　　计算负载转矩折算值时,可以先计算作用在传动机构转速为 n_f 轴上的转矩 FR,R 为与齿条啮合的齿轮半径,然后折算为 $T_F = \dfrac{FR}{j\eta}$。但是,通常已知数据往往是 F 和 v,而不给出 R,因此,可以从切削功率计算 T_F。

　　切削时的切削功率为

$$P = Fv$$

式中　P 的单位为 W;F 的单位为 N;v 的单位为 m/s。切削力 F 反映到电动机轴上表现为转矩 T_F,切削功率 P 反映到电动机轴上为

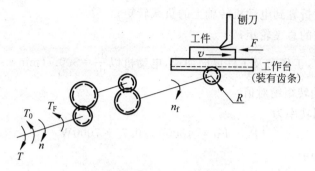

图 2.4　刨床电力拖动示意图

$$T_F \Omega = T_F \frac{2\pi n}{60}$$

若不考虑传动系统的传动损耗,根据功率不变的原则,有

$$Fv = T_F \frac{2\pi n}{60}$$

$$T_F = \frac{Fv}{\dfrac{2\pi n}{60}} = 9.55 \frac{Fv}{n} \tag{2-6}$$

若考虑传动系统的传动损耗,则

$$T_F = 9.55 \frac{Fv}{n\eta} \tag{2-7}$$

式(2-6)和式(2-7)为工作机构平移时转矩的折算公式,T_F 称为折算值。当然,两式之差 ΔT 为传动机构的转矩损耗,刨床的 ΔT 由电动机负担。

2. 飞轮矩折算

作平移运动部分的物体总重为 $G_f = m_f g$,其动能为

$$\frac{1}{2} m_f v^2 = \frac{1}{2} \cdot \frac{G_f}{g} v^2$$

折算到电动机转轴上的动能为

$$\frac{1}{2} \cdot \frac{GD_F^2}{4g} \cdot \left(\frac{2\pi n}{60} \right)^2$$

折算前后的动能不变,因此

$$\frac{1}{2} \cdot \frac{G_f}{g} v^2 = \frac{1}{2} \cdot \frac{GD_F^2}{4g} \left(\frac{2\pi n}{60} \right)^2$$

$$GD_F^2 = 4 \frac{G_f v^2}{\left(\dfrac{2\pi n}{60} \right)^2} = 365 \frac{G_f v^2}{n^2}$$

传动机构中其他轴的 GD^2 的折算,与前述相同。

例题 2-2　如图 2.4 所示刨床电力拖动系统,已知切削力 $F = 10000$N,工作台与工件运动速度 $v = 0.7$m/s,传动机构总效率 $\eta = 0.81$,电动机转速 $n = 1450$r/min,电动机的飞轮矩 $GD_D^2 = 100$N·m²。

（1）求切削时折算到电动机转轴上的负载转矩；

（2）估算系统的总飞轮矩；

（3）不切削时，工作台及工件反向加速，电动机以 $\dfrac{\mathrm{d}n}{\mathrm{d}t}=500\mathrm{r/(min \cdot s)}$ 恒加速度运行，计算此时系统的动转矩绝对值。

解 （1）切削功率为

$$P = Fv = 10000 \times 0.7 = 7000\mathrm{W}$$

折算后的负载转矩

$$T_\mathrm{F} = 9.55 \frac{Fv}{n\eta} = 9.55 \times \frac{7000}{1450 \times 0.81} = 56.92\mathrm{N \cdot m}$$

（2）估算系统总的飞轮矩

$$GD^2 \approx 1.2 GD_\mathrm{D}^2 = 1.2 \times 100 = 120\mathrm{N \cdot m^2}$$

（3）不切削时，工作台与工件反向加速时，系统动转矩绝对值

$$T' = \frac{GD^2}{375} \cdot \frac{\mathrm{d}n}{\mathrm{d}t} = \frac{120}{375} \times 500 = 160\mathrm{N \cdot m}$$

2.2.3　工作机构作提升和下放重物运动时，转矩与飞轮矩的折算

1. 负载转矩折算

图 2.5 所示为一起重机示意图，电动机通过传动机构（减速箱）拖动一个卷筒，缠在卷筒上的钢丝绳悬挂一重物，重物的重力为 $G = mg$，速比为 j，重物提升时传动机构效率为 η，卷筒半径为 R，转速为 n_f，重物提升或下放的速度都为 v，是个常数。

（1）提升重物时负载转矩折算

重物对卷筒轴的负载转矩为 GR，不计传动机构损耗时，折算到电动机轴上的负载转矩为

$$T_\mathrm{F} = \frac{GR}{j}$$

考虑传动机构有损耗，当提升重物时，这个损耗由电动机负担，因此，折算到电动机轴上的负载转矩应为

$$T_\mathrm{F} = \frac{GR}{j\eta} \tag{2-8}$$

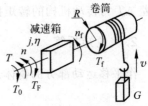

图 2.5　工作机构运动为升降的电力拖动系统

传动机构损耗的转矩为

$$\Delta T = \frac{GR}{j\eta} - \frac{GR}{j}$$

（2）下放重物时负载转矩折算

下放重物时，重物对卷筒轴的负载转矩大小仍为 GR，不计传动机构损耗时，折算到电动机轴上的负载转矩也仍为 $\dfrac{GR}{j}$，负载转矩的方向也不变。

传动机构损耗转矩是摩擦性的,其作用方向永远与转动方向相反。提升重物与下放重物两种情况下,各转轴的转动方向相反,因此这个损耗转矩的实际方向也相反,大小不变。

图 2.6 给出了电动机转轴上的电磁转矩 T、负载转矩 $\frac{GR}{j}$(折算值)及传动机构的损耗转矩 ΔT 三者的方向,忽略了电动机的空载转矩 T_0。显然,提升重物时,电动机负担了 ΔT,关系为

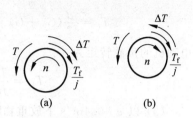

图 2.6 起重机的转矩关系
(a) 提升重物;(b) 下放重物

$$T = \frac{GR}{j} + \Delta T$$

而下放重物时,负载负担了 ΔT,关系为

$$T = \frac{GR}{j} - \Delta T$$

即

$$T_{\mathrm{F}} = \frac{GR}{j} - \Delta T \qquad (2\text{-}9)$$

若用效率这个量来表示下放重物时考虑传动机构的转矩损耗,则折算到电动机轴上的负载转矩应为

$$T_{\mathrm{F}} = \frac{GR}{j} - \Delta T = \frac{GR}{j} - \left(\frac{GR}{j\eta} - \frac{GR}{j} \right)$$

$$= \frac{GR}{j} \left(2 - \frac{1}{\eta} \right) = \frac{GR}{j} \eta'$$

式中　η' 为重物下放时传动机构的效率,其与提升同一重物时传动机构的效率 η 之间的关系是 $\eta' = 2 - \dfrac{1}{\eta}$。

下放重物时电动机的电磁转矩与转速方向相反,其运行状态将在 4.3 节具体阐述。

2. 飞轮矩折算

工作机构作提升和下放重物运动时,飞轮矩与平移运动时相同。

例题 2-3　图 2.5 所示的起重机中,已知减速箱的速比 $j = 34$,提升重物时效率 $\eta = 0.83$,卷筒直径 $d = 0.22\mathrm{m}$,空钩重量 $G_0 = 1470\mathrm{N}$,所吊重物 $G = 8820\mathrm{N}$,电动机的飞轮矩 $GD_{\mathrm{D}}^2 = 10\mathrm{N} \cdot \mathrm{m}^2$,当提升速度为 $v = 0.4\mathrm{m/s}$ 时,求:

(1) 电动机的转速;

(2) 忽略空载转矩时电动机所带的负载转矩;

(3) 以 $v = 0.4\mathrm{m/s}$ 下放该重物时,电动机的负载转矩。

解　(1) 电动机卷筒的转速

$$n_{\mathrm{f}} = \frac{60v}{\pi d} = \frac{60 \times 0.4}{\pi \times 0.22} = 34.72\mathrm{r/min}$$

电动机的转速

$$n = n_f j = 34.72 \times 34 = 1180.5 \text{r/min}$$

（2）提升重物时负载实际转矩为

$$T_f = \frac{d}{2}(G_0 + G) = \frac{0.22}{2} \times (1470 + 8820) = 1131.9 \text{N} \cdot \text{m}$$

电动机的负载转矩为

$$T_F = \frac{T_f}{j\eta} = \frac{1131.9}{34 \times 0.83} = 40.11 \text{N} \cdot \text{m}$$

（3）以 $v = 0.4\text{m/s}$ 下放重物时，传动机构损耗转矩

$$\Delta T = \frac{T_f}{j\eta} - \frac{T_f}{j} = 40.11 - \frac{1131.9}{34} = 6.82 \text{N} \cdot \text{m}$$

电动机的负载转矩为

$$T = \frac{T_f}{j} - \Delta T = \frac{1131.9}{34} - 6.82 = 26.47 \text{N} \cdot \text{m}$$

顺便说明，负载转矩折算时，由于升降与平移没有本质区别，不用式（2-8）而用式（2-7）也可以。若用式（2-7），例题 2-3 中提升计及传动机构损耗时，则负载转矩折算值为

$$T_F = 9.55 \frac{Gv}{n\eta} = 9.55 \times \frac{(1470 + 8820) \times 0.4}{1180.5 \times 0.83} = 40.12 \text{N} \cdot \text{m}$$

与用式（2-8）计算的结果一样。

例题 2-4　某起重机的电力拖动系统如图 2.7 所示。电动机 $P_N = 20\text{kW}$，$n_N = 950\text{r/min}$，传动机构的速比 $j_1 = 3, j_2 = 3.5, j_3 = 4$，各级齿轮传递效率都是 $\eta = 0.95$，各转轴上的飞轮矩 $GD_a^2 = 123\text{N} \cdot \text{m}^2, GD_b^2 = 49\text{N} \cdot \text{m}^2, GD_c^2 = 40\text{N} \cdot \text{m}^2, GD_d^2 = 465\text{N} \cdot \text{m}^2$，卷筒直径 $d = 0.6\text{m}$，吊钩重 $G_0 = 1962\text{N}$，被吊重物 $G = 49050\text{N}$，忽略电动机空载转矩，忽略钢丝绳重量，忽略滑轮传递的损耗，求：

（1）以速度 $v = 0.3\text{m/s}$ 提升重物时，负载（重物及吊钩）转矩、卷筒转速、电动机输出转矩及电动机转速；

（2）负载及系统的飞轮矩（折算到电动机轴上）；

（3）以加速度 $a = 0.1\text{m/s}^2$ 提升重物时，电动机输出的转矩。

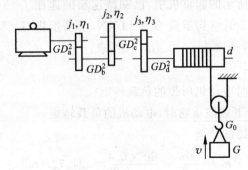

图　2.7

解 (1) 以 $v=0.3\text{m/s}$ 提升重物时,负载(吊钩及重物)转矩

$$T_f = \frac{1}{2}(G_0 + G) \cdot \frac{d}{2}$$

$$= \frac{1}{2} \times (1962 + 49050) \times \frac{0.6}{2}$$

$$= 7651.8\text{N} \cdot \text{m}$$

卷筒转速

$$n_f = \frac{60(2v)}{\pi d} = \frac{60 \times 2 \times 0.3}{\pi \times 0.6} = 19.1\text{r/min}$$

电动机输出转矩

$$T_2 = T_F = \frac{T_f}{j\eta} = \frac{7651.8}{3 \times 3.5 \times 4 \times 0.95^3} = 212.5\text{N} \cdot \text{m}$$

电动机转速

$$n = n_f j = 19.1 \times 3 \times 3.5 \times 4 = 802.2\text{r/min}$$

(2) 吊钩及重物飞轮矩

$$GD_F^2 = 365\frac{(G_0 + G)v^2}{n^2}$$

$$= 365 \times \frac{(1962 + 49050) \times 0.3^2}{802.2^2}$$

$$= 2.6\text{N} \cdot \text{m}^2$$

系统总的飞轮矩

$$GD^2 = GD_a^2 + \frac{GD_b^2}{j_1^2} + \frac{GD_c^2}{(j_1 j_2)^2} + \frac{GD_d^2}{(j_1 j_2 j_3)^2} + GD_F^2$$

$$= 123 + \frac{49}{3^2} + \frac{40}{(3 \times 3.5)^2} + \frac{465}{(3 \times 3.5 \times 4)^2} + 2.6$$

$$= 131.7\text{N} \cdot \text{m}^2$$

(3) 电动机转速与重物提升速度的关系为

$$n = n_f j_1 j_2 j_3 = 60 \times \frac{2v}{\pi d} j_1 j_2 j_3$$

电动机加速度与重物提升加速度的关系为

$$\frac{\text{d}n}{\text{d}t} = \frac{\text{d}}{\text{d}t}\left(\frac{120v}{\pi d} j_1 j_2 j_3\right)$$

$$= \frac{120}{\pi d} j_1 j_2 j_3 \frac{\text{d}v}{\text{d}t}$$

$$= \frac{120}{\pi d} j_1 j_2 j_3 a$$

以加速度 $a = 0.1\text{m/s}^2$ 提升重物时电动机加速度大小为

$$\frac{\text{d}n}{\text{d}t} = \frac{120}{\pi \times 0.6} \times 3 \times 3.5 \times 4 \times 0.1 = 267.4\text{r/(min} \cdot \text{s)}$$

电动机输出转矩为

$$T = T_F + \frac{GD^2}{375}\frac{\text{d}n}{\text{d}t} = 212.5 + \frac{131.7}{375} \times 267.4 = 306.4\text{N} \cdot \text{m}$$

2.3　负载的转矩特性与电力拖动系统稳定运行的条件

2.3.1　负载的转矩特性

生产机械工作机构的负载转矩与转速之间的关系,称为负载的转矩特性。

1. 恒转矩负载的转矩特性

(1) 反抗性恒转矩负载

它的特点是工作机构转矩的绝对值大小恒定不变,其作用方向与运动方向相反,是制动性转矩,即: $n_f > 0$ 时, $T_f > 0$ (常数); $n_f < 0$ 时, $T_f < 0$ (也是常数),且 T_f 的绝对值相等。其转矩特性如图 2.8(a)所示,位于第 Ⅰ、Ⅲ 象限内。皮带运输机、轧钢机、机床的刀架平移和行走机构等由摩擦力产生转矩的机械,都是反抗性恒转矩负载。

考虑传动机构损耗转矩 ΔT,折算到电动机转轴上的负载转矩特性如图 2.8(b)所示。

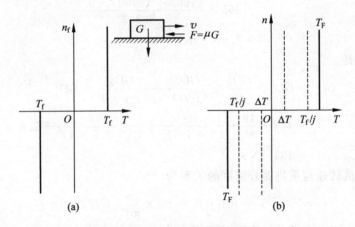

图 2.8　反抗性恒转矩负载的转矩特性
(a) 实际特性;(b) 折算后特性

(2) 位能性恒转矩负载

它的特点是工作机构的转矩绝对值大小恒定,而且方向不变。当 $n_f > 0$ 时, $T_f > 0$,是阻碍运动的制动性转矩;当 $n_f < 0$ 时, $T_f > 0$,是帮助运动的拖动性转矩。其转矩特性如图 2.9(a)所示,位于第 Ⅰ、Ⅳ 象限内。起重机提升下放重物就属于这个类型。考虑传动机构转矩损耗,折算到电动机轴上的负载转矩特性如图 2.9(b)所示。

分析电力拖动系统时,一般都简化为单轴系统,只要知道电动机转轴上的转矩与转速关系就行了。因此,此后本教材所说的负载转矩特性,都是指电动机转轴上的 T_F-n 关系曲线。

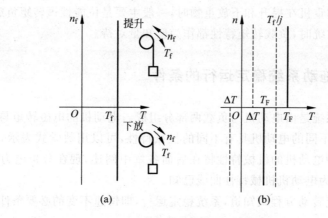

图 2.9 位能性恒转矩负载的转矩特性

(a) 实际特性；(b) 折算后特性

2. 风机、泵类负载的转矩特性

风机、泵类负载转矩的大小与转速的平方成正比，即 $T_F \propto n^2$，转矩特性如图 2.10 所示。

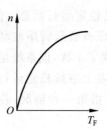

图 2.10 风机、泵类负载的转矩特性

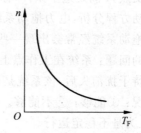

图 2.11 恒功率负载的转矩特性

3. 恒功率负载的转矩特性

车床进行切削加工，具体到每次切削的切削转矩都属恒转矩负载。考虑精加工时需要较小吃刀量和较高速度，粗加工时需要较大吃刀量和较低速度。这种加工工艺要求，体现为负载的转速与转矩之积为常数，即机械功率 $P = T_f \Omega_f = T_f \cdot \dfrac{2\pi n_f}{60} = $ 常数，称为恒功率负载。恒功率负载的转矩特性如图 2.11 所示。轧钢机轧制钢板时，工件小需要高速度低转矩，工件大需要低速度高转矩，这种工艺要求的负载也是恒功率负载。

显然，从生产加工工艺要求的总体看是恒功率负载，具体到每次加工，却还是恒转矩负载。

以上所述恒转矩负载，风机、泵类负载及恒功率负载都是从各种实际负载中概括出来的典型负载形式，实际的负载可能是以某种典型为主或某几种典型的结合。例如通风机，主要是泵类负载特性，但是轴承摩擦又是反抗性的恒转矩负载特性，只是运行时后者数值较小而已。再例如起重机在提升和下放重物时,一般主要是位能性恒转矩负载。

分析电力拖动系统时,负载转矩特性都作为已知量对待。

2.3.2　电力拖动系统稳定运行的条件

简化电力拖动系统是由电动机与负载两部分组成。电动机的电磁转矩与转速之间的关系称为机械特性,不同的电动机具有不同的机械特性,可以用数学式表示,也可以画成机械特性曲线。各种电动机的机械特性将在后面各章中阐述,现在分析电力拖动系统稳定运行问题时,先认为电动机机械特性曲线已知。

从电力拖动系统转动方程式知道,系统稳定运行,即恒速不变的必要条件是动转矩为零,即

$$n \text{ 不变}, \quad T = T_{\mathrm{L}}$$

分析系统运行情况时,往往把电动机机械特性与负载转矩特性画在同一个坐标平面上,如图 2.12 所示,其中曲线 1 是一台他励直流电动机的机械特性,曲线 2 是恒转矩负载转矩特性。负载转矩的大小包括了电动机的空载转矩,即 $T_{\mathrm{L}} = T_{\mathrm{F}} + T_0$,如前边已提到过,多数情况下可忽略 T_0,即认为 $T_{\mathrm{L}} \approx T_{\mathrm{F}}$。系统稳定运行时,$T = T_{\mathrm{L}}$,图 2.12 中两条特性曲线的交点 A 满足这个条件,称为工作点。

从转动方程分析,电力拖动系统运行在工作点上,就是稳定运行状态。但是,实际运行的电力拖动系统经常会出现一些小的干扰,比如电源电压或负载转矩波动等。这样就存在下面的问题:系统在工作点上稳定运行时,若突然出现了干扰,该系统是否仍能够稳定运行? 待干扰消失后,该系统是否仍能够回到原来工作点上继续稳定运行? 答案可能有两种情况:①能够;②不能够。通常所说的稳定运行是指第一种情况,若出现第二种情况,则认为是不稳定运行。

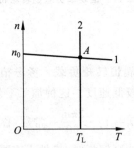

图 2.12　系统稳定运行工作点

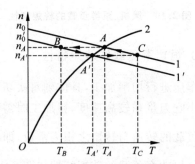

图 2.13　电力拖动系统稳定运行分析

下面具体分析这个问题。

图 2.13 所示为一台他励直流电动机拖动泵类负载运行的情况,曲线 1 是他励直流电动机电压为额定值时的机械特性,曲线 1′ 是它电压降低后的机械特性,曲线 2 是负载转矩特性。当系统运行在工作点 A 上,转速为 n_A,转矩为 T_A,突然出现了干扰,譬如说电源电压向下波动,系统运行情况怎样变化呢? 这里有两个过渡过程要发生:①电源电压突然

降低,电动机中各电磁量的平衡关系被破坏,转子电流大小要改变,电磁转矩也要改变,电动机的机械特性从曲线 1 要变成为曲线 1′。因为转子回路有电感存在,这个变化是有个过程的,称为电磁过渡过程。②由于电动机机械特性改变,电动机电磁转矩变化,系统在 A 点稳态运行的转矩平衡关系被破坏了,系统的转速要变化为 $n_{A'}$。因系统有机械惯性即飞轮矩存在,转速变化也有个过程,称为机械过渡过程。相比较而言,电磁过渡过程进行得很快,分析系统过渡过程时可以忽略它,即认为电源电压改变的瞬间,由此引起转子电流与电磁转矩的变化也瞬时就完成了。因此过渡过程的分析,只需考虑机械过渡过程,即转速 n 不能突变。

电源电压突然波动的瞬间,电动机机械特性曲线 1′ 代替了机械特性曲线 1,而转速在该瞬间不变,仍为 n_A,于是电动机运行点从 A 变到 B。这时,电动机电磁转矩减小为 T_B,而负载转矩未变,仍为 T_A。根据转动方程式,系统的动转矩 $T_B - T_A < 0$,系统开始减速的机械过渡过程。

在减速过程中,对于电动机来说,转速逐渐降低,电磁转矩逐渐增大,电动机运行点在机械特性曲线 1′ 上沿特性曲线下降;对于负载来说,由于是泵类负载,其转矩随着转速下降而减小。

在减速过程中,电磁转矩 T 上升,负载转矩 T_L 下降,动转矩的绝对值 $|T-T_L|$ 下降,$\left|\dfrac{\mathrm{d}n}{\mathrm{d}t}\right|$ 下降,直到曲线 1′ 与曲线 2 交于点 A′ 为止,此时,在两特性交点 A′ 处,重新满足稳定运行的条件,即 $T=T_{A'}$,$\dfrac{\mathrm{d}n}{\mathrm{d}t}=0$,系统减速过程结束,达到了新的稳定运行状态。由于电压波动仅仅是个干扰,电压变化不大,A′ 离 A 很近,所以稳定运行转速 $n_{A'}$ 与 n_A 相差不多。上述过程中,电动机的运行点经历了 A→B→A′ 的过程,如图 2.13 所示。

干扰消失,电压回到原来额定值后情况又怎样呢?干扰消失的瞬间,电动机机械特性变成了曲线 1,而系统的转速 $n_{A'}$ 不能突变,即电动机的运行点回到了曲线 1 对应 $n=n_{A'}$ 的点 C 上,此时电磁转矩加大为 T_C,负载转矩仍为 $T_{A'}$ 不变。

根据转动方程式,在 A′ 点的稳定运行又破坏了,动转矩 $T_C - T_{A'} > 0$,系统开始升速。

升速过程中,电动机 n 增加,T 减小;负载 n 增加,T_L 减小。

升速过程中动转矩逐渐减小,转速变化逐渐变慢,直到回到曲线 1 与曲线 2 的交点 A 上,建立了新的平衡关系,$T=T_A$,系统稳定运行于转速 $n=n_A$ 上。这就是干扰消失后,电动机运行点从 A′→C→A 的过程。

从上述对于图 2.13 在工作点 A 运行情况的分析看出:系统稳定运行于转速 n_A 上时,当电源电压向下波动后,系统能够稳定运行于 A′,其转速 $n_{A'}$ 接近于 n_A;电压波动消失后,系统又回到原工作点 A 上稳定运行,转速仍为 n_A。因此 A 点的运行情况属于稳定运行。

是否在所有的电动机机械特性与负载转矩特性交点上运行的情况,都与图 2.13 中 A 点的运行情况一样呢?不是的,请看下面的例子。

图 2.14 所示曲线 1 和曲线 1′ 为他励直流电动机特定情况下的机械特性,当电磁转矩较大时,转速不但没有下降反而随 T 增加而增大,机械特性上翘。曲线 1 对应着额定电

压,曲线 1′是电压略有下降时的特性。曲线 2 为恒转矩负载转矩特性。当他励直流电动机拖动恒转矩负载运行时,若运行在电动机机械特性 1 与负载转矩特性 2 的交点 A 上,转速则为 n_A。但是,若出现干扰,如电源电压向下波动,电压降低的瞬间,电动机的机械特性由曲线 1 突变为曲线 1′,而这时转速 n_A 不能突变,这样一来,电磁转矩为 T_B,负载转矩仍为 T_A,破坏了转矩平衡关系,动转矩 $(T_B - T_A) > 0$,则 $\dfrac{\mathrm{d}n}{\mathrm{d}t} > 0$,系统开始加速。在加速过程中,电动机的电磁转矩沿着机械特性曲线 1′,随着 n 升高而加大,但负载转矩始终不变,继续使 $(T - T_A)$ 上升,$\dfrac{\mathrm{d}n}{\mathrm{d}t}$ 上升,转速 n 上升得越来越快。直到系统转速过高,毁坏电动机为止。也就是说,系统不能在原来交点 A 的附近继续稳定运行,那么 A 点的运行情况就不属稳定运行之列。正像前边所说,干扰是经常出现的,因此,这个电力拖动系统就不会稳定运行在图 2.14 中所示的 A 点上。

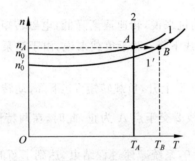

图 2.14 电力拖动系统的不稳定运行

从以上分析看出,电力拖动系统在电动机机械特性与负载转矩特性的交点上,并不一定都能够稳定运行,也就是说,$T = T_L$ 仅仅是系统稳定运行的一个必要条件,而不是充分条件。要想稳定运行,还需要电动机与负载的两条特性在交点 $T = T_L$ 处配合得好。对于一个电力拖动系统,稳定运行的充分必要条件是

$$T = T_L$$

在 $T = T_L$ 处

$$\frac{\mathrm{d}T}{\mathrm{d}n} < \frac{\mathrm{d}T_L}{\mathrm{d}n}$$

 考题

2.1 选择以下各题的正确答案。

(1) 电动机经过速比 $j = 5$ 的减速器拖动工作机构,工作机构的实际转矩为 20N·m,飞轮矩为 1N·m²,不计传动机构损耗,折算到电动机轴上的工作机构转矩与飞轮矩依次为 _____。

A. 20N·m, 5N·m²   B. 4N·m, 1N·m²

C. 4N·m, 0.2N·m²   D. 4N·m, 0.04N·m²

E. 0.8N·m, 0.2N·m²   F. 100N·m, 25N·m²

(2) 恒速运行的电力拖动系统中,已知电动机电磁转矩为 80N·m,忽略空载转矩,传动机构效率为 0.8,速比为 10,未折算前实际负载转矩应为_____。

A. 8N·m   B. 64N·m   C. 80N·m

D. 640N·m   E. 800N·m   F. 1000N·m

(3) 电力拖动系统中已知电动机转速为 1000r/min,工作机构转速为 100r/min,传动效率为 0.9,工作机构未折算的实际转矩为 120N·m,电动机电磁转矩为 20N·m,忽略电动机空载转矩,该系统肯定运行于_____。

A. 加速过程   B. 恒速   C. 减速过程

2.2 电动机拖动金属切削机床切削金属时,传动机构的损耗由电动机还是由负载负担?

2.3 起重机提升重物与下放重物时,传动机构损耗由电动机还是由重物负担?提升或下放同一重物时,传动机构损耗的转矩一样大吗?传动机构的效率一样高吗?

2.4 电梯设计时,其传动机构的效率在上升时为 $\eta < 0.5$,请计算 $\eta = 0.4$ 的电梯下降时,其效率是多大?若上升时,负载转矩的折算值 $T_F = 15N·m$,则下降时负载转矩的折算值为多少?ΔT 为多大?

2.5 表 2.1 所列生产机械在电动机拖动下稳定运行时的部分数据,根据表中所给数据,忽略电动机的空载转矩,计算表内未知数据并填入表中。

表 2.1

生产机械	切削力或重物重力/N	切削速度或升降速度/(m·s⁻¹)	电动机转速 n/(r·min⁻¹)	传动效率	负载转矩/(N·m)	传动损耗/(N·m)	电磁转矩/(N·m)
刨床	3400	0.42	975	0.80			
起重机	9800	提升 1.4	1200	0.75			
		下降 1.4					
电梯	15000	提升 1.0	950	0.42			
		下降 1.0					

习 题

2.1 图 2.15 所示的某车床电力拖动系统中,已知切削力 $F = 2000N$,工件直径 $d = 150mm$,电动机转速 $n = 1450r/min$,减速箱的三级速比 $j_1 = 2$,$j_2 = 1.5$,$j_3 = 2$,各转轴的飞轮矩为 $GD_a^2 = 3.5N·m^2$(指电动机轴),$GD_b^2 = 2N·m^2$,$GD_c^2 = 2.7N·m^2$,$GD_d^2 = 9N·m^2$,各级传动效率分别都是 $\eta = 0.9$,求:

(1) 切削功率;

(2) 电动机输出功率;

(3) 系统总飞轮矩;

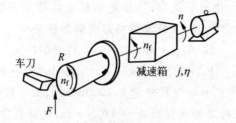

图 2.15   车床切削示意图

(4) 忽略电动机空载转矩时,电动机电磁转矩;

(5) 车床开车但未切削时,若电动机加速度 $\dfrac{\mathrm{d}n}{\mathrm{d}t}=800\mathrm{r}/(\mathrm{min}\cdot\mathrm{s})$,忽略电动机空载转矩但不忽略传动机构的转矩损耗,求电动机电磁转矩。

2.2   龙门刨床的主传动机构如图 2.16 所示,齿轮 1 与电动机轴直接相连,经过齿轮 2、3、4、5 依次传动到齿轮 6,再与工作台 7 的齿条啮合,各齿轮及运动物体的数据如表 2.2 所示。

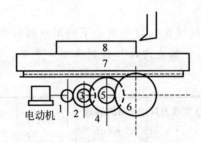

图 2.16   龙门刨床的主传动机构图

表   2.2

符号	名 称	齿数	重力/N	$GD^2/(\mathrm{N}\cdot\mathrm{m}^2)$
1	齿 轮	20		8.25
2	齿 轮	55		40.20
3	齿 轮	38		19.60
4	齿 轮	64		56.80
5	齿 轮	30		37.25
6	齿 轮	78		137.20
7	工作台		14700(即质量为 1500kg)	
8	工 件		9800(即质量为 1000kg)	

若已知切削力 $F=9800\mathrm{N}$,切削速度 $v=43\mathrm{m}/\mathrm{min}$,传动效率 $\eta=0.8$,齿轮 6 的节距 $t_{k6}=20\mathrm{mm}$,电动机转子飞轮矩 $GD^2=230\mathrm{N}\cdot\mathrm{m}^2$,工作台与导轨的摩擦系数 $\mu=0.1$。试计算:

(1) 折算到电动机轴上的总飞轮矩及负载转矩(包括切削转矩及摩擦转矩两部分);

(2) 切削时电动机输出的功率。

2.3 起重机的传动机构如图 2.17 所示,图中各部件的数据如表 2.3 所示。

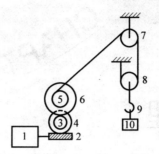

图 2.17 起重机传动机构图

表 2.3

编号	名 称	齿数	$GD^2/(N \cdot m^2)$	重力/N	直径/mm
1	电动机		5.59		
2	蜗 杆	双头	0.98		
3	齿 轮	15	2.94		
4	蜗 轮	30	17.05		
5	卷 筒		98.00		500
6	齿 轮	65	294.00		
7	导 轮		3.92		150
8	导 轮		3.92	87	150
9	吊 钩			490	
10	重物(负载)			19600	

若起吊速度为 12m/min,起吊重物时传动机构效率 $\eta=0.7$。试计算:

(1) 折算到电动机轴上的系统总飞轮矩;

(2) 重物吊起及下放时折算到电动机轴上的负载转矩,其中重物、导轮 8 及吊钩三者的转矩折算值及传动机构损耗转矩;

(3) 空钩吊起及下放时折算到电动机轴上的负载转矩,其中导轮 8 与吊钩的转矩折合值为多少? 传动机构损耗转矩为多少?(可近似认为吊重物与不吊重物时,传动机构损耗转矩相等。)

第 3 章

CHAPTER 3

直流电机原理

3.1 直流电机的用途及基本工作原理

3.1.1 直流电机的用途

把机械能转变为直流电能的电机是直流发电机；反之，把直流电能转变为机械能的电机是直流电动机。

在电机的发展史上，直流电机发明得较早，它的电源是电池。后来才出现了交流电机。当发明了三相交流电以后，交流电机得到迅速的发展。但是，迄今为止，工业领域里仍有使用直流电动机的，这是由于直流电动机具有以下突出的优点：

（1）调速范围广，易于平滑调速；

（2）启动、制动和过载转矩大；

（3）易于控制，可靠性较高。

直流电动机多用于对调速要求较高的生产机械上，如轧钢机、电车、电气铁道牵引、挖掘机械、纺织机械等。

直流发电机可用来作为直流电动机以及交流发电机的励磁直流电源。

直流电机的主要缺点是换向问题，它限制了直流电机的极限容量，又增加了维护的工作量。为了克服这个缺点，许多人在研究交流电动机的调速，也取得了一定的效果，在某些调速场合可以代替直流电动机。这是发展的方向。但是，反过来由于利用了可控硅整流电源，使直流电动机的应用增加了一个有利因素。目前使用直流电动机的场合也很多。

3.1.2 基本工作原理

直流电机是使电机的绕组在直流磁场中旋转感应出交流电，经过机械整流，得到直流电。图 3.1 是一台交流发电机的模型。图中，N，S 是主磁极，它是固定不动的，abcd 是装在可以转动的圆柱体上的一个线圈，把线圈的两端分别接到两个圆环上（叫滑环）。这个可以转动的转子称电枢。在每个滑环上放上固定不动的电刷 A 和 B。通过电刷 A，B 把

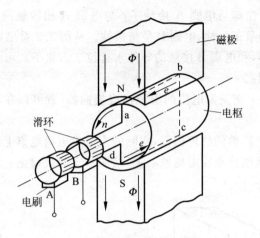

图 3.1 交流发电机的物理模型

旋转着的电路(线圈 abcd)与外面静止的电路相连接。

当原动机拖动电枢以恒定转速 n 逆时针方向旋转时,根据电磁感应定律可知,在线圈 abcd 中有感应电动势,感应电动势的大小为

$$e = Blv$$

式中　e 的单位为 V;

　　　B 为导体所在处的磁密,单位为 Wb/m^2;

　　　l 为导体 ab 或 cd 的长度,单位为 m;

　　　v 为导体 ab 或 cd 与 B 之间的相对线速度,单位为 m/s。

感应电动势的方向,用右手定则确定。在图 3.1 所示瞬间,导体 ab,cd 的感应电动势方向分别由 b 指向 a 和由 d 指向 c。这时电刷 A 呈高电位;电刷 B 呈低电位。当图 3.1 中电枢逆时针方向转过 180° 时,导体 ab 与 cd 互换了位置。用感应电动势的右手定则判断,在这个瞬间,导体 ab,cd 的感应电动势方向都与刚才的相反,这时电刷 B 呈高位,电刷 A 呈低电位。如果电枢继续逆时针方向旋转 180°,导体 ab,cd 又转到图 3.1 所示位置,显然电刷 A 又呈高电位,电刷 B 呈低电位。由此可见,图 3.1 的电机电枢每转一周,线圈 abcd 中感应电动势方向交变一次,这是最简单的交流发电机的模型。

如果想得到直流电动势,图 3.1 的模型是不行的。必须把上述线圈 abcd 感应的交变电动势进行整流。整流的方式很多,但可以归纳为两大类:一类为电子式;一类为机械式。在直流发电机中,采用的是机械式整流装置,称之为换向器。

图 3.2 是最简单的直流发电机的物理模型,它由两个相对放置的导电片(称换向片)代替图 3.1 中所示的两个滑环。换向片之间用绝缘材料隔开,两个换向片分别接到线圈 abcd 的一端,电刷放在换向片上并固定不动,这就是最简单的换向器。有了换向器,在电刷 A,B 之间感应电动势就和图 3.1 中电刷 A,B 间的电动势大不一样了。例如,在图 3.2 所示瞬间,线圈 abcd 中感应电动势的方向如图所示,这时电刷 A 呈正极性,电刷 B 呈负极性。当线圈逆时针方向旋转了 180° 时,这时导体 cd 位于 N 极下,ab 位于 S 极下,各导体中电动势都分别改变了方向。但是,由于换向片随着线圈一道旋转,本来与电刷 B 相

接触的那个换向片,现在却与电刷 A 接触了;与电刷 A 相接触的换向片与电刷 B 接触了,显然这时电刷 A 仍呈正极性,电刷 B 呈负极性。从图 3.2 看出,和电刷 A 接触的导体永远位于 N 极下,同样,和电刷 B 接触的导体永远位于 S 极下。可见,A 电刷总是呈正极性,B 电刷总是呈负极性。

由此可见,把图 3.1 交流发电机的滑环换成换向器,就可以在电刷 A,B 两端获得直流电动势。

图 3.2 仅仅是一个简单的物理模型,实际的直流发电机电枢上绝非仅有一个线圈,而是根据需要有许多个线圈分布在电枢铁心上,按照一定的规律把它们连接起来,构成电枢绕组。

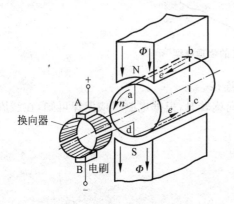 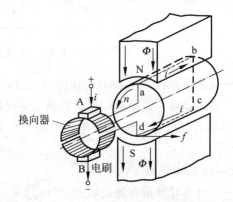

图 3.2　直流发电机的物理模型   图 3.3　直流电动机的物理模型

图 3.3 所示为直流电动机的物理模型,与发电机物理模型不同的是:①线圈不由原动机拖动;②电刷 A,B 接到直流电源上。在线圈 abcd 中有电流流过,方向如图 3.3 所示。根据安培定律知道,载流导体 ab,cd 上受到的电磁力 f 为

$$f = Bli$$

式中　i 为导体里的电流,单位为 A。

导体受力的方向用左手定则确定,导体 ab 的受力方向是从右向左,cd 的受力方向是从左向右,如图 3.3 所示。f 与转子半径的乘积就是转矩,称为电磁转矩。此时电磁转矩的作用方向是逆时针方向,即使电枢逆时针方向旋转。如果此电磁转矩能够克服电枢上的阻转矩(例如由摩擦引起的阻转矩以及其他负载转矩),电枢就能按逆时针方向旋转起来。当电枢旋转了 $180°$ 后,导体 cd 转到 N 极下,ab 转到 S 极下时,由于直流电源产生的电流的方向不变,仍从电刷 A 流入,经导体 cd,ab 后,从电刷 B 流出。这时导体 cd 受力方向变为从右向左,导体 ab 受力方向是从左向右,产生的电磁转矩的方向未变,仍为逆时针方向。

由此可见,对直流电动机而言,其电枢线圈里的电流方向是交变的,但产生的电磁转矩却是单方向的,这也是由于有换向器的缘故。

与直流发电机一样,实际的直流电动机电枢上也不止一个线圈,但不管有多少个线圈,所产生电磁转矩的方向都是一致的。

3.2 直流电机的主要结构与型号

3.2.1 主要结构

直流发电机和直流电动机从主要结构上看,没有差别。

直流电机的结构有多种多样,这里不可能仔细介绍。下面叙述一下它的主要结构。图3.4所示是一台常用的小型直流电机的结构图。图3.5所示是一台两极直流电机从面对轴端看的剖面图,它是由定子部分和转子部分构成的,定子和转子靠两个端盖连接。

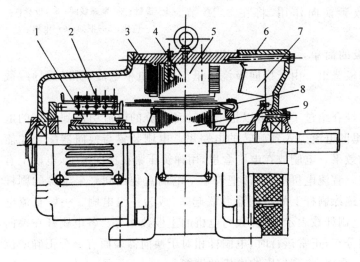

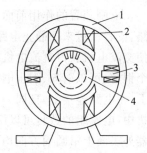

图 3.4　小型直流电机的结构图

1—换向器;2—电刷杆;3—机座;4—主磁极;5—换向极;

6—端盖;7—风扇;8—电枢绕组;9—电枢铁心

图 3.5　两极直流电机从面对
轴端看的剖面图

1—机座;2—主极;

3—换向极;4—电枢

1. 定子部分

定子部分主要包括有机座、主磁极、换向极和电刷装置等。

一般直流电机都用整体机座。所谓整体机座,就是一个机座同时起两方面的作用:一方面起导磁的作用;一方面起机械支撑的作用。由于机座要起导磁的作用,所以它是主磁路的一部分,叫定子磁轭,一般多用导磁效果较好的铸钢材料制成,在小型直流电机中也有用厚钢板的。主磁极、换向极以及两个端盖(中、小型电机)都固定在电机的机座上,所以机座又起了机械支撑的作用。

主磁极又叫主极,它的作用是在电枢表面外的气隙空间里产生一定形状分布的气隙磁密。绝大多数直流电机的主磁极都是由直流电流来励磁的,所以主磁极上还应装有励磁线圈。只有小直流电机的主磁极才用永久磁铁,这种电机叫永磁直流电机。

图 3.6 所示是主磁极的装配图。主极铁心是用 1～1.5mm 厚的低碳钢板冲成一定形状，然后把冲片叠在一起，用铆钉铆成。把事先绕制好的励磁线圈套在主极铁心的外面，整个主磁极再用螺钉紧固在机座的内表面上。

励磁线圈有两种，即并励和串励。并励线圈的导线细，匝数多；串励线圈的导线粗，匝数少。磁极上的各励磁线圈分别可以连成并励绕组和串励绕组。

为了让气隙磁密沿电枢的圆周方向气隙空间里分布得更加合理，主磁极的铁心做成图 3.6 所示形状，其中较窄的部分叫极身，较宽的部分叫极靴。

容量在 1kW 以上的直流电机，在相邻两主磁极之间要装上换向极。换向极又称附加极，其作用是为了改善直流电机的换向，至于如何改善换向作用，将在 3.10 节介绍。

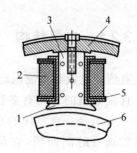

图 3.6　主磁极装置

1—极靴；2—励磁线圈；3—极身；
4—机座；5—框架；6—电枢

换向极的形状比主磁极的简单，一般用整块钢板制成。换向极的外面套有换向极绕组。由于换向极绕组里流的是电枢电流，所以其导线截面积较大，匝数较少。

电刷装置的作用前面已经介绍过了，它可以把电机转动部分的电流引出到静止的电路，或者反过来把静止电路里的电流引入到旋转的电路里。电刷装置与换向器配合才能使交流电机获得直流电机的效果。电刷放在电刷盒里，用弹簧压紧在换向器上，电刷上有个铜辫，可以引入、引出电流。直流电机里，常常把若干个电刷盒装在同一个绝缘的刷杆上，在电路连接上，把同一个绝缘刷杆上的电刷盒并联起来，成为一组电刷。一般直流电机中，电刷组的数目可以用电刷杆数表示，刷杆数与电机的主极数相等。各电刷杆在换向器外表面上沿圆周方向均匀分布，正常运行时，电刷杆相对于换向器表面有一个正确的位置，如果电刷杆的位置放得不合理，将直接影响电机的性能。

2. 转子部分

直流电机转子部分包括电枢铁心、电枢绕组、换向器、风扇、转轴和轴承等。

电枢铁心是直流电机主磁路的一部分。当电枢旋转时，铁心中磁通方向发生变化，会在铁心中引起涡流与磁滞损耗。为了减小这部分损耗，通常用 0.5mm 厚的低硅硅钢片或冷轧硅钢片冲成一定形状的冲片，然后把这些冲片两面涂上漆再叠装起来，成为电枢铁心，安装在转轴上。电枢铁心沿圆周上有均匀分布的槽，里面可嵌入电枢绕组。

用包有绝缘的导线绕制成一个个电枢线圈，线圈也称为元件，每个元件有两个出线端。电枢线圈嵌入电枢铁心的槽中，每个元件的两个出线端都与换向器的换向片相连，连接时都有一定的规律，构成电枢绕组。

图 3.7 所示为直流电机电枢装配示意图。

换向器安装在转轴上，主要由许多换向片组成，每两个相邻的换向片中间是绝缘片。换向片数与线圈元件数相同。

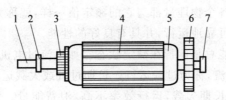

图 3.7 直流电机电枢

1—转轴；2—轴承；3—换向器；4—电枢铁心；

5—电枢绕组；6—风扇；7—轴承

转子上还有轴承和风扇等。

3. 端盖

端盖把定子和转子连为一个整体,两个端盖分别固定在定子机座的两端,并支撑着转子。端盖还起保护等作用。另外,电刷杆也固定在端盖上。

3.2.2 电机的铭牌数据

根据国家标准,直流电机的额定数据有:

(1) 额定容量(功率) $P_N(kW)$;

(2) 额定电压 $U_N(V)$;

(3) 额定电流 $I_N(A)$;

(4) 额定转速 $n_N(r/min)$;

(5) 励磁方式和额定励磁电流 $I_{fN}(A)$。

有些物理量虽然不标在铭牌上,但它也是额定值,例如在额定运行状态的转矩、效率分别称为额定转矩、额定效率等。电机的铭牌固定在电机机座的外表面上,供使用者参考。

关于额定容量,对直流发电机来说,是指电刷端的输出电功率;对直流电动机来说,是指它的转轴上输出的机械功率。因此,直流发电机的额定容量应为

$$P_N = U_N I_N$$

而直流电动机的额定容量为

$$P_N = U_N I_N \eta_N$$

式中 η_N 是直流电动机的额定效率,它是直流电动机额定运行时输出机械功率与电源输入电功率之比。

电动机轴上输出的额定转矩用 T_{2N} 表示,其大小应该是额定功率除以转子角速度的额定值,即

$$T_{2N} = \frac{P_N}{\Omega_N} = \frac{P_N}{\dfrac{2\pi n_N}{60}} = 9.55 \frac{P_N}{n_N}$$

式中 P_N 的单位为 W; n_N 的单位为 r/min; T_{2N} 的单位是 N·m。此式不仅适用于直流电动机,也适用于交流电动机。若 P_N 的单位用 kW,系数 9.55 便改为 9550。

直流电机运行时,若各个物理量都与它的额定值一样,就称为额定运行状态。在额定运行状态下工作,电机能可靠地运行,并具有良好的性能。

实际运行中,电机不能总是运行在额定状态。如果流过电机的电流小于额定电流,称为欠载运行;超过额定电流,称为过载运行。长期过载或欠载运行,都不好。长期过载有可能因过热而损坏电机;长期欠载,运行效率不高,浪费能量。为此选择电机时,应根据负载的要求,尽量让电机工作在额定状态。

例题 3-1 一台直流发电机,其额定功率 $P_N = 145\text{kW}$,额定电压 $U_N = 230\text{V}$,额定转速 $n_N = 1450\text{r/min}$,额定效率 $\eta_N = 90\%$,求该发电机的输入功率 P_1 及额定电流 I_N 各为多少?

解 额定输入功率

$$P_1 = \frac{P_N}{\eta_N} = \frac{145}{0.9} = 161\text{kW}$$

额定电流

$$I_N = \frac{P_N}{U_N} = \frac{145 \times 10^3}{230} = 630.4\text{A}$$

例题 3-2 一台直流电动机,其额定功率 $P_N = 160\text{kW}$,额定电压 $U_N = 220\text{V}$,额定效率 $\eta_N = 90\%$,额定转速 $n_N = 1500\text{r/min}$,求该电动机的输入功率、额定电流及额定输出转矩各是多少?

解 额定输入功率

$$P_1 = \frac{P_N}{\eta_N} = \frac{160}{0.9} = 177.8\text{kW}$$

额定电流

$$I_N = \frac{P_1}{U_N} = \frac{177.8 \times 10^3}{220} = 808.1\text{A}$$

或

$$I_N = \frac{P_N}{U_N \eta_N} = \frac{160 \times 10^3}{220 \times 0.9} = 808.1\text{A}$$

额定输出转矩

$$T_{2N} = 9.55 \frac{P_N}{n_N} = 9.55 \times \frac{160 \times 10^3}{1500} = 1018.7\text{N} \cdot \text{m}$$

3.2.3 国产直流电机的主要系列产品

电机产品的型号一般采用大写印刷体的汉语拼音字母和阿拉伯数字表示。其中汉语拼音字母是根据电机的全名称选择有代表意义的汉字,再从该汉字的拼音中得到。例如,Z_2-31 的含义为:

```
一般用途的防护式中、小型直流电机 ──┐    ┌── 表示机座号
                              Z₂ - 31
         表示第二次设计 ──┘    └── 表示铁心长度顺序号
```

国产的直流电机种类很多,下面列出一些常见的产品系列。

Z_2 系列　是一般用途的中、小型直流电机,包括发电机和电动机。

Z 和 ZF 系列　是一般用途的大、中型直流电机系列。Z 是直流电动机系列;ZF 是直流发电机系列。

ZT 系列　是用于恒功率且调速范围比较大的拖动系统里的广调速直流电动机。

ZZJ 系列　是冶金辅助拖动机械用的冶金起重直流电动机。

ZQ 系列　是电力机车、工矿电机车和蓄电池供电电车用的直流牵引电动机。

ZH 系列　是船舶上各种辅助机械用的船用直流电动机。

ZA 系列　是用于矿井和有易爆气体场所的防爆安全型直流电动机。

ZU 系列　是用于龙门刨床的直流电动机。

ZKJ 系列　是冶金、矿山挖掘机用的直流电动机。

3.3　直流电机的磁路、空载时的气隙磁密与空载磁化特性

3.3.1　直流电机的磁路

前面已经说过,直流电机的磁场,可以由永久磁铁或直流励磁绕组产生。一般来讲,永久磁铁的磁场比较弱,所以现在绝大多数直流电机的主磁场都是由励磁绕组通以直流励磁电流产生的。

实际上,直流电机在负载运行时,它的磁场是由电机中各个绕组,包括励磁绕组、电枢绕组、换向极绕组等共同产生的,其中励磁绕组起着主要作用。为此,先研究励磁绕组里有励磁电流,其他绕组无电流时的磁场情况。这种情况叫做电机的空载运行,又叫无载运行。至于其他绕组有电流的影响,后面陆续加以介绍。

图 3.8 所示是一台四极直流电机(没有换向极)空载时的磁场示意图。当励磁绕组流过励磁电流 I_f 时,每极的励磁磁通势为

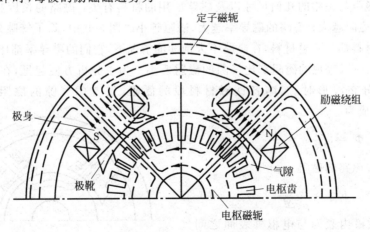

图 3.8　四极直流电机空载时的磁场示意图

$$F_f = I_f N_f$$

式中 N_f 是一个磁极上励磁绕组的串联匝数。

由励磁磁通势 F_f 在电机的磁路里产生的磁感应线的情况如图 3.8 所示。从图中看出,大部分磁感应线的路径是由 N 极出来,经气隙进入电枢齿部,再经过电枢铁心的磁轭到另一个部分的电枢齿,又通过气隙进入 S 极,再经定子磁轭回到原来的 N 极。这部分磁路通过的磁通称为主磁通,磁路称为主磁路。还有一小部分磁感应线,它们不进入电枢铁心,直接经过相邻的磁极或者定子磁轭形成闭合回路,这部分磁通称漏磁通,所经过的磁路称漏磁路。直流电机中,进入电枢里的主磁通是主要的,它能在电枢绕组中感应电动势,或者产生电磁转矩,而漏磁通却没有这个作用,它只是增加主磁极磁路的饱和程度。主、漏磁通的定义为:那些同时链着励磁绕组和电枢绕组的磁通是主磁通;只链着励磁绕组本身的是主极漏磁通。由于两个磁极之间的空气隙较大,主极漏磁通在数量上比主磁通要小,大约是主磁通的 20%。

从图 3.8 可看出,直流电机的主磁路可以分为五段:定子、转子之间的气隙;电枢齿;电枢磁轭;主磁极和定子磁轭。其中,除了气隙是空气介质,其磁导率 μ_0 是常数外,其余各段磁路用的材料均为铁磁材料,它们的磁导率彼此并不相等,即使是同一种铁磁材料,磁导率也并非常数。

3.3.2 空载时气隙磁通密度的分布波形

为了简单起见,把直流电机的主磁路简化,如图 3.9 所示。图中的两条虚线是主磁路里的一个磁管,磁管的宽度为 Δ。从图中看出,该磁管所包围的导体总电流为 $2I_f N_f = 2F_f$。根据磁路欧姆定律,可以求出该磁管里的磁通 Φ' 为

$$\Phi' = \frac{2F_f}{2R_{m\delta} + 2R_{mt} + R_{ma} + 2R_{mm} + R_{mf}} \tag{3-1}$$

式中 $R_{m\delta}$,R_{mt},R_{ma},R_{mm} 和 R_{mf} 分别为气隙、电枢齿、电枢磁轭、主磁极和定子磁轭等段磁路的磁阻。

磁路的磁阻与磁路的几何尺寸以及磁路所用的材料有关:磁路的长度越长,截面积越小,表现的磁阻越大;磁路的磁导率越大,磁阻越小。图 3.9 中,除了气隙外,其他各段磁路所用的材料都是铁磁材料,在磁路不太饱和的情况下,它们的磁导率都比空气的磁导率 μ_0 大得多,所以表现的磁阻都比气隙的磁阻要小。为了分析方便起见,在研究直流电机气隙磁密分布波形时,忽略各铁磁材料段的磁阻,仅考虑气隙的磁阻 $R_{m\delta}$。于是式(3-1)可写成为

$$\Phi' = \frac{2F_f}{2R_{m\delta}} = \frac{F_f}{R_{m\delta}} \tag{3-2}$$

磁管的气隙段磁路的磁阻

$$R_{m\delta} = \frac{\delta}{\mu_0 \Delta l_i} \tag{3-3}$$

式中 δ 为磁极内表面与电枢外表面之间气隙长度;

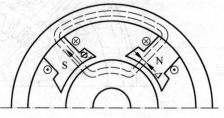

图 3.9 直流电机的主磁路

Δ 为图 3.9 中磁管的宽度;

l_i 为电枢轴向有效长度。

把式(3-3)代入式(3-2),得

$$\Phi' = \frac{F_f}{\dfrac{\delta}{\mu_0 \Delta l_i}} \qquad (3-4)$$

图 3.9 中的磁管,其气隙处的磁密用 B_x 表示,于是

$$B_x = \frac{\Phi'}{\Delta l_i} \qquad (3-5)$$

把式(3-4)代入式(3-5),得

$$B_x = \frac{\Phi'}{\Delta l_i} = \frac{F_f}{\dfrac{1}{\mu_0}\dfrac{\delta}{\Delta l_i}\Delta l_i} = \mu_0 \frac{F_f}{\delta} \qquad (3-6)$$

式中 F_f 为每极励磁磁通势,单位为 A;

δ 为气隙的长度,单位为 m;

μ_0 为空气的磁导率,近似等于真空的磁导率,即 $\mu_0 = 1.25 \times 10^{-6}$ H/m。

在一个磁极范围内,励磁磁通势的大小都一样,从式(3-6)看出,气隙磁密 B_x 的大小完全与气隙长度 δ 成反比。如果在主极极面下的气隙均匀,则气隙磁密分布如图 3.10 (b)中的曲线 1 所示,其中最大磁密为 B_δ。实际电机磁极内表面与电枢铁心外表面之间的气隙不均匀,在磁极中心处的气隙小;在磁极的两个极尖处,气隙大,如图 3.10(a)所示。这种情况下,气隙磁密分布如图 3.10(b)中的曲线 2,即在磁极中心附近的磁密大,两极尖处磁密小。图 3.10(b)中,无论是曲线 1 还是曲线 2,在极靴以外,磁密都迅速减小。这是由于极靴以外的气隙更大的缘故。在两极之间的几何中心线处,磁密等于零。根据图 3.10(b)所示的气隙磁密波形,很容易算出电机气隙每极磁通量。图 3.10(c)示出主磁通的情况。

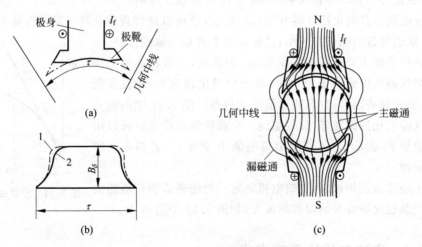

图 3.10 气隙磁密分布波形

1—均匀气隙时的气隙磁密;2—不均匀气隙时的气隙磁密

3.3.3　空载磁化特性

在直流电机中,为了感应电动势或产生电磁转矩,气隙里需要有一定数量的每极磁通 Φ。这就要求在设计电机时进行磁路计算,以确定产生一定数量气隙每极磁通 Φ 需要加多大的励磁磁通势,或者当励磁绕组匝数一定时,需要加多大的励磁电流 I_f。一般把空载时气隙每极磁通 Φ 与空载励磁磁通势 F_f 或空载励磁电流 I_f 的关系,即 $\Phi = f(F_f)$ 或 $\Phi = f(I_f)$,称为直流电机的空载磁化特性。

对直流电机进行磁路计算的方法与图 1.5 中简单磁路的计算方法是一致的,都是把安培环路定律运用到具体的磁路当中去。所不同的是,直流电机的磁路在结构上以及各段磁路使用的材料上都比简单磁路要复杂些。分析时,应先把直流电机的主磁路按结构和材料分段,并标出各段磁路的几何尺寸,然后分别对直流电机主磁路中的各段磁路进行计算。

直流电机磁路计算内容是:已知气隙每极磁通为 Φ,求出直流电机主磁路各段中的磁位差,各段磁位差的总和便是励磁磁通势 F_f。对于给定不同大小的 Φ,用同一方法计算,得到与 Φ 相应不同的 F_f,经多次计算,便得到了空载磁化特性 $\Phi = f(F_f)$。

直流电机主磁路从图 3.8 和图 3.9 中可看出,主要包括两段气隙、两段电枢齿部、电枢磁轭、两段主磁极、定子磁轭。对于每一段磁路,都是根据已知的 Φ,算出磁密 B,再找出相应的磁场强度 H,分别乘以各段磁路长度后便得到磁位差。气隙部分的磁导率是常数,不随 Φ 而变,或者说气隙磁位差与 Φ 成正比。但其他各段磁路都是铁磁材料构成,它们的 B 与 H 之间是非线性关系,具有磁饱和的特点,也就是说,它们的磁位差与 Φ 不成正比,具有饱和现象,当 Φ 大到一定程度后,出现饱和,Φ 再增大,H 或磁位差就急剧增大。因此,造成了直流电机 Φ 大到一定程度后,磁路总磁位差即励磁磁通势 F_f 急剧增大,空载磁化特性具有饱和现象,如图 3.11 中曲线 1 所示。

直流电机空载磁化特性具有饱和的特点,还可以这样理解:当气隙每极磁通 Φ 较小的时候,铁磁材料的磁位差较小,总磁位差主要是气隙磁位差,或者说励磁磁通势主要消耗在气隙里,μ_0 为常数,空载特性呈直线关系。当气隙每极磁通 Φ 较大时,铁磁材料出现饱和,磁位差剧增,消耗的磁通势剧增,空载特性呈饱和特点。图 3.11 中的斜直线 2 是气隙消耗的磁通势,称气隙线。空载特性的横坐标可以用励磁磁通势 F_f 表示,也可以用励磁电流 I_f 表示,二者相差励磁绕组的匝数。

为了经济地利用材料,直流电机额定运行的磁通额定值的大小取在空载磁化特性开始拐弯的地方,如图 3.11 中的 A 点。

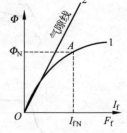

图 3.11　空载磁化特性

3.3.4　直流电机的励磁方式

根据励磁方式的不同,直流电机有下列几种类型。

1. 他励直流电机

励磁电流由其他直流电源单独供给的称为他励直流电机,接线如图 3.12(a)所示。图中 M 表示电动机,若为发电机,用 G 表示。

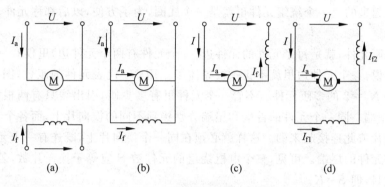

图 3.12　直流电机的励磁方式

2. 自励直流电机

电机的励磁电流由电机自身供给。依励磁绕组连接方式的不同,又分为如下几种型式。

(1) 并励直流电机

励磁绕组与电机电枢的两端并联。作为并励发电机来说,是电机本身发出来的端电压供给励磁电流;作为并励电动机来说,励磁绕组与电枢共用同一电源,与他励直流电动机没有本质区别。接线如图 3.12(b)所示。

(2) 串励直流电机

励磁绕组与电枢回路串联,电枢电流也是励磁电流。串励直流电动机接线如图 3.12(c)所示。

(3) 复励直流电机

励磁绕组分为两部分,一部分与电枢回路串联,一部分与电枢回路并联。复励直流电动机接线如图 3.12(d)所示,可以是并励绕组先与电枢回路并联后再共同与串励绕组串联(先并后串),也可以接成串励励磁绕组先与电枢串联后再与并励励磁绕组并联(先串后并)。

不同励磁方式的直流电机有不同的特性。

3.4　直流电机的电枢绕组

电枢绕组是直流电机的核心部分。无论是发电机还是电动机,它们的电枢绕组在电机的磁场中旋转,都会感应出电动势。当电枢绕组中有电流时,会产生电枢磁通势,它与气隙磁场相互作用,又产生了电磁转矩。电动势与电流的乘积就是电磁功率,电磁转矩与电枢旋转机械角速度的乘积就是机械功率。在直流电机里,可以吸收或发出电磁功率,也可以输出或输入机械功率,这要根据电机的工作状况来确定,将在后面 4.3 节介绍。可见,在能量转换的过程中,电枢绕组起着重要的作用。

电枢绕组是由许多个形状完全一样的单匝绕组元件(当然也可以是多匝元件)以一定的规律连接起来的。一个绕组元件也就是一个线圈,为了方便,以后都称元件。元件的个数用 S 表示。

所谓单匝元件,就是每个元件的元件边(一个元件有两个元件边)里仅有一根导体,对多匝元件来说,一个元件边里就不止一根导体了。用 N_y 代表元件的匝数,图 3.13(a)所示就是一个 $N_y=2$ 的多匝元件。不管一个元件里有多少匝,引出线只有两根:一根叫首端,一根叫尾端。同一个元件的首端和尾端分别接到不同的换向片上,而各个元件之间又是通过换向片彼此连接起来的。这样就必须在同一个换向片上,既连有一个元件的首端,又连有另一元件的尾端。可见,整个电枢绕组的元件数 S 应等于换向片数,若用 K 表示换向片的数目,即 $S=K$。

元件嵌在电枢铁心的槽里,如图 3.13(b)所示。从图中可看出,元件的一个边仅占了半个电枢槽,即同一个元件的一个元件边占了某槽的上半槽,另一元件边占了另一槽的下半槽。同一个槽里能嵌放两个元件边,而一个元件又正好有两个元件边,这样电枢上的槽数应该等于元件数。

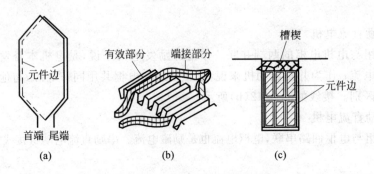

图 3.13 电枢绕组的元件及嵌放方法

元件嵌放在槽内的部分能切割气隙磁通,感生电动势,称为有效部分,其余的是端接部分。

在直流电机中,往往在一个槽里的上层(或下层),并列嵌放了几个元件的元件边。如图 3.13(c)中,有三个并列的元件边,每个元件边有一根导体,是单匝元件。今后的分析中,引入虚槽的概念,即把一个上层元件边与一个下层元件边看成一个虚槽。为了不引起混淆,把电枢上实际的槽叫实槽。一个实槽中的虚槽数用 u 表示,它等于该实槽里上层(或下层)并列的元件边数。如图 3.13(c)中,一个实槽里有三个虚槽,即 $u=3$。用 Z_e 代表电机的总虚槽数,Z 代表总实槽数,于是

$$Z_e = uZ = S = K$$

用 z 代表电枢绕组全部导体数,则有

$$z = 2uN_yZ = 2N_yZ_e$$

式中 N_y 是每个元件中的串联匝数。

在分析电枢绕组连接规律时,要着重研究它的节距、展开图、元件连接次序和并联支路图。

直流电机电枢绕组最基本的型式有两种,即单叠绕组与单波绕组,分别叙述如下。

3.4.1 单叠绕组

1. 节距

所谓节距,是指被连接起来的两个元件边或换向片之间的距离,以所跨过的元件边数或虚槽数或换向片数来表示,如图 3.14 所示。

(1) 第一节距 y_1

y_1 是同一个元件两个元件边之间的距离。选择 y_1 的依据是尽量让元件里感应电动势为最大,即 y_1 应接近或等于极距,有

$$y_1 = \frac{Z_e}{2p} \pm \varepsilon = 整数$$

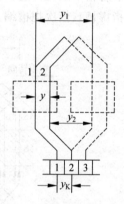

图 3.14 单叠绕组的节距

式中 ε 是使 y_1 凑成整数的一个分数。当 ε 前取"一"号时,线圈是短距线圈。

(2) 合成节距 y 和换向器节距 y_K

元件 1 和它相连的元件 2 对应边之间的跨距是 y。每个元件首、末端所连两个换向片之间的跨距是 y_K,以换向片数目表示。对单叠绕组 $y = y_K = 1$。当把每一个元件连成绕组时,连接的顺序是从左向右进行,叫右行绕组。图 3.14 所示就是这种绕组。

(3) 第二节距 y_2

y_2 是连至同一个换向片的两个元件边之间的距离,或者说,是元件 1 的下层元件边在换向器端经过换向片连到元件 2 的上层元件边之间的跨距。对单叠绕组有

$$y_2 = y_1 - y$$

2. 单叠绕组的展开图

绕组展开图就是把放在电枢铁心槽里的、由各元件构成的电枢绕组单独取出来,画在同一张图里,以表示槽里各元件彼此在电路上的连接情况。因此绕组展开图是一个原理图,并非实际电枢绕组的结构图,它仅仅有助于了解电枢绕组在电路上的连接情况。在画绕组展开图时,必须考虑槽里各元件在气隙磁场里的相对位置,否则毫无意义。

在画绕组展开图之前,要先根据给定的极数 $2p$、虚槽数 Z_e、元件数 S 和换向片数 K 算出元件的各节距,然后才能画图。下面通过一个具体的例子,说明如何画绕组的展开图。

已知一台直流电机的极数 $2p = 4$,$Z_e = S = K = 16$,画出它的右行单叠绕组的展开图。

计算各节距:

第一节距 y_1

$$y_1 = \frac{Z_e}{2p} \pm \varepsilon = \frac{16}{4} = 4$$

合成节距 y 和换向器节距 y_K

$$y = y_K = 1$$

第二节距 y_2

$$y_2 = y_1 - y = 4 - 1 = 3$$

有了元件的节距就可以画绕组的展开图。

第一步,先画 16 根等长、等距的实线,代表各槽上层元件边,再画 16 根等长等距的虚线,代表各槽下层元件边。让虚线与实线靠近一些。实际上一根实线和一根虚线代表一个槽(指虚槽),依次把槽编上号码,如图 3.15 所示。

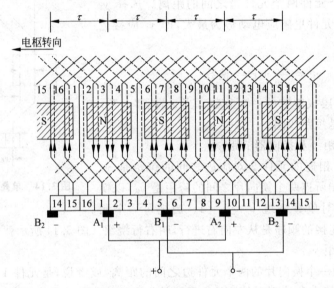

图 3.15 单叠绕组展开图

第二步,放磁极。让每个磁极的宽度大约等于 0.7 极距,图 3.15 中用 τ 表示极距,4 个磁极均匀分布在各槽之上,并标上 N,S 极性。

第三步,画 16 个小方块代表换向片,并标上号码。为了能连出形状对称的元件,换向片的编号应与槽的编号要有一定对应关系(由第一节距 y_1 来考虑)。

第四步,连绕组。由第 1 换向片经第 1 槽上层(实线),根据第一节距 $y_1 = 4$,应该连到第 5 槽的下层(虚线),然后回到换向片 2。注意,中间隔了 4 个槽,如图 3.15 所示。从图中可以看出,这时元件的几何形状是对称的。由于是右行单叠绕组,所以第 2 换向片应与第 2 槽上层(实线)相连接。当然第 2 槽上层元件边应和第 6 槽下层(虚线)相连,这就画出了第 2 个元件。之后再回到第 3 换向片。按此规律连接,一直把 16 个元件统统连起来为止。

校核第二节距:第 1 元件放在第 5 槽的下层边与放在第 2 槽第 2 元件的上层边,它

们之间满足 $y_2=3$ 的关系。其他元件也如此。

第五步,确定每个元件边里导体感应电动势的方向。从图3.15所示瞬间,1、5、9、13四个元件正好位于两个主磁极的中间,该处气隙磁密为零,所以不产生感应电动势。其余的元件中感应电动势的方向可根据电磁感应定律的右手定则找出来。在图3.15中,磁极是放在电枢绕组上面的,因此N极的磁感应线在气隙里的方向是进纸面的,S极是出纸面的,电枢从右向左旋转,所以在N极下的导体电动势是向下的,在S极下是向上的。

第六步,放电刷。在直流电机里,电刷组数也就是刷杆的数目与主极的个数一样多。对本例来说,就是四组电刷,它们均匀地放在换向器表面圆周方向的位置。每个电刷的宽度等于每一个换向片的宽度。

放电刷的原则是,要求正、负电刷之间得到最大的感应电动势,或被电刷所短路的元件中感应电动势最小,这两个要求实际上是一致的,满足哪个都可以。在图3.15中,由于每个元件的几何形状对称,如果把电刷的中心线对准主极的中心线,就能满足上述要求。图3.15中,被电刷所短路的元件正好是1、5、9、13,这几个元件中的电动势恰为零。实际运行时,电刷是静止不动的,电枢在旋转,但是,被电刷所短路的元件,永远都是处于两个主磁极之间的地方,当然感应电动势为零。

实际的电机并不要求在绕组展开图上画出电刷的位置,而是等电机制造好,用试验的办法来确定电刷在换向器表面上的位置。

在图3.15中,如果把电刷放在换向器表面其他的位置上,正、负电刷之间的感应电动势都会减小,被电刷所短路的元件里电动势不是最小,对换向将无利而有害。

3. 单叠绕组元件连接次序

根据图3.15的节距,可以直接看出绕组各元件之间是如何连接的。如第1虚槽上层元件边经 $y_1=4$ 接到第5虚槽的下层元件边,构成了第1个元件,它的首、末端分别接到第1、2两个换向片上。第5虚槽的下层元件边经 $y_2=3$ 接到第2虚槽的上层元件边,这样就把第1、2两个元件连接起来了。依此类推,如图3.16所示。

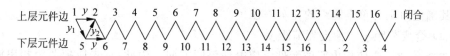

图 3.16 单叠绕组连接次序表

从图3.16中看出,从第1元件开始,绕电枢一周,把全部元件边都串联起来,之后又回到第1元件的起始点1。可见,整个绕组是一个闭路绕组。

4. 单叠绕组的并联支路图

按照图3.15各元件连接的顺序,可以得到如图3.17所示的并联支路图。可见,单叠绕组并联支路对数 a(每两个支路算一对)等于极对数 p,即

$$a = p$$

单叠绕组电刷杆数等于极数。

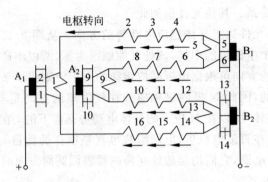

图 3.17 单叠绕组的并联支路图

综上所述,对电枢绕组中的单叠绕组,有以下的特点:

(1) 位于同一个磁极下的各元件串联起来组成了一个支路,即支路对数等于极对数, $a=p$;

(2) 当元件的几何形状对称,电刷放在换向器表面上的位置对准主磁极中心线时, 正、负电刷间感应电动势为最大,被电刷所短路的元件里感应电动势最小;

(3) 电刷杆数等于极数。

电刷在换向器表面上的位置,虽然对准主磁极的中心线,但被电刷所短路的元件,它 的两个元件边仍然位于几何中线处。为了简便起见,今后所谓电刷放在几何中线上,就是 指被电刷所短路的元件,它的元件边位于几何中线处,也就是指图 3.15 所示的情况。对 此,初学者要十分注意。

3.4.2 单波绕组

1. 节距

(1) 第一节距 y_1

其确定原则与单叠绕组的完全一样。

(2) 合成节距 y 和换向器节距 y_K

选择 y_K 时,应使相串联的元件感应电动势同方向。为此,首先应把两个相串联的元 件放在同极性磁极的下面,让它们在空间位置上相距约两个极距;其次,当沿圆周向一个 方向绕了一周,经过 p 个串联的元件后,其末尾所连的换向片 py_K,必须落在与起始的换 向片 1 相邻的位置,才能使第二周继续往下连,即

$$py_K = K \mp 1$$

因此,单波绕组元件的换向器节距为

$$y_K = \frac{K \mp 1}{p}$$

式中正负号的选择,首先要满足 y_K 是一个整数。在满足 y_K 为整数时,一般都取负号。 这种绕组当把每一个元件连成绕组时,连接的顺序是从右向左进行,称左行绕组。 图 3.18 所示就是这种绕组。

合成节距 $y = y_K$。

（3）第二节距 y_2

$$y_2 = y - y_1$$

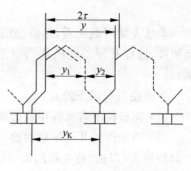

图 3.18 单波绕组的节距

单波绕组各节距如图 3.18 所示，连接后的形状犹如波浪，由此而得名。

2. 单波绕组的展开图

还是举个例子来说明。已知一台直流电机的数据为 $2p = 4$，$Z_e = S = K = 15$，连成单波绕组时的各节距为

$$y_1 = \frac{Z_e}{2p} \pm \varepsilon = \frac{15}{4} + \frac{1}{4} = 4$$

$$y_K = \frac{K \mp 1}{p} = \frac{15 - 1}{2} = 7$$

$$y = y_K = 7$$

$$y_2 = y - y_1 = 7 - 4 = 3$$

图 3.19 是它的展开图。至于磁极、电刷位置及电刷极性判断都与单叠绕组一样。在端接线对称的情况下，电刷中心线仍要对准磁极中心线。

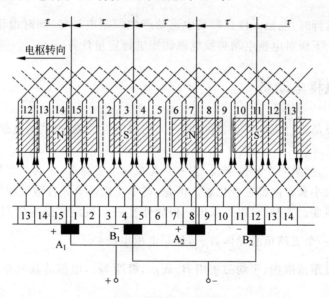

图 3.19 单波绕组的展开图

3. 单波绕组的并联支路图

从图 3.19 中看出，单波绕组是把所有 N 极下的全部元件串联起来组成了一个支路，把所有 S 极下的全部元件串联起来组成了另一支路。由于磁极只有 N、S 之分，所以单波绕组的支路对数 a 与极对数是多少无关，永远为 1，即

$$a = 1$$

单从支路对数来看,单波绕组有两个刷杆就能进行工作。实际使用中,仍然要装上全额刷杆,这样有利于电机换向以及减小换向器轴向尺寸。只有在特殊情况下可以少用刷杆。

单波绕组有以下特点:

(1) 同极性下各元件串联起来组成一个支路,支路对数 $a=1$,与磁极对数 p 无关;

(2) 当元件的几何形状对称时,电刷在换向器表面上的位置对准主磁极中心线,支路电动势最大(即正、负电刷间电动势最大);

(3) 电刷杆数也应等于极数(采用全额电刷)。

从上面分析单叠与单波绕组来看,在电机的极对数(极对数要大于1)、元件数以及导体截面积相同的情况下,单叠绕组并联支路数多,每个支路里的元件数少,适用于较低电压较大电流的电机。对单波绕组,支路对数永远等于1,在总元件数相同的情况下,每个支路里含的元件数较多,所以这种绕组适用于较高电压、较小电流的电机。

实际应用中还有复叠、复波以及混合绕组等,这里不一一介绍。

3.5 电枢电动势与电磁转矩

直流电机运行时,电枢元件在磁场中运动产生切割电动势,同时由于元件中有电流,会受到电磁力。下面对电枢电动势及电磁转矩进行定量计算。

3.5.1 电枢电动势

电枢电动势是指直流电机正、负电刷之间的感应电动势,也就是电枢绕组每个支路里的感应电动势。

电枢旋转时,就某一个元件来说,它一会儿在这个支路里,一会儿在另一个支路里,其感应电动势的大小和方向都在变化着。但是,各个支路所含元件数量相等,各支路的电动势相等且方向不变。于是,可以先求出一根导体在一个极距范围内切割气隙磁密的平均电动势,再乘上一个支路里总导体数 $\frac{z}{2a}$,便是电枢电动势了。

一个磁极极距范围内,平均磁密用 B_{av} 表示,极距为 τ,电枢的轴向有效长度为 l_i,每极磁通为 Φ,则

$$B_{av} = \frac{\Phi}{\tau l_i} \tag{3-7}$$

一根导体的平均电动势为

$$e_{av} = B_{av} l_i v \tag{3-8}$$

线速度 v 可以写成

$$v = 2p\tau \frac{n}{60} \tag{3-9}$$

式中 p 为极对数；

n 为电枢的转速。

式(3-9)代入式(3-8)后，可得

$$e_{av} = 2p\Phi \frac{n}{60} \tag{3-10}$$

导体平均感应电动势 e_{av} 的大小只与导体每秒所切割的总磁通量 $2p\Phi$ 有关，与气隙磁密的分布波形无关。于是当电刷放在几何中线上，电枢电动势为

$$E_a = \frac{z}{2a}e_{av} = \frac{z}{2a} \times 2p\Phi \frac{n}{60}$$

$$= \frac{pz}{60a}\Phi n = C_e\Phi n \tag{3-11}$$

式中 $C_e = \frac{pz}{60a}$ 是一个常数，称电动势常数。

如果每极磁通 Φ 的单位为 Wb，转速 n 的单位为 r/min，则感应电动势 E_a 的单位为 V。

从式(3-11)看出，已经制造好的电机，它的电枢电动势正比于每极磁通 Φ 和转速 n。

例题 3-3 已知一台 10kW、4 极、2850r/min 的直流发电机，电枢绕组是单波绕组，整个电枢总导体数为 372。当发电机发出的电动势 $E_a = 250V$ 时，求这时气隙每极磁通量 Φ。

解 已知这台直流电机的极对数 $p=2$，单波绕组的并联支路对数 $a=1$，于是可以算出系数

$$C_e = \frac{pz}{60a} = \frac{2 \times 372}{60 \times 1} = 12.4$$

根据感应电动势公式 $E_a = C_e\Phi n$，气隙每极磁通 Φ 为

$$\Phi = \frac{E_a}{C_e n} = \frac{250}{12.4 \times 2850} = 70.7 \times 10^{-4} \text{Wb}$$

3.5.2 电磁转矩

先求一根导体所受的平均电磁力。根据载流导体在磁场里的受力原理，一根导体所受的平均电磁力为

$$f_{av} = B_{av}l_i i_a \tag{3-12}$$

式中 $i_a = \frac{I_a}{2a}$ 为导体里流过的电流；其中，I_a 为电枢总电流，a 为支路对数。

一根导体所受平均电磁力 f_{av} 乘以电枢的半径 $D/2$ 即为转矩 T_1，即

$$T_1 = f_{av}\frac{D}{2} \tag{3-13}$$

式中 $D = \frac{2p\tau}{\pi}$ 为电枢的直径。

总电磁转矩用 T 表示，则

$$T = B_{av}l_i \frac{I_a}{2a}z \frac{D}{2} \tag{3-14}$$

把 $B_{av} = \frac{\Phi}{\tau l_i}$ 代入式(3-14),得

$$T = \frac{pz}{2a\pi}\Phi I_a = C_t \Phi I_a \tag{3-15}$$

式中 $C_t = \frac{pz}{2a\pi}$ 为常数,称为转矩常数。

如果每极磁极 Φ 的单位为 Wb,电枢电流的单位为 A,则电磁转矩 T 的单位为 N·m。

由电磁转矩表达式看出,直流电动机制成后,它的电磁转矩的大小正比于每极磁通和电枢电流。

电动势常数 $C_e = \frac{pz}{60a}$,转矩常数 $C_t = \frac{pz}{2a\pi} = 9.55C_e$。

例题 3-4 已知一台四极直流电动机额定功率为 100kW,额定电压为 330V,额定转速为 730r/min,额定效率为 0.915,单波绕组,电枢总导体数为 186,额定每极磁通为 6.98×10^{-2}Wb,求额定电磁转矩。

解 转矩常数

$$C_t = \frac{pz}{2a\pi} = \frac{2\times186}{2\times1\times3.1416} = 59.2$$

额定电流

$$I_N = \frac{P_N}{U_N\eta_N} = \frac{100\times10^3}{330\times0.915} = 331A$$

额定电磁转矩

$$T_N = C_t\Phi_N I_N = 59.2\times6.98\times10^{-2}\times331 = 1367.7 N\cdot m$$

上面分析了电枢电动势和电磁转矩的大小,它们的方向分别用右手定则和左手定则确定。图 3.2 所示直流发电机物理模型中,转速 n 的方向是原动机拖动的方向,从电刷 B 指向电刷 A 的方向就是电枢电动势的实际方向,对外电路来说,电刷 A 为高电位,电刷 B 为低电位,分别可用正、负号表示。再用左手定则判断一下电磁转矩的方向,电流与电动势方向一致,显然导体 ab 受力向右,导体 cd 受力向左,电磁转矩的方向与转速方向相反,亦与原动机输入转矩方向相反。电磁转矩与转速方向相反,是制动性转矩。下面再分析一下图 3.3 所示直流电动机的情况:电刷 A 接电源的正极,电刷 B 接负极,电流方向与电压一致。导体受力产生的电磁转矩是逆时针方向的,故转子转速也是逆时针方向的,电磁转矩是拖动性转矩。用右手定则判断一下电枢电动势方向,导体 ab 中电动势方向从 b 到 a,导体 cd 中电动势方向从 d 到 c,电枢电动势从电刷 B 到电刷 A,恰好与电流或电压的方向相反。

电枢电动势的方向由电机的转向和主磁场方向决定,其中只要有一个方向改变,电动势方向也就随之改变了,但两个方向同时改变时,电动势方向不变。电磁转矩的方向由电枢的转向和电流方向决定,同样,只要改变其中一个的方向,电磁转矩方向将随之改变,但两个方向同时改变,电磁转矩方向不变。对各种励磁方式的直流电动机或发电机,要改变

它们的转向或电压方向,都要加以考虑。

3.5.3 直流电机的电枢反应

前边介绍的是直流电机空载运行时的磁场,但是,当电机带上负载后,比如电动机拖动生产机械运行或发电机发出电功率,情况就会有变化。电机负载运行,电枢绕组中就有电流,电枢电流也产生磁通势,叫电枢磁通势。电枢磁通势的出现,必然会影响空载时只有励磁磁通势单独作用的磁场,有可能改变气隙磁密分布情况及每极磁通量的大小。这种现象称为电枢反应。电枢磁通势也称为电枢反应磁通势。

直流电机负载运行时,电刷在几何中线上,在一个磁极下电枢导体的电流都是一个方向,相邻的不同极性的磁极下,电枢导体电流方向相反。在电枢电流产生的电枢反应磁通势作用下,电机的电枢反应磁场如图3.20所示。电枢是旋转的,但是电枢导体中电流分布情况不变,因此电枢磁通势的方向是不变的,相对静止。电枢反应磁场的轴线与电刷轴线重合,与励磁磁通势产生的主磁场相互垂直。

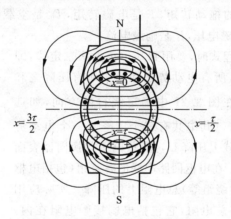

图3.20 电枢磁通势产生的磁力线

当直流电机负载运行时,电机内的磁通势由励磁磁通势与电枢反应磁通势两部分合成,电机内的磁场也由主磁极磁场和电枢反应磁场合成。下面分析一下合成的磁场的情况。

由于主磁极磁场和电枢反应磁场两者垂直,由它们合成的磁场轴线必然不在主磁极中心线上,而发生了磁场歪扭,气隙磁密过零的地方偏离了几何中线。

把图3.10(c)和图3.20所示的这两个磁场合成时,每个主磁极下,半个磁极范围内两磁场磁力线方向相同,另半个磁极范围内两磁场磁力线方向相反。假设电机磁路不饱和,可以直接把磁密相加减,这样,半个磁极范围内合成磁场磁密增加的数值与另半个磁极范围内合成磁场磁密减少的数值相等,合成磁密的平均值不变,每极磁通的大小不变。若电机的磁路饱和,合成磁场的磁密不能用磁密直接加减,而是应找出作用在气隙上的合成磁通势,再根据磁化特性求出磁密来。实际上直流电机空载工作点通常取在磁化特性的拐弯处,磁通势增加,磁密增加得很少,磁通势减少,磁密跟着减少。因此,造成了半个磁极范围内合成磁密增加得少,而半个磁极范围内合成磁密减少得多,使一个磁极下平均磁密减少了。可见,因磁路的饱和,电枢反应使每极总磁通减少,称为电枢反应的去磁效应。

3.6 直流发电机

3.6.1 直流发电机稳态运行时的基本方程式

在列写直流电机运行时的基本方程式之前,各有关物理量,例如电压、电流、磁通、转速、转矩等,都应事先规定好正方向。正方向的选择是任意的,但是一经选定就不要再改变。有了正方向后,各有关物理量都变成代数量,即各量有正、有负。这就是说,各有关物理量如果其瞬时实际方向与它的规定正方向一致,就为正,否则为负。

图 3.21 标出了直流发电机各量的正方向。图中 U 是电机负载两端的端电压,I_a 是电枢电流,T_1 是原动机的拖动转矩,T 是电磁转矩,T_0 是空载转矩,n 是电机电枢的转速,Φ 是主磁通,U_f 是励磁电压,I_f 是励磁电流。

在列写电枢回路方程式时,要用到基尔霍夫第二定律,即对任一有源的闭合回路,所有电动势之和等于所有压降之和 $(\sum E = \sum U)$。首先在图 3.21 中确定绕行的方向,如选图 3.21 中虚线方向绕行。其中共有三个压降及一个电动势 E_a。这三个压降是:负载上压降 U,正、负电刷与换向器表面的接触压降,电枢电流 I_a 在电枢回路串联的各绕组(包括电枢绕组、换向极绕组和补偿绕组等)总电阻上的压降。实际应用中,用 R_a 代表电枢回路总电阻,它包括电刷接触电阻在内。电枢回路方程式可写成

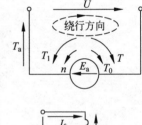

图 3.21 发电机惯例

$$E_a = U + I_a R_a \tag{3-16}$$

电枢电动势为

$$E_a = C_e \Phi n \tag{3-17}$$

电磁转矩为

$$T = C_t \Phi I_a \tag{3-18}$$

直流发电机在稳态运行时,电机的转速为 n,作用在电枢上的转矩共有三个:一个是原动机输入给发电机转轴上的转矩 T_1;一个是电磁转矩 T;还有一个是电机的机械摩擦以及铁损耗引起的转矩,叫空载转矩,用 T_0 表示。空载转矩 T_0 是一个制动性的转矩,即永远与转速 n 的方向相反。根据图 3.21 所示各转矩的正方向,可以写出稳态运行时转矩关系式为

$$T_1 = T + T_0 \tag{3-19}$$

并励或他励发电机的励磁电流

$$I_\mathrm{f} = \frac{U_\mathrm{f}}{R_\mathrm{f}} \tag{3-20}$$

式中 U_f 为励磁绕组的端电压(他励时,为给定值;并励时,$U_\mathrm{f}=U$);

R_f 为励磁回路总电阻。

气隙每极磁通为

$$\varPhi = f(I_\mathrm{f}, I_\mathrm{a}) \tag{3-21}$$

由空载磁化特性和电枢反应而定。

式(3-16)~式(3~21)是分析直流发电机稳态运行的基本方程式。

上述的六个方程式中,式(3-16)~式(3-19)使用较多,而式(3-21)中由于磁路的非线性,一般用磁化特性曲线来代替。

3.6.2 功率关系

下面分析直流发电机稳态运行时的功率关系。把式(3-16)乘以电枢电流 I_a 得

$$E_\mathrm{a}I_\mathrm{a} = UI_\mathrm{a} + I_\mathrm{a}^2 R_\mathrm{a} = P_2 + p_\mathrm{Cua} \tag{3-22}$$

式中 $P_2 = UI_\mathrm{a}$ 为直流发电机输给负载的电功率;

$p_\mathrm{Cua} = I_\mathrm{a}^2 R_\mathrm{a}$ 为电枢回路总铜损耗,包括电枢回路所有相串联的绕组以及电刷与换向器表面电损耗在内。

把式(3-19)乘以电枢机械角速度 $\varOmega$,得

$$T_1\varOmega = T\varOmega + T_0\varOmega$$

写成

$$P_1 = P_\mathrm{M} + p_0 \tag{3-23}$$

式中 $P_1 = T_1\varOmega$ 为原动机输给发电机的机械功率;

$P_\mathrm{M} = T\varOmega$ 称为电磁功率;

$p_0 = T_0\varOmega = p_\mathrm{m} + p_\mathrm{Fe}$ 为发电机空载损耗功率,其中 p_m 为发电机机械摩擦损耗,p_Fe 为铁损耗。

所谓铁损耗是指电枢铁心在磁场中旋转时,硅钢片中的磁滞与涡流损耗。这两种损耗与磁密大小以及交变频率有关。当电机的励磁电流和转速不变时,铁损耗也几乎不变。

机械摩擦损耗包括轴承摩擦、电刷与换向器表面摩擦,电机旋转部分与空气的摩擦以及风扇所消耗的功率。这个损耗与电机的转速有关。当转速固定时,它几乎也是常数。

从式(3-23)中看出,原动机输给发电机的机械功率 P_1 分成两部分:一部分供给发电机的空载损耗 p_0;一部分转变为电磁功率 P_M。或者说,输入给发电机的功率 P_1 中,扣除空载损耗 p_0 后,都转变为电磁功率 P_M。值得注意的是,式(3-23)中 $P_\mathrm{M} = T\varOmega$ 虽然叫做电磁功率,但仍属于机械性质的功率。

下面分析这部分具有机械功率性质,而叫做电磁功率的 $P_\mathrm{M} = T\varOmega$ 究竟传送到哪里。为了清楚起见,进行下面的推导:

$$P_\mathrm{M} = T\varOmega = \frac{pz}{2a\pi}\varPhi I_\mathrm{a}\frac{2\pi n}{60} = \frac{pz}{60a}\varPhi n I_\mathrm{a} = E_\mathrm{a}I_\mathrm{a} \tag{3-24}$$

从上式中可看出,电动势 E_a 与电枢电流 I_a 的乘积显然是电功率,当然 $E_a I_a$ 也叫做电磁功率。电机在发电机状态运行时,具有机械功率性质而叫做电磁功率的 $T\Omega$ 转变为电功率 $E_a I_a$ 后输出给负载。这就是直流发电机中,由机械能转变为电能用功率表示的关系式。

综合以上功率关系,可得

$$P_1 = P_M + p_0 = P_2 + p_{Cua} + p_m + p_{Fe} \tag{3-25}$$

图 3.22 给出他励直流发电机功率流程,以及励磁功率 p_{Cuf}。在他励时,p_{Cuf} 应由其他直流电源供给;并励时,p_{Cuf} 应由发电机本身供给。励磁功率也就是励磁损耗,它包括励磁绕组的铜损耗和励磁回路外串电阻中的损耗。

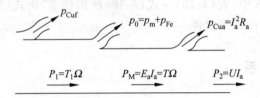

图 3.22　他励直流发电机的功率流程

总损耗为

$$\sum p = p_{Cuf} + p_m + p_{Fe} + p_{Cua} + p_S$$

式中　p_S 是前几项损耗中没有考虑到而实际又存在的杂散损耗,称为附加损耗。如果是他励直流发电机,总损耗 $\sum p$ 中不包括励磁损耗 p_{Cuf}。

附加损耗又叫杂散损耗。例如电枢反应把磁场扭歪,从而使铁损耗增大;电枢齿槽的影响造成磁场脉动引起极靴及电枢铁心的损耗增大等等。此损耗一般不易计算,对无补偿绕组的直流电机,按额定功率的 1% 估算;对有补偿绕组的直流电机,按额定功率的 0.5% 估算。

发电机的效率为

$$\eta = \frac{P_2}{P_1} = 1 - \frac{\sum p}{P_2 + \sum p} \tag{3-26}$$

额定负载时,直流发电机的效率与电机的容量有关。10kW 以下的小型电机,效率约为 75%～85%;10～100kW 的电机,效率约为 85%～90%;100～1000kW 的电机,效率约为 88%～93%。

例题 3-5　一台额定功率 $P_N = 20$kW 的并励直流发电机,它的额定电压 $U_N = 230$V,额定转速 $n_N = 1500$r/min,电枢回路总电阻 $R_a = 0.156\Omega$,励磁回路总电阻 $R_f = 73.3\Omega$。已知机械损耗和铁损耗 $p_m + p_{Fe} = 1$kW,求额定负载情况下各绕组的铜损耗、电磁功率、总损耗、输入功率及效率。(计算过程中,令 $P_2 = P_N$,附加损耗 $p_S = 0.01 P_N$。)

解　先计算额定电流

$$I_N = \frac{P_N}{U_N} = \frac{20 \times 10^3}{230} = 86.96A$$

励磁电流

$$I_f = \frac{U_N}{R_f} = \frac{230}{73.3} = 3.14\text{A}$$

电枢绕组电流

$$I_a = I_N + I_f = 86.96 + 3.14 = 90.1\text{A}$$

电枢回路铜损耗

$$p_{Cua} = I_a^2 R_a = 90.1^2 \times 0.156 = 1266\text{W}$$

励磁回路铜损耗

$$p_{Cuf} = I_f^2 R_f = 3.14^2 \times 73.3 = 723\text{W}$$

电磁功率

$$P_M = E_a I_a = P_2 + p_{Cua} + p_{Cuf}$$
$$= 20000 + 1266 + 723 = 21989\text{W}$$

总损耗

$$\sum p = p_{Cua} + p_{Cuf} + p_m + p_{Fe} + p_S$$
$$= 1266 + 723 + 1000 + 0.01 \times 20000 = 3189\text{W}$$

输入功率

$$P_1 = P_2 + \sum p = 20000 + 3189 = 23189\text{W}$$

效率

$$\eta = \frac{P_2}{P_1} = \frac{20000}{23189} = 86.25\%$$

3.7 直流电动机运行原理

从原理上讲,一台电机无论是直流电机还是交流电机,都是在某一种条件下作为发电机运行,而在另一种条件下却作为电动机运行,并且这两种运行状态可以相互转换,称为电机的可逆原理。

下面以他励直流电机为例来说明可逆原理。一台他励直流发电机在直流电网上并联运行,电网电压 U 保持不变,电机中各物理量的正方向仍为图 3.21 所示的发电机惯例。

根据前面分析,发电机运行时,电机的功率关系和转矩关系分别为

$$P_1 = P_M + p_0$$
$$T_1 = T + T_0$$

这时直流电机把输入的机械功率转变为电功率输送给电网。

如果保持这台发电机的励磁电流不变,仅改变它的输入机械功率 P_1,例如让 $P_1 = 0$,这就是说转矩 T_1 为零了,在刚开始的瞬间,因整个机组有转动惯量 J,电机的转速来不及变化,因此,E_a,I_a,T 都不能立即变化,这时,作用在电机转轴上仅剩下两个制动性的转矩 T 和 T_0 了,于是电机的转速 n 就要下降。这时电机的转矩关系为

$$-T - T_0 = J \frac{d\Omega}{dt}$$

从上式看出,这时的 $d\Omega/dt$ 为负,即 $d\Omega/dt$ 的方向与电磁转矩 T 的方向一致,且与 Ω 的方向相反,所以为减速状态,电机的转速 n 要下降。从式(3-16)、式(3-19)和式(3-20)中看出,E_a,I_a 和 T 都要下降。如果转速 n 降到某一数值 n_0 时,$E_{a0}=C_e\Phi n_0=U$,根据式(3-16)知道,电枢电流 $I_a=0$,输出的电功率 $P_2=UI_a=0$。这就是说,直流发电机已不再向电网输出电功率,并且作用在电枢上的电磁转矩 T 也等于零。但是,由于电机尚存在着空载转矩 T_0,电机的转速 n 还要继续下降。当这台直流发电机的转速 n 下降到 $n<n_0$ 后,电机的工作状况就要发生本质的变化。此时 $E_a<U$,由式(3-16)知道,电枢电流 I_a 为负值。负的电枢电流表示图3.21所示的直流电机由原来向直流电网发出电功率变为从直流电网吸收电功率,即 $UI_a<0$。当然,电枢电流 I_a 变为负,从式(3-15)知道,电磁转矩 T 也就变为负。从图3.21规定的正方向来看,负的电磁转矩 T 说明它的作用方向改变,从原来与转速 n 方向相反,变成方向相同,这时电磁转矩 T 不再是制动性转矩,而是拖动性转矩了。当转速降低到某一数值时,产生的电磁转矩 T 等于空载转矩 T_0,即 $|T|-T_0=0$,转速 n 就不再降低,维持恒速运行,这时 $\dfrac{d\Omega}{dt}=0$。由于 $P_2=UI_a<0$(表示直流电机已从电网吸收电功率)以及电磁功率 $P_M=E_aI_a=T\Omega<0$(表示吸收的电功率转变为机械功率输出),说明这种状态的直流电机已经不是发电机而是电动机的运行状态。如果在电机轴上,另外带上机械负载,它的转矩大小为 T_1,方向与转速 n 方向相反,则转速还会再降低一些,I_a,T 的绝对值就会进一步增大,使得轴上转矩平衡,电机作为电动机恒速运转。显然,这时在电机的轴上输出机械功率。

同样,上述的物理过程还可以反过来,这就是直流电机的可逆原理。

3.7.1 他励直流电动机稳态运行的基本方程式

从以上分析知道,直流电动机运行状态完全符合前面介绍过的发电机的基本方程式,只是运行在电动机状态时,所得出的电枢电流 I_a、电磁转矩 T、原动机输入功率 P_1、电机输出的电功率 P_2 以及电磁功率 P_M 等都是负值,这样计算很不方便。为了方便起见,当作为直流电动机运行时,对于各物理量的正方向重新规定,即由发电机惯例改成为电动机惯例。发电机惯例中轴上输入的机械转矩 T_1 改用 T_2,T_2 为轴上输出的转矩;电动机空载转矩 T_0 与轴上转矩 T_2 加在一起为负载转矩 T_L。他励直流电动机各物理量采用电动机惯例时的正方向如图3.23所示。这种正方向下,如果 UI_a 乘积为正,就是向电机送入电功率;T 和 n 都为正,电磁转矩就是拖动性转矩;输出转矩 T_2 为正,电机轴上带的是制动性的阻转矩,这些显然不同于采用发电机惯例。

在采用电动机惯例前提下,稳态运行时,他励直流电动机的基本方程式为

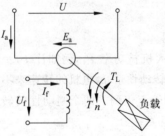

图3.23 电动机惯例

$$E_a=C_e\Phi n$$
$$U=E_a+I_aR_a \tag{3-27}$$
$$T=C_t\Phi I_a$$
$$T=T_2+T_0=T_L \tag{3-28}$$

$$I_f = \frac{U_f}{R_f}$$

$$\Phi = f(I_f, I_a)$$

以上六个方程式中前四个最为重要,是分析他励直流电动机各种特性的依据。在分析稳态运行时,负载转矩 T_L 是已知量。当电机的参数确定后,稳态运行时各物理量的大小及方向都取决于负载,负载变化,各物理量随之改变。具体分析如下,稳态运行时,电磁转矩一定与负载转矩大小相同,方向相反,即 $T = T_L$,T_L 为已知,T 也为定数。在每极磁通 Φ 为常数的前提下,$T = C_t \Phi I_a$,电枢电流 I_a 大小决定于负载转矩,即 $I_a = \frac{T_L}{C_t \Phi}$,$I_a$ 也称为负载电流。I_a 由电源供给,电压 U、电枢回路电阻 R_a 是确定的,电枢电动势 $E_a = U - I_a R_a$ 也就确定了。而 $E_a = C_e \Phi n$,由此电机转速 n 也就确定了。这就是说,负载确定后,电机的电枢电流及转速等相应地全为定值。

还应该特别提醒的是,采用哪一种正方向惯例,都不影响对电机运行状态的分析。采用发电机惯例时,电机可能运行在发电机状态,也可能运行在电动机状态或其他状态。运行状态取决于负载的性质及电机的参数(电压、励磁电流或每极磁通、电枢回路串入电阻等)。当然,采用电动机惯例时也是这样。

后面分析电力拖动系统运行状态及功率关系时,都采用电动机惯例,式(2-1)就是依此惯例列写的转动方程。

3.7.2 他励直流电动机的功率关系

把电压方程式(3-27)两边都乘以 I_a,得到

$$UI_a = E_a I_a + I_a^2 R_a$$

改写成

$$P_1 = P_M + p_{Cua}$$

式中 $P_1 = UI_a$ 为从电源输入的电功率;

$P_M = E_a I_a$ 为电磁功率(指电功率向机械功率转换);

p_{Cua} 为电枢回路总的铜损耗。

把式(3-28)两边都乘以机械角速度 Ω,得

$$T\Omega = T_2 \Omega + T_0 \Omega$$

改写成

$$P_M = P_2 + p_0$$

式中 $P_M = T\Omega$ 为电磁功率;

$P_2 = T_2 \Omega$ 为转轴上输出的机械功率;

$p_0 = T_0 \Omega$ 为空载损耗,包括机械摩擦损耗 p_m 和铁损耗 p_{Fe}。

他励直流电动机稳态运行时的功率关系如图 3.24 所示。图中,p_{Cuf} 为励磁损耗。如

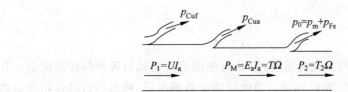

图 3.24　他励直流电动机的功率流程

为并励电动机,应由同一电源供给。

他励时,总损耗

$$\sum p = p_{Cua} + p_0 + p_S = p_{Cua} + p_{Fe} + p_m + p_S$$

如为并励电动机,在总损耗 $\sum p$ 中还应包括励磁损耗 p_{Cuf}。

电动机的效率

$$\eta = 1 - \frac{\sum p}{P_2 + \sum p}$$

式中 P_2 为电动机转轴上的输出功率。

例题 3-6　一台四极他励直流电机,电枢采用单波绕组,电枢总导体数 $z=372$,电枢回路总电阻 $R_a = 0.208\Omega$。当此电机运行在电源电压 $U = 220$V,电机的转速 $n = 1500$r/min,气隙每极磁通 $\Phi = 0.011$Wb,此时电机的铁损耗 $p_{Fe} = 362$W,机械摩擦损耗 $p_m = 204$W(忽略附加损耗)。

(1) 该电机运行在发电机状态,还是电动机状态?

(2) 电磁转矩是多少?

(3) 输入功率和效率各是多少?

解　(1) 先计算电枢电势 E_a。已知单波绕组的并联支路对数 $a=1$,所以

$$E_a = \frac{pz}{60a}\Phi n = \frac{2 \times 372}{60 \times 1} \times 0.011 \times 1500 = 204.6\text{V}$$

按图 3.21 发电机惯例,电枢回路方程式为

$$E_a = U + I_a R_a$$

于是

$$I_a = \frac{E_a - U}{R_a} = \frac{204.6 - 220}{0.208} = -74\text{A}$$

根据发电机惯例,并知道 $UI_a < 0$,$E_a I_a < 0$,所以电机运行于电动机状态。

下面改用电动机惯例进行计算。

(2) 电磁转矩

$$T = \frac{P_M}{\Omega} = \frac{E_a I_a}{\frac{2\pi n}{60}} = \frac{204.6 \times 74}{\frac{2\pi \times 1500}{60}} = 96.38\text{N} \cdot \text{m}$$

（3）输入功率

$$P_1 = UI_a = 220 \times 74 = 16280W$$

输出功率

$$P_2 = P_M - p_{Fe} - p_m = 204.6 \times 74 - 362 - 204 = 14574W$$

总损耗

$$\sum p = P_1 - P_2 = 16280 - 14574 = 1706W$$

效率

$$\eta = \frac{P_2}{P_1} = 1 - \frac{\sum p}{P_1} = 1 - \frac{1706}{16280} = 89.5\%$$

例题 3-7　一台并励直流电动机，$P_N = 96kW$，$U_N = 440V$，$I_N = 255A$，$I_{fN} = 5A$，$n_N = 500r/min$，电枢回路总电阻 $R_a = 0.078\Omega$，忽略电枢反应的影响，试求：

（1）额定输出转矩；

（2）在额定电流时的电磁转矩。

解　（1）额定输出转矩

$$T_{2N} = \frac{P_N}{\Omega} = 9.55 \frac{P_N}{n_N} = 9.55 \times \frac{96 \times 10^3}{500}$$
$$= 1833.5N \cdot m$$

（2）额定电流时的电磁转矩

$$I_a = I_N - I_{fN} = 255 - 5 = 250A$$
$$E_{aN} = U_N - I_a R_a = 440 - 250 \times 0.078 = 420.5V$$
$$P_M = E_a I_a = 420.5 \times 250 = 105125W$$
$$T = \frac{P_M}{\Omega} = \frac{P_M}{\frac{2\pi n_N}{60}} = \frac{105125}{\frac{2\pi \times 500}{60}} = 2008N \cdot m$$

3.7.3　直流电动机的工作特性

1. 转速特性

当 $U = U_N$，$I_f = I_{fN}$ 时，$n = f(I_a)$ 的关系就称为转速特性。额定励磁电流 I_{fN} 的定义是，当电动机电枢两端加额定电压 U_N，拖动额定负载，即 $I_a = I_{aN}$，转速也为额定值 n_N 时的励磁电流。

把式(3-11)代入式(3-27)，整理后得

$$n = \frac{U_N}{C_e\Phi_N} - \frac{R_a}{C_e\Phi_N}I_a \tag{3-29}$$

这就是他励电动机的转速特性公式。

如果忽略电枢反应的影响，当 I_a 增加时，转速 n 要下降。不过，因 R_a 较小，转速 n 下降

得不多,见图 3.25。如果考虑电枢反应有去磁效应,转速有可能要上升,设计电机时要注意这个问题,因为转速 n 要随着电流 I_a 的增加略微下降才能稳定运行。

2. 转矩特性

当 $U=U_N$,$I_f=I_{fN}$ 时,$T=f(I_a)$ 的关系叫转矩特性。

从式(3-15)看出,当气隙每极磁通为额定值 Φ_N 时,电磁转矩 T 与电枢电流 I_a 成正比。如果考虑电枢反应有去磁效应,随着 I_a 的增大,T 要略微减小,如图 3.25 所示。

3. 效率特性

当 $U=U_N$,$I_f=I_{fN}$ 时,$\eta=f(I_a)$ 的关系叫效率特性。

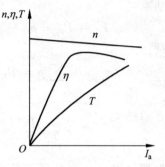

图 3.25 他励直流电动机的工作特性

总损耗 $\sum p$ 中,空载损耗 $p_0=p_{Fe}+p_m$ 不随负载电流 I_a 的变化而发生变化,电枢回路总铜耗 p_{Cua} 随 I_a^2 成正比变化,所以 $\eta=f(I_a)$ 的曲线如图 3.25 所示。负载电流 I_a 从零开始增大时,效率 η 逐渐增大;当 I_a 增大到一定程度后,效率 η 又逐渐减小了。直流电动机效率约为 $0.75\sim0.94$,容量大的效率高。

3.8 他励直流电动机的机械特性

3.8.1 机械特性的一般表达式

他励直流电动机机械特性是指电动机加上一定的电压 U 和一定的励磁电流 I_f 时,电磁转矩与转速之间的关系,即 $n=f(T)$。为了推导机械特性的一般公式,在电枢回路中串入另一电阻 R。

把式 $I_a=\dfrac{T}{C_t\Phi}$ 代入转速特性公式中,得

$$n=\frac{U-I_a(R_a+R)}{C_e\Phi}$$
$$=\frac{U}{C_e\Phi}-\frac{R_a+R}{C_eC_t\Phi^2}T$$
$$=n_0-\beta T \tag{3-30}$$

式中 $n_0=\dfrac{U}{C_e\Phi}$ 称为理想空载转速;

$\beta=\dfrac{R_a+R}{C_eC_t\Phi^2}$ 为机械特性的斜率。

式(3-30)为他励直流电动机机械特性的一般表达式。

3.8.2 固有机械特性

当电枢两端加额定电压、气隙每极磁通量为额定值、电枢回路不串电阻时,即

$$U = U_N, \quad \Phi = \Phi_N, \quad R = 0$$

这种情况下的机械特性,称为固有机械特性。其表达式为

$$n = \frac{U_N}{C_e\Phi_N} - \frac{R_a}{C_eC_t\Phi_N^2}T \tag{3-31}$$

固有机械特性曲线如图 3.26 所示。

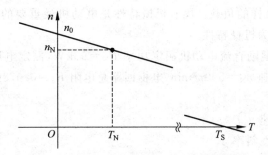

图 3.26 他励直流电动机固有机械特性

他励直流电动机固有机械特性具有以下几个特点。

(1) 电磁转矩 T 越大,转速 n 越低,其特性是一条下斜直线。原因是 T 增大,电枢电流 I_a 与 T 成正比关系,I_a 也增大;电枢电动势 $E_a = C_e\Phi_N n = U_N - I_aR_a$,$E_a$ 则减小,转速 n 降低。

(2) 当 $T = 0$ 时,$n = n_0 = \dfrac{U_N}{C_e\Phi_N}$ 为理想空载转速。此时 $I_a = 0$,$E_a = U_N$。

(3) 斜率 $\beta = \dfrac{R_a}{C_eC_t\Phi_N^2}$,其值很小,特性较平,习惯上称为硬特性,转矩变化时,转速变化较小。斜率 β 大时的特性则称为软特性。

(4) 当 $T = T_N$ 时,$n = n_N$,转速差 $\Delta n_N = n_0 - n_N = \beta T_N$ 为额定转速差。一般 n_N 约为 $0.95n_0$,而 Δn_N 约为 $0.05n_0$,这是硬特性的数量体现。

(5) $n = 0$,即电动机启动时,$E_a = C_e\Phi_N n = 0$,此时电枢电流 $I_a = \dfrac{U_N}{R_a} = I_S$,称为启动电流;电磁转矩 $T = C_t\Phi_N I_S = T_S$,称为启动转矩。由于电枢电阻 R_a 很小,I_S 和 T_S 都比额定值大很多。若 $\Delta n_N = 0.05n_0$,则 $\dfrac{R_a}{C_eC_t\Phi_N^2}T_N = \dfrac{R_a}{C_e\Phi_N}I_N = 0.05\dfrac{U_N}{C_e\Phi_N}$,即 $R_aI_N = 0.05U_N$,$I_N = 0.05\dfrac{U_N}{R_a}$,启动电流 $I_S = 20I_N$,启动转矩 $T_S = 20T_N$。这样大的启动电流和启动转矩会烧坏换向器。

以上分析的是机械特性在第 I 象限的情况,在第 I 象限中,$0 < T < T_S$,$n_0 > n > 0$,$U_N > E_a > 0$。

(6) $T > T_S$,$n < 0$。若 $T > T_S$,则 $I_a > I_S$,即 $I_a = \dfrac{U_N - E_a}{R_a} > I_S = \dfrac{U_N}{R_a}$,$U_N - E_a > U_N$,成立的条件只能是 $E_a < 0$,也就是 $n < 0$,机械特性在第 IV 象限。

(7) $T < 0$,$n > n_0$。这种情况是电磁转矩实际方向与转速相反,由拖动性变为制动性,这时 $I_a < 0$,因此 $E_a = U_N - I_a R_a > U_N$,转速 $n > n_0$,机械特性在第 II 象限。实际上,这时候他励直流电动机的电磁功率 $P_M = E_a I_a = T\Omega < 0$,输入功率 $P_1 = U_N I_a < 0$,工作在发电机状态。

他励直流电动机固有机械特性是一条斜直线,跨越三个象限,特性较硬。机械特性只表征电动机电磁转矩和转速之间的函数关系,是电动机本身的能力,至于电动机具体运行状态,还要看拖动什么样的负载。固有机械特性是电动机最重要的特性,在此基础上,很容易得到电动机的人为机械特性。

例题 3-8 一台他励直流电动机额定功率 $P_N = 96\text{kW}$,额定电压 $U_N = 440\text{V}$,额定电流 $I_N = 250\text{A}$,额定转速 $n_N = 500\text{r/min}$,电枢回路总电阻 $R_a = 0.078\Omega$,忽略电枢反应的影响,求:

(1) 理想空载转速 n_0;

(2) 固有机械特性斜率 β。

解 (1) 电动机的

$$C_e \Phi_N = \frac{U_N - I_N R_a}{n_N} = \frac{440 - 250 \times 0.078}{500} = 0.841$$

理想空载转速

$$n_0 = \frac{U_N}{C_e \Phi_N} = \frac{440}{0.841} = 523.2\text{r/min}$$

(2) 电动机的

$$C_t \Phi_N = 9.55 C_e \Phi_N = 9.55 \times 0.841 = 8.03$$

斜率

$$\beta = \frac{R_a}{C_e \Phi_N C_t \Phi_N} = \frac{0.078}{0.841 \times 8.03} = 0.0116$$

例题 3-9 某他励直流电动机额定功率 $P_N = 22\text{kW}$,额定电压 $U_N = 220\text{V}$,额定电流 $I_N = 115\text{A}$,额定转速 $n_N = 1500\text{r/min}$,电枢回路总电阻 $R_a = 0.1\Omega$,忽略空载转矩 T_0,电动机拖动恒转矩负载 $T_L = 0.85T_N$(T_N 为额定电磁转矩)运行,求稳定运行时电动机转速、电枢电流及电动势。

解 电动机的

$$C_e \Phi_N = \frac{U_N - I_N R_a}{n_N} = \frac{220 - 115 \times 0.1}{1500} = 0.139$$

理想空载转速

$$n_0 = \frac{U_N}{C_e \Phi_N} = \frac{220}{0.139} = 1582.7\text{r/min}$$

额定转速差

$$\Delta n_N = n_0 - n_N = 1582.7 - 1500 = 82.7 \text{r/min}$$

负载时转速差

$$\Delta n = \beta T_L = \beta \times 0.85 T_N = 0.85 \Delta n_N$$

$$= 0.85 \times 82.7 = 70.3 \text{r/min}$$

电机运行转速

$$n = n_0 - \Delta n = 1582.7 - 70.3 = 1512.4 \text{r/min}$$

电枢电流

$$I_a = \frac{T_L}{C_t \Phi_N} = \frac{0.85 T_N}{C_t \Phi_N} = 0.85 I_N$$

$$= 0.85 \times 115 = 97.75 \text{A}$$

电枢电动势

$$E_a = C_e \Phi_N n = 0.139 \times 1512.4 = 210.2 \text{V}$$

或

$$E_a = U_N - I_a R_a = 220 - 97.75 \times 0.1 = 210.2 \text{V}$$

3.8.3 人为机械特性

他励直流电动机的电压、励磁电流、电枢回路电阻大小等改变后,其对应的机械特性称为人为机械特性。主要人为机械特性有三种。

1. 电枢回路串电阻的人为机械特性

电枢加额定电压U_N,每极磁通为额定值Φ_N,电枢回路串入电阻R后,机械特性表达式为

$$n = \frac{U_N}{C_e \Phi_N} - \frac{R_a + R}{C_e C_t \Phi_N^2} T \tag{3-32}$$

电枢串入电阻(R)值不同时的人为机械特性如图3.27所示。

显然,理想空载转速$n_0 = \dfrac{U_N}{C_e \Phi_N}$,与固有机械特性的$n_0$相同,斜率$\beta = \dfrac{R_a + R}{C_e C_t \Phi_N^2}$与电枢回路电阻有关,串入的阻值越大,特性越倾斜。

电枢回路串电阻的人为机械特性是一组放射形直线,都过理想空载转速点。

电枢回路串电阻后,若电磁转矩T为常数,$\Delta n \propto \beta \propto (R_a + R)$,利用这个比例关系,可以从已知的$\Delta n$求出电枢串入的电阻值,也可反过来计算。

2. 改变电枢电压的人为机械特性

保持每极磁通为额定值不变,电枢回路不串电阻,只改变电枢电压时,机械特性表达式为

$$n = \frac{U}{C_e \Phi_N} - \frac{R_a}{C_e C_t \Phi_N^2} T \tag{3-33}$$

电压 U 的绝对值大小不能比额定值高,否则绝缘将承受不住,但是电压方向可以改变。改变电压大小及方向的人为机械特性见图3.28所示。

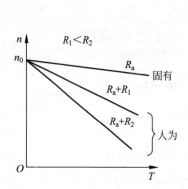

图3.27　电枢串电阻人为机械特性

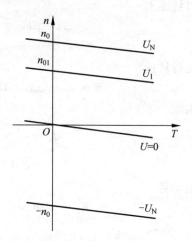

图3.28　改变电枢电压人为机械特性

显然,U 不同,理想空载转速 $n_0 = \dfrac{U}{C_e \Phi_N}$ 随之变化,并成正比关系,但是斜率都与固有机械特性斜率相同,因此各条特性彼此平行。

改变电压 U 的人为机械特性是一组平行直线。

3. 减小气隙磁通量的人为机械特性

减小气隙每极磁通的方法是用减小励磁电流来实现的。前面讲过,电机磁路接近于饱和,增大每极磁通难以做到,改变磁通时,都是减少磁通。

电枢电压为额定值不变,电枢回路不串电阻,仅改变每极磁通的人为机械特性表达式为

$$n = \frac{U_N}{C_e \Phi} - \frac{R_a}{C_e C_t \Phi^2} T \qquad (3\text{-}34)$$

显然理想空载转速 $n_0 \propto \dfrac{1}{\Phi}$,$\Phi$ 越小,n_0 越高;而斜率 $\beta \propto \dfrac{1}{\Phi^2}$,$\Phi$ 越小,特性越倾斜。

改变每极磁通的人为机械特性如图3.29所示,是既不平行又不呈放射形的一组直线。

从以上三种人为机械特性看,电枢回路串电阻和减弱磁通,机械特性都变软。

以上分析直流电机的固有或人为机械特性时,都忽略了电枢反应的影响。实际上,由于电枢反应表现为去磁效应,使机械特性出现上翘现象,如图3.30所示。这当然不好。一般容量较小的直流电机,电枢反应引起的去磁不严重,对机械特性影响不大,也就可以忽略。对容量较大的直流电机,为了补偿电枢反应去磁效应,在主极上加上一个绕组,称稳定绕组,绕组里流的是电枢电流,产生的磁通可以补偿电枢反应的去磁部分,使电机的机械特性不出现上翘现象。

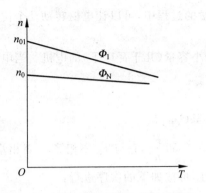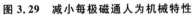
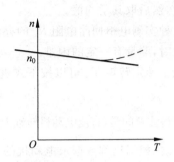

图 3.29　减小每极磁通人为机械特性　　　图 3.30　电枢反应有去磁效应时的机械特性

3.8.4　根据电机的铭牌数据估算机械特性

在设计电力拖动系统时,首先应知道所选择电动机的机械特性 $n=f(T)$。但是,电机的产品目录中,或者电机的铭牌中,都没有直接给出机械特性的数据。可以利用产品目录或者铭牌中给出的数据估算出机械特性。当然只能求得该电动机的固有机械特性,有了固有机械特性,其他各种人为机械特性也就很容易得到。

他励直流电动机的固有机械特性是一条斜直线,如果事先知道这条直线上的两个特殊点,例如理想空载点 $(n_0,0)$ 和额定工作点 (n_N,T_N),通过这两点连成的直线,就是固有机械特性。

上述两个特殊点中,额定转速 n_N 能在产品目录或者电机的铭牌数据中找到,而理想空载转速 n_0、额定转矩 T_N 却是未知的,应另外想办法求得。

已知理想空载转速 n_0 为

$$n_0 = \frac{U_N}{C_e\Phi_N}$$

式中　$C_e\Phi_N$ 是对应于额定运行状态的数值,可以用下式计算:

$$C_e\Phi_N = \frac{E_{aN}}{n_N} = \frac{U_N - I_N R_a}{n_N}$$

从上式中看出,如果能知道额定电枢电动势 E_{aN},或者知道电枢回路电阻 R_a,便可求出 $C_e\Phi_N$,从而计算出理想空载转速 n_0。

(1) 根据经验估算额定电枢电动势 E_{aN}

我国目前设计的一般直流电动机,额定电枢电动势 E_{aN} 与额定电压 U_N 有一定比值,一般为 $E_{aN}=(0.93\sim0.97)U_N$。其中小容量电机取小的系数,一般中等容量电机取 0.95 左右。

(2) 根据所选直流电动机,实测它的电枢回路电阻 R_a

由于电刷与换向器表面接触电阻是非线性的,电枢电流很小时,表现的电阻值很大,不反映实际情况。为此不能用万用表直接测正、负电刷之间的电阻。一般用压降法测量,即在电枢回路中通入的电流接近额定电流,用低量程电压表测量正、负电刷间的压降,除以电枢电流,即为电枢回路总电阻(包括电枢回路电阻 R_a 及限流电阻 R_s)。实测时,励磁绕组要开路,并卡住电枢不使其旋转。但是在测量的过程中,可以让电枢转动几个位置进行测量,然后取其平均值。

这种实测电枢回路电阻 R_a 的办法,只适用于小容量(几千瓦以下)的电机。当电机容量较大时,测量有一定的困难。

关于额定转矩 T_N 可以按下式进行计算:

$$T_N = C_t \Phi_N I_N = 9.55 C_e \Phi_N I_N$$

值得注意的是,直流电动机转轴上输出转矩 $T_{2N} = 9550 \dfrac{P_N}{n_N}$,它与 T_N 不相等,二者相差 T_0。

总之,根据铭牌数据求电动机的固有机械特性,可按如下的次序进行:

(1) 估算 E_{aN} 或实测 R_a;

(2) 计算 $C_e \Phi_N$;

(3) 求 n_0;

(4) 计算 T_N。

在坐标纸上标出 $(n_0,0)$,(n_N,T_N) 两点,过此两点连成直线,即为该直流电动机的固有机械特性。

例题 3-10   一台他励直流电动机的铭牌数据为:额定容量 $P_N = 50\text{kW}$,额定电压 $U_N = 220\text{V}$,额定电流 $I_N = 250\text{A}$,额定转速 $n_N = 1150\text{r/min}$,试计算其固有机械特性。

解   按照上面给出的次序进行计算。

(1) 估算额定电枢电势 E_{aN}

根据额定容量知道,这台电动机属于中等容量电机,取

$$E_{aN} = 0.95 U_N = 0.95 \times 220 = 209\text{V}$$

(2) 计算 $C_e \Phi_N$

$$C_e \Phi_N = \frac{E_{aN}}{n_N} = \frac{209}{1150} = 0.182\text{V}/(\text{r} \cdot \text{min}^{-1})$$

(3) 计算 n_0

$$n_0 = \frac{U_N}{C_e \Phi_N} = \frac{220}{0.182} = 1208.8\text{r/min}$$

(4) 计算 T_N

$$T_N = 9.55 C_e \Phi_N I_N = 9.55 \times 0.182 \times 250 = 434.5\text{N} \cdot \text{m}$$

于是得到固有机械特性上的两个特殊点:理想空载点 $(1208.8,0)$,额定工作点 $(1150,434.5)$,即可画出这台直流电动机的固有机械特性。

3.9   串励和复励直流电动机

3.9.1   串励直流电动机的机械特性

把励磁绕组串联在电枢回路就是串励直流电机,其正方向仍用电动机惯例,如图 3.31 所示。可见,电枢电流 I_a 也就是励磁电流 I_f,即

$$I_a = I_f$$

如果电机的磁路没有饱和,励磁电流 I_f 与气隙每极磁通 Φ 呈线性变化关系,即

$$\Phi = K_f I_f = K_f I_a$$

式中　K_f 是比例常数。

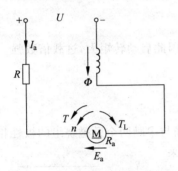

图 3.31　串励直流电动机的线路

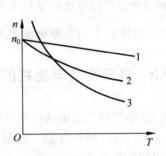

图 3.32　串励和复励直流电动机的机械特性
1—他励；2—复励；3—串励

由于电机负载时电枢电流 I_a 是变化的,所以磁通 Φ 随着不同的负载电流也是变化着的。

考虑上式的关系,电机转速可写成

$$n = \frac{U - I_a R_a'}{C_e \Phi} = \frac{U}{C_e' I_a} - \frac{R_a'}{C_e'} \tag{3-35}$$

式中　$C_e' = C_e K_f$；

R_a' 是串励直流电动机电枢回路总电阻,包括外串电阻 R 和串励绕组的电阻 R_f,即

$$R_a' = R_a + R_f + R$$

电磁转矩可以写成

$$T = C_t \Phi I_a = C_t' I_f I_a = C_t' I_a^2 \tag{3-36}$$

其中　　　　　　　　$C_t' = C_t K_f$

把式(3-36)中的 I_a 代入式(3-35),得

$$n = \frac{\sqrt{C_t'}}{C_e'} \frac{U}{\sqrt{T}} - \frac{R_a'}{C_e'} \tag{3-37}$$

式(3-37)是串励直流电动机的机械特性方程式,用曲线表示时,如图 3.32 中的曲线 3 所示。

式(3-37)是在假设电机磁路线性的条件下导出的,从式中可以看出,串励直流电动机的转速 n 大致上与 $\sqrt{T}$ 成反比。电磁转矩 T 增大,转速 n 迅速下降,机械特性呈非线性关系,且特性很软。若电流太大电机磁路饱和,磁通 Φ 接近常数,式(3-37)的关系就不成立了,这种情况,串励电动机的机械特性是接近于他励电动机的,即机械特性开始变硬。

综上所述,串励直流电动机的机械特性有如下特点:

（1）是一条非线性的软特性。

（2）当电磁转矩很小时，因为转速 n 很高，$\left(\text{理想情况下，当 } T=0 \text{ 时，} n_0=\dfrac{\sqrt{C_t'}}{C_e'}\dfrac{U}{\sqrt{T}}=\infty\right.$；实际运行时，当电枢电流 I_a 为零时，电机尚有剩磁，理想空载转速不会达无穷大，但还是非常高的。）所以串励直流电动机不允许空载运行。

（3）电磁转矩 T 与电枢电流 I_a 的平方成正比，因此启动转矩大，过载倍数强。

3.9.2 复励直流电动机的机械特性

图 3.33 是复励直流电动机的接线图。如果并励与串励两个励磁绕组的极性相同，叫积复励；极性相反，叫差复励。差复励电动机很少采用，多数用积复励电动机。

积复励直流电动机的机械特性介于他励与串励直流电动机特性之间。它具有串励电动机的启动转矩大，过载倍数强的优点，而没有空载转速很高的缺点。它的机械特性曲线见图 3.32 中曲线 2。这种电机的用途也很广泛，例如无轨电车就是用积复励直流电动机拖动的。

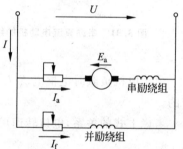

图 3.33　复励直流电动机线路图

3.10　直流电机的换向

从前面的分析知道，直流电机每个支路里所含元件的总数都相等，但是，就某一个元件来说，它却一会儿在这个支路里，一会儿又在另一个支路里。而且，某元件从一个支路换到另一个支路时，必定要经过电刷。另外，当电机带了负载时，电枢中同一支路里各元件的电流大小与方向都一样，相邻支路里电流大小虽然一样，但方向却是相反的。可见，某一元件经过电刷，从一个支路换到另一个支路时，元件里的电流必然变换方向。这就是所谓直流电机的换向问题。

换向问题很复杂，换向不良会在电刷与换向片之间产生火花。当火花大到一定程度，有可能损坏电刷和换向器表面，使电机不能正常工作。但直流电机运行时，并不是一点火花也不许出现。详细情况参阅我国有关国家技术标准的规定。

产生火花的原因是多方面的，除电磁原因外，还有机械的原因。由于换向过程中还伴随着有电化学、电热等因素，所以换向问题相当复杂，至今尚无完整的理论分析。尽管如此，对于近代生产的直流电机，换向问题可以说已经解决了。

就电磁方面看，换向元件在换向过程中，电流的变化会使换向元件本身产生自感电动势，阻碍换向的进行。如果电刷宽度大于换向片宽度，同时换向的元件不止一个，彼此之间会有互感电动势产生，也起着阻碍换向的作用。另外，电枢反应磁通势的存在，使得处在几何中心线上的换向元件的导体中产生切割电动势,切割电动势也起着阻碍换向的作用。因此换向元件出现延迟换向的现象,造成换向元件离开一个支路最后的瞬间尚有较大的能量,电刷下就产生火花。

除了电磁原因产生火花外,尚有换向器偏心、换向片绝缘突出、电刷与换向器接触不好等机械因素,还有换向器表面氧化膜破坏等化学因素。

从产生火花的电磁原因出发,减小换向元件的自感电动势、互感电动势和切割电动势,就可以有效地改善换向。目前最有效的办法是装换向极,如图 3.34 中 N_i,S_i 所示。

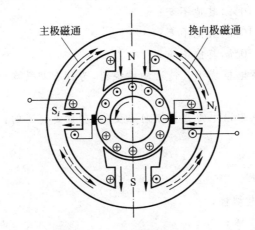

图 3.34 换向极电路与极性

换向极装在主磁极之间,换向极绕组产生磁通势的方向与电枢反应磁通势的方向相反,其大小比电枢反应磁通势大。这样,换向极磁通势可以抵消电枢反应磁通势,剩余的磁通势在换向元件里产生感应电动势,这个电动势抵消换向元件的自感电动势和互感电动势,就可以消除电刷下的火花,从而改善换向。容量为 1kW 以上的直流电机都装有换向极。

换向极极性确定的原则是,换向极绕组产生的磁通势方向与电枢反应磁通势方向相反,为此,将换向极绕组与电枢绕组串联,其中都流过同一个电枢电流。图 3.34 所示为一台发电机的换向极电路与极性,但上述原则同样适用于电动机。

应用上面的结论,直流发电机顺着电枢旋转方向看,换向极极性应和下面主磁极极性一致。直流电动机时,应和下面主磁极极性相反。一台直流电机按照发电机确定换向极绕组的极性后,运行于电动机状态时,不必做任何改动,这是因为,电枢电流和换向极电流同为一个电流。

思考题

3.1 换向器在直流电机中起什么作用?

3.2 直流电机的主磁极和电枢铁心都是电机磁路的组成部分,但其冲片材料一个用薄钢板,另一个用硅钢片,这是为什么?

3.3 直流电机铭牌上的额定功率是指什么功率?

3.4 直流电机主磁路包括哪几部分? 磁路未饱和时,励磁磁通势主要消耗在哪一部分?

3.5　填空。

(1) 直流电机单叠绕组的支路对数等于 _____,单波绕组的支路对数等于 _____。

(2) 为了使直流电机正、负电刷间的感应电动势最大,只考虑励磁磁场时,电刷应放置在 _____。

3.6　说明下列情况下无载电动势的变化:

(1) 每极磁通减少 10%,其他不变;

(2) 励磁电流增大 10%,其他不变;

(3) 电机转速增加 20%,其他不变。

3.7　主磁通既链着电枢绕组又链着励磁绕组,为什么却只在电枢绕组里产生感应电动势?

3.8　指出直流电机中以下哪些量方向不变,哪些量是交变的:

(1) 励磁电流;

(2) 电枢电流;

(3) 电枢感应电动势;

(4) 电枢元件感应电动势;

(5) 电枢导条中的电流;

(6) 主磁极中的磁通;

(7) 电枢铁心中的磁通。

3.9　如何改变他励直流发电机的电枢电动势的方向? 如何改变他励直流电动机空载运行时的转向?

3.10　电磁功率代表了直流发电机中的哪一部分功率?

3.11　一台他励直流发电机由额定运行状态转速下降到原来的 60%,而励磁电流、电枢电流都不变,则 _____。

A. E_a 下降到原来的 60%　　　　B. T 下降到原来的 60%

C. E_a 和 T 都下降到原来的 60%　　D. 端电压下降到原来的 60%

3.12　直流发电机的损耗主要有哪些? 铁损耗存在于哪一部分,随负载变化吗? 电枢铜损耗随负载变化吗?

3.13　他励直流电动机的电磁功率指什么?

3.14　不计电枢反应,他励直流电动机机械特性为什么是下垂的? 如果电枢反应去磁作用很明显,对机械特性有什么影响?

3.15　他励直流电动机运行在额定状态,如果负载为恒转矩负载,减小磁通,电枢电流是增大、减小还是不变?

3.16　如何解释他励直流电动机机械特性硬、串励直流电动机机械特性软?

3.17　改变并励直流电动机电源的极性能否改变它的转向? 为什么?

3.18　改变串励直流电动机电源的极性能否改变它的转向? 为什么?

3.19　一台直流电动机运行在电动机状态时换向极能改善换向,运行在发电机状态后还能改善换向吗？

3.20 换向极的位置在哪里？极性应该怎样？流过换向极绕组的电流是什么电流？

习题

3.1 某他励直流电动机的额定数据为：$P_N = 17\text{kW}$，$U_N = 220\text{V}$，$n_N = 1500\text{r/min}$，$\eta_N = 0.83$。计算 I_N，T_{2N} 及额定负载时的 P_{1N}。

3.2 已知直流电机的极对数 $p = 2$，虚槽数 $Z_e = 22$，元件数及换向片数均为 22，连成单叠绕组。计算绕组各节距，画出展开图及磁极和电刷的位置，并求并联支路数。

3.3 一台直流电机的极对数 $p = 3$，单叠绕组，电枢总导体数 $N = 398$，气隙每极磁通 $\Phi = 2.1 \times 10^{-2}\text{Wb}$，当转速分别为 1500r/min 和 500r/min 时，求电枢感应电动势的大小。若电枢电流 $I_a = 10\text{A}$，磁通不变，电磁转矩是多大？

3.4 某他励直流电动机的额定数据为：$P_N = 6\text{kW}$，$U_N = 220\text{V}$，$n_N = 1000\text{r/min}$，$p_{Cua} = 500\text{W}$，$p_0 = 395\text{W}$。计算额定运行时电动机的 T_{2N}，T_0，T_N，P_M，η_N 及 R_a。

3.5 有两台完全一样的并励直流电动机 $U_N = 230\text{V}$，$n_N = 1200\text{r/min}$，$R_a = 0.1\Omega$。在 $n = 1000\text{r/min}$ 时，空载特性上的数据分别为 $I_f = 1.3\text{A}$，$E_0 = 186.7\text{V}$ 和 $I_f = 1.4\text{A}$，$E_0 = 195.9\text{V}$。现将这两台电机的电枢绕组、励磁绕组都接在 230V 的电源上（极性正确），并且两台电机转轴连在一起，不拖动任何负载。当 $n = 1200\text{r/min}$ 时，第 1 台电机励磁电流为 1.4A，第 2 台励磁电流为 1.3A。判断哪一台是发电机，哪一台是电动机。并求运行时总损耗。

3.6 某他励直流电动机的额定数据为：$P_N = 54\text{kW}$，$U_N = 220\text{V}$，$I_N = 270\text{A}$，$n_N = 1150\text{r/min}$。估算额定运行时的 E_{aN}，再计算 $C_e\Phi_N$，T_N，n_0，最后画出固有机械特性。

3.7 某他励直流电动机的额定数据为：$P_N = 7.5\text{kW}$，$U_N = 220\text{V}$，$I_N = 40\text{A}$，$n_N = 1000\text{r/min}$，$R_a = 0.5\Omega$。拖动 $T_L = 0.5T_N$ 恒转矩负载运行时，电动机的转速及电枢电流是多大？

3.8 画出习题 3.6 中那台电动机电枢回路串入 $R = 0.1R_a$ 和电压降到 $U = 150\text{V}$ 的两条人为机械特性。

第 4 章

CHAPTER 4

他励直流电动机的运行

4.1 他励直流电动机的启动

他励直流电动机启动时,为了产生较大的启动转矩及不使启动后的转速过高,应该满磁通启动,即励磁电流为额定值,使每极磁通为额定值。因此启动时励磁回路不能串有电阻,而且绝对不允许励磁回路出现断路。

他励直流电动机若加额定电压 U_N,且电枢回路不串电阻,即直接启动,正如前面分析过的,此时 $n=0$,$E_a=0$,启动电流 $I_S = \dfrac{U_N}{R_a} \gg I_N$,启动转矩 $T_S = C_t \Phi_N I_S \gg T_N$。由于电流太大,使电机出现换向不良,产生火花,甚至正、负电刷间产生电弧,烧毁电刷架。另外,电力拖动系统电动机启动条件是 $T_S \geqslant 1.1 T_L$,T_L 为负载转矩,若电机启动转矩过大,还会造成机械撞击,这是不允许的。因此,除了微型直流电机,由于自身电枢电阻大,可以直接启动外,一般直流电机都不允许直接启动。

他励直流电动机启动方法有两种,下面分别叙述。

4.1.1 电枢回路串电阻启动

电枢回路串电阻 R,启动电流为

$$I_S = \frac{U_N}{R_a + R}$$

若负载转矩 T_L 已知,根据启动条件的要求,可确定所串入电阻 R 的大小。有时为了保持启动过程中电磁转矩持续较大及电枢电流持续较小,可以逐段切除启动电阻,启动完成后,启动电阻全部切除,这种情况下的特性如图 4.1 所示,电机稳定运行在 A 点。

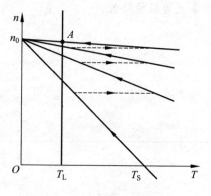

图 4.1 电枢回路串电阻启动

4.1.2　降电压启动

降低电源电压 U，启动电流

$$I_S = \frac{U}{R_a}$$

负载转矩 T_L 已知，根据启动条件的要求，可以确定电压 U 的大小。有时为了保持启动过程中电磁转矩一直较大及电枢电流一直较小，可以逐渐升高电压 U，直至最后升到 U_N，特性如图 4.2 所示，A 点为稳定运行点。实际上，电源电压可以连续升高，启动更快、更稳。

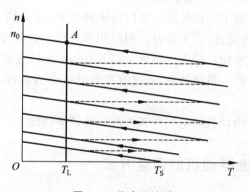

图 4.2　降电压启动

他励直流电动机空载启动或拖动反抗性恒转矩负载启动，改变电源电压 U 的方向或改变励磁电流的方向，电动机都要反方向启动，然后稳定运行。

例题 4-1　某他励直流电动机额定功率 $P_N = 96\text{kW}$，额定电压 $U_N = 440\text{V}$，额定电流 $I_N = 250\text{A}$，额定转速 $n_N = 500\text{r/min}$，电枢回路总电阻 $R_a = 0.078\Omega$，拖动额定大小的恒转矩负载运行，忽略空载转矩。

(1) 若采用电枢回路串电阻启动，启动电流 $I_S = 2I_N$ 时，计算应串入的电阻值及启动转矩。

(2) 若采用降压启动，条件同上，求电压应降至多少并计算启动转矩。

解　(1) 电枢回路串电阻启动时，应串电阻

$$R_S = \frac{U_N}{I_S} - R_a = \frac{440}{2 \times 250} - 0.078 = 0.802\Omega$$

额定转矩

$$T_N \approx 9.55 \frac{P_N}{n_N} = 9.55 \times \frac{96 \times 10^3}{500} = 1833.5\text{N} \cdot \text{m}$$

启动转矩

$$T_S = 2T_N = 3667\text{N} \cdot \text{m}$$

(2) 降压启动时，启动电压

$$U_S = I_S R_a = 2 \times 250 \times 0.078 = 39\text{V}$$

启动转矩

$$T_S = 2T_N = 3667N \cdot m$$

4.2 他励直流电动机的调速

以直流电动机为动力的电力拖动系统称为直流电力拖动系统。其中的直流电动机有他励、串励和复励三种,最主要的是他励直流电动机,本章介绍的都是他励直流电动机电力拖动系统。

许多生产机械运行时,对拖动它的电动机转速有不同的要求。例如,车床切削工件时,精加工用高转速,粗加工用低转速。龙门刨床刨切时,刀具切入和切出工件用较低速度,中间一段切削用较高速度,而工作台返回时用高速度。这就是说,系统运行的速度需要根据生产机械工艺要求而进行人为调节。调节电动机的转速简称为调速。通过改变传动机构速比的调速方法称为机械调速,通过改变电动机参数而改变系统运行转速的调速方法称为电气调速。

本节介绍他励直流电动机的电气调速方法以及调速性能。

4.2.1 他励直流电动机的调速方法

拖动负载运行的他励直流电动机,其转速是由工作点决定的,工作点改变了,电动机的转速也随之改变。对于具体负载而言,其转矩特性是一定的,不能改变,但是,他励直流电动机的机械特性却可以人为地改变。这样,通过改变电动机机械特性而使电动机与负载两条特性的交点随之变动,可以达到调速的目的。在第 3 章中学习过他励直流电动机的三种人为机械特性,下面在这个基础上,介绍他励直流电动机的三种调速方法。

1. 电枢串电阻调速

他励直流电动机拖动负载运行时,保持电源电压及磁通为额定值不变,在电枢回路中串入不同的电阻时,电动机运行于不同的转速,如图 4.3 所示。该图中,负载是恒转矩负载。比如原来没有串电阻时,工作点为 A,转速为 n,电枢中串入电阻 R_1 后,工作点就变成了 A_1,转速降为 n_1。电动机从 $A \rightarrow A' \rightarrow A_1$ 运行的物理过程,与关于稳定运行中分析的过渡过程是相似的,这里不再详细叙述,读者可自行分析。电枢中串入的电阻若加大为 R_2,工作点变成 A_2,转速则进一步下降为 n_2。显然,串入电枢回路的电阻值越大,电动机运行的转速越低。通常把电动机运行于固有机械特性上的转速称为基速,那么,电枢回路串电阻调速的方法,其调速方向只能是从基速向下调。注意,这里的调速方向并不是说串电阻调速时只能

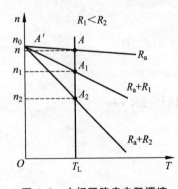

图 4.3 电枢回路串电阻调速

是逐渐加大电阻值而使转速逐渐减小,其实调速也可以是在较低转速逐渐减小电枢串入的电阻值,使转速逐渐升高。所谓调速方向,是指调速的结果,其转速与基速比较而言,只要电枢回路串电阻,无论串多大,电动机运行的转速都比不串电阻运行在基速上要低,就称之为调速方向是从基速向下调。

电枢回路串电阻调速时,如果拖动恒转矩负载,电动机运行在不同转速 n, n_1 或 n_2 上时,电动机电枢电流 I_a 的大小变化吗?简单分析如下。

电磁转矩

$$T = C_t \Phi_N I_a$$

稳定运行时

$$T = T_L$$

电枢电流

$$I_a = \frac{T_L}{C_t \Phi_N}$$

因此,T_L＝常数时,I_a＝常数,如果 $T_L = T_N$,则 $I_a = I_N$,即 I_a 与电动机转速 n 无关。

电枢回路串电阻调速时,所串的调速电阻 R_1, R_2 等通过很大的电枢电流 I_a,会产生很大的损耗 $I_a^2 R_1, I_a^2 R_2$ 等,转速越低,损耗越大。

电枢回路串电阻的人为机械特性,是一组过理想空载点 n_0 的直线,串入的调速电阻越大,机械特性越软。在低速运行时,不大的负载变动,就会引起转速较大的变化,即转速的稳定性较差。

由于 I_a 较大,调速电阻的容量也较大,体积大,不易做到电阻值连续调节,因而电动机转速也不能连续调节,一般最多分为六级。

尽管电枢串电阻调速所需设备简单,但由于上述功率损耗大,低速时转速不稳定,不能连续调速等缺点,只应用于调速性能要求不高的中、小电动机上,大容量电动机不采用。

2. 降低电源电压调速

保持他励直流电动机磁通为额定值,电枢回路不串电阻,降低电枢电压时,电动机拖动着负载运行于不同的转速,如图 4.4 所示。该图中所示的负载为恒转矩负载,当电源电压为额定值 U_N 时,工作点为 A,转速为 n;电压降到 U_1,工作点为 A_1,转速为 n_1;电压为 U_2,工作点为 A_2,转速为 n_2;……电源电压越低,转速也越低,调速方向也是从基速向下调。

降低电源电压调速时,如果拖动恒转矩负载,电动机运行于不同的转速上时,电动机电枢电流 I_a 也是不变的,这是因为

电磁转矩

$$T = C_t \Phi_N I_a$$

稳定运行时

$$T = T_L$$

电枢电流

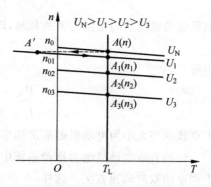

图 4.4 降低电源电压调速

$$I_a = \frac{T_L}{C_t \Phi_N}$$

因此，T_L = 常数时，I_a = 常数，如果 $T_L = T_N$，则 $I_a = I_N$，I_a 与电动机转速无关。

降低电源电压，电动机机械特性的硬度不变。低速运行时，转速随负载变化的幅度较小，转速稳定性较好。

当电源电压连续变化时，转速也连续变化，称为无级调速。与串电阻调速（有级调速）相比，其速度调节要平滑得多，因此，直流电力拖动系统广泛采用降低电源电压的调速方法。

3. 弱磁调速

保持他励直流电动机电源电压不变，电枢回路也不串电阻，在电动机拖动的负载转矩不过分大时，降低他励直流电动机的磁通，可以使电动机转速升高。图4.5所示为他励直流电动机带恒转矩负载时，弱磁升速的机械特性。

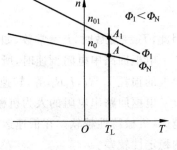

弱磁调速是从基速向上调的方法。

他励直流电动机带负载运行时，励磁电流与电枢电流相比要小得多。因此，调速时，励磁回路所串电阻消耗的功率较小，控制方便。连续调节其电阻值，即可实现无级调速。

图4.5 弱磁调速

弱磁升速中，最高转速受换向能力及其机械强度限制，一般电机以不超过 $1.2 n_N$ 为宜。

改变磁通调速时，不论在什么转速上运行，电动机的转速与转矩都为

$$n = \frac{U_N}{C_e \Phi} - \frac{R_a}{C_e \Phi} I_a$$

$$T = C_t \Phi I_a = 9.55 C_e \Phi I_a$$

电动机的电磁功率为

$$P_M = T\Omega = 9.55 C_e \Phi I_a \times \frac{2\pi}{60}\left(\frac{U_N}{C_e \Phi} - \frac{R_a}{C_e \Phi} I_a\right)$$

$$= U_N I_a - I_a^2 R_a$$

如果电动机拖动的是恒功率负载时，即

$$T_L \Omega = 常数$$

则有

$$P_M = T\Omega = T_L \Omega = 常数$$

$$I_a = 常数$$

若负载功率大小为电动机的额定功率 P_N，电动机电枢电流 $I_a = I_N$。

他励直流电动机电力拖动系统中，广泛地采用降低电源电压向下调速及减弱磁通向上调速的双向调速方法。这样，可以得到很宽的调速范围，可以在调速范围之内的任何需要的转速上运行，而且调速时损耗较小，运行效率较高，能很好地满足各种生产机械对调

速的要求。

例题 4-2 某台他励直流电动机,额定功率 $P_N = 22kW$,额定电压 $U_N = 220V$,额定电流 $I_N = 115A$,额定转速 $n_N = 1500r/min$,电枢回路总电阻 $R_a = 0.1\Omega$,忽略空载转矩 T_0,电动机带额定负载运行时,要求把转速降到 $1000r/min$,计算:

(1) 采用电枢串电阻调速需串入的电阻值;

(2) 采用降低电源电压调速需把电源电压降到多少;

(3) 上述两种调速情况下,电动机的输入功率与输出功率(输入功率不计励磁回路之功率)。

解 (1) 先计算 $C_e\Phi_N$

$$C_e\Phi_N = \frac{U_N - I_N R_a}{n_N} = \frac{220 - 115 \times 0.1}{1500} = 0.139 \text{V}/(\text{r} \cdot \text{min}^{-1})$$

理想空载转速

$$n_0 = \frac{U_N}{C_e\Phi_N} = \frac{220}{0.139} = 1582.7 \text{r/min}$$

额定转速降落

$$\Delta n_N = n_0 - n_N = 1582.7 - 1500 = 82.7 \text{r/min}$$

电枢串电阻后转速降落

$$\Delta n = n_0 - n = 1582.7 - 1000 = 582.7 \text{r/min}$$

电枢串电阻为 R,则有

$$\frac{R_a + R}{R_a} = \frac{\Delta n}{\Delta n_N}$$

$$R = \frac{\Delta n}{\Delta n_N} R_a - R_a = R_a \left(\frac{\Delta n}{\Delta n_N} - 1 \right)$$

$$= 0.1 \times \left(\frac{582.7}{82.7} - 1 \right) = 0.605\Omega$$

(2) 降低电源电压后的理想空载转速

$$n_{01} = n + \Delta n_N = 1000 + 82.7 = 1082.7 \text{r/min}$$

降低后的电源电压为 U_1,则

$$\frac{U_1}{U_N} = \frac{n_{01}}{n_0}$$

$$U_1 = \frac{n_{01}}{n_0} U_N = \frac{1082.7}{1582.7} \times 220 = 150.5 \text{V}$$

(3) 电动机降速后,电动机输出转矩

$$T_2 = 9550 \frac{P_N}{n_N} = 9550 \times \frac{22}{1500} = 140.1 \text{N} \cdot \text{m}$$

输出功率

$$P_2 = T_2 \Omega = T_2 \frac{2\pi}{60} n$$

$$= 140.1 \times \frac{2\pi}{60} \times 1000 = 14670 \text{W}$$

电枢串电阻降速时,输入功率

$$P_1 = U_N I_N = 220 \times 115 = 25300\text{W}$$

降低电源电压降速时，输入功率

$$P_1 = U_1 I_N = 150.5 \times 115 = 17308\text{W}$$

例题 4-3　例题 4-2 中的他励直流电动机，仍忽略空载转矩 T_0，采用弱磁升速。

(1) 若要求负载转矩 $T_L = 0.6T_N$ 时，转速升到 $n = 2000\text{r/min}$，此时磁通 Φ 应降到额定值的多少倍？

(2) 若已知该电动机的磁化特性数据如下表：

Φ/Φ_N	0.38	0.73	0.85	0.95	1.02	1.07	1.11	1.15
I_f/A	0.5	1.0	1.25	1.5	1.75	2.0	2.25	2.5

且励磁绕组额定电压 $U_f = 220\text{V}$，励磁绕组电阻 $R_f = 110\Omega$。问：在题(1)情况下，励磁回路串入电阻的大小应为多少？

(3) 若不使电枢电流超过额定电流 I_N，在按(1)要求减弱磁通的情况下，该电动机所能输出的最大转矩是多少？

解　(1) 转矩为 $0.6T_N$，转速为 2000r/min 时，电动机额定电磁转矩为

$$T_N = 9.55 C_e \Phi_N I_N$$
$$= 9.55 \times 0.139 \times 115$$
$$= 152.66\text{N} \cdot \text{m}$$

把调速后的转矩与转速等有关数值代入他励直流电动机机械特性方程式中，得到

$$n = \frac{U_N}{C_e \Phi} - \frac{R_a}{9.55(C_e \Phi)^2} T$$

$$2000 = \frac{220}{C_e \Phi} - \frac{0.1}{9.55(C_e \Phi)^2} \times 0.6 \times 152.66$$

$$2000(C_e \Phi)^2 - 220 C_e \Phi + 0.959 = 0$$

$$C_e \Phi = \frac{220 \pm \sqrt{220^2 - 4 \times 2000 \times 0.959}}{2 \times 2000}$$

得两个解

$$C_e \Phi = \begin{cases} 0.1054\text{V/(r} \cdot \text{min}^{-1}) \\ 0.0045\text{V/(r} \cdot \text{min}^{-1}) \end{cases}$$

$C_e \Phi = 0.0045\text{V/(r} \cdot \text{min}^{-1})$ 时，磁通减少太多了，这样小的磁通要产生 $0.6T_N$ 的电磁转矩，所需电枢电流 I_a 太大，远远超过 I_N，因此不能调到如此低的磁通，应取 $C_e \Phi = 0.1054\text{V/(r} \cdot \text{min}^{-1})$。

磁通减少到额定磁通 Φ_N 的倍数为

$$\frac{\Phi}{\Phi_N} = \frac{C_e \Phi}{C_e \Phi_N} = \frac{0.1054}{0.139} = 0.758$$

（2）先根据电动机磁化特性数据画出磁化特性曲线，如图 4.6 所示。从图中磁化曲线上查到 $\Phi = 0.758\Phi_N$ 时励磁电流 I_f 的大小为 $I_f = 1.1A$。

励磁回路所串电阻 R 的计算：

$$\frac{U_f}{R_f + R} = I_f$$

$$R = \frac{U_f}{I_f} - R_f = \frac{220}{1.1} - 110 = 90\Omega$$

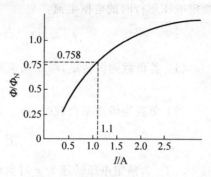

图 4.6　电动机磁化特性曲线

（3）在磁通减少的情况下，不致使 I_a 超过 I_N，电动机可能输出的最大转矩为

$$T = 9.55C_e\Phi I_N = 9.55 \times 0.1054 \times 115$$
$$= 115.76 N \cdot m$$

4.2.2　恒转矩调速与恒功率调速

电机的体积大小、转动部分的机械强度、换向能力、绝缘材料耐温能力以及运行效率等，都是根据其额定值设计的。常规电机带额定负载长期运行，除轴承等薄弱环节外，从绝缘耐温角度考虑，应能保证电机有 10～20 年的运行寿命。这就是说，额定运行是电机最佳运行方式。

当直流电动机调速运行时，不管转速是多少，如果保持其电枢电流和每极磁通都为额定值，即对应的电磁转矩为额定值，则称为恒转矩调速。

恒转矩调速，不论在任何转速下运行，其铜损耗和铁损耗都与额定转速时一样大。对带有风扇自冷却的电机，当低速运行时，散热困难，必须加以解决才行。例如，增加一台小电机拖动小风机给直流电动机散热。

直流电动机调速时，也可以保持电枢电流为额定值，采用弱磁升速。这种情况下，电磁转矩相应地减小，但电机的转速升高。在弱磁调速中保持电磁功率不变，称为恒功率调速。

以上介绍恒转矩、恒功率调速，仅说明直流电动机具有的能力。实际运行中，还应根据负载特性进行调速控制。

例题 4-4　某台 Z_2-71 他励直流电动机，额定功率 $P_N = 17kW$，额定电压 $U_N = 220V$，额定电流 $I_N = 90A$，额定转速 $n_N = 1500r/min$，额定励磁电压 $U_f = 110V$。该电动机在额定电压额定磁通时，拖动某负载运行的转速为 $n = 1550r/min$，当负载要求向下调速，最低转速 $n_{min} = 600r/min$，现采用降压调速方法，请计算下面两种情况下调速时电枢电流的变化范围。

（1）若该负载为恒转矩负载；

（2）若该负载为恒功率负载。

解　额定电枢感应电动势取为 $E_{aN} = 0.94U_N$ 进行计算。

电枢电阻

$$R_a = \frac{U_N - E_{aN}}{I_N} = \frac{220 \times (1 - 0.94)}{90} = 0.14667\Omega$$

额定电压运行时电枢的感应电动势

$$E_a = \frac{n}{n_N} E_{aN} = \frac{1550}{1500} \times 0.94 \times 220 = 213.69\text{V}$$

额定电压运行时的电枢电流

$$I_a = \frac{U_N - E_a}{R_a} = \frac{220 - 213.69}{0.14667} = 43.02\text{A}$$

(1) 若负载为恒转矩,降压调速时 $\Phi = \Phi_N$, $T = T_L = C_t \Phi_N I_a =$ 常数,因此

$$I_a = 43.02\text{A}$$

(2) 负载为恒功率负载时,功率为

$$P = T_L \Omega = T_L \frac{2\pi n}{60}$$

式中 T_L 为额定电压转速为 n 时负载转矩的值。降低电源电压降速后的负载功率为

$$P = T_L' \Omega_{\min} = T_L' \frac{2\pi n_{\min}}{60} = T_L \frac{2\pi n}{60}$$

式中 T_L' 为降压调速转速为 $n_{\min}$ 时负载转矩的值。

比较上面两式,得到

$$T_L' = \frac{n}{n_{\min}} T_L$$

降压调速时 $\Phi = \Phi_N$, $T = T_L = C_t \Phi_N I_a$,因此低速时电枢电流加大,对应 $n_{\min}$ 的电枢电流为

$$I_{a\max} = \frac{n}{n_{\min}} I_a = \frac{1550}{600} \times 43.02 = 111.14\text{A}$$

因此,电流变化范围是 $43.02 \sim 111.14\text{A}$,但是低速时已经超过了 $I_N = 90\text{A}$,不能在 $n_{\min}$ 长期运行,说明降低电源电压调速的方法不适合带恒功率负载。

例题 4-5 上例中的电动机拖动负载,要求把转速升高到 $n_{\max} = 1850\text{r/min}$,现采用弱磁升速的方法,请计算下面两种情况下调速时电枢电流的变化范围。

(1) 该负载为恒转矩负载;

(2) 该负载为恒功率负载。

解 (1) 若负载为恒转矩,当磁通减小到 Φ',电枢电流变为 I_a',负载为恒转矩,则有

$$T = C_t \Phi_N I_a = C_t \Phi' I_a' = T_L = 常数$$

$$\frac{\Phi'}{\Phi_N} = \frac{I_a}{I_a'} \tag{4-1}$$

同时还有

$$n = \frac{E_a}{C_e \Phi_N}$$

$$n_{\max} = \frac{E_a'}{C_e \Phi'} = \frac{U_N - I_a' R_a}{C_e \Phi'}$$

$$\frac{n}{n_{\max}} = \frac{\dfrac{E_a}{C_e \Phi_N}}{\dfrac{U_N - I_a' R_a}{C_e \Phi'}} \tag{4-2}$$

将式(4-1)代入式(4-2),则

$$\frac{n}{n_{\max}} = \frac{E_a}{U_N - I_a' R_a} \cdot \frac{I_a}{I_a'}$$

$$\frac{1550}{1850} = \frac{213.69}{220 - 0.14667 I_a'} \cdot \frac{43.02}{I_a'}$$

$$0.14667(I_a')^2 - 220 I_a' + 10972 = 0$$

$$I_a' = \frac{220 \pm \sqrt{220^2 - 4 \times 0.14667 \times 10972}}{2 \times 0.14667} = \frac{220 \pm 204.85}{2 \times 0.14667}$$

$$I_a' = 51.65A \quad (1448.3A \text{ 为另一个解，不合理舍去})$$

因此，电枢电流的变化范围是 43.02～51.65A。

（2）负载为恒功率时

$$I_a' = I_a = 43.02A$$

从本例题看出，弱磁升速时，若带恒转矩负载，转速升高后电枢电流增大；若带恒功率负载，转速升高后电枢电流不变。因此弱磁升速，适合于拖动恒功率负载。对于具体负载，可以选择合适的电动机使 I_a 等于或接近 I_N，达到匹配。

4.2.3 调速的性能指标

调速的性能指标是决定电动机选择哪一种调速方法的依据，主要性能指标有三个方面。

1. 调速范围与静差率

调速范围是指电动机在额定负载转矩 $T = T_N$ 调速时，其最高转速与最低转速之比，用 D 表示，$T = T_N$ 时，

$$D = \frac{n_{\max}}{n_{\min}} \tag{4-3}$$

最高转速受电动机的换向及机械强度限制，最低转速受生产机械对转速相对稳定性要求（即静差率要求）的限制。

静差率或称转速变化率，是指电动机由理想空载到额定负载时转速的变化率，用 δ 表示，$T = T_N$ 时，

$$\delta = \frac{\Delta n}{n_0} = \frac{n_0 - n}{n_0} \tag{4-4}$$

静差率 δ 越小，转速的相对稳定性越好，负载波动时，转速变化也越小。从式（4-4）看出，静差率与以下两个因素有关。

（1）当 n_0 一定时，机械特性越硬，额定转矩时的转速降落 Δn 越小，静差率 δ 越小。图 4.7 中分别画出他励直流电动机的固有特性与电枢串电阻的一条人为特性。当 $T = T_N$ 时，固有机械特性上转速降落为 $\Delta n_N = n_0 - n_N$，比较小；而人为机械特性上转速降落为 $\Delta n > \Delta n_N$。因此，两条机械特性的静差率 δ 不一样大，固有特性上的 δ 较小，而电枢串电阻的机械特性上的 δ 较大。如果在电枢串电阻调速时，所串电阻最大的一条人为机械特性上对应的静差率 δ 满足要求时，其他各条特性上对应的静差率便都能满足要求。这条串电阻值最大的机械特性上 $T = T_N$ 时的转速，就是串电阻调速时的最低转速 $n_{\min}$，而电动机的 n_N 是最高转速 $n_{\max}$。

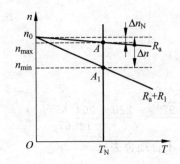 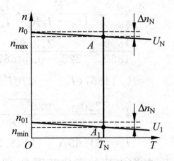

图 4.7　电枢串电阻调速时静差率与调速范围　　图 4.8　降低电源电压调速时静差率与调速范围

(2) 机械特性硬度一定时,理想空载转速 n_0 越高,δ 越小。图 4.8 中分别画出他励直流电动机的固有特性与一条降低电源电压调速时的人为特性。当 $T=T_N$ 时,两条特性的转速降落都是 Δn_N,但是固有特性比人为特性上的理想空载转速高,即 $n_0 > n_{01}$,这样,两条机械特性对应的静差率不同,降压的人为特性上的 δ 大,固有特性上的 δ 小。因此,在降低电源电压调速时,电压最低的一条人为机械特性对应的静差率满足要求时,其他各条机械特性上的静差率就都满足要求。这条电枢电压最低的人为机械特性上 $T=T_N$ 时的转速,即为调速时的最低转速 n_{min},而 n_N 则为最高转速 n_{max}。

调速范围 D 与静差率 δ 两项性能指标互相制约。采用同一种方法调速时,δ 数值较大,即静差率要求较低时,则可以得到较高的调速范围。从图 4.7 和图 4.8 都可以看出,δ 大,则 n_{min} 低,D 则大;反之,δ 小,n_{min} 高,D 小。如果静差率 δ 一定时,采用不同的调速方法,其调速范围 D 不同。比较图 4.7 与图 4.8 还可以看出,若 δ 一定时,降低电源电压调速比电枢串电阻调速的调速范围大。

由于调速范围与静差率有关系,而且互相制约着,因此,需要调速的生产机械,必须同时提出静差率与调速范围这两项指标,以便选择适当的调速方法。例如,普通车床调速要求 $\delta \leqslant 30\%$ 和 $D = 10 \sim 40$,龙门刨床调速要求 $\delta \leqslant 10\%$ 和 $D = 10 \sim 40$,高级造纸机调速要求 $\delta \leqslant 0.1\%$ 和 $D = 3 \sim 20$,等等。

例题 4-6　某台他励直流电动机有关数据为:$P_N = 60\text{kW}$,$U_N = 220\text{V}$,$I_N = 305\text{A}$,$n_N = 1000\text{r/min}$,电枢回路总电阻 $R_a = 0.04\Omega$,求下列各种情况下电动机的调速范围。

(1) 静差率 $\delta \leqslant 30\%$,电枢串电阻调速;

(2) 静差率 $\delta \leqslant 20\%$,电枢串电阻调速;

(3) 静差率 $\delta \leqslant 20\%$,降低电源电压调速。

解　(1) 静差率 $\delta \leqslant 30\%$,电枢串电阻调速时,电动机的 $C_e\Phi_N$

$$C_e\Phi_N = \frac{U_N - I_N R_a}{n_N} = \frac{220 - 305 \times 0.04}{1000} = 0.2078\text{V/(r} \cdot \text{min}^{-1})$$

理想空载转速

$$n_0 = \frac{U_N}{C_e\Phi_N} = \frac{220}{0.2078} = 1058.7\text{r/min}$$

静差率 $\delta = 30\%$ 时

$$\delta = \frac{n_0 - n_{min}}{n_0}$$

最低转速

$$n_{min} = n_0 - \delta n_0 = 1058.7 - 30\% \times 1058.7 = 741.1 \text{r/min}$$

调速范围

$$D = \frac{n_{max}}{n_{min}} = \frac{n_N}{n_{min}} = \frac{1000}{741.1} = 1.35$$

（2）$\delta \leqslant 20\%$ 时，最低转速

$$n_{min} = n_0 - \delta n_0 = 1058.7 - 20\% \times 1058.7 = 847 \text{r/min}$$

调速范围

$$D = \frac{n_{max}}{n_{min}} = \frac{1000}{847} = 1.18$$

（3）$\delta \leqslant 20\%$，降低电源电压调速时，额定转矩时转速降落

$$\Delta n_N = n_0 - n_N = 1058.7 - 1000 = 58.7 \text{r/min}$$

最低转速相应机械特性的理想空载转速

$$n_{01} = \frac{\Delta n_N}{\delta} = \frac{58.7}{0.2} = 293.5 \text{r/min}$$

最低转速

$$n_{min} = n_{01} - \Delta n_N = 293.5 - 58.7 = 234.8 \text{r/min}$$

调速范围

$$D = \frac{n_{max}}{n_{min}} = \frac{1000}{234.8} = 4.26$$

从例题 4-6 可看出：①调速范围必须是在具体的静差率限定下才有意义，否则，电动机本身带负载调速可以使最低转速到零，这样将毫无意义；②在一定静差率 δ 的限定下调速范围的扩大，主要是提高机械特性的硬度，减小 Δn_N。

就他励直流电动机本身而言，提高机械特性硬度的余地并不大，因此电力拖动系统中，经常采用电压或转速负反馈等闭环控制来实现提高机械特性硬度，扩大调速范围的目的，有关内容将在后续课程《自动控制原理》中讲授。

2. 调速的平滑性

无级调速的平滑性最好，有级调速的平滑性用平滑系数 φ 表示，其定义为，相邻两极转速中，高一级转速 n_i 与低一级转速 n_{i-1} 之比，即

$$\varphi = \frac{n_i}{n_{i-1}}$$

φ 越小，调速越平滑。无级调速中 $i \to \infty$，$\varphi \to 1$。

3. 调速的经济性

调速的经济性主要考虑调速设备的初投资、调速时电能的损耗、运行时的维修费

用等。

调速时电能的损耗除了要考虑电动机本身的损耗外,还要考虑电源的效率。

表 4.1 所示为他励直流电动机三种调速方法的性能比较。

表 4.1   他励直流电动机三种调速方法的性能比较

调速性能	调速方法		
	电枢串电阻	降电源电压	减弱磁通
调速方向	向下调	向下调	向上调
$\delta \leqslant 50\%$ 时调速范围	~2	10~12	1.2~2 (与 δ 无关) 3~4
一定调速范围内转速的稳定性	差	好	较好
负载能力	恒转矩	恒转矩	恒功率
调速平滑性	有级调速	无级调速	无级调速
设备初投资	少	多	较多
电能损耗	多	较少	少

4.3   他励直流电动机的电动与制动运行

从前面各章节分析可以知道:

(1) 电动机稳态工作点是指满足稳定运行条件下,其机械特性与负载转矩特性的交点,电动机在此工作点恒速运行;

(2) 电动机运行在工作点之外的机械特性上时,电磁转矩与负载转矩不相等,系统处于加速或减速的过渡过程;

(3) 他励直流电动机的固有机械特性与各种人为机械特性,分布在直角坐标的四个象限内;

(4) 生产机械的负载转矩特性,有反抗性恒转矩、位能性恒转矩、泵类等典型负载转矩特性,也有由几种典型负载同时存在的负载转矩特性,它们也分布在四个象限之内。

综合考虑以上四点,不难想象,他励直流电动机拖动各种类型负载运行时,若改变其电源电压、磁通及电枢回路所串电阻,工作点就会分布在四个象限之内,也就是说,电动机会在四个象限内运行(包括稳态与过渡过程)。本节将具体分析他励直流电动机在各个象限内的运行状态。

4.3.1   电动运行

1. 正向电动运行

正向电动运行状态读者已经很熟悉,他励直流电动机工作点在第 I 象限时,如图 4.9 所示的 A 点和 B 点,电动机电磁转矩 $T>0$,转速 $n>0$,这种运行状态称为正向电动运行,

由于 T 与 n 同方向,T 为拖动性转矩。

　　第 3 章关于直流电动机稳态电动运行时的功率关系已作了详细推导,这里采用下面表 4.2 的形式加以表达。电动运行时,电动机把电源送进电机的电功率通过电磁作用转换为机械功率,再从轴上输出给负载。在这个过程中,存在电枢回路中的铜损耗和空载损耗。

　　若电机运行于升速或降速过渡过程中,轴上输出转矩 T_2 应包括负载转矩 T_F 和动转矩 $\dfrac{GD^2}{375} \cdot \dfrac{dn}{dt}$ 两部分。

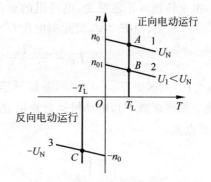

图 4.9　他励直流电动机电动运行
1—固有机械特性;2—降压人为机械特性;
3—电源电压为 $-U_N$ 人为机械特性

表 4.2　他励直流电动机稳态电动运行时的功率关系

输　入 电功率 P_1		电枢回路 总损耗 p_{Cua}		电磁功率 (电→机) P_M	电动机 空载损耗 p_0		输　出 机械功率 P_2
UI_a	=	$I_a^2(R_a+R)$	+	E_aI_a			
				$T\Omega$	=	$T_0\Omega$　+	$T_2\Omega$
+		+		+		+	

2. 反向电动运行

　　拖动反抗性负载,正转时电动机工作点在第Ⅰ象限,反转时,电动机工作点则在第Ⅲ象限,如图 4.9 所示的 C 点,这时电动机电源电压为负值。在第Ⅲ象限运行时,电磁转矩 $T<0$,转速 $n<0$,T 与 n 仍旧同方向,T 仍旧为拖动性转矩,其功率关系与正向电动运行完全相同,这种运行状态称为反向电动运行。

　　正向电动运行与反向电动运行是电动机运行时最基本的运行状态。实际运行的电动机除了运行于 T 与 n 同方向的电动运行状态之外,经常还运行在 T 与 n 反方向的运行状态。T 与 n 反方向,意味着电动机的电磁转矩不是拖动性转矩,而是制动性阻转矩。这种运行状态统称为制动状态,工作点显然是在第Ⅱ、Ⅲ象限里。下面分别介绍各种制动运行状态。

4.3.2　能耗制动

1. 能耗制动过程

　　他励直流电动机拖动着反抗性恒转矩负载运行于正向电动状态时,其接线如图 4.10(a)所示刀闸 K 接在电源上的情况。电动机工作点在第Ⅰ象限 A 点,如图 4.10(b)所示。当刀闸从上拉至下边时,也就是突然切除电动机的电源电压,并在电枢回路中串入电阻 R,这样,他励直流电动机的机械特性不再是图(b)中的曲线 1,而是曲线 2。在切换后的瞬间,由于转速 n 不能突变,电动机的运行点从 $A \rightarrow B$,磁通 $\Phi = \Phi_N$ 不变,电枢感应电动势 E_a 保持不变,即 $E_a > 0$,而此刻电压 $U = 0$,因此电枢电流

$$I_{aB} = \frac{-E_a}{R_a + R} < 0, \quad T_B = C_t \Phi_N I_{aB} < 0$$

$T_B < T_L$,动转矩 $T_B - T_L < 0$,系统减速。在减速过程中,E_a 逐渐下降,I_a 及 T 逐渐加大 (绝对值逐渐减小),电动机运行点沿着曲线 2 从 $B \rightarrow O$,这时 $E_a = 0$,$I = 0$,$T = 0$,$n = 0$,即在原点上。

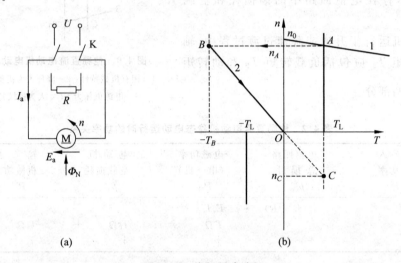

(a)   (b)

图 4.10 能耗制动过程

1—固有机械特性;2—电压为零的人为机械特性

上述过程是正转的拖动系统停车的制动过程。在整个过程中,电动机的电磁转矩 $T < 0$,而转速 $n > 0$,T 与 n 是反方向的,T 始终是起制动作用,是制动运行状态的一种,称为能耗制动。

他励直流电动机能耗制动过程中的功率关系如表 4.3 所示。

表 4.3 他励直流电动机能耗制动过程中的功率关系

输　入 电功率 P_1		电枢回路 总损耗 p_{Cua}		电磁功率 (电→机) P_M	电动机 空载损耗 p_0	输　出 机械功率 P_2
UI_a	$=$	$I_a^2(R_a + R)$	$+$	$E_a I_a$		
				$T\Omega$ $=$	$T_0\Omega$ $+$	$T_2\Omega$
0		$+$		$-$	$+$	$-$

表 4.3 中电源输入的电功率 $P_1 = 0$,也就是电动机与电源脱离,没有功率交换;电磁功率 $P_M < 0$,也就是在电动机内,电磁作用是把机械功率转变为电功率,与第 1 章所述直流发电机的作用是一致的;机械功率 $P_2 < 0$,说明电动机轴上非但没有输出机械功率到负载去,反而是负载向电动机输入机械功率,扣除空载损耗 p_0,其余的通过电磁作用转变成电功率。从机械功率转换为电功率这一点讲,能耗制动过程中电动机好像是一台发电机,但与一般发电机又不相同,表现在:①没有原动机输入机械功率,其机械能靠的是系

统转速从高到低,制动时所释放出来的动能;②电功率没有输出,而是消耗在电枢回路的总电阻(R_a+R)上了。

图 4.11 所示为他励直流电动机各种运行状态下的功率流程图,其中图(a)是电动运行状态,图(b)为能耗制动过程。

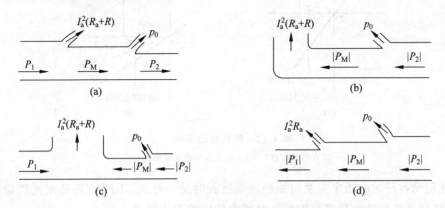

图 4.11 他励直流电动机各种运行状态下功率流程图
(a) 电动运行;(b) 能耗制动;(c) 倒拉反转和反接制动;(d) 回馈制动

能耗制动过程开始的瞬间,电枢电流$|I_a|$与电枢回路总电阻(R_a+R)成反比,所串电阻R越小,$|I_a|$越大。$|I_a|$增大,电磁转矩$|T|=C_t\Phi_N|I_a|$也随着增大,停车快。但是,I_a过大,换向很困难,因此能耗制动过程中电枢电流有个上限,也就是电动机允许的最大电流I_{amax}。根据I_{amax}可以计算出能耗制动过程电枢回路串入制动电阻的最小值R_{min},二者的关系为

$$R_{min}=\frac{E_a}{I_{amax}}-R_a$$

式中 E_a 为能耗制动开始瞬间的电枢感应电动势。

生产机械工作完毕都需要停车,可以采用自由停车,即把电动机电源切除,靠系统的摩擦阻转矩使之慢慢停下不转。若要加快停车过程,缩短停车时间,除了使用抱闸(电磁制动器)等制动装置之外,还可以采用电气制动方法。所谓电气制动方法,就是由电动机本身产生制动转矩来加快停车过程,如能耗制动就是一种电气制动方法。

2. 能耗制动运行

他励直流电动机如果拖动位能性负载,本来运行在正向电动状态,突然采用能耗制动,如图 4.12(a)所示,电动机的运行点从 $A \to B \to O$,$B \to O$ 是能耗制动过程,与拖动反抗性负载时完全一样。但是到了 O 点以后,如果不采用其他办法停车,如抱闸抱住电动机轴,则由于电磁转矩 $T=0$,小于负载转矩,系统会继续减速,即开始反转。电动机的运行点沿着能耗制动机械特性曲线 2 从 $O \to C$,C 点处 $T=T_L$,系统稳定运行于工作点 C。该处电动机电磁转矩 $T>0$,转速 $n<0$,T 与 n 方向相反,T 为制动性转矩,这种稳态运行状态称为能耗制动运行。这种运行状态下,T_{L2} 方向与系统转速 n 同方向,为拖动性转矩。能耗制动运行时,电动机电枢回路串入的制动电阻不同时,运行转速也不同,制动电阻 R 越大,转速绝对值 $|n|$ 越高,如图 4.12(b)所示。

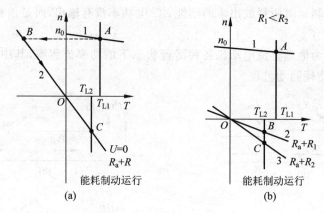

图 4.12　能耗制动运行

1—固有机械特性；2,3—电压为零的人为机械特性

能耗制动运行时的功率关系与能耗制动过程时是一样的,不同的只是能耗制动运行状态下,机械功率的输入是靠位能性负载减少位能贮存来提供。

4.3.3　反接制动过程

电气制动方法除了能耗制动停车外,还可以采用反接制动停车。

反接制动停车是把正向运行的他励直流电动机的电源电压突然反接,同时在电枢回路串入限流电阻 R 来实现的。拖动反抗性恒转矩负载,采用反接制动停车时,其机械特性如图 4.13(a)所示。本来电动机的工作点在 A,反接制动后,电动机运行点从 $A \to B \to C$,到 C 点后电动机转速 $n=0$,制动停车过程结束,应立即将电动机的电源切除。这一过程中,电动机运行于第 II 象限, $T<0$, $n>0$, T 与 n 反方向, T 是制动性转矩。上述过程称为反接制动过程。

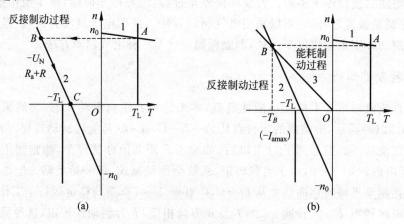

图 4.13　他励直流电动机反接制动过程

1—固有机械特性；2— $U=-U_N$,电枢串电阻的人为机械特性；

3— $U=0$,电枢串电阻的人为特性

反接制动过程中的功率关系如表 4.4 所示。

表 4.4　他励直流电动机反接制动过程中的功率关系

输入电功率 P_1		电枢回路总损耗 p_{Cua}		电磁功率（电→机）P_M	电动机空载损耗 p_0		输出机械功率 P_2
$U_N I_a$	$=$	$I_a^2(R_a+R)$	$+$	$E_a I_a$			
				$T\Omega$	$=$	$T_0\Omega$	$+$	$T_2\Omega$
$+$		$+$		$-$		$+$	$-$

反接制动过程中,电源输入的电功率 $P_1>0$,轴上 $P_2<0$,即输入机械功率,而且机械功率扣除空载损耗后,即转变成电功率,$P_M<0$;从电源送入的及机械能转变成的这两部分电功率,都消耗在电枢回路电阻(R_a+R)上,其功率流程图如图 4.11(c)所示。电动机轴上输入的机械功率是系统释放的动能所提供的。

反接制动过程开始的瞬间,电枢电流$|I_a|$与电枢回路总电阻(R_a+R)成反比,所串的电阻 R 越小,$|I_a|$越大。同样,应该使起始制动电流$|I_a|<I_{amax}$,所串电阻最小值应为

$$R_{min}=\frac{-U_N-E_a}{-I_{amax}}-R_a=\frac{U_N+E_a}{I_{amax}}-R_a$$

显然,同一台电动机,在同一个 I_{amax} 规定下,反接制动过程比能耗制动过程电枢串入的电阻最小值几乎大一倍,这是因为 $U_N\approx E_a$,从图 4.13(b)中曲线 2 与曲线 3 两条制动机械特性也看得出来,二者斜率几乎相差一倍。另外,在同一个 I_{amax} 条件下制动时,在制动停车过程中的电磁转矩,反接制动时的大,能耗制动时的小,见图 4.13(b),因此,反接制动停车更快。如果能够使制动停车过程中电枢电流$|I_a|=I_{amax}$不变,那么电磁转矩也就能保持$|T|=T_{max}$,制动停车的过程中始终保持着最大的减速度,制动效果最佳。保持制动过程中$|I_a|=I_{amax}$,需要由自动控制系统完成。

如果他励直流电动机拖动反抗性恒转矩负载进行反接制动的机械特性如图 4.14 所示,那么制动过程到达 C 点时,$n=0$,$T\neq0$,这时若停车就应及时切除电动机的电源,否则在 C 点,由于 $T<-T_L$,系统会反向启动,直到在 D 点运行。频繁正、反转的电力拖动系统,常常采用这种先反接制动停车、接着进行反向启动的运行方式,达到迅速制动并反转的目的。但是,对于要求准确停车的系统,采用能耗制动更为方便。

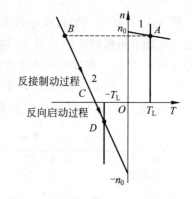

图 4.14　反接制动接着反向启动的机械特性

4.3.4　倒拉反转运行

他励直流电动机拖动位能性负载运行,若电枢回路串入电阻时,转速 n 下降。但是,如果电阻值大到一定程度后,见图 4.15 所示,就会使转速 $n<0$,工作点在第Ⅳ象限,电磁

转矩 $T>0$，与 n 方向相反，是一种制动运行状态，称为倒拉反转运行或限速反转运行。

倒拉反转运行的功率关系与反接制动过程的功率关系一样，功率流程见图4.11(c)。二者之间的区别仅仅在于反接制动过程中，向电动机输入的机械功率是负载释放的动能，而倒拉反转运行中，是位能性负载减少的位能，或者说，是位能性负载倒拉着电动机运行，称为倒拉反转运行。

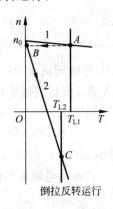

图 4.15　倒拉反转运行

1—固有特性；2—电枢串电阻人为特性

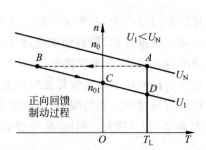

图 4.16　降压调速时的回馈制动过程

4.3.5　回馈制动运行

1. 正向回馈制动运行

图4.16所示为他励直流电动机电源电压降低，转速从高向低调节的过程。原来电动机运行在固有机械特性的 A 点上，电压降为 U_1 后，电动机运行点从 $A \rightarrow B \rightarrow C \rightarrow D$，最后稳定运行在 D 点。在这一降速过渡过程中，从 $B \rightarrow C$ 这一阶段，电动机的转速 $n>0$，而电磁转矩 $T<0$，T 与 n 的方向相反，T 是制动性转矩，是一种正向回馈制动运行状态。

$B \rightarrow C$ 这一段运行时的功率关系，如表4.5所示。

表 4.5　$B \rightarrow C$ 段运行时的功率关系

输　入 电功率 P_1	电枢回路 总损耗 p_{Cua}	电磁功率 （机→电） P_M	电动机 空载损耗 p_0	输　出 机械功率 P_2
$U_N I_a =$	$I_a^2 R_a$ $+$	$E_a I_a$		
		$T\Omega =$	$T_0\Omega +$	$T_2\Omega$
$-$	$+$	$-$	$+$	$-$

把上述功率关系画出功率流程图如图4.11(d)所示，与第3章所述直流发电机的功率流程基本一致，所不同的只是：①机械功率的输入不是原动机送进，而是系统从高速向低速降速过程中释放出来的动能所提供；②电功率送出不是给用电设备而是给直流电源。这种运行状态称为正向回馈制动过程，"回馈"指电动机把功率回馈电源，"过程"指没有稳定工作点，而是一个变速的过程。但该过程区别于能耗制动过程和反接制动过程，后

两者都是转速从高速到 $n=0$ 的停车过程,而回馈制动过程仅仅是一个减速过程,转速从高于 n_{01} 的速度减到 $n=n_{01}$。转速高于理想空载转速是回馈制动运行状态的重要特点。

如果让他励直流电动机拖动一台小车,规定小车前进时转速 n 为正,电磁转矩 T 与 n 同方向为正,负载转矩 T_L 与 n 反方向为正。小车在平路上前进时,负载转矩为摩擦性阻转矩 T_{L1},$T_{L1}>0$。小车在下坡路上前进时,负载转矩为一个摩擦性阻转矩与一个位能性的拖动转矩之合成转矩。一般后者数值(绝对值)比前者大,二者方向相反,因此下坡时小车受到的总负载转矩为 T_{L2},$T_{L2}<0$,如图 4.17 所示。负载机械特性为曲线 1 和曲线 2。这样,走平路时,电动机运行在正向电动运行状态,工作点为固有机械特性与曲线 1 的交点 A;走下坡路时,电动机运行在正向回馈运行状态,工作点为固有机械特性与曲线 2 的交点

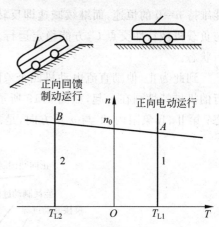

图 4.17 正向回馈制动运行

B。回馈制动运行时的电磁转矩 T 与 n 方向相反,T 与 T_L 平衡,使小车能够恒速行驶。这种稳定运行时的功率关系与上面回馈制动过程时是一样的,区别仅仅是机械功率不是由负载减少动能来提供,而是由小车减少位能贮存来提供。

回馈制动运行状态的功率关系与发电机一致,又称为发电状态。

2. 反向回馈制动运行

如果他励直流电动机拖动位能性负载,当电源电压反接时,工作点在第 IV 象限,见图 4.18(a)所示的 B 点,这时电磁转矩 $T>0$,转速 $n<0$,T 与 n 反方向,称为反向回馈制动运行。

反向回馈制动运行的功率关系与正向回馈制动运行的完全一样。

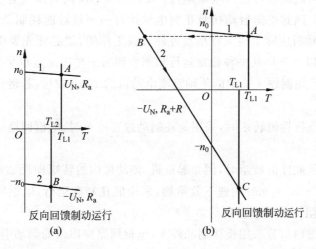

图 4.18 反向回馈制动运行

他励直流电动机如果拖动位能性负载进行反接制动,当转速下降到 $n=0$ 时,如果不及时切除电源,也不用抱闸抱住电动机轴,那么,由于电磁转矩与负载转矩不相等,系统不能维持 $n=0$ 的恒速,而继续减速即反转,如图4.18(b)所示,直到达到反接制动机械特性与负载机械特性交点 C,方能稳定运行。电动机在 C 点的运行状态也是反向回馈制动运行状态。

到此为止,他励直流电动机四个象限的运行状态已经全部分析过,现在把四个象限运行的机械特性画在一起,如图4.19所示。第 I、III 象限内,T 与 n 同方向,是电动运行状态;第 II、IV 象限内,T 与 n 反方向,是制动运行状态。

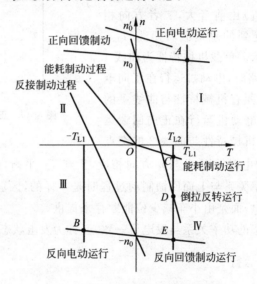

图4.19 他励直流电动机各种运行状态

实际的电力拖动系统,生产机械的生产工艺要求电动机一般都要在两种以上的状态下运行。例如,经常需要正、反转的反抗性恒转矩负载,拖动它的电动机就应该运行在下面各种状态:正向启动接着正向电动运行;反接制动;反向启动接着反向电动运行;反方向的反接制动;回到正向启动接着正向电动运行……最后能耗制动停车。因此,要想掌握他励直流电动机实际上是怎样拖动各种负载工作的,就必须先要掌握电动机的各种不同的运行状态以及怎样从一种稳定运行状态变到另一种稳定运行状态。

例题 4-7 已知例题4-2中的他励直流电动机的 $I_{amax} \leqslant 2I_N$,若运行于正向电动状态时,$T_L = 0.9T_N$。

(1) 负载为反抗性恒转矩时,采用能耗制动过程停车时,电枢回路应串入的制动电阻最小值是多少?

(2) 负载为位能性恒转矩时,例如起重机,传动机构的转矩损耗 $\Delta T = 0.1T_N$,要求电动机运行在 $n_1 = -200$r/min 匀速下放重物,采用能耗制动运行,电枢回路应串入的电阻值是多少? 该电阻上的功率损耗是多少?

(3) 负载同题(1),若采用反接制动停车,电枢回路应串入的制动电阻最小值是多少?

(4) 负载同题(2),电动机运行在 $n_2 = -1000$r/min 匀速下放重物,采用倒拉反转运行,电枢回路应串入的电阻值是多少? 该电阻上的功率损耗是多少?

(5) 负载同题(2),采用反向回馈制动运行,电枢回路不串电阻时,电动机转速是多少?

解 (1) 由例题 4-2 解中知

$$C_e\Phi_N = 0.139, \quad n_0 = 1582.7\text{r/min}, \quad \Delta n_N = 82.7\text{r/min}$$

额定运行状态时感应电动势为

$$E_{aN} = C_e\Phi_N n_N = 0.139 \times 1500 = 208.5\text{V}$$

负载转矩 $T_L = 0.9T_N$ 时的转速降落

$$\Delta n = \frac{0.9T_N}{T_N}\Delta n_N = 0.9 \times 82.7 = 74.4\text{r/min}$$

负载转矩 $T_L = 0.9T_N$ 时的转速

$$n = n_0 - \Delta n = 1582.7 - 74.4 = 1508.3\text{r/min}$$

制动开始时的电枢感应电动势

$$E_a = \frac{n}{n_N}E_{aN} = \frac{1508.3}{1500} \times 208.5 = 209.7\text{V}$$

能耗制动应串入的制动电阻最小值

$$R_{min} = \frac{E_a}{I_{amax}} - R_a = \frac{209.7}{2 \times 115} - 0.1 = 0.812\Omega$$

(2) 位能性恒转矩负载能耗制动运行,反转时负载转矩

$$T_{L1} = T_L - 2\Delta T = 0.9T_N - 2 \times 0.1T_N = 0.7T_N$$

负载电流

$$I_{a1} = \frac{T_{L1}}{T_N}I_N = 0.7I_N = 0.7 \times 115 = 80.5\text{A}$$

转速为 -200r/min 时,电枢感应电动势

$$E_{a1} = C_e\Phi_N n = 0.139 \times (-200) = -27.8\text{V}$$

串入电枢回路的电阻

$$R_1 = \frac{-E_{a1}}{I_{a1}} - R_a = \frac{27.8}{80.5} - 0.1 = 0.245\Omega$$

R_1 上的功率损耗

$$p_{R_1} = I_{a1}^2 R_1 = 80.5^2 \times 0.245 = 1588\text{W}$$

(3) 反接制动停车,电枢回路串入电阻的最小值

$$R'_{min} = \frac{U_N + E_a}{I_{amax}} - R_a = \frac{220 + 209.7}{2 \times 115} - 0.1 = 1.768\Omega$$

(4) 位能性恒转矩负载倒拉反转运行,转速为 -1000r/min 时的电枢感应电动势

$$E_{a2} = \frac{n_2}{n_N}E_{aN} = \frac{-1000}{1500} \times 208.5 = -139\text{V}$$

应串入电枢回路的电阻

$$R_2 = \frac{U_N - E_{a2}}{I_{a1}} - R_a = \frac{220 + 139}{80.5} - 0.1 = 4.36\Omega$$

R_2 上的功率损耗

$$p_{R_2} = I_{a1}^2 R_2 = 80.5^2 \times 4.36 = 28254\text{W}$$

（5）位能性恒转矩负载反向回馈制动运行，电枢不串电阻时，电动机转速为

$$n = \frac{-U_N}{C_e \Phi_N} - \frac{I_a R_a}{C_e \Phi_N} = -n_0 - \frac{I_a}{I_N} \Delta n_N$$

$$= -1582.7 - 0.7 \times 82.7$$

$$= -1640.6 \text{r/min}$$

4.4　直流电力拖动系统的过渡过程

电力拖动系统转矩平衡关系 $T = T_L$ 一旦被破坏，系统便从一个稳态向另一个稳态过渡，这个过程即过渡过程。关于他励直流电动机拖动系统过渡过程，其开始前和稳定后的两个稳态运行情况，前面已经分析过。本节将进一步分析过渡过程中转速、转矩、电流的变化规律及其定量计算等问题。研究这些问题，对经常处于启动、制动运行的生产机械如何缩短过渡过程时间，减少过渡过程中的能量损耗，提高劳动生产率等，都有实际意义。

4.4.1　他励直流电动机过渡过程的数学分析

分析电机拖动的过渡过程时，忽略电磁过渡过程，只考虑机械过渡过程，而且还有以下条件：

（1）电源电压在过渡过程中恒定不变；

（2）磁通 Φ 恒定不变；

（3）负载转矩为常数不变。

过渡过程，在机械特性上表现为，电动机的运行点从起始点开始，沿着电动机机械特性曲线向着稳态点变化的过程。起始点是机械特性上的一个点，对应着过程开始瞬间的

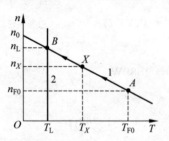

图 4.20　机械特性上 A→B 的过渡过程

状况，稳态点是过程结束后的工作点。如图 4.16 所示为降低电源电压调速的减速过程，起始点为 B，沿着 $U = U_1$ 人为机械特性减速，到稳态点 D。

图 4.20 中曲线 1 为他励直流电动机任意一条机械特性，曲线 2 为恒转矩负载的转矩特性。起始点为 A 点，其转速为 n_{F0}，电磁转矩为 T_{F0}；稳态点为 B 点，其转速为 n_L，电磁转矩为 T_L，也等于负载转矩。下面定量分析从起始点 A 到稳态点 B 沿着曲线 1 进行的过渡过程。

1. 转速 n 的变化规律——$n = f(t)$

定量分析过渡过程的依据是电力拖动系统的转动方程式。已知电动机机械特性、负载机械特性、起始点、稳态点以及系统的飞轮矩，求解过渡过程中的转速 $n = f(t)$，转矩 $T = f(t)$ 和电枢电流 $I_a = f(t)$。

针对转速 n，先建立微分方程式。负载转矩 T_L 和 GD^2 为常数时，转动方程式描述电磁转矩与转速变化的关系，为

$$T - T_L = \frac{GD^2}{375} \cdot \frac{dn}{dt}$$

他励直流电动机的机械特性描述转速与转矩的关系，为

$$n = n_0 - \beta T$$

上两式联立，消去 T，得到微分方程式为

$$n = n_0 - \beta\left(T_L + \frac{GD^2}{375} \cdot \frac{dn}{dt}\right)$$

$$= n_0 - \Delta n_B - \beta\frac{GD^2}{375} \cdot \frac{dn}{dt}$$

$$= n_L - T_M \frac{dn}{dt} \tag{4-5}$$

式中 $\Delta n_B = \beta T_L$ 为 B 点的转速降落，

$$T_M = \beta\frac{GD^2}{375}$$

式(4-5)为非齐次常系数一阶微分方程，下面用分离变量法求通解：

$$n - n_L = -T_M \frac{dn}{dt}$$

$$\frac{dn}{n - n_L} = -\frac{dt}{T_M}$$

两边积分，得

$$\ln(n - n_L) = -\frac{t}{T_M} + C$$

$$n - n_L = e^{-\frac{t}{T_M}+C} = Ke^{-\frac{t}{T_M}} \tag{4-6}$$

式中 C 与 K 均为常数，由初始条件决定。初始条件为 $t=0$，$n=n_{F0}$，代入式(4-6)，得到

$$n_{F0} - n_L = K$$

因此式(4-6)变为

$$n - n_L = (n_{F0} - n_L)e^{-\frac{t}{T_M}}$$

或

$$n = n_L + (n_{F0} - n_L)e^{-\frac{t}{T_M}} \tag{4-7}$$

式(4-7)即为求得的结果。显然转速 n 包含有两个分量：一个是强制分量 n_L，也就是过渡过程结束时的稳态值；另一个是自由分量 $(n_{F0} - n_L)e^{-\frac{t}{T_M}}$，它按指数规律衰减至零。因此，过渡过程中，转速 n 是从起始值 n_{F0} 开始，按指数曲线规律逐渐变化至过渡过程终止的稳态值 n_L，曲线如图 4.21(a)所示。

$n=f(t)$ 曲线与一般的一阶过渡过程曲线一样，主要应掌握三个要素：起始值、稳态值与时间常数。这三个要素确定了，过渡过程也就确定了。起始值 n_{F0} 与稳态值 n_L 已经很清楚，需要提出的是时间常数 T_M，已知其大小为

$$T_M = \beta\frac{GD^2}{375} = \frac{R_a + R}{C_e C_t \Phi^2} \cdot \frac{GD^2}{375} \tag{4-8}$$

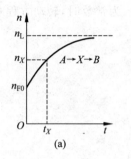 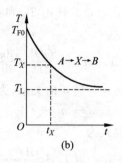 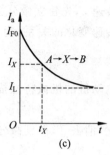

(a)   (b)   (c)

图 4.21   过渡过程曲线

T_{M} 单位为 s。显然,尽管 T_{M} 是表征机械过渡过程快慢的量,其大小除了与 GD^2 成正比之外,还与机械特性斜率成正比,即与 $R_{\mathrm{a}}+R$,与 Φ 等电磁量也有关系,因此称 T_{M} 为电力拖动系统的机电时间常数。

2. 转矩变化规律——T= f(t)

T 与 n 的关系由机械特性表示,见图 4.20,为

$$\left.\begin{array}{l} n = n_0 - \beta T \\ n_{\mathrm{L}} = n_0 - \beta T_{\mathrm{L}} \\ n_{\mathrm{F0}} = n_0 - \beta_{\mathrm{F0}} \end{array}\right\} \tag{4-9}$$

将式(4-9)代入式(4-7)中,便可得到 $T=f(t)$:

$$n_0 - \beta T = n_0 - \beta T_{\mathrm{L}} + (n_0 - \beta T_{\mathrm{F0}} - n_0 + \beta T_{\mathrm{L}})\mathrm{e}^{-\frac{t}{T_{\mathrm{M}}}}$$

$$T = T_{\mathrm{L}} + (T_{\mathrm{F0}} - T_{\mathrm{L}})\mathrm{e}^{-\frac{t}{T_{\mathrm{M}}}} \tag{4-10}$$

式(4-10)即为 $T=f(t)$ 的具体形式。显然 T 也包含一个稳态值与一个按指数规律衰减的自由分量,时间常数亦为 T_{M}。T 的变化也是从 T_{F0} 按指数规律逐渐变到 T_{L},画成曲线如图 4.21(b)所示。

3. 电枢电流变化规律——Iₐ= f(t)

电枢电流与电磁转矩的关系由转矩的基本方程式表示,为

$$\left.\begin{array}{l} T = C_t \Phi I_{\mathrm{a}} \\ T_{\mathrm{L}} = C_t \Phi I_{\mathrm{L}} \\ T_{\mathrm{F0}} = C_t \Phi I_{\mathrm{F0}} \end{array}\right\} \tag{4-11}$$

把式(4-11)代入式(4-10)中,便得到 $I_{\mathrm{a}}=f(t)$:

$$C_t \Phi I_{\mathrm{a}} = C_t \Phi I_{\mathrm{L}} + (C_t \Phi I_{\mathrm{F0}} - C_t \Phi I_{\mathrm{L}})\mathrm{e}^{-\frac{t}{T_{\mathrm{M}}}}$$

$$I_{\mathrm{a}} = I_{\mathrm{L}} + (I_{\mathrm{F0}} - I_{\mathrm{L}})\mathrm{e}^{-\frac{t}{T_{\mathrm{M}}}} \tag{4-12}$$

从式(4-12)看出,电枢电流也包括强制分量 I_{L} 与自由分量 $(I_{\mathrm{F0}}-I_{\mathrm{L}})\mathrm{e}^{-t/T_{\mathrm{M}}}$,时间常数亦为 T_{M}。电枢电流 I_{a} 从起始值 I_{F0} 按指数规律变到稳态值 I_{L},$I_{\mathrm{a}}=f(t)$ 曲线如图 4.21(c)所示。

从上面对过渡过程中 $n=f(t)$、$T=f(t)$ 及 $I_{\mathrm{a}}=f(t)$ 的计算看出,这几个量都是按照

指数规律从起始值变到稳态值。可以按照分析一般一阶微分方程过渡过程三要素的方法,找出三个要素,便可确定各量的数学表达式并画出变化曲线。

4. 过渡过程时间的计算

从起始值到稳态值,理论上需要时间 $t=\infty$,但实际上 $t=(3\sim4)T_M$ 时,各量便达到 $95\%\sim98\%$ 稳态值,即可认为过渡过程结束。在工程实际中,往往需要知道过渡过程进行到某一阶段所需的时间。图 4.20 中 X 点为 AB 中间任意一点,所对应时间为 t_X,转速为 n_X,转矩为 T_X,若已知 $n=f(t)$ 及 X 点的转速 n_X,如图 4.21(a)所示,可以通过式(4-7)计算 t_X。把 X 点数值代入式(4-7)可得到

$$n_X = n_L + (n_{F0} - n_L)e^{-\frac{t_X}{T_M}}$$

$$\frac{n_X - n_L}{n_{F0} - n_L} = e^{-\frac{t_X}{T_M}} = \frac{1}{e^{-\frac{t_X}{T_M}}}$$

$$t_X = T_M \ln \frac{n_{F0} - n_L}{n_X - n_L} \tag{4-13}$$

若已知 $T=f(t)$ 及 X 点的转矩 T_X,见图 4-21(b),t_X 的计算公式用同样的方法推得为

$$t_X = T_M \ln \frac{T_{F0} - T_L}{T_X - T_L} \tag{4-14}$$

当然,若已知 $I_a=f(t)$ 及 X 点的电枢电流 I_X,见图 4.21(c),则

$$t_X = T_M \ln \frac{I_{F0} - I_L}{I_X - I_L} \tag{4-15}$$

4.4.2 启动的过渡过程

图 4.22(a)为他励直流电动机的一条启动时的机械特性曲线,S 点为启动过程开始的点,其转矩为 $T=T_S$,转速为 $n=0$;A 点为启动过程结束的点,其转矩为 $T=T_L$,$n=n_A$。S 点与 A 点为启动过渡过程的起始点与稳态点,把这两点的具体数据代入式(4-7)与式(4-10),便可得到该过渡过程中,转速 $n=f(t)$ 与转矩 $T=f(t)$,即

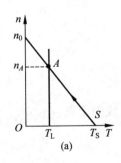
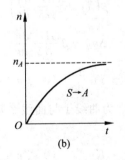
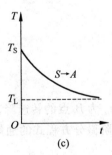

图 4.22 启动过渡过程

$$n = n_A - n_A e^{-\frac{t}{T_M}}$$

$$T = T_L + (T_S - T_L) e^{-\frac{t}{T_M}}$$

其曲线如图 4.22(b) 和 (c) 所示。$I_a = f(t)$ 的关系式及曲线，读者可自行写出与绘制。

4.4.3　能耗制动过渡过程

计算能耗制动过渡过程各变化量时，需要用到"虚稳态点"，下面首先介绍虚稳态点的概念。

图 4.23(a) 中曲线 1 为他励直流电动机任意一条机械特性曲线，曲线 2 和曲线 3 为负载转矩特性曲线，当 $n \leqslant n_X$ 时，为曲线 2，当 $n \geqslant n_X$ 时，为曲线 3。已知曲线 1、2、3，系统飞轮矩，点 A 和点 X，求解从 $A \to X$ 的过渡过程。

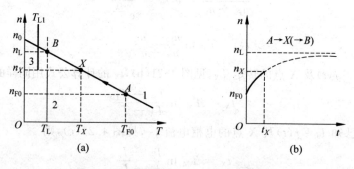

图 4.23　机械特性上 $A \to X$ 的过渡过程

在 $0 \leqslant n \leqslant n_X$ 范围之内，负载转矩 T_L 为常数，GD^2 也为常数，因此列写系统转动方程式和电动机机械特性方程式为

$$\left. \begin{array}{l} T - T_L = \dfrac{GD^2}{375} \dfrac{dn}{dt} \\ n = n_0 - \beta T \end{array} \right\} \quad (0 \leqslant n \leqslant n_X)$$

消去 T，得到微分方程式为

$$\begin{aligned} n &= n_0 - \beta \left(T_L + \frac{GD^2}{375} \frac{dn}{dt} \right) \\ &= n_0 - \Delta n_B - \beta \frac{GD^2}{375} \frac{dn}{dt} \\ &= n_L - T_M \frac{dn}{dt} \quad (0 \leqslant n \leqslant n_X) \end{aligned}$$

式中　Δn_B 为 B 点的转速降落，B 点为曲线 1 与曲线 2 延长线的交点。

该一阶微分方程式的通解为

$$n - n_L = K e^{-\frac{t}{T_M}} \quad (0 \leqslant n \leqslant n_X)$$

将初始条件 $t = 0$，$n = n_{F0}$ 代入上式得 $n = f(t)$ 的解为

$$n = n_L + (n_{F0} - n_L) e^{-\frac{t}{T_M}} \quad (0 \leqslant n \leqslant n_X) \tag{4-16}$$

根据式 (4-16) 画出 $n = f(t)$ 曲线如图 4.23(b) 所示的实线部分，它是从 $A \to B$ 这个完

整的过渡过程中的 $A \to X$ 这一段。

式(4-16)表明,转速 n 也包含强制分量 n_L 和自由分量 $(n_{F0} - n_L)e^{-\frac{t}{T_M}}$,自由分量也按指数规律衰减。如果 $0 \leqslant n \leqslant n_X$ 这个条件不存在,也就是说,如果在 $n \geqslant n_X$ 范围之内,负载转矩仍旧等于 T_L 不变的话,那么过渡过程就将继续进行到 B 点。这时,自由分量将衰减至零,系统将恒速运行在 $n = n_L$,即 B 点将成为稳态点。但是实际的 $A \to X$ 过渡过程,在 X 点由于 T_L 的突变而中断,并没有真的进行到 B 点,因此把 B 点称为虚稳态点。

式(4-16)还表明,分析只有虚稳态点的过渡过程,仍然可以按三要素法进行,与有稳态点的过渡过程相比较,起始值和时间常数都是一致的,区别仅仅是稳态值由虚稳态点确定。因此,若所分析的过渡过程中,电动机机械特性与负载转矩特性没有相交,那么延长负载特性,使之相交,交点即为虚稳态点。找到虚稳态点,该过渡过程就迎刃而解了。

为了区别有稳态点与有虚稳态点的两种过渡过程,使用的符号稍有不同。对图4.20所示的过渡过程用 $A \to X \to B$ 表示,A 为起始点,B 为稳态点,X 为中间经过的点,如无必要标明 X,可以表示为 $A \to B$。对图4.23所示的过渡过程用 $A \to X(\to B)$ 表示,A 为起始点,B 为虚稳态点,$A \to X$ 为所分析的实际过程,括号中的 $(\to B)$ 这一段并没有真正进行。

下面利用虚稳态点的概念及对只有虚稳态点的过渡过程分析的方法,具体研究他励直流电动机的能耗制动过程。

1. 拖动反抗性恒转矩负载

他励直流电动机拖动反抗性恒转矩负载进行能耗制动的机械特性如图4.24(a)所示,其中曲线1为固有特性,曲线2为能耗制动机械特性,曲线3为 $n \geqslant 0$ 时的负载转矩特性,曲线4为 $n \leqslant 0$ 时的负载机械特性。拖动反抗性恒转矩负载,能耗制动过程就是一个制动停车的过程,从 B 点开始,到 O 点为止。

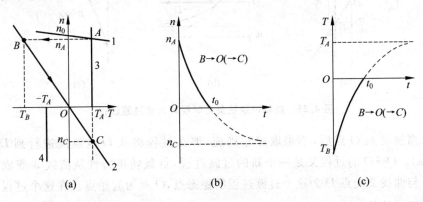

图 4.24 拖动反抗性恒转矩负载时能耗制动过渡过程

显然,能耗制动过程是 $B \to O(\to C)$ 这样一个过渡过程,其起始点为 B,虚稳态点为 C,把起始点与虚稳态点的有关数据代入转速与转矩关系式(4-7)和式(4-10)两个一般表达式中去,便得到 $n = f(t)$ 及 $T = f(t)$,为

$$n = n_C + (n_A - n_C)e^{-\frac{t}{T_M}} \quad (n \geqslant 0)$$

$$T = T_A + (T_B - T_A)e^{-\frac{t}{T_M}} \quad (T \leqslant 0)$$

画出曲线如图 4.24(b)与(c)所示。

$n = f(t)$ 曲线上 $n = 0$ 的点，其时间坐标数值 t_0 就是能耗制动停车过程所用的时间。把起始点、稳态点的转速值及 $n = 0$ 代入一般方程式(4-13)，得到制动时间的大小为

$$t_0 = T_M \ln \frac{n_A - n_C}{-n_C}$$

或者也可以从 $T = f(t)$ 曲线上求出。t_0 为 $T = 0$ 这一点的时间坐标数值，用式(4-14)可以得到

$$t_0 = T_M \ln \frac{T_B - T_A}{-T_A}$$

2. 拖动位能性恒转矩负载

他励直流电动机拖动位能性恒转矩负载进行能耗制动，其机械特性如图 4.25(a)所示。从 B 点开始沿能耗制动机械特性曲线 2 至 O 点，如果只考虑能耗制动停车的制动过程，即到 O 点后采取措施使系统停转，那么 $B \to O$ 这一段实际上就是 $B \to O(\to C)$ 过渡过程，C 点为虚稳态点。这个过程与拖动反抗性恒转矩负载是一样的，其 $n = f(t)$ 与 $T = f(t)$ 曲线见图 4.25(b)与(c)中的 $B \to O(\to C)$ 段。

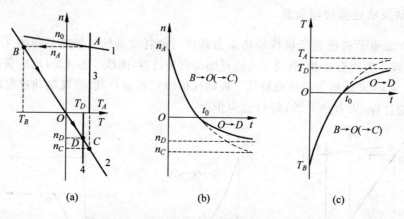

(a)　　　　　　　(b)　　　　　　　(c)

图 4.25　拖动位能性负载时能耗制动过渡过程

如果当制动到 O 点后，不采取停车措施，那么过程将从 O 点继续进行到 D 点，见图 4.25(a)。$O \to D$ 的过程又是一个新的过渡过程，负载转矩特性从曲线 3 变成为曲线 4，曲线 4 与曲线 2 交点 D 为这个过渡过程的稳态点，O 点为起始点。在这个过程中，$n = f(t)$ 与 $T = f(t)$ 为

$$n = n_D - n_D e^{-\frac{t}{T_M}}$$

$$T = T_D - T_D e^{-\frac{t}{T_M}}$$

需要说明的是，上两式中时间是从 $t = t_0$ 算起的。$n = f(t)$ 及 $T = f(t)$ 曲线见图 4.25(b)和(c)所示的 $O \to D$ 那部分。

总之，拖动位能性负载的他励直流电动机进行能耗制动时，若为能耗制动停车，其过

渡过程为 $B{\to}O({\to}C)$ 这一段；若为能耗制动运行，其过渡过程为 $B{\to}O({\to}C)$ 这一段加上 $O{\to}D$ 的全过程。

4.4.4　反接制动过渡过程

1. 拖动反抗性恒转矩负载

他励直流电动机拖动反抗性恒转矩负载进行反接制动的机械特性如图 4.26(a)所示。曲线 2 为反接制动的机械特性，曲线 3 为 $n{\geqslant}0$ 时的负载转矩特性，曲线 4 为 $n{\leqslant}0$ 时的负载转矩特性，曲线 2 与曲线 3 的延长线交点为 C，曲线 2 与曲线 4 的交点为 D。

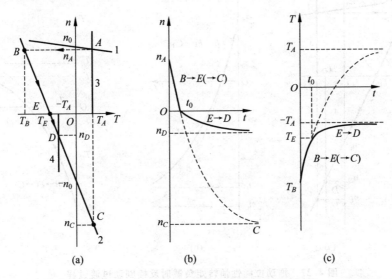

图 4.26　拖动反抗性负载时反接制动过渡过程

若反接制动过程停车时，则过渡过程是 $B{\to}E({\to}C)$ 这一段，C 为虚稳态点，B 为起始点，E 为制动到 $n=0$ 的点。$n=f(t)$ 与 $T=f(t)$ 为

$$n = n_C + (n_A - n_C)\mathrm{e}^{-\frac{t}{T_M}} \quad (n \geqslant 0)$$

$$T = T_A + (T_B - T_A)\mathrm{e}^{-\frac{t}{T_M}} \quad (T \leqslant T_E)$$

制动停车时间 t_0 为

$$t_0 = T_M \ln \frac{n_A - n_C}{-n_C}$$

$$t_0 = T_M \ln \frac{T_B - T_A}{T_E - T_A}$$

$n=f(t)$ 和 $T=f(t)$ 曲线见图 4.26(b)和(c)所示的 $B{\to}E({\to}C)$ 段。

若不是反接制动停车而是接着反向启动，那么过程从 E 点还要继续到 D 点，这是又一个过渡过程。$E{\to}D$，起始点为 E，稳态点为 D。这个过程中的 $n=f(t)$ 与 $T=f(t)$ 为

$$n = n_D - n_D\mathrm{e}^{-\frac{t}{T_M}}$$

$$T = -T_A + (T_B + T_A)\mathrm{e}^{-\frac{t}{T_M}}$$

这两条曲线分别见图 4.26(b)和(c)所示的 $E{\rightarrow}D$ 段曲线。注意,$E{\rightarrow}D$ 过渡过程中的上述两式及曲线,时间的起点都是从 t_0 算起。

总之,反接制动过程停车时,过渡过程为 $B{\rightarrow}E({\rightarrow}C)$;反接制动接着反向启动时,过渡过程分为两部分,即 $B{\rightarrow}E({\rightarrow}C)$ 一段及 $E{\rightarrow}D$ 全过程。

2. 拖动位能性恒转矩负载

他励直流电动机拖动位能性恒转矩负载反接制动的机械特性如图 4.27(a)所示。负载的转矩特性在 $n{\geqslant}0$ 为曲线 3,$n{\leqslant}0$ 为曲线 4。

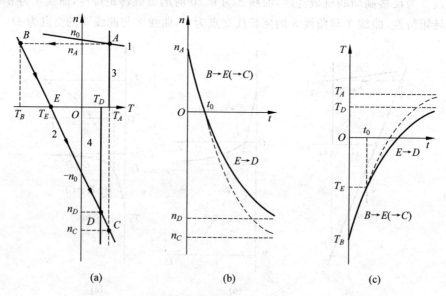

图 4.27   拖动位能性恒转矩负载时反接制动过渡过程

若仅考虑反接制动停车,则过渡过程为 $B{\rightarrow}E({\rightarrow}C)$,$C$ 为虚稳态点,与拖动反抗性恒转矩负载时的情况是一样的。$n=f(t)$ 和 $T=f(t)$ 曲线如图 4.27(b)和(c)所示的 $B{\rightarrow}E({\rightarrow}C)$ 段,制动停车时间为 t_0。

若为从反接制动开始经过反向启动直到反向回馈制动运行为止整个的过渡过程,则实际上是由 $B{\rightarrow}E({\rightarrow}C)$ 段及 $E{\rightarrow}D$ 段两部分组成的全过渡过程。$B{\rightarrow}E({\rightarrow}C)$ 这一段,与拖动反抗性恒转矩负载的情况是相同的,其 $n=f(t)$ 和 $T=f(t)$ 曲线见图 4.27(b)和(c)中的 $B{\rightarrow}E({\rightarrow}C)$ 段。$E{\rightarrow}D$ 的过渡过程,起始点为 E,稳态点为 D,其 $n=f(t)$ 与 $T=f(t)$ 为

$$n = n_D - n_D \mathrm{e}^{-\frac{t}{T_M}}$$

$$T = T_D + (T_B - T_D)\mathrm{e}^{-\frac{t}{T_M}}$$

$n=f(t)$ 与 $T=f(t)$ 曲线见图 4.27(b)与(c)中的 $E{\rightarrow}D$ 段。注意,上式与曲线中,t 都是从 $t=t_0$ 开始计算的。

至此,对经常遇到的一些过渡过程作了具体的分析。实际上,电力拖动系统运行时,只要 $T{\neq}T_L$,就处于过渡过程中,其遵循的规律都是一样的,只要找到起始点、稳态点(或

虚稳态点)和时间常数,就可写出 $n=f(t)$、$T=f(t)$ 以及 $I_a=f(t)$,即确定了整个的过渡过程。下面举例说明。

例题 4-8 某台他励直流电动机的数据为 $P_N=5.6\text{kW}$,$U_N=220\text{V}$,$I_N=31\text{A}$,$n_N=1000\text{r/min}$,$R_a=0.4\Omega$。如果系统总飞轮矩 $GD^2=9.8\text{N}\cdot\text{m}^2$,$T_L=49\text{N}\cdot\text{m}$,在电动运行时进行制动停车,制动的起始电流为 $2I_N$。试就反抗性恒转矩负载与位能性恒转矩负载两种情况,求:

(1) 能耗制动停车的时间;

(2) 反接制动停车的时间;

(3) 如果当转速制动到 $n=0$ 时,不采取其他停车措施,转速达稳定值时整个过渡过程的时间。

解 (1) 能耗制动停车,不论是反抗性恒转矩负载还是位能性恒转矩负载,制动停车时间都是一样的。

电动机的 $C_e\Phi_N$ 为

$$C_e\Phi_N=\frac{U_N-I_NR_a}{n_N}=\frac{220-31\times0.4}{1000}=0.208\text{V}/(\text{r}\cdot\text{min}^{-1})$$

制动前的转速,即制动初始转速为

$$n_{F0}=n=\frac{U_N}{C_e\Phi_N}-\frac{R_a}{9.55(C_e\Phi_N)^2}T_L=\frac{220}{0.208}-\frac{0.4}{9.55\times(0.208)^2}\times49$$
$$=1010.3\text{r/min}$$

制动前电动机电枢感应电动势为

$$E_a=C_e\Phi_Nn=0.208\times1010.3=210.1\text{V}$$

制动时电枢回路总电阻为

$$R_a+R=\frac{-E_a}{-2I_N}=\frac{-210.1}{-2\times31}=3.39\Omega$$

虚稳态点的转速为

$$n_L=\frac{U}{C_e\Phi_N}-\frac{R_a+R}{9.55(C_e\Phi_N)^2}T_L$$
$$=\frac{0}{0.208}-\frac{3.39}{9.55\times0.208^2}\times49=-402\text{r/min}$$

制动时机电时间常数为

$$T_M=\frac{GD^2}{375}\cdot\frac{R_a+R}{9.55(C_e\Phi_N)^2}=\frac{9.8}{375}\times\frac{3.39}{9.55\times0.208^2}=0.214\text{s}$$

制动停车时间为

$$t_0=T_M\ln\frac{n_{F0}-n_L}{-n_L}=0.214\times\ln\frac{1010.3-(-402)}{-(-402)}=0.269\text{s}$$

(2) 反接制动时无论是反抗性恒转矩负载还是位能性恒转矩负载,反接制动停车的时间都是一样的。制动起始点与能耗制动时相同。

反接制动时电枢回路总电阻为

$$R_a+R'=\frac{-U_N-E_a}{-2I_N}=\frac{-220-210.1}{-2\times31}=6.94\Omega$$

虚稳态点的转速为

$$n_L = \frac{-U_N}{C_e\Phi_N} - \frac{R_a + R'}{9.55(C_e\Phi_N)^2} T_L$$

$$= \frac{-220}{0.208} - \frac{6.94}{9.55 \times 0.208^2} \times 49 = -1880.7 \text{r/min}$$

反接制动机电时间常数为

$$T'_M = \frac{GD^2}{375} \cdot \frac{R_a + R'}{9.55(C_e\Phi_N)^2} = \frac{9.8}{375} \times \frac{6.94}{9.55 \times 0.208^2} = 0.439\text{s}$$

反接制动停车时间为

$$t'_0 = T'_M \ln \frac{n_{F0} - n_L}{-n_L} = 0.439 \times \ln \frac{1010.3 - (-1880.7)}{-(-1880.7)} = 0.189\text{s}$$

（3）不采取其他停车措施，到稳态转速时总的制动过程所用时间的计算。

能耗制动时：

① 若带反抗性恒转矩负载，则

$$t_1 = t_0 = 0.269\text{s}$$

② 若带位能性恒转矩负载，则

$$t_2 = t_0 + 4T_M = 0.269 + 4 \times 0.214 = 1.125\text{s}$$

反接制动时：

① 若带反抗性恒转矩负载，先计算制动到 $n=0$ 时的电磁转矩 T 的大小，看看电动机是否能反向启动。将该点有关数据代入反接制动机械特性方程式中求 T，即

$$0 = \frac{-U_N}{C_e\Phi_N} - \frac{R_a + R'}{9.55(C_e\Phi_N)^2} T$$

$$0 = \frac{-220}{0.208} - \frac{6.94}{9.55 \times 0.208^2} T$$

可得

$$T = -62.97\text{N} \cdot \text{m}$$

$T < -T_L (=-49\text{N} \cdot \text{m})$ 电动机反向启动运行到反向电动运行，所以

$$t_3 = t'_0 + 4T'_M = 0.189 + 4 \times 0.439 = 1.945\text{s}$$

② 若带位能性恒转矩负载，则

$$t_4 = t_3 = 1.945\text{s}$$

通过例题 4-8，可以定量地看到能耗制动停车过程与反接制动停车过程，尽管都从同一个转速起始值开始制动到转速为零，但制动时间却不同，能耗制动停车比反接制动停车要慢。

例题 4-9 某他励直流电动机数据为：$P_N = 15\text{kW}, U_N = 220\text{V}, I_N = 80\text{A}, n_N = 1000\text{r/min}$，$R_a = 0.2\Omega, GD_D^2 = 20\text{N} \cdot \text{m}^2$。电动机拖动反抗性恒转矩负载，大小为 $0.8T_N$，运行在固有机械特性上。

（1）停车时采用反接制动，制动转矩为 $2T_N$，求电枢需串入的电阻值；

（2）当反接制动到转速为 $0.3n_N$ 时，为了使电动机不致反转，换成能耗制动，制动转矩仍为 $2T_N$，求电枢需串入的电阻值；

（3）取系统总飞轮矩 $GD^2 = 1.25GD_D^2$，求制动停车所用的时间；

（4）画出上述制动停车的机械特性；

（5）画出上述制动停车过程中的 $n=f(t)$ 曲线,标出停车时间。

解 （1）制动前电枢电流为

$$I_{a1} = \frac{0.8T_N}{T_N}I_N = 0.8 \times 80 = 64\text{A}$$

制动前电枢感应电动势为

$$E_{a1} = U_N - I_{a1}R_a = 220 - 64 \times 0.2 = 207.3\text{A}$$

反接制动开始时的电枢电流为

$$I_{a2} = \frac{-2T_N}{T_N}I_N = -2 \times 80 = -160\text{A}$$

反接制动电阻为

$$R_1 = \frac{-U_N - E_{a1}}{I_{a2}} - R_a = \frac{-220 - 207.2}{-160} - 0.2 = 2.47\Omega$$

（2）转速降到 $0.3n_N$ 时,电动机额定电枢感应电动势为

$$E_{aN} = U_N - I_NR_a = 220 - 80 \times 0.2 = 204\text{V}$$

能耗制动前电枢感应电动势为

$$E_{a2} = \frac{0.3n_N}{n_N}E_{aN} = 0.3 \times 204 = 61.2\text{V}$$

制动电阻

$$R_2 = \frac{-E_{a2}}{I_{a2}} - R_a = \frac{-61.2}{-160} - 0.2 = 0.183\Omega$$

（3）电动机的 $C_e\Phi_N$ 为

$$C_e\Phi_N = \frac{E_{aN}}{n_N} = \frac{204}{1000} = 0.204\text{V}/(\text{r} \cdot \text{min}^{-1})$$

反接制动时间常数为

$$T_{M1} = \frac{GD^2}{375}\frac{R_a + R_1}{9.55(C_e\Phi_N)^2} = \frac{1.25 \times 20}{375} \times \frac{0.2 + 2.47}{9.55 \times 0.204^2} = 0.448\text{s}$$

能耗制动时间常数为

$$T_{M2} = \frac{GD^2}{375}\frac{R_a + R_2}{9.55(C_e\Phi_N)^2} = \frac{1.25 \times 20}{375} \times \frac{0.2 + 0.183}{9.55 \times 0.204^2} = 0.0642\text{s}$$

反接制动到 $0.3n_N$ 时,电枢电流为

$$I_{a3} = \frac{-U_N - E_{a2}}{R_a + R_1} = \frac{-220 - 61.2}{0.2 + 2.47} = -105.3\text{A}$$

反接制动到 $0.3n_N$ 所用的时间为

$$t_1 = T_{M1}\ln\frac{I_{a2} - I_{a1}}{I_{a3} - I_{a1}} = 0.448\ln\frac{-160 - 64}{-105.3 - 64} = 0.13\text{s}$$

能耗制动从 $0.3n_N$ 到 $n=0$ 所用的时间为

$$t_2 = T_{M2}\ln\frac{I_{a2} - I_{a1}}{-I_{a1}} = 0.0642\ln\frac{-160 - 64}{-64} = 0.08\text{s}$$

整个制动停车时间

$$t_0 = t_1 + t_2 = 0.13 + 0.08 = 0.21s$$

（4）上述停车过程的机械特性如图 4.28(a)所示。其中，反接制动起始转速为

$$n_1 = \frac{U_N}{C_e\Phi_N} - \frac{I_{a1}R_a}{C_e\Phi_N} = \frac{220}{0.204} - \frac{64 \times 0.2}{0.204} = 1015 \text{r/min}$$

反接制动稳态转速（虚稳态点）为

$$n_2 = \frac{-U_N}{C_e\Phi_N} - \frac{I_{a1}(R_a + R_1)}{C_e\Phi_N} = \frac{-220}{0.204} - \frac{64 \times (0.2 + 2.47)}{0.204} = -1916 \text{r/min}$$

能耗制动稳态转速（虚稳态点）为

$$n_3 = \frac{-I_{a1}(R_a + R_2)}{C_e\Phi_N} = \frac{-64 \times (0.2 + 0.183)}{0.204}$$

$$= -120 \text{r/min}$$

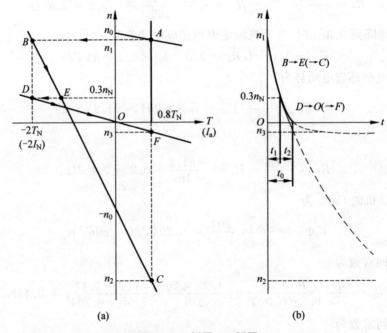

图 4.28　例题 4-9 解图

(a) 机械特性；(b) $n = f(t)$

上述过程电动机运行点是从 $B \rightarrow E \rightarrow D \rightarrow O$，经过两个过渡过程，即 $B \rightarrow E(\rightarrow C)$ 反接制动过程和 $D \rightarrow O(\rightarrow F)$ 能耗制动过程。其中反接制动过程中断在 E 点，对应 $0.3n_N$ 转速，而不是制动到 $n = 0$ 中断的。

（5）过渡过程 $n = f(t)$ 曲线如图 4.28(b)所示。

思考题

4.1　一般的他励直流电动机为什么不能直接启动？采用什么启动方法比较好？

4.2　他励直流电动机启动前，励磁绕组断线，启动时，在下面两种情况下会有什么

后果：

(1) 空载启动；

(2) 负载启动，$T_L = T_N$。

4.3 图 4.29 所示为一台空载并励直流电动机的接线，已知按图(a)接线时电动机顺时针启动，请标出按图(b)、(c)、(d)接线时，电动机的启动方向。

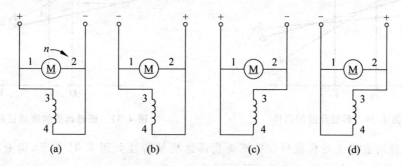

图 4.29 并励直流电动机转向

4.4 判断下列各结论是否正确。

(1) 他励直流电动机降低电源电压调速属于恒转矩调速方式，因此只能拖动恒转矩负载运行。（ ）

(2) 他励直流电动机电源电压为额定值，电枢回路不串电阻，减弱磁通时，无论拖动恒转矩负载还是恒功率负载，只要负载转矩不过大，电动机的转速都升高。（ ）

(3) 他励直流电动机降压或串电阻调速时，最大静差率数值越大，调速范围也越大。（ ）

(4) 不考虑电动机运行在电枢电流大于额定电流时电动机是否因过热而损坏的问题，他励电动机带很大的负载转矩运行，减弱电动机的磁通，电动机转速也一定会升高。（ ）

(5) 他励直流电动机降低电源电压调速与减少磁通升速，都可以做到无级调速。（ ）

(6) 降低电源电压调速的他励直流电动机带额定转矩运行时，不论转速高低，电枢电流 $I_a = I_N$。（ ）

4.5 $n_N = 1500 \text{r/min}$ 的他励直流电动机拖动转矩 $T_L = T_N$ 的恒转矩负载，在固有机械特性、电枢回路串电阻、降低电源电压及减弱磁通的人为特性上运行，请在下表中填满有关数据。

U	Φ	$(R_a + R)/\Omega$	$n_0/(\text{r} \cdot \text{min}^{-1})$	$n/(\text{r} \cdot \text{min}^{-1})$	I_a/A
U_N	Φ_N	0.5	1650	1500	58
U_N	Φ_N	2.5			
$0.6U_N$	Φ_N	0.5			
U_N	$0.8\Phi_N$	0.5			

4.6 降低磁通升速的他励直流电动机不能拖动太重的负载,除了电流过大不允许以外,请参考图 4.30 分析其他原因。

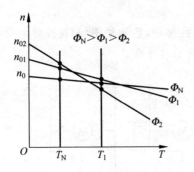

图 4.30 弱磁升速的条件

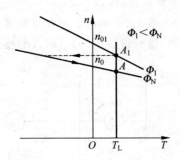

图 4.31 弱磁调速的降速过程

4.7 他励直流电动机拖动恒转矩负载调速机械特性如图 4.31 所示,请分析工作点从 A_1 向 A 调节时,电动机可能经过的不同运行状态。

4.8 一台他励直流电动机拖动一台电动小车行驶,小车前行时电动机转速规定为正。当小车走在斜坡路上,负载的摩擦转矩比位能性转矩小,小车在斜坡上前进和后退时电动机可能工作在什么运行状态?请在机械特性曲线上标出工作点。

4.9 采用电动机惯例时,他励直流电动机电磁功率 $P_M = E_a I_a = T\Omega < 0$,说明了电动机内机电能量转换的方向是机械功率转换成电功率,那么是否可以认为该电动机运行于回馈制动状态,或者说就是一台他励直流发电机?为什么?

4.10 一台他励直流电动机拖动的卷扬机,当电枢所接电源电压为额定电压、电枢回路串入电阻时拖动重物匀速上升,若把电源电压突然倒换极性,电动机最后稳定运行于什么状态?重物提升还是下放?画出机械特性图,并说明其中间经过了什么运行状态。

4.11 机电时间常数是什么过渡过程的时间常数?其大小与哪些量有关?

4.12 他励直流电动机拖动位能性恒转矩负载运行,忽略传动机构的损耗 ΔT,机械特性如图 4.32 所示。进行能耗制动和反接制动时,若不采取任何其他停车措施使之停车,请写出这两个过渡过程的 $n = f(t)$ 与 $T = f(t)$ 表达式,并画出它们的曲线。

4.13 分析下列各种情况下,采用电动机惯例的一台他励直流电动机运行在什么状态。

(1) $P_1 > 0$,$P_M > 0$;

(2) $P_1 > 0$,$P_M < 0$;

(3) $U_N I_a < 0$,$E_a I_a < 0$;

(4) $U = 0$,$n < 0$;

(5) $U = U_N$,$I_a < 0$;

(6) $E_a < 0$,$E_a I_a > 0$;

(7) $T > 0$,$n < 0$,$U = U_N$;

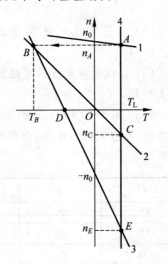

图 4.32 位能性负载制动时的机械特性

(8) $n<0,U=-U_N,I_a>0$;

(9) $E_a>U_N,n>0$;

(10) $T\Omega<0,P_1=0,E_a<0$。

习 题

4.1 Z_2-71 他励直流电动机的额定数据为：$P_N=17kW,U_N=220V,I_N=90A,n_N=1500r/min,R_a=0.147\Omega$。

(1) 求直接启动时的启动电流；

(2) 拖动额定负载启动，若采用电枢回路串电阻启动，要求启动转矩为 $2T_N$，求应串入多大电阻；若采用降电压启动，电压应降到多大？

4.2 Z_2-51 他励直流电动机的额定数据为：$P_N=7.5kW,U_N=220V,I_N=41A$，$n_N=1500r/min,R_a=0.376\Omega$，拖动恒转矩负载运行，$T_L=T_N$，把电源电压降到 $U=150V$。

(1) 电源电压降低了，但电动机转速还来不及变化的瞬间，电动机的电枢电流及电磁转矩各是多大？电力拖动系统的动转矩是多少？

(2) 稳定运行转速是多少？

4.3 习题 4.2 中的电动机，拖动恒转矩负载运行，若把磁通减小到 $\Phi=0.8\Phi_N$，不考虑电枢电流过大的问题，计算改变磁通前（Φ_N）后（$0.8\Phi_N$）电动机拖动负载稳定运行的转速。

(1) $T_L=0.5T_N$；

(2) $T_L=T_N$。

4.4 Z_2-62 他励直流电动机的铭牌数据为：$P_N=13kW,U_N=220V,I_N=68.7A$，$n_N=1500r/min,R_a=0.224\Omega$，电枢串电阻调速，要求 $\delta_{max}=30\%$，求：

(1) 电动机带额定负载转矩时的最低转速；

(2) 调速范围；

(3) 电枢需串入的电阻最大值；

(4) 运行在最低转速带额定负载转矩时，电动机的输入功率、输出功率（忽略 T_0）及外串电阻上的损耗。

4.5 习题 4.4 中的电动机，降低电源电压调速，要求 $\delta_{max}=30\%$，求：

(1) 电动机带额定负载转矩时的最低转速；

(2) 调速范围；

(3) 电源电压需调到的最低值；

(4) 电动机带额定负载转矩在最低转速运行时，电动机的输入功率及输出功率（忽略空载损耗）。

4.6 某一生产机械采用他励直流电动机作原动机，该电动机用弱磁调速，数据为：$P_N=18.5kW,U_N=220V,I_N=103A,n_N=500r/min$，最高转速 $n_{max}=1500r/min$，$R_a=0.18\Omega$。

(1) 若电动机拖动恒转矩负载 $T_L = T_N$，求当把磁通减弱至 $\Phi = \frac{1}{3}\Phi_N$ 时，电动机的稳定转速和电枢电流。电机能否长期运行？为什么？

(2) 若电动机拖动恒功率负载 $P_L = P_N$，求 $\Phi = \frac{1}{3}\Phi_N$ 时电动机的稳定转速和转矩。此时能否长期运行？为什么？

4.7 一台他励直流电动机的 $P_N = 29\text{kW}, U_N = 440\text{V}, I_N = 76\text{A}, n_N = 1000\text{r/min}$，$R_a = 0.376\Omega$。采用降低电源电压和减小磁通的方法调速，要求最低理想空载转速 $n_{0\min} = 250\text{r/min}$，最高理想空载转速 $n_{0\max} = 1500\text{r/min}$，求：

(1) 该电动机拖动恒转矩负载 $T_L = T_N$ 时的最低转速及此时的静差率 $\delta_{\max}$；

(2) 该电动机拖动恒功率负载 $P_L = P_N$ 时的最高转速；

(3) 系统的调速范围。

4.8 一台他励直流电动机 $P_N = 17\text{kW}, U_N = 110\text{V}, I_N = 185\text{A}, n_N = 1000\text{r/min}$，已知电动机最大允许电流 $I_{a\max} = 1.8I_N$，电动机拖动 $T_L = 0.8T_N$ 负载电动运行，求：

(1) 若采用能耗制动停车，电枢应串入多大电阻；

(2) 若采用反接制动停车，电枢应串入多大电阻；

(3) 两种制动方法在制动开始瞬间的电磁转矩；

(4) 两种制动方法在制动到 $n = 0$ 时的电磁转矩。

4.9 一台他励直流电动机 $P_N = 13\text{kW}, U_N = 220\text{V}, I_N = 68.7\text{A}, n_N = 1500\text{r/min}$，$R_a = 0.195\Omega$，拖动一台安装吊车的提升机构，吊装时用抱闸抱住，使重物停在空中。若提升某重物吊装时，抱闸损坏，需要用电动机把重物吊在空中不动，已知重物的负载转矩 $T_L = T_N$，求此时电动机电枢回路应串入多大电阻。

4.10 一台他励直流电动机拖动某起重机提升机构，他励直流电动机的 $P_N = 30\text{kW}$，$U_N = 220\text{V}, I_N = 158\text{A}, n_N = 1000\text{r/min}, R_a = 0.069\Omega$，当下放某一重物时，已知负载转矩 $T_L = 0.7T_N$，若欲使重物在电动机电源电压不变时，以 $n = -550\text{r/min}$ 转速下放，电动机可能运行在什么状态？计算该状态下电枢回路应串入的电阻值。

4.11 某卷扬机由他励直流电动机拖动，电动机的数据为 $P_N = 11\text{kW}, U_N = 440\text{V}$，$I_N = 29.5\text{A}, n_N = 730\text{r/min}, R_a = 1.05\Omega$，下放某重物时负载转矩 $T_L = 0.8T_N$，求：

(1) 若电源电压反接、电枢回路不串电阻，电动机的转速；

(2) 若用能耗制动运行下放重物，电动机转速绝对值最小是多少；

(3) 若下放重物要求转速为 -380r/min，可采用几种方法？电枢回路里需串入电阻是多少？

4.12 一台他励直流电动机数据为：$P_N = 29\text{kW}, U_N = 440\text{V}, I_N = 76.2\text{A}, n_N = 1050\ \text{r/min}$，$R_a = 0.393\Omega$。

(1) 电动机在反向回馈制动运行下放重物，设 $I_a = 60\text{A}$，电枢回路不串电阻，电动机的转速与负载转矩各为多少？回馈电源的电功率多大？

(2) 若采用能耗制动运行下放同一重物，要求电动机转速 $n = -300\text{r/min}$，电枢回路串入多大电阻？该电阻上消耗的电功率是多大？

(3) 若采用倒拉反转下放同一重物,电动机转速 $n=-850\text{r/min}$,问电枢回路串入多大电阻? 电源送入电动机的电功率多大? 串入的电阻上消耗多大电功率?

4.13 某他励直流电动机数据为: $P_N=17\text{kW}, U_N=110\text{V}, I_N=185\text{A}, n_N=1000\text{r/min}, R_a=0.035\Omega, GD_D^2=30\text{N}\cdot\text{m}^2$。拖动恒转矩负载运行, $T_L=0.85T_N$。采用能耗制动或反接制动停车,最大允许电流为 $1.8I_N$,分别求两种停车方法最快的制动停车时间(取 $GD^2=1.25GD_D^2$)。

4.14 一台他励直流电动机的数据为: $P_N=5.6\text{kW}, U_N=220\text{V}, I_N=31\text{A}, n_N=1000\text{r/min}, R_a=0.45\Omega$,系统总飞轮矩 $GD^2=9.8\text{N}\cdot\text{m}^2$。在转速为 n_N 时使电枢反接,反接制动的起始电流为 $2I_N$,传动机构损耗转矩 $\Delta T=0.11T_N$。试就反抗性恒转矩负载及位能性恒转矩负载两种情况,求:

(1) 反接制动使转速自 n_N 降到 0 的制动时间;

(2) 从制动到反转整个过程的 $n=f(t)$ 及 $I_a=f(t)$ 方程式,并大致画出过渡过程曲线。

第 5 章

变 压 器

5.1 概述

变压器是输送交流电时所使用的一种变电压和变电流的设备,它能将一种绕组的电压和电流从某种数量等级改变为另一种绕组的另外一种等级的电压和电流。

发电厂发出来的交流电,经过电力系统输送和分配到用户(即负载)。图 5.1 所示为一个简单的电力系统示意图,它采用交流高压输电,是个三相系统。为了减少输电时线路上的电能损耗,须采用高压输电,例如 110kV、220kV、330kV、500kV 等。发电机发出的电压,例如为 10kV,先经过变压器升高电压后,再经输电系统送到用电地区;到了用电地区后,还需要先把高压降到 35kV 以下,再按用户需要的具体电压分别配电。用户需要的电压一般为 6kV、3kV、1kV、380/220V 等。远距离输电也可采用直流高压,即便这样,发电机发出来的三相交流电还是先要经过变压器升压,然后把交流整流为直流输送;到了用电地区,再把直流逆变为交流后,用变压器降压,然后再送给用户。输配电中升压和降压多次进行,因此,变压器的安装容量往往是发电机容量的 5~8 倍。电力系统中使用的

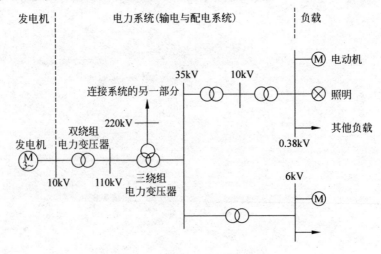

图 5.1 简单的电力系统示意图

变压器叫做电力变压器,它是电力系统重要的组成设备。

变压器每一相有两个绕组的,叫双绕组变压器,它有两个电压等级,应用最为广泛;每一相有三个绕组的变压器叫三绕组变压器,它有三个电压等级,在电力系统中用来连接三个电压等级的电网。

除了电力变压器外,根据变压器的用途,还有供给特殊电源用的变压器,例如电炉变压器、整流变压器、电焊变压器等;量测变压器,例如电压互感器、电流互感器等;以及其他各种变压器,例如试验用高压变压器、自动控制系统中的小功率变压器等。

图 5.2 是一台单相双绕组变压器的示意图。铁心是变压器的磁路部分,套在铁心上的绕组是变压器的电路部分。接交流电源的绕组 AX 为一次绕组,接负载的绕组 ax 为二次绕组。负载为各种用电器,例如电灯、电动机等。

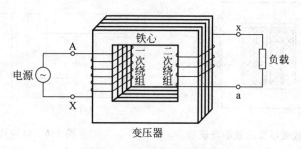

图 5.2   单相双绕组变压器

三个单相变压器可以组成一台三相变压器,叫三相变压器组,如图 5.3 所示。三相在电路上互相连接,而在磁路上互相独立。三相变压器的磁路也可做成一个三铁心柱式整体闭合磁路,叫做三铁心柱式三相变压器,如图 5.4 所示,每一铁心柱上套着一相的一次绕组和二次绕组。图 5.3 中三相变压器绕组 AX,BY 和 CZ 接为星形(丫)连接方式,绕组 ax,by 和 cz 接为三角形(△)连接方式,用符号丫/△表示。图 5.4 中的三铁心柱式三相变压器,一次绕组丫接;二次绕组丫接,并从其 x,y,z 的公共点引出一个出线端,标记为 0,称为中线,用符号丫/丫$_0$表示。

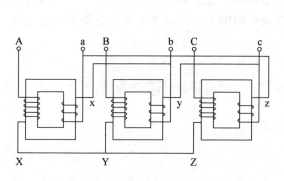

图 5.3   三相变压器组(丫/△)

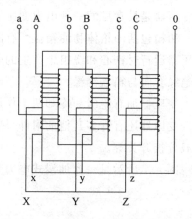

图 5.4   三铁心柱式三相变压器(丫/丫$_0$)

5.1.1　变压器的结构

从变压器的功能来看,铁心和绕组是变压器最主要的部分。图 5.5 画出了三铁心柱式三相变压器的铁心和绕组。变压器的铁心由铁心柱(外面套绕组的部分)和铁轭(连接铁心柱的部分)组成。为了具有较高的导磁系数以及减少磁滞和涡流损耗,铁心多采用 0.35mm 厚的硅钢片叠装而成,片间彼此绝缘。

铁心磁回路不能有间隙,这样才能尽量减小变压器的励磁电流,因此相邻两层铁心叠片的接缝要互相错开,图 5.6(a)与(b)是相邻两层硅钢片的不同排法。

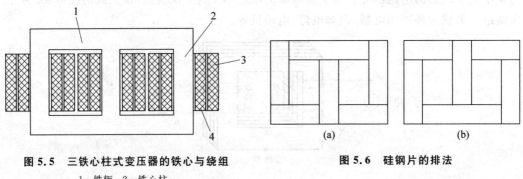

图 5.5　三铁心柱式变压器的铁心与绕组　　　　　图 5.6　硅钢片的排法
1—铁轭；2—铁心柱；
3—高压绕组；4—低压绕组

变压器的绕组大多用包有绝缘的铜导线绕制而成,在中、小型变压器中也有用铝线代替铜线的。电压高的绕组为高压绕组,电压低的绕组为低压绕组。绕组套在铁心柱上的位置,低压绕组在里,高压绕组在外,这样绝缘距离小,绕组与铁心的尺寸都可以小些。绕组也有很多种结构形式,这里不做介绍。

变压器的铁心和绕组装配到一起称为变压器的器身。

器身如果放置在充满了变压器油的油箱里,这种变压器就叫做油浸式变压器。油浸式变压器是最常见的一种电力变压器。

油箱包括油箱体和油箱盖。有的油箱体的箱壁上焊着许多散热管,为的是较快地把变压器运行时铁心和绕组中产生的热量散到周围去。油箱盖上安装着绕组的引出线,并用绝缘套管与箱盖绝缘。

变压器油有绝缘和冷却两个作用。

变压器还有许多其他的附件,例如储油柜、测温装置、气体继电器、安全气道、无载或有载分接开关等。

图 5.7 所示是一台油浸式电力变压器示意图。

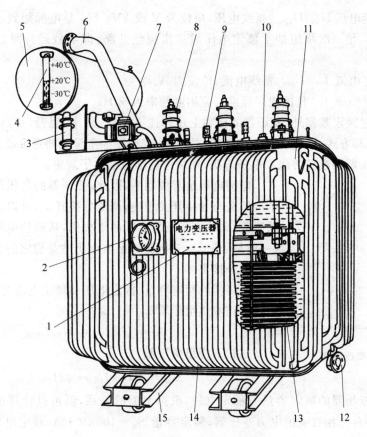

图 5.7　油浸式电力变压器

1—铭牌；2—信号式温度计；3—吸湿器；4—油表；5—储油柜；
6—安全气道；7—气体继电器；8—高压套管；9—低压套管；10—分接开关；
11—油箱；12—放油阀门；13—器身；14—接地板；15—小车

5.1.2　变压器的型号和额定数据

每一台变压器都有一个铭牌,铭牌上标注着变压器的型号、额定数据及其他数据。

变压器的型号是用字母和数字表示的,字母表示类型,数字表示额定容量和额定电压。例如

SL 为该变压器基本型号,表示是一台三相自冷矿物油浸双绕组铝线变压器。

变压器的额定数据主要有:

(1) 额定容量 S_N　是变压器的视在功率,单位为 V·A 或 kV·A。对于双绕组电力变压器,一次绕组与二次绕组的容量设计得相同。

(2) 额定电压 U_{1N}/U_{2N}　指线电压,单位为 V 或 kV。U_{1N} 是电源加到一次绕组上的额定电压,U_{2N} 是一次绕组加上额定电压后二次绕组开路,即空载运行时二次绕组的端电压。

(3) 额定电流 I_{1N}/I_{2N}　指线电流,单位为 A。

(4) 额定频率 f　我国规定标准工业用电频率为 50Hz。

除了上述额定数据外,变压器的铭牌上还标注有相数、效率、温升、短路电压标幺值、使用条件、冷却方式、接线图及连接组别、总重量、变压器油重量及器身重量。

电力变压器的容量等级和电压等级,在国家标准中都作了规定。

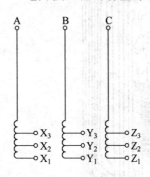

图 5.8　高压分接头

电网电压是有波动的,因此,变压器的高压侧一般都引几个分接头与分接开关相连,调节分接开关,可以改变高压绕组的匝数,即改变变压器实际的匝数比,从而使电网电压波动时(一般是±5%),二次侧输出电压仍然是稳定的。图 5.8 所示为高压分接头。

变压器的额定容量、额定电压和额定电流之间的关系是
单相双绕组变压器

$$S_N = U_{1N}I_{1N} = U_{2N}I_{2N}$$

三相双绕组变压器

$$S_N = \sqrt{3}U_{1N}I_{1N} = \sqrt{3}U_{2N}I_{2N}$$

若知道变压器的额定容量与额定电压,根据上面的关系,就可以计算出它的额定电流。例如,一台三相双绕组电力变压器,额定容量 $S_N = 100\text{kV·A}$,额定电压 $U_{1N}/U_{2N} = 6000/400\text{V}$,则其额定电流为

$$I_{1N} = \frac{S_N}{\sqrt{3}U_{1N}} = \frac{100 \times 10^3}{\sqrt{3} \times 6000} = 9.62\text{A}$$

$$I_{2N} = \frac{S_N}{\sqrt{3}U_{2N}} = \frac{100 \times 10^3}{\sqrt{3} \times 400} = 144.3\text{A}$$

电力系统中三相电压是对称的,即大小一样、相位互差 120°。三相电力变压器每一相的参数大小也是一样的。变压器一次侧接上三相对称电压,若二次侧带上三相对称负载(即三相负载阻抗 Z_L 相同),这时三相变压器的三个相的一次侧及二次侧的电压分别都是对称的,即大小相等、相位互差 120°,三个相的电流当然也是对称的。变压器的这种运行状态叫做对称运行。电力变压器正常的运行状态,基本上是对称运行。

分析对称运行的三相变压器各相中电压、电流及其他各种电磁量,只需分析其中一相的情况,便可得出另外两相的情况。或者说,对于单相变压器运行的分析结果,适用于三相变压器对称运行情况。本章分析变压器运行的基本原理和运行性能等,都是针对单相变压器进行的,所涉及的电压、电流、磁通势、磁通、电动势、功率等物理量以及变压器本身的各个参数都是指单相的值。对于三相变压器,不论其电路接线方式和磁路系统各是什么样的,只需要把各个物理量及变压器参数取为每相的值,就完全可以使用单相变压器分析的结论。

本章只分析变压器的稳态运行,不考虑运行情况突变时,从一个稳态到另一个稳态的过渡过程。

5.2 变压器空载运行

5.2.1 变压器各电磁量正方向

图 5.9 是一台单相变压器的示意图,AX 是一次绕组,其匝数为 N_1,ax 是二次绕组,其匝数为 N_2。

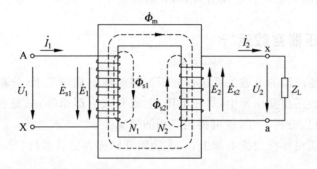

图 5.9 变压器运行时各电磁量规定正方向

变压器运行时,各电磁量都是交变的。为了研究清楚它们之间的相位关系,必须事先规定好各量的正方向,否则无法列写有关电磁关系式。例如,规定一次绕组电流 $\dot{I}_1$(在后面章节中,凡在大写英文字母上打"·"者,表示为相量)从 A 流向 X 为正,用箭头标在图 5.9 中。这仅仅说明,当该电流在某瞬间的确是从 A 流向 X 时,其值为正,否则为负。可见,规定正方向只起坐标的作用,不能与该量瞬时实际方向混为一谈。

正方向的选取是任意的。在列写电磁关系式时,不同的正方向,仅影响该量为正或为负,不影响其物理本质。这就是说,变压器在某状态下运行时,由于选取了不同的正方向,导致各方程式中正、负号不一致,但究其瞬时值之间的相对关系不会改变。

选取正方向有一定的习惯,称为惯例。对分析变压器,常用的惯例如图 5.9 所示。

从图 5.9 中看出,变压器运行时,如果电压 $\dot{U}_1$ 和电流 $\dot{I}_1$ 同时为正或同时为负,即其间相位差 φ_1 小于 $90°$,则有功电功率 $U_1 I_1 \cos\varphi_1$ 为正值,说明变压器从电源吸收了这部分功率。如果 φ_1 大于 $90°$,$U_1 I_1 \cos\varphi_1$ 为负,说明变压器从电源吸收负有功功率(实为发出有功功率)。把图 5.9 中规定 $\dot{U}_1$,$\dot{I}_1$ 正方向称为"电动机惯例"。

再看电压 $\dot{U}_2$、电流 $\dot{I}_2$ 的规定正方向,如果 $\dot{U}_2$,$\dot{I}_2$ 同时为正或同时为负,有功功率都是从变压器二次绕组发出,称为"发电机惯例"。当然,$\dot{U}_2$,$\dot{I}_2$ 一正一负时,则发出负有功功率(实为吸收有功功率)。

关于无功功率,同是电流 $\dot{I}_1$ 滞后电压 $\dot{U}_1$ $90°$,对电动机惯例,称为吸收滞后性无功功率;对发电机惯例,称为发出滞后性无功功率。

图 5.9 中,在一、二次绕组绕向情况下,电流 $\dot{I}_1$,$\dot{I}_2$ 和电动势 $\dot{E}_1$,$\dot{E}_2$ 等规定正方向都与主磁通 $\dot{\Phi}_m$ 规定正方向符合右手螺旋关系。

漏磁通 $\dot{\Phi}_{s1}$,$\dot{\Phi}_{s2}$ 正方向与主磁通 $\dot{\Phi}_m$ 一致。漏磁电动势 $\dot{E}_{s1}$,$\dot{E}_{s2}$ 与 $\dot{E}_1$,$\dot{E}_2$ 正方向一致。

随时间变化的主磁通 Φ,在环链该磁通的一、二次绕组中会产生感应电动势。当这种规定电动势、磁通正方向符合右手螺旋关系时,如第 1 章所述,感应电动势 e 公式前必须加负号,即

$$e_1 = -N_1 \frac{d\Phi}{dt} \tag{5-1}$$

$$e_2 = -N_2 \frac{d\Phi}{dt} \tag{5-2}$$

关于主磁通、漏磁通以及电动势等,将在后面介绍。

5.2.2 变压器空载运行

本节对单相变压器的电磁关系进行分析。在对称负载情况下,分析的结论也完全适用于三相变压器。三相变压器中,每相电压、电流有效值都相等,只是各相间在相位上互差 120°电角度而已,分析一相,就可得到三相的情况。

变压器一次绕组接在交流电源上,二次绕组开路称为空载运行。

1. 主磁通、漏磁通

变压器是一个带铁心的互感电路,因铁心磁路的非线性,在电机学里,一般不采用互感电路的分析方法,而是把磁通分为主磁通和漏磁通进行研究。

图 5.10 是单相变压器空载运行的示意图。当二次绕组开路,一次绕组 AX 端接到电压 U_1 随时间按正弦变化的交流电网上,一次绕组便有电流 i_0 流过,此电流称为变压器的空载电流(也叫励磁电流)。空载电流 i_0 乘以一次绕组匝数 N_1 为空载磁动势,也叫励磁磁动势,用 f_0 表示,$f_0 = N_1 i_0$。为了便于分析,直接研究磁路中的磁通。在图 5.10 中,把同时链着一、二次绕组的磁通称为主磁通,其幅值用 Φ_m 表示,把只链一次绕组或二次绕组本身的磁通称为漏磁通。空载时,只有一次绕组漏磁通,其幅值用 Φ_{s1} 表示。从图中可看出,主磁通的路径是铁心,漏磁通的路径比较复杂,除了铁磁材料外,还要经空气或变压器油等非铁磁材料构成回路。由于铁心采用磁导率高的硅钢片制成,空载运行时,主磁通占

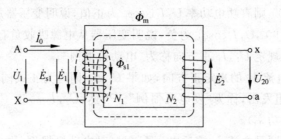

图 5.10 变压器空载运行时的各电磁量

总磁通的绝大部分,漏磁通的数量很小,仅占 0.1%～0.2%。

在不考虑铁心磁路饱和,由空载磁动势 f_0 产生的主磁通 Φ,以电源电压 u_1,频率随时间按正弦规律变化。写成瞬时值为

$$\Phi = \Phi_m \sin\omega t \tag{5-3}$$

一次绕组漏磁通为

$$\Phi_{s1} = \Phi_{m1} \sin\omega t \tag{5-4}$$

式中　Φ_m,Φ_{s1} 分别为主磁通和一次绕组漏磁通的幅值;

　　　$\omega = 2\pi f$ 为角频率;

　　　f 为频率;

　　　t 为时间。

2. 主磁通感应电动势

把式(5-3)代入式(5-1),得主磁通在一次绕组感应电动势瞬时值为

$$e_1 = -N_1 \frac{d\Phi}{dt} = -\omega N_1 \Phi_m \cos\omega t$$
$$= \omega N_1 \Phi_m \sin\left(\omega t - \frac{\pi}{2}\right)$$
$$= E_{1m} \sin\left(\omega t - \frac{\pi}{2}\right) \tag{5-5}$$

同理,主磁通 Φ 在二次绕组中感应电动势瞬时值为

$$e_2 = -N_2 \frac{d\Phi}{dt} = \omega N_2 \Phi_m \sin\left(\omega t - \frac{\pi}{2}\right)$$
$$= E_{2m} \sin\left(\omega t - \frac{\pi}{2}\right) \tag{5-6}$$

式中　$E_{1m} = \omega N_1 \Phi_m$、$E_{2m} = \omega N_2 \Phi_m$ 分别是一、二次绕组感应电动势幅值。

用相量形式表示上述电动势有效值为

$$\dot{E}_1 = \frac{\dot{E}_{1m}}{\sqrt{2}} = -j\frac{\omega N_1}{\sqrt{2}}\dot{\Phi}_m = -j\frac{2\pi}{\sqrt{2}}fN_1\dot{\Phi}_m = -j4.44fN_1\dot{\Phi}_m \tag{5-7}$$

$$\dot{E}_2 = \frac{\dot{E}_{2m}}{\sqrt{2}} = -j\frac{\omega N_2}{\sqrt{2}}\dot{\Phi}_m = -j4.44fN_2\dot{\Phi}_m \tag{5-8}$$

式中　磁通的单位为 Wb,电动势的单位为 V。

从式(5-7)、式(5-8)看出,电动势 E_1 或 E_2 的大小与磁通交变的频率、绕组匝数以及磁通幅值成正比。当变压器接到固定频率电网时,由于频率、匝数都为定值,电动势有效值 E_1 或 E_2 的大小仅取决于主磁通幅值 Φ_m 的大小。

作为相量 $\dot{E}_1$,$\dot{E}_2$ 都滞后 $\dot{\Phi}_m \pi/2$ 电角度。

3. 漏磁通感应电动势

式(5-4)一次绕组漏磁通感应漏磁电动势瞬时值为

$$e_{s1} = -N_1 \frac{d\Phi_{s1}}{dt} = \omega N_1 \Phi_{s1} \sin\left(\omega t - \frac{\pi}{2}\right) = E_{ms1}\sin\left(\omega t - \frac{\pi}{2}\right)$$

式中 $E_{ms1}=\omega N_1 \Phi_{s1}$ 为漏磁电动势幅值。用相量表示,其有效值为

$$\dot{E}_{s1}=\frac{\dot{E}_{ms1}}{\sqrt{2}}=-j\frac{\omega N_1}{\sqrt{2}}\dot{\Phi}_{s1}=-j4.44fN_1\dot{\Phi}_{s1} \tag{5-9}$$

上式可写成

$$\dot{E}_{s1}=-j\frac{\omega N_1\dot{\Phi}_{s1}}{\sqrt{2}}\cdot\frac{\dot{I}_0}{\dot{I}_0}=-J\omega L_{s1}\dot{I}_0=-jX_1\dot{I}_0 \tag{5-10}$$

式中 $L_{s1}=\dfrac{N_1\Phi_{s1}}{\sqrt{2}I_0}$ 称为一次绕组漏自感;

$X_1=\omega L_{s1}$ 称为一次绕组漏电抗。

可见,漏磁电动势 $\dot{E}_{s1}$ 可以用空载电流 $\dot{I}_0$ 在一次绕组漏电抗 X_1 产生的负压降 $-j\dot{I}_0X_1$ 表示。在相位上,$\dot{E}_{s1}$ 滞后 $\dot{I}_0\pi/2$ 电角度。

一次绕组漏电抗 X_1 还可写成

$$X_1=\omega\frac{N_1\Phi_{s1}}{\sqrt{2}I_0}=\omega\frac{N_1(\sqrt{2}I_0N_1\Lambda_{s1})}{\sqrt{2}I_0}=\omega N_1^2\Lambda_{s1} \tag{5-11}$$

式中 Λ_{s1} 为漏磁路的磁导。

为了提高变压器运行性能,在设计时希望漏电抗 X_1 数值小点为好。从式(5-11)看出,影响漏电抗 X_1 大小的因素有三个,即角频率 ω,匝数 N_1 和漏磁路磁导 Λ_{s1}。其中 ω 为恒值,匝数 N_1 的设计要综合考虑,只有将漏磁路磁导 Λ_{s1} 减小的办法来减小 X_1。漏磁路磁导 Λ_{s1} 的大小与磁路的材料,一、二次绕组相对位置以及磁路的几何尺寸有关。已知漏磁路的材料主要是非铁磁材料,其磁导率 μ 很小,且为常数,再加上合理布置一、二次绕组的相对位置,就可以减小 Λ_{s1},从而减小漏电抗 X_1,且为常数,即 X_1 不随电流大小而变化。

4. 空载运行电压方程

根据基尔霍夫定律,列出图 5.10 变压器空载时一次、二次绕组回路电压方程。

一次绕组回路电压方程为

$$\dot{U}_1=-\dot{E}_1-\dot{E}_{s1}+\dot{I}_0R_1$$

将式(5-10)代入上式,得

$$\begin{aligned}\dot{U}_1&=-\dot{E}_1+\dot{I}_0(R_1+jX_1)\\&=-\dot{E}_1+\dot{I}_0Z_1\end{aligned} \tag{5-12}$$

式中 R_1 是一次绕组电阻,单位为 Ω;

$Z_1=R_1+jX_1$ 是一次绕组漏阻抗,单位为 Ω。

空载时,二次绕组开路电压用 $\dot{U}_{20}$ 表示,则

$$\dot{U}_{20}=\dot{E}_2$$

变压器一次绕组加额定电压空载运行时,空载电流 I_0 不超过额定电流的 10%,再加上漏阻抗 Z_1 值较小,产生的压降 I_0Z_1 也较小,可以认为式(5-12)近似为

$$\dot{U}_1\approx-\dot{E}_1 \tag{5-13}$$

仅考虑其大小,即为

$$U_1 \approx E_1 = 4.44fN_1\Phi_{\mathrm{m}}$$

可见,当频率 f 和匝数 N_1 一定时,主磁通 Φ_{m} 的大小几乎决定于所加电压 U_1 的大小。但是,必须明确,主磁通 Φ_{m} 是由空载磁动势 $F_0 = I_0N_1$ 产生的。

一次电动势 E_1 与二次电动势 E_2 之比,称为变压器的变比,用 k 表示,即

$$k = \frac{E_1}{E_2} = \frac{4.44fN_1\Phi_{\mathrm{m}}}{4.44fN_2\Phi_{\mathrm{m}}} = \frac{N_1}{N_2} \tag{5-14}$$

可见,变比 k 也等于一、二次绕组匝数比。空载时,$U_1 \approx E_1$,$U_{20} = E_2$,故

$$k = \frac{E_1}{E_2} \approx \frac{U_1}{U_{20}}$$

对于三相变压器,变比定义为同一相一、二次相电动势之比。

只要 $N_1 \neq N_2$,$k \neq 1$,一、二次电压就不相等,实现了变电压的目的。$k>1$ 是降压变压器,$k<1$ 是升压变压器。

5. 励磁电流

铁磁材料除了磁导率 μ 很大外,还有磁化特性的非线性、磁滞和涡流现象等特点。

几何尺寸一定的变压器铁心,由磁化电流产生的磁通,一开始,它们之间的变化呈线性关系。例如,磁化电流增大一倍,磁通也增大 1 倍。随着磁路里磁通的增大,出现了饱和现象,即少量的磁通增加,需要的磁化电流却很大。一般,为了提高变压器铁心的利用率,适当设计电力变压器主磁通的大小,使其磁路刚刚进入饱和状态。这样一来,磁路里主磁通 Φ 随时间按正弦规律变化,产生它的磁化电流 i_{0r} 随时间不再是按正弦规律变化。i_{0r} 波形非正弦,不能用相量表示。工程上用等效正弦波概念表示实际的磁化电流 i_{0r},用相量 $\dot{I}_{0r}$ 表示。在相位上,$\dot{I}_{0r}$ 与主磁通 $\dot{\Phi}_{\mathrm{m}}$ 同相。

铁磁材料的另一个特点,是其磁化曲线的不单一性,即上升、下降的磁化曲线不重合,表现为磁滞回线。这种情况,在不同瞬间,磁通 Φ 瞬时值虽然一样,而对应的磁化电流却不一样。铁磁材料的磁滞现象会引起损耗,叫磁滞损耗。交变的磁通还会在铁心中产生涡流,由此引起的损耗叫涡流损耗。把磁滞损耗和涡流损耗统称为变压器铁损耗,用 p_{Fe} 表示。运行中,铁损耗转化为热能消耗掉。

变压器空载运行,电源应输入大小为铁损耗值的有功功率,对应的电流用 $\dot{I}_{0a}$ 表示,因系有功电流,$\dot{I}_{0a}$ 应与 $\dot{U}_1$ 同相。考虑到式(5-13)$\dot{U}_1 \approx -\dot{E}_1$,认为 $\dot{I}_{0a}$ 与 $-\dot{E}_1$ 同相位了。

6. 变压器空载运行的相量图

先把主磁通相量 $\dot{\Phi}_{\mathrm{m}}$ 作为参考相量画在图 5.11(a)中,再画 $\dot{E}_1$ 滞后 $\dot{\Phi}_{\mathrm{m}}90°$,$\dot{I}_{0r}$ 与 $-\dot{\Phi}_{\mathrm{m}}$ 同相,$\dot{I}_{0a}$ 与 $-\dot{E}_1$ 同相。把 $\dot{I}_{0a}$ 与 $\dot{I}_{0r}$ 相量和称为励磁电流,用 $\dot{I}_0$ 表示,即

$$\dot{I}_0 = \dot{I}_{0a} + \dot{I}_{0r} \tag{5-15}$$

式中 $\dot{I}_{0a}$ 称为有功分量;

$\dot{I}_{0r}$ 称为无功分量。

励磁电流 $\dot{I}_0$ 领先 $\dot{\Phi}_{\mathrm{m}}\alpha$ 角,称为铁耗角。

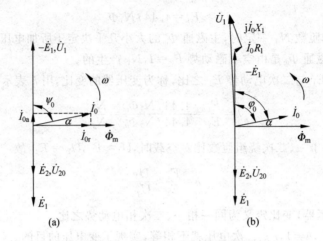

图 5.11　变压器空载运行相量图

(a) 主磁通、励磁电流等相量图；(b) 变压器空载运行相量图

令 $\dot{I}_0$ 与 $-\dot{E}_1$ 相量间的相位差为 ψ_0，则

$$I_{0a} = I_0 \cos\varphi_0$$

$$I_{0r} = I_0 \sin\varphi_0$$

$$I_0 = \sqrt{I_{0a}^2 + I_{0r}^2}$$

一般，电力变压器 $I_0 = (0.02 \sim 0.10)I_{1N}$ 左右，容量越大，I_0 相对较小。

根据式(5-12)画出电压 $\dot{U}_1$ 相量，如图 5.11(b)所示，为变压器空载运行相量图。

图 5.11(b)中，φ_0 是 $\dot{U}_1$ 与 $\dot{I}_0$ 之间的相位差。因一次漏阻抗压降很小，$\dot{U}_1 \approx -\dot{E}_1$，所以 $\varphi_0 \approx \pi/2$。说明变压器空载运行时，功率因数很低（$\cos\varphi_0$ 值小），即从电源吸收很大的滞后性无功功率。

从电源吸收的有功功率为 $U_0 I_0 \cos\varphi_0$ 等于铁损耗 p_{Fe} 加上一次绕组铜损耗 $p_{Cu1} = I_0^2 R_1$。空载运行中时，p_{Cu1} 很小，可以忽略不计，主要为铁损耗 p_{Fe} 部分。

7. 变压器空载运行的等效电路

仿效前面漏磁电动势 $\dot{E}_{s1}$ 用负漏抗压降 $-j\dot{I}_0 X_1$ 表示的办法，电动势 $\dot{E}_1$ 也可用负电抗压降表示。从图 5.11 知道，$\dot{I}_{0r}$ 超前 $\dot{E}_1 \pi/2$。把 $\dot{E}_1$ 看成为 $\dot{I}_{0r}$ 在一个电抗上的负压降，即

$$\dot{E}_1 = -j\dot{I}_{0r} \frac{1}{B_0} \tag{5-16}$$

式中　B_0 为电纳（电抗的倒数）。

$\dot{I}_{0a}$ 超前 $\dot{E}_1 \pi$ 角度，用负电阻压降表示为

$$\dot{E}_1 = -\dot{I}_{0a} \frac{1}{G_0} \tag{5-17}$$

式中　G_0 为电导（电阻的倒数）。

根据式(5-12)、式(5-15)~式(5-17)可以用等效电路的形式，表达变压器空载运行

的电路方程,如图 5.12 所示。其中 $I_{0a}^2 \dfrac{1}{G_0}$ 代表铁损耗,$I_0^2 R_1$ 代表一次绕组铜损耗。

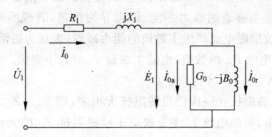

图 5.12　变压器空载运行并联型等效电路

实际应用中,常把图 5.12 的 G_0 和 B_0 并联电路转换为串联型电路,换算如下。

将式(5-16)和式(5-17)代入式(5-15),得

$$\dot{I}_0 = \dot{I}_{0a} + \dot{I}_{0r} = (-\dot{E}_1)(G_0 - jB_0)$$

写成

$$(-\dot{E}_1) = \frac{\dot{I}_0}{(G_0 - jB_0)} = \dot{I}_0 \frac{(G_0 + jB_0)}{(G_0 + jB_0)(G_0 - jB_0)}$$

$$= \dot{I}_0 \left(\frac{G_0}{G_0^2 + B_0^2} \right) + \dot{I}_0 \left(\frac{jB_0}{G_0^2 + B_0^2} \right)$$

$$(-\dot{E}_1) = \dot{I}_0 R_m + j\dot{I}_0 X_m = \dot{I}_0 Z_m \tag{5-18}$$

式中　$R_m = \dfrac{G_0}{G_0^2 + B_0^2}$,称为铁损耗等效电阻或励磁电阻;

$X_m = \dfrac{B_0}{G_0^2 + B_0^2}$,称为励磁电抗;

$Z_m = R_m + jX_m$,称为励磁阻抗。

把式(5-18)代入式(5-12)得

$$\dot{U}_1 = -\dot{E}_1 + \dot{I}_0 (R_1 + jX_1)$$

$$= \dot{I}_0 (R_m + jX_m) + \dot{I}_0 (R_1 + jX_1)$$

$$= \dot{I}_0 (Z_m + Z_1) \tag{5-19}$$

根据上式可画出变压器空载运行的等效电路,如图 5.13 所示。

励磁电阻 R_m 是一个等效电阻,它反映了变压器铁损耗的大小,即空载电流 I_0 在 R_m 上的损耗 $I_0^2 R_m$,代表了铁损耗 p_{Fe} 即

$$p_{Fe} = I_0^2 R_m$$

关于励磁电抗 X_m 的大小及其是否为常数,作如下的分析。

从式(5-11)对变压器一次绕组漏电抗 X_1 的分析知道,电抗的大小决定于频率、匝数平方和磁路磁导三者的乘积。当频率、匝数一定时,看其磁路磁导 Λ 的大小。对主磁通的路径主要是由硅钢片构成的铁心磁路,磁导率大,磁路磁阻小,磁导 Λ 很大。对此,在相

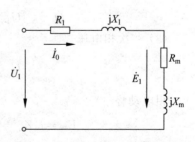

图 5.13　变压器空载运行等效电路

同的频率和匝数情况下,变压器的励磁电抗 X_m 远远大于其一次绕组漏电抗 X_1。此外,由于铁心磁路存在着饱和现象,随着磁路的饱和,磁路的磁导值是变化的。当磁路不饱和时,单位励磁电流产生主磁通的能力一定,即磁导为恒值,表现的励磁电抗 X_m 是常数。当磁路饱和时,即单位励磁电流产生主磁通的能力减弱,表现为磁阻增大,磁导减小,励磁电抗 X_m 减小。励磁电阻 R_m 的数值,也随主磁通 Φ_m 的大小变化。变压器运行时,只有当电源电压为额定值,X_m 和 R_m 才为常数。

电力变压器的励磁阻抗比一次绕组漏阻抗大很多,即 $Z_m \gg Z_1$。从图 5.13 等效电路可看出,在额定电压下,励磁电流 I_0 主要取决于励磁阻抗 Z_m 的大小。变压器运行时,希望 I_0 数值小点为好,以提高变压器的效率和减小电网供应滞后性无功功率的负担,因此,一般将 Z_m 设计得较大。

例题 5-1 一台三相电力变压器,Y/Y接法,额定容量 $S_N=100\text{kV} \cdot \text{A}$,额定电压 $U_{1N}/U_{2N}=6000/400\text{V}$,额定电流 $I_{1N}/I_{2N}=9.62/144.3\text{A}$,每相参数:一次绕组漏阻抗 $Z_1=R_1+jX_1=(4.2+j9)\Omega$,励磁阻抗 $Z_m=R_m+jX_m=(514+j5526)\Omega$。计算:

(1) 励磁电流及其与额定电流的比值;

(2) 空载运行时的输入功率;

(3) 一次相电压、相电动势及漏阻抗压降,并比较它们的大小。

解 (1)励磁电流

$$Z_1 + Z_m = 4.2 + j9 + 514 + j5526 = 5559.2 \underline{/84.650}\ \Omega$$

$$I_0 = \frac{6 \times 10^3}{\sqrt{3} \times 5559.2} = 0.623\text{A}$$

$$\frac{I_0}{I_{1N}} = \frac{0.623}{9.62} = 6.48\%$$

(2)空载运行的输入功率

视在功率

$$S_1 = \sqrt{3} U_{1N} I_0 = \sqrt{3} \times 6000 \times 0.623 = 6474\text{V} \cdot \text{A}$$

功率因数角

$$\varphi_0 = 84.65°$$

有功功率

$$P_1 = \sqrt{3} U_{1N} I_0 \cos\varphi_0 = 6474 \times \cos 84.65° = 604\text{W}$$

无功功率

$$Q_1 = \sqrt{3} U_{1N} I_0 \sin\varphi_0 = 6474 \times \sin 84.65° = 6446\text{var}$$

(3)一次相电压

$$U_1 = \frac{U_{1N}}{\sqrt{3}} = \frac{6000}{\sqrt{3}} = 3464\text{V}$$

相电动势

$$E_1 = I_0 Z_m = 0.623 \times \sqrt{514^2 + 5526^2} = 3458\text{V}$$

每相漏阻抗压降

$$I_0 Z_1 = 0.623 \times \sqrt{4.2^2 + 9^2} = 6.2 \text{V}$$

三者大小比较

$$I_0 Z_1 \ll E_1$$

$$U_1 \approx E$$

5.3 变压器负载运行

变压器一次绕组接电源,二次绕组接负载,称为变压器负载运行。负载阻抗 $Z_L = R_L + jX_L$,其中 R_L 是负载电阻,X_L 是负载电抗。

5.3.1 负载时磁通势及一、二次电流关系

变压器带负载时,负载上电压方程为

$$\dot{U}_2 = \dot{I}_2 Z_L = \dot{I}_2 (R_L + jX_L) \tag{5-20}$$

式中 $\dot{I}_2$ 是二次电流,又称为负载电流。

变压器负载运行时,一次、二次绕组都有电流流过,都要产生磁通势。按照磁路的安培环路定律,负载时,铁心中的主磁通 $\dot{\Phi}_m$ 是由这两个磁通势共同产生的。也就是说,把作用在主磁路上所有磁通势相量加起来,得到一总合成磁通势产生主磁通。根据图 5.9 规定的正方向,负载时各磁通势相量和为

$$\dot{F}_1 + \dot{F}_2 = \dot{F}_0 \tag{5-21}$$

式中 $\dot{F}_1$ 为一次绕组磁通势,$\dot{F}_1 = \dot{I}_1 N_1$;

$\dot{F}_2$ 为二次绕组磁通势,$\dot{F}_2 = \dot{I}_2 N_2$;

$\dot{F}_0$ 为产生主磁通 $\dot{\Phi}_m$ 的一、二次绕组合成磁通势,即负载时的励磁磁通势。

$\dot{F}_0$ 的数值取决于铁心中主磁通 $\dot{\Phi}_m$ 的数值,而 $\dot{\Phi}_m$ 的大小又取决于一次绕组感应电动势 $\dot{E}_1$ 的大小。下面分析 $\dot{E}_1$ 的大小。负载运行时,一次电流不再是 $\dot{I}_0$,而变为 $\dot{I}_1$,一次回路电压方程变为

$$\dot{U}_1 = -\dot{E}_1 + \dot{I}_1 Z_1 \tag{5-22}$$

式中 $\dot{U}_1$ 是电源电压,大小不变;

Z_1 是一次绕组漏阻抗,也是常数。

与空载运行相比,由于 $\dot{I}_0$ 变为 $\dot{I}_1$,负载时的 $\dot{E}_1$ 与空载时的数值不会相同,但在电力变压器设计时,把 Z_1 设计得很小,即使在额定负载下运行,一次电流为额定值 $\dot{I}_{1N}$,其数值比空载电流 I_0 大很多倍,仍然还是 $I_{1N} Z_1 \ll U_1$,$\dot{U}_1 \approx -\dot{E}_1$。由 $E_1 = 4.44 f N_1 \Phi_m$ 看出,空载、负载运行,其主磁通 Φ_m 的数值虽然会有些差别,但差别不大。这就是说,负载时的励磁磁通势 $\dot{F}_0$ 与空载时的在数值上相差不多。为此,仍用同一个符号 $\dot{F}_0$ 或 $\dot{I}_0 N_1$ 表示。式(5-21)可以写成

$$\dot{I}_1 N_1 + \dot{I}_2 N_2 = \dot{I}_0 N_1 \tag{5-23}$$

式(5-21)或式(5-23)是变压器负载运行的磁通势平衡方程式。

对于空载运行,励磁磁通势 $\dot{F}_0$ 是容易理解的,而负载运行时,又如何理解它呢? 二次绕组带上负载,有二次电流 $\dot{I}_2$ 流过,就要产生 $\dot{F}_2 = \dot{I}_2 N_2$ 的磁通势,如果一次绕组电流仍旧为 $\dot{I}_0$,那么, $\dot{F}_2$ 的作用必然要改变磁路的磁通势和主磁通大小。然而,主磁通 $\dot{\Phi}_\mathrm{m}$ 不能变化太多,因此,一次绕组中必有电流 $\dot{I}_1$,产生一个 $(-\dot{F}_2)$ 大小的磁通势,以抵消或者说平衡二次绕组电流产生的磁通势 $\dot{F}_2$,以维持励磁磁通势为 $\dot{F}_0 = \dot{I}_0 N_1$ 。可见,这时一次绕组磁通势变为 $\dot{F}_1$ 。为了更明确表示出磁通势平衡的物理意义,把式(5-21)、式(5-23)改写为

$$\left.\begin{array}{l} \dot{F}_1 = \dot{F}_0 + (-\dot{F}_2) \\ \dot{I}_1 N_1 = \dot{I}_0 N_1 + (-\dot{I}_2 N_2) \end{array}\right\} \tag{5-24}$$

上式表明,一次绕组磁通势 $\dot{F}_1 = \dot{I}_1 N_1$ 由两个分量组成:一为励磁磁通势 $\dot{F}_0 = \dot{I}_0 N_1$,用来产生主磁通 $\dot{\Phi}_\mathrm{m}$,由空载到负载它的数值变化不大;另一分量为 $(-\dot{F}_2) = (-\dot{I}_2 N_2)$,用来平衡二次绕组磁通势 $\dot{F}_2$,称为负载分量。负载分量的大小与二次绕组磁通势 $\dot{F}_2$ 一样,而方向相反,它随负载变化而变化。在额定负载时,电力变压器 $I_0 = (0.02 \sim 0.1) I_{1N}$,即 F_0 在数量上比 F_1 小得多, F_1 中主要部分是负载分量。

把式(5-23)改写为

$$\dot{I}_1 + \frac{N_2}{N_1}\dot{I}_2 = \dot{I}_0$$

$$\dot{I}_1 = \dot{I}_0 + \left(-\frac{N_2}{N_1}\dot{I}_2\right) = \dot{I}_0 + \left(-\frac{1}{k}\dot{I}_2\right)$$

$$= \dot{I}_0 + \dot{I}_\mathrm{L} \tag{5-25}$$

式中　　 $\dot{I}_\mathrm{L} = -\dfrac{N_2}{N_1}\dot{I}_2 = -\dfrac{1}{k}\dot{I}_2$,称为一次电流负载分量;

$k = \dfrac{N_1}{N_2}$ 为变比。

式(5-25)表明,变压器负载运行时,一次电流 $\dot{I}_1$ 包含两个分量,即励磁电流 $\dot{I}_0$ 和负载电流 $\dot{I}_\mathrm{L}$ 。从功率平衡角度看,二次绕组有电流,意味着有功率输出,一次绕组应增大相应的电流,增加输入功率,才能达到功率平衡。

变压器负载运行时,由于 $I_0 \ll I_1$,可以认为一、二次电流关系为

$$\dot{I}_1 \approx -\frac{\dot{I}_2}{k}$$

对降压变压器, $I_2 > I_1$;对升压变压器, $I_2 < I_1$ 。无论是升压或降压变压器,额定负载时,一、二次电流同时都为额定值(见变压器的铭牌)。

5.3.2　负载时二次电压、电流的关系

二次绕组磁通势 $\dot{F}_2 = \dot{I}_2 N_2$ 还要产生只环链二次绕组本身,而不环链一次绕组的称为二次绕组漏磁通,其幅值用 Φ_{s2} 表示,它走的磁路如图 5.14 所示。与一次绕组漏磁通 Φ_{s1} 对照,虽然各自的路径不同,但磁路材料性质都基本一样,都包括一段铁磁材料和一段

非铁磁材料。因此,$\dot{\Phi}_{s2}$走的磁路也可以近似认为是线性磁路,且漏磁导Λ_{s2}很小。$\dot{\Phi}_{s2}$在二次绕组中感应的电动势为$\dot{E}_{s2}$。$\dot{\Phi}_{s2}$与$\dot{E}_{s2}$的正方向如图5.9所示,二者符合右手螺旋关系。

参照式(5-9),得

$$\dot{E}_{s2} = -j \frac{\omega N_2}{\sqrt{2}} \dot{\Phi}_{s2}$$
$$= -j4.44 f N_2 \dot{\Phi}_{s2}$$

还可以写成

$$\dot{E}_{s2} = -j\omega L_{s2} \dot{I}_2$$
$$= -jX_2 \dot{I}_2 \qquad (5-26)$$

式中　$L_{s2} = \dfrac{N_2 \Phi_{s2}}{\sqrt{2} I_2}$,称为二次绕组漏自感;

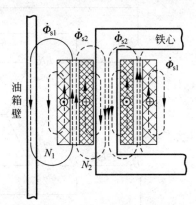

图5.14　一、二次绕组的漏磁通

$X_2 = \omega L_{s2}$,称为二次绕组漏电抗,其数值很小,且当角频率ω恒定时为常数。

二次绕组的电阻用R_2表示,当$\dot{I}_2$流过R_2时,产生的压降为$\dot{I}_2 R_2$。根据电路的基尔霍夫定律,参见图5.9中二次回路各电量的规定正方向,列出二次回路电压方程为

$$\dot{U}_2 = \dot{E}_2 + \dot{E}_{s2} - \dot{I}_2 R_2$$
$$= \dot{E}_2 - \dot{I}_2 (R_2 + jX_2) = \dot{E}_2 - \dot{I}_2 Z_2 \qquad (5-27)$$

式中　$Z_2 = R_2 + jX_2$,称为二次绕组漏阻抗。

5.3.3　变压器的基本方程式

综合前面推导各电磁量的关系,即式(5-22)、式(5-27)、式(5-14)、式(5-25)、式(5-18)和式(5-20),得变压器稳态运行时基本方程式为

$$\left. \begin{aligned} \dot{U}_1 &= -\dot{E}_1 + \dot{I}_1 Z_1 \\ \dot{U}_2 &= \dot{E}_2 - \dot{I}_2 Z_2 \\ \frac{\dot{E}_1}{\dot{E}_2} &= k \\ \dot{I}_1 + \frac{\dot{I}_2}{k} &= \dot{I}_0 \\ \dot{I}_0 &= \frac{-\dot{E}_1}{Z_m} \\ \dot{U}_2 &= \dot{I}_2 Z_L \end{aligned} \right\} \qquad (5-28)$$

以上各方程虽然是一个个推导的,但实际运行的变压器,各电磁量之间是同时满足这些方程的,即已知其中一些量,可以求出另一些物理量。但未知量最多不超过6个,因为只有6个方程。例如,已知$\dot{U}_1, k, Z_1, Z_2, Z_m$及负载阻抗$Z_L$,就可计算出$\dot{I}_1, \dot{I}_2$和电压$\dot{U}_2$,进而还可以计算变压器的运行性能(后面介绍)。当$Z_L = \infty$时,即为空载运行。

到此为止,把变压器空载和负载运行时的电磁关系都分析完毕,并最终体现在式(5-28)的 6 个基本方程式上。现把它们之间的关系示于图 5.15 中。

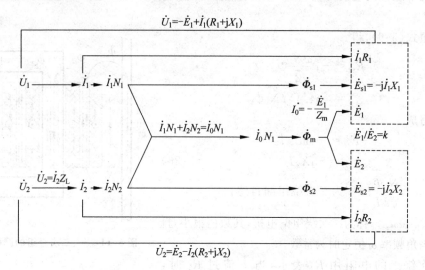

图 5.15　变压器空载和负载时的电磁关系

通过以上分析得出的结论都是很重要的,这里再强调以下几点:

(1) 方程式中各量的正方向如图 5.9 所示。

(2) 各方程式不仅适用于单相变压器的稳定运行,也适用于三相变压器的对称、稳态运行,全部电磁量都是指一相的。

(3) 铁心里主磁通幅值 $\dot{\Phi}_m$ 虽然是由励磁磁通势 $\dot{F}_0$ 或励磁电流 $\dot{I}_0$ 产生的,但其数值大小却决定于端电压 U_1 的大小。

(4) 主磁路采用了硅钢片,磁导很大,即励磁电抗 X_m 很大。换句话说,由很小的励磁电流就能产生较大的主磁通。励磁电流 $I_0 = (0.02 - 0.1)I_{1N}$,在运行中,其值变化不大。

(5) 漏磁路主要由非铁磁材料构成,对应的漏电抗 X_1,X_2 数值很小。

(6) 当变压器一次绕组接额定电压 $\dot{U}_{1N}$,负载运行时,由于主磁通 Φ_m、一次和二次是动势 E_1,E_2 数值变化不大,再加上一、二次漏阻抗 Z_1,Z_2 数值很小,二次电压 U_2 大小变化也不大,属恒压源性质。当减小负载阻抗 Z_L,则能增大二次电流 $\dot{I}_2$,而一次电流 $\dot{I}_1$ 也相应增大(反之亦然)。

(7) 应掌握根据规定正方向判断变压器负载运行时功率(包括有功、无功)流动方向及性质。

5.3.4　折合算法

从分析变压器电磁关系,得出式(5-28)6 个基本方程式,依此就可以分析其对称、稳态运行性能。只要未知数不超过 6 个,解联立方程式,就能得到确定的解答。但是,当变比 k 较大时,一、二次电压、电流和漏阻抗等在数值相差很大,计算起来不方便,也不精确,用同一比例尺画相量图也很困难。通常采用折合算法克服这一困难。

变压器的一、二次绕组在电路上没有直接联系,仅有磁路的联系。从式(5-24)磁通势平衡关系看出,二次绕组带负载时,二次绕组产生磁通势 $\dot{F}_2=\dot{I}_2N_2$,一次绕组磁通势中同时增加一个负载分量 $(-\dot{F}_2)=(-\dot{I}_2N_2)$ 与二次绕组磁通势相平衡。这就是说,二次负载电流 $\dot{I}_2$ 是通过它产生的磁通势 $\dot{F}_2$ 与一次绕组联系的。可见,只要保持 $\dot{F}_2$ 不变,就不会影响一次的 $\dot{F}_1$ 发生变化。为此,可以把实际二次绕组的匝数假想成为 N_1、电流为 $\dot{I}_2'$,令 $\dot{I}_2'N_1$ 的大小和相位与原 $\dot{F}_2$ 相同,即

$$\dot{I}_2'N_1=\dot{I}_2N_2=\dot{F}_2$$

这样,一次虽不受任何影响,但磁通势平衡方程式可改写为

$$\dot{I}_1N_1+\dot{I}_2'N_1=\dot{I}_0N_1$$

消去 N_1 则为

$$\dot{I}_1+\dot{I}_2'=\dot{I}_0$$

上式中不再出现匝数 N_1 和 N_2 了,磁通势平衡方程式成了很简单的电流平衡关系。$\dot{I}_2'$ 与 $\dot{I}_2$ 的关系为

$$\dot{I}_2'=\frac{N_2}{N_1}\dot{I}_2=\frac{1}{k}\dot{I}_2 \tag{5-29}$$

保持绕组磁通势值不变,而假想改变其匝数和电流的方法,称为折合算法。如果保持二次绕组磁通势不变,而假想它的匝数与一次绕组匝数相同的折合算法,称为二次绕组折合成一次绕组或简称为二次向一次折合。当然,可以一次向二次折合,或者一次、二次绕组匝数都折合到某一匝数 N 上。

实际绕组的各个量称为实际值或称折合前的值,假想绕组的各个量称为折合值或折合后的值。例如,二次绕组的实际值为 $\dot{U}_2,\dot{E}_2,\dot{I}_2$ 以及 $Z_2=R_2+jX_2$,其折合值用上角加"$'$"做标记,为 $\dot{U}_2',\dot{E}_2',\dot{I}_2'$ 以及 $Z_2'=R_2'+jX_2'$。实际值与折合值或折合前的值与折合后的值之间有一定的关系,称为换算关系。将二次绕组向一次绕组折合,其换算关系推导如下。

1. 电动势换算关系

实际值

$$\dot{E}_2=-j4.44fN_2\dot{\Phi}_m$$

折合值

$$\dot{E}_2'=-j4.44fN_1\dot{\Phi}_m$$

于是

$$\dot{E}_2'=\frac{N_1}{N_2}\dot{E}_2=k\dot{E}_2 \tag{5-30}$$

2. 阻抗换算关系

实际值

$$\dot{U}_2=\dot{E}_2-\dot{I}_2Z_2$$
$$\dot{E}_2=\dot{U}_2+\dot{I}_2Z_2=\dot{I}_2(Z_L+Z_2)$$
$$\frac{\dot{E}_2}{\dot{I}_2}=Z_L+Z_2$$

折合值

$$Z'_L + Z'_2 = \frac{\dot{E}'_2}{\dot{I}'_2} = \frac{k\dot{E}_2}{\frac{1}{k}\dot{I}_2} = k^2 \frac{\dot{E}_2}{\dot{I}_2}$$

$$= k^2(Z_L + Z_2)$$

$$= k^2 Z_L + k^2 Z_2$$

于是

$$\left. \begin{array}{l} Z'_L = k^2 Z_L \ 或 \ R'_L = k^2 R_L , X'_L = k^2 X_L \\ Z'_2 = k^2 Z_2 \ 或 \ R'_2 = k^2 R_2 , X'_2 = k^2 X_2 \end{array} \right\} \qquad (5\text{-}31)$$

上式说明,阻抗折合值为实际值的 k^2 倍。由于电阻和电抗都同时差 k^2 倍,折合前后的阻抗角不会改变。

3. 端电压换算关系

实际值

$$\dot{U}_2 = \dot{E}_2 - \dot{I}_2 Z_2$$

折合值

$$\dot{U}'_2 = \dot{E}'_2 - \dot{I}'_2 Z'_2$$

$$= k\dot{E}_2 - \frac{1}{k}\dot{I}_2 k^2 Z_2$$

$$= k(\dot{E}_2 - \dot{I}_2 Z_2) = k\dot{U}_2 \qquad (5\text{-}32)$$

以上换算关系表明,电压、电流、电动势折合时,只变大小,相位不变;各参数折合时,只变大小,阻抗角不变。

折合算法不改变变压器的功率传递关系。证明如下。先看一次侧。折合算法的依据是折合前后维持磁通势 $\dot{F}_2$ 不变,一次侧各量值都不变,当然不会改变一次侧的功率关系。二次侧的功率关系计算如下。

二次侧铜损耗,用 p_{Cu2} 表示

$$p_{Cu2} = mI'^2_2 R'_2 = m \frac{1}{k^2} I^2_2 k^2 R_2 = mI^2_2 R_2$$

式中 m 为相数。$m=1$ 是单相变压器,$m=3$ 是三相变压器。

上式说明,折合前后二次绕组铜损耗大小一样。

二次侧的有功功率

$$P_2 = mU'_2 I'_2 \cos\varphi_2 = mkU_2 \frac{1}{k} I_2 \cos\varphi_2 = mU_2 I_2 \cos\varphi_2$$

式中 $\cos\varphi_2$ 是二次侧负载的功率因数;φ_2 是负载阻抗 Z_L 有阻抗角,折合前后不变,因此,$\cos\varphi_2$ 也不应变化。

上式说明,折合前后二次侧有功功率不改变。

二次侧的无功功率

$$Q_2 = mU'_2 I'_2 \sin\varphi_2 = mkU_2 \frac{1}{k} I_2 \sin\varphi_2 = mU_2 I_2 \sin\varphi_2$$

上式说明,折合前后无功功率也不变化。

以上分析说明,折合算法仅仅作为一个方法来使用,不改变变压器运行的物理本质。例如,并不改变电源向变压器输入功率,也不改变它向负载输出功率,更不改变它自身的损耗。

当二次向一次折合时,一次侧各量为实际值,二次侧变为带"'"的量,如果要找二次回路各量的实际值,再按上述公式把折合值换算为实际值。

5.3.5 等效电路

采用折合算法后,变压器一次侧量为实际值,二次侧量为折合值,基本方程式就成为

$$\left.\begin{array}{l} \dot{U}_1 = -\dot{E}_1 + \dot{I}_1 Z_1 \\ \dot{U}'_2 = \dot{E}'_2 - \dot{I}'_2 Z'_2 \\ \dot{E}_1 = \dot{E}'_2 \\ \dot{I}_1 + \dot{I}'_2 = \dot{I}_0 \\ \dot{I}_0 = -\dfrac{\dot{E}_1}{Z_{\mathrm{m}}} \\ \dot{U}'_2 = \dot{I}'_2 Z'_{\mathrm{L}} \end{array}\right\} \tag{5-33}$$

根据以上 6 个方程式,找出变压器的等效电路如图 5.16 所示。图中二次绕组两端接着的负载阻抗的折合值为 Z'_{L}。若只看变压器本身的等效电路,其形状像字母"T",故称为 T 型等效电路。

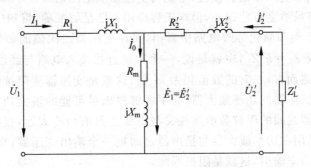

图 5.16   变压器的 T 型等效电路

采用折合算法后,使原本无电路联系的双绕组变压器,其一、二次电动势相等,即 $\dot{E}_1 = \dot{E}'_2$,磁通势平衡方程变为电流平衡关系,即 $\dot{I}_1 + \dot{I}'_2 = \dot{I}_0$。这样一来,一、二次绕组间似乎就有了电路的联系,可以用图 5.16 所示 T 型等效电路来模拟。折合算法表面上看,好像很麻烦,但使变压器的计算变得非常方便、简单。

T 型等效电路只适用于变压器对称、稳态运行。如果运行在不对称、动态乃至于故障状态,如绕组匝间短路等,就不能简单地采用 T 型等效电路。

这里再强调一下,式(5-33)基本方程式和图 5.16 中 T 型等效电路都是指一相的值。对于三相变压器来说,应根据电路上的连接方式,如星形与三角形连接,正确计算各量的相值与线值。

变压器负载运行时，$I_1 \gg I_0$，为了简单，可以忽略 I_0，表现在 T 型等效电路上，因 $Z_m \gg Z_2' + Z_L'$，可以认为 Z_m 无限大而断开，于是等效电路变成"一"字型，称为简化等效电路，如图 5.17(a)所示。

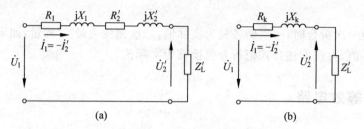

图 5.17　简化等效电路

(a) 简化等效电路；(b) 以短路阻抗表示的简化等效电路

对图 5.17(a)等效电路，令

$$\left.\begin{array}{l} Z_k = Z_1 + Z_2' = R_k + jX_k \\ R_k = R_1 + R_2' = R_1 + k^2 R_2 \\ X_k = X_1 + X_2' = X_1 + k^2 X_2 \end{array}\right\} \tag{5-34}$$

式中 Z_k 可以通过变压器的短路试验求出，因此称为短路阻抗，R_k 叫短路电阻，X_k 叫短路电抗。

用短路阻抗表示的简化等效电路如图 5.17(b)所示。

要注意，空载运行时，不能用简化等效电路。对于电力变压器，如果空载，为了减小电网的无功功率负担和变压器的铁损耗，干脆将变压器从电网切除。

简化等效电路虽然会有些误差，但在工程应用上已足够准确，得到广泛的应用。

从变压器的 T 型和简化等效电路中看出，接在变压器二次侧的负载阻抗 Z_L 折合到一次侧以后就变成 $Z_L' = k^2 Z_L$，也就是说，一个阻抗直接接入电路与经过变比为 k 的变压器接入电路，对电路而言，二者的数值相差 k^2 倍，这就是变压器变阻抗的作用。例如，在电子学中，带一只扬声器的功率放大器，为了能够输出尽可能的最大功率，需要一定的负载阻抗值，而扬声器线圈的阻抗数值往往又与需要的数值相差太远，直接接上去，输出功率太小，因此，就采用在功率放大器与扬声器之间接一个输出变压器，来实现扬声器阻抗变换，达到最大的功率输出，这就是阻抗匹配。

前面讨论折合算法时曾提到，也可以把一次绕组折合到二次绕组匝数的基础上。这样，二次各量都用实际值，一次各量都加"′"，为折合值。如果还用同一变比 $k = N_1/N_2$，则一次各量分别为

$$R_1' = \frac{1}{k^2} R_1, \quad X_1' = \frac{1}{k^2} X_1$$

$$R_m' = \frac{1}{k^2} R_m, \quad X_m' = \frac{1}{k^2} X_m$$

$$\dot{U}_1' = \frac{1}{k} \dot{U}_1, \quad \dot{I}_1' = k\dot{I}_1, \quad \dot{I}_0' = k\dot{I}_0$$

例题 5-2　一台三相电力变压器的额定容量 $S_N = 750 \text{kV} \cdot \text{A}$，额定电压 $U_{1N}/U_{2N} = 10000/400\text{V}$，$Y/Y$ 连接。已知每相短路电阻 $R_k = 1.40\Omega$，短路电抗 $X_k = 6.48\Omega$。该变压

器一次绕组接额定电压,二次绕组接三相对称负载运行,负载为丫接法,每相负载阻抗为 $Z_L = 0.20 + j0.07\Omega$。计算:

(1) Z 变压器一次、二次侧电流(一次、二次侧电压和电流,没有特别指出为相值时,均为线值);

(2) 二次绕组电压;

(3) 输入及输出的有功功率和无功功率;

(4) 效率。

解 (1) 变比

$$k = \frac{U_{1N}/\sqrt{3}}{U_{2N}/\sqrt{3}} = \frac{10000/\sqrt{3}}{400/\sqrt{3}} = 25$$

负载阻抗

$$Z_L = 0.20 + j0.07 = 0.212 \underline{/19.29^\circ}\,\Omega$$

$$Z_L' = k^2 Z_L = 125 + j43.75\Omega$$

忽略 I_0,采用简化等效电路计算。从一次侧看进去每相总阻抗

$$Z = Z_k + Z_L' = R_k + jX_k + R_L' + jX_L'$$
$$= 1.4 + j6.48 + 125 + j43.75$$
$$= 136.01 \underline{/21.67^\circ}\,\Omega$$

一次电流

$$I_1 = \frac{U_{1N}/\sqrt{3}}{Z} = \frac{10000/\sqrt{3}}{136.01} = 42.45\text{A}$$

二次电流

$$I_2 = kI_1 = 25 \times 42.45 = 1061.25\text{A}$$

(2) 二次电压(亦指线值)

$$U_2 = \sqrt{3}\,I_2 Z_L = \sqrt{3} \times 1061.25 \times 0.212 = 389.7\text{V}$$

(3) 一次功率因数角

$$\varphi_1 = 21.67^\circ$$

一次功率因数

$$\cos\varphi_1 = \cos 21.67^\circ = 0.93$$

输入有功功率

$$P_1 = \sqrt{3}\,U_{1N} I_1 \cos\varphi_1 = \sqrt{3} \times 10000 \times 42.45 \times 0.93$$
$$= 683.8 \times 10^3\,\text{W}$$

输入无功功率

$$Q_1 = \sqrt{3}\,U_{1N} I_1 \sin\varphi_1 = 271.5 \times 10^3\,\text{var}\,(\text{滞后})$$

二次功率因数

$$\cos\varphi_2 = \cos 19.29^\circ = 0.94 \qquad (\varphi_2 = \varphi_L = 19.29^\circ)$$

二次有功功率

$$P_2 = \sqrt{3}\,U_2 I_2 \cos\varphi_2 = \sqrt{3} \times 389.7 \times 1061.25 \times 0.94$$
$$= 673.3 \times 10^3\,\text{W}$$

输出无功功率

$$Q_2 = \sqrt{3} U_2 I_2 \sin\varphi_2 = 236.6 \times 10^3 \text{var}（滞后）$$

（4）效率

$$\eta = \frac{P_2}{P_1} = \frac{673.3 \times 10^3}{683.8 \times 10^3} = 98.46\%$$

例题 5-3 某台三相电力变压器 $S_N = 600 \text{kV} \cdot \text{A}, U_{1N}/U_{2N} = 10000/400\text{V}, \triangle/\curlyvee$ 接法，短路阻抗 $Z_k = 1.8 + \text{j}5\Omega$。二次带 $\curlyvee$ 接的三相负载，每相负载阻抗 $Z_L = 0.3 + \text{j}0.1\Omega$，计算：

（1）一次电流 I_1 及其与额定电流 I_{1N} 的百分比 β_1；

（2）二次电流 I_2 及其与额定电流 I_{2N} 的百分比 β_2；

（3）二次电压 U_2 及其与额定电压 U_{2N} 相比降低的百分值；

（4）变压器输出容量。

解 （1）一次电流计算。变比

$$k = \frac{U_{1N}}{U_{2N}/\sqrt{3}} = \frac{10000}{400/\sqrt{3}} = 43.3$$

负载阻抗

$$Z_L = 0.3 + \text{j}0.1 = 0.316 \underline{/18.43°}\ \Omega$$

$$Z'_L = k^2 Z_L = 562.5 + \text{j}187.5\Omega$$

从一次侧看进去每相总阻抗

$$\begin{aligned} Z &= Z_k + Z'_L = R_k + \text{j}X_k + R'_L + \text{j}X'_L \\ &= 1.8 + \text{j}5 + 562.5 + \text{j}187.5 \\ &= 596.23 \underline{/18.84°}\ \Omega \end{aligned}$$

一次侧电流

$$I_1 = \frac{\sqrt{3} U_{1N}}{Z} = \frac{\sqrt{3} \times 10000}{596.23} = 29.05\text{A}$$

一次侧额定电流

$$I_{1N} = \frac{S_N}{\sqrt{3} U_{1N}} = \frac{600 \times 10^3}{\sqrt{3} \times 10000} = 34.64\text{A}$$

比值 β_1

$$\beta_1 = \frac{I_1}{I_{1N}} = \frac{29.05}{34.64} = 83.86\%$$

（2）二次侧电流计算。二次侧电流

$$I_2 = k \frac{I_1}{\sqrt{3}} = k \frac{U_{1N}}{Z} = 43.3 \times \frac{10000}{596.23} = 726.23\text{A}$$

二次侧额定电流

$$I_{2N} = \frac{S_N}{\sqrt{3} U_{2N}} = \frac{600 \times 10^3}{\sqrt{3} \times 400} = 866.05\text{A}$$

比值 β_2

$$\beta_2 = \frac{I_2}{I_{2N}} = \frac{726.23}{866.05} = 83.86\%$$

（3）二次侧电压计算。二次侧电压

$$U_2 = \sqrt{3}\, I_2 Z_L = \sqrt{3} \times 726.23 \times 0.316 = 397.47\text{V}$$

二次侧电压比额定值降低

$$\Delta U = U_{2N} - U_2 = 400 - 397.47 = 2.53\text{V}$$

二次侧电压降低的百分值

$$\frac{\Delta U}{U_{2N}} = \frac{2.53}{400} = 0.63\%$$

（4）变压器的输出容量

$$S_2 = \sqrt{3}\, U_2 I_2 = \sqrt{3} \times 397.47 \times 726.23 = 499950\text{V} \cdot \text{A}$$

即

$$S_2 \approx 500\text{kV} \cdot \text{A}$$

例题 5-4 某车间采用如图 5.18 所示的两台单相变压器串联供机床照明用电。

第 I 台变压器额定数据为 20kV·A，240/120V，短路阻抗 $Z_{kI} = 0.15 + j0.25\Omega$。第 II 台变压器额定数据为 20kV·A，120/24V，短路阻抗 $Z_{kII} = 0.04 + j0.06\Omega$。负载为电灯，每盏灯为 100W（24V 电压）。当电源电压为 240V，150 盏灯照明时，求电流 I_1，I_2，I_3，U_3，与空载比较 U_3 的下降值，总输入和总输出的有功功率，总效率。

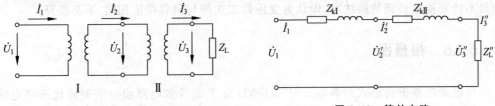

图 5.18 两台单相变压器串联供电电路   图 5.19 等效电路

解 忽略励磁电流，并折合到第 I 台变压器一次侧进行计算，其等效电路如图 5.19 所示。

变比

$$k_I = \frac{240}{120} = 2$$

$$k_{II} = \frac{120}{24} = 5$$

负载阻抗

$$Z_L = \frac{24^2}{100 \times 150} = 38.4 \times 10^{-3}\Omega$$

从一次侧看进去的总阻抗

$$Z = Z_{kI} + Z_{kII} + Z_L''$$

$$= 0.15 + j0.25 + 2^2 \times (0.04 + j0.06) + 2^2 \times 5^2 \times 38.4 \times 10^{-3}$$

$$= 4.15 + j0.49 = 4.179\underline{/6.73^\circ}\,\Omega$$

各绕组电流值

$$I_1 = \frac{U_1}{Z} = \frac{240}{4.179} = 57.43\text{A}$$

$$I_2 = 2I_1 = 114.86\text{A}$$

$$I_3 = 5 \times 2I_1 = 574.3\text{A}$$

输出电压

$$U_3 = I_3 Z_L = 574.3 \times 0.0384 = 22.05\text{V}$$

与空载相比,输出电压下降值

$$U_{3N} - U_3 = 24 - 22.05 = 1.95\text{V}$$

$$\Delta U = \frac{U_{3N} - U_3}{U_{3N}} = \frac{1.95}{24} = 8.13\%$$

总输入和总输出的有功功率为

$$P_1 = U_1 I_1 \cos\varphi_1 = 240 \times 57.43 \times \cos 6.73° = 13688\text{W}$$

$$P_3 = U_3 I_3 = 22.05 \times 574.3 = 12663\text{W}$$

总效率

$$\eta = \frac{P_3}{P_1} = \frac{12663}{13688} = 92.51\%$$

以上关于三相变压器的例题中,变压器二次侧及负载都接成丫接。如果负载是△接时,需要先把△接转换成为丫接,用转换后的丫接法中每相阻抗值进行计算,即 $Z_Y = \frac{1}{3}Z_\triangle$。如果不特别指出负载的接法时,即认为变压器二次侧与负载接法相同,不必换算。

5.3.6　相量图

根据变压器折合形式的基本方程式(5-33)及 T 型等效电路或一字型简化等效电路,可以画出变压器负载运行的相量图。

变压器接感性负载,即负载阻抗由电阻和电感组成,$\cos\varphi_2$ 即 $\cos\varphi_L$ 为滞后的功率因数,此时的 6 个基本方程式及 T 型等效电路画出的相量图见图 5.20(a)。图 5.20(b)为接容性负载,即负载阻抗由电阻和电容组成,$\cos\varphi_2$ 为领先的功率因数时的相量图。为了清楚起见,图中各漏阻抗压降及励磁电流 $\dot{I}_0$ 的相量都做了夸大,实际上,U_1 与 E_1 大小相差不多,U_2 与 E_2 大小也相差不多。

相量图的画法要视变压器所给定及求解的具体条件,给定量和求解量不同,画图步骤也不一样。例如若给定 U_2,I_2,$\cos\varphi_2$,k 及各个参数,画图步骤为:

①画出 $\dot{U}_2'$ 和 $\dot{I}_2'$,其夹角为 φ_2,这里要注意负载是感性的,还是容性的,才能正确画出 $\dot{U}_2'$ 与 $\dot{I}_2'$ 是哪一个领先,哪一个滞后;②在 $\dot{U}_2'$ 矢量上,加上 $\dot{I}_2'R_2'$,再加上 $j\dot{I}_2'X_2'$ 得出 $\dot{E}_2'$;③ $\dot{E}_1 = \dot{E}_2'$;④画出领先 $\dot{E}_1$ 90°的主磁通 $\dot{\Phi}_m$;⑤根据 $\dot{I}_0 = -\dot{E}_1/Z_m$,画出 $\dot{I}_0$,它领先 $\dot{\Phi}_m$ 一个铁耗角;⑥画出 $(-\dot{I}_2')$,它与 $\dot{I}_0$ 的相量和为 $\dot{I}_1$;⑦画出 $(-\dot{E}_1)$,加上 $\dot{I}_1R_1$,再加上 $j\dot{I}_1X_1$ 得到 $\dot{U}_1$。

通过以上 7 步,即完成一个相量图。画相量图的步骤可以不同,但是画相量图的过

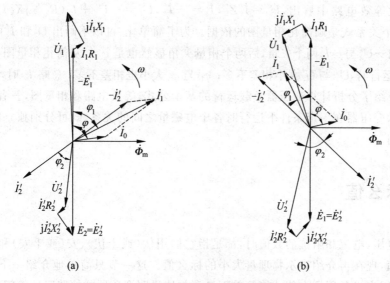

图 5.20 负载运行时变压器的相量图

(a) 感性负载；(b) 容性负载

程中，每一步或每画一个相量，都依据着相应的基本方程式。相量图是基本方程式的体现或者说是基本方程式的图形表示法。6 个基本方程式都在图上表示清楚了，相量图也就画完了，其结果并不因画图步骤不同而有什么变化。

从图 5.20 相量图中看出，变压器一次侧电压 $\dot{U}_1$ 与电流 $\dot{I}_1$ 的夹角为 φ_1，称为变压器负载运行的功率因数角，$\cos\varphi_1$ 为功率因数。对于运行着的变压器，负载的性质和大小决定了 $\dot{U}_1$ 是领先还是滞后于 $\dot{I}_1$，决定了 φ_1 的数值以及 $\cos\varphi_1$ 的大小。实际上，由于 $I_0 \ll I_1$，$I_1 Z_1 \ll U_1$，$I_2 Z_2 \ll U_2$，$\cos\varphi_1$ 的数值接近于 $\cos\varphi_2$。

图 5.20 相量图最大的优点是直观，它把 6 个方程式的关系清清楚楚地体现出来。

图 5.20 中的相量图在理论上分析是有意义的，但已制好的变压器，很难用试验方法把 X_1 和 X_2' 分开，因此，实际应用时，常常采用简化相量图，它与简化的一字型等效电路相对应，图 5.21 画出了带负载时的简化相量图。当然，其中短路阻抗上的压降也夸大了。

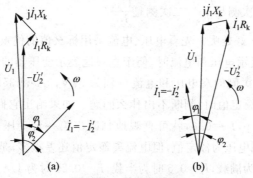

图 5.21 简化相量图

(a) 感性负载；(b) 容性负载

从简化等效电路中看出,$\dot{U}_2' = \dot{I}_2' Z_L'$,$\dot{I}_1 = -\dot{I}_2'$,$\dot{U}_1 = -\dot{U}_2' + \dot{I}_1(R_k + jX_k) = -\dot{U}_2' + \dot{I}_1 Z_k$,这三个关系式是画简化相量图的依据。为了简单化,可以不画出 $\dot{U}_2'$ 和 $\dot{I}_2'$ 两个相量,而直接画出 $-\dot{U}_2'$ 与 $-\dot{I}_2'$ 两个矢量,后两个相量夹角显然也是 φ_2。从简化相量图 5.21 可看出,变压器运行时,U_1 与 U_2' 大小相差不多;φ_1 与 φ_2 大小也相差不多;忽略 I_0 时,$I_1 = I_2'$。

前面介绍了分析计算变压器负载运行的基本公式、等效电路和相量图,三者都能各自独立地表示变压器在一定条件下运行时各个电磁量之间的关系,既可分别独立使用,也可以联合使用。

5.4 标幺值

在讲电压、电流和阻抗的数值时,都是指它们用伏(或千伏)、安(或千安)和欧为单位表示的数值,现在再介绍表示物理量大小的标幺值。这一节只简单地介绍一下标幺值的基本概念,因为必须用标幺值才能简单而又深刻地说明变压器的短路阻抗等问题。

所谓标幺值,就是某一个物理量,它的实际数值与选定的一个同单位的固定数值进行比较,它们的比值就是这个物理量的标幺值。把选定的同单位的固定数值叫基值,即

$$标幺值 = \frac{实际值(任意单位)}{基值(与实际值同单位)}$$

例如有两个电压,它们分别是 $U_1 = 99\text{kV}$,$U_2 = 110\text{kV}$,选 110kV 作为电压的基值时,这两个电压的标幺值,用符号 $\underline{U}_1$ 和 $\underline{U}_2$ 表示,分别为

$$\underline{U}_1 = \frac{U_1}{U_2} = \frac{99}{110} = 0.9$$

$$\underline{U}_2 = \frac{U_2}{U_2} = \frac{110}{110} = 1.0$$

这就是说,电压 U_1 是选定基值 110kV 的 0.9 倍,电压 U_2 是基值的 1 倍。

一般基值都选为额定值。变压器的基值是这样选取的:电压基值选一、二次绕组的额定电压 U_{1N} 和 U_{2N};电流基值选一、二次绕组额定电流 I_{1N} 和 I_{2N};阻抗的基值则是电压基值除以电流的基值,一次侧是 $\dfrac{U_{1N}}{I_{1N}}$,二次侧是 $\dfrac{U_{2N}}{I_{2N}}$。

采用标幺值有什么好处呢? 先看电压、电流采用标幺值的优点:

(1) 采用标幺值表示电压和电流时,便于直观地表示变压器的运行情况。比如,给出两台变压器,运行时一次侧的端电压和电流分别为 6kV,9A 和 35kV,20A。这些都是实际值,若不知道它们的额定值时,判断不出什么问题。如果给出它们的标幺值分别为 $\underline{U}_1 = 1.0$,$\underline{I}_1 = 1.0$ 和 $\underline{U}_1 = 1.0$,$\underline{I}_1 = 0.6$,就可直观地判断出第一台变压器处在额定运行状况,而第二台变压器一次侧电压为额定值,但电流离额定值还差很多,是欠载运行状况。通常,我们称 $\underline{I}_1 = 1$ 时的负载为满载,$\underline{I}_1 = 0.5$ 时为半载,$\underline{I}_1 = 0.25$ 时为 1/4 负载,以此类推。

(2) 三相变压器的电压和电流,在丫或△连接时,其线值与相值不相等,相差 $\sqrt{3}$ 倍。如果用标幺值表示时,线值与相值的基值同样也相差 $\sqrt{3}$ 倍,这样,线值的标幺值与相值的

标幺值相等。也就是说,只要给出电压和电流的标幺值而不必指出是线值还是相值。

(3)一次电压和电流的数值,与它们折合到二次的折合值大小不同,二次电压和电流的数值,与它们折合到一次的折合值大小也不同,相差 k 或 $\frac{1}{k}$ 倍。采用标幺值表示电压和电流时,由于一、二次的基值也差 k 或 $\frac{1}{k}$ 倍,因此标幺值相等。以 U_2 为例说明,用伏为单位表示时

$$U_2 = \frac{U'_2}{k},$$

用标幺值时为

$$\underline{U_2} = \frac{U_2}{U_{2N}} = \frac{U'_2/k}{U_{1N}/k} = \frac{U'_2}{U_{1N}} = \underline{U'_2}$$

这样,采用标幺值表示电压和电流大小时,不必考虑是折合到哪一侧。

(4)负载时,一次电流与二次电流大小相差 $1/k$ 倍,而一、二次电流基值也相差 $1/k$ 倍,因此 $\underline{I_1} = \underline{I_2} = \beta$,其大小反映了负载的大小,$\beta$ 称为负载系数。

再看阻抗采用标幺值的优点。

变压器各阻抗参数折合到一次与折合到二次的数值相差 k^2 倍,用标幺值表示时,二者是一样的。以 R_1 为例说明,用欧为单位表示时 $R_1 = k^2 R'_1$,用标幺值时为

$$\underline{R_1} = \frac{R_1}{\dfrac{U_{1N}}{I_{1N}}} = \frac{k^2 R'_1}{\dfrac{kU_{2N}}{\dfrac{I_{2N}}{k}}} = \frac{k^2 R'_1}{k^2 \dfrac{U_{2N}}{I_{2N}}} = \frac{R'_1}{\dfrac{U_{2N}}{I_{2N}}} = \underline{R'_1}$$

这样,采用标幺值说明阻抗时,不必考虑是向哪一侧折合,对每一个参数如 R_1 或 R_2,X_1,X_2,R_m 及 X_m,其标幺值只有一个数值。

变压器的参数为相值,上面阻抗基值当然为额定相电压与额定相电流之比,对三相变压器要特别加以注意。

对于电力变压器,容量从几十千伏安到几十万千伏安,电压从几百伏到几百千伏,相差极其悬殊,它们的阻抗参数若用欧数来表示,也相差悬殊,采用标幺值表示时,所有的电力变压器的各个阻抗都在一个较小的范围内,例如 $\underline{Z_k} = 0.04 \sim 0.14$,见表 5.1。

变压器的 $\underline{X_k}$ 与 $\underline{R_k}$ 的比值,对各种容量的变压器来说也有个范围,见表 5.2。可见,大容量变压器的 $\underline{R_k}$ 相对较小,说明其铜损耗相对较小。

表 5.1 电力变压器短路阻抗标幺值

容量/(kV·A)	额定电压/kV	$\underline{Z_k}$
10~6300	6~10	0.04~0.055
50~31500	35	0.065~0.08
2500~12500	110	0.105
3150~125000	220	0.12~0.14

表 5.2 电力变压器的 $\underline{X_k}/\underline{R_k}$

容量/(kV·A)	$\underline{X_k}/\underline{R_k}$
50	1.3
630	3.0
6300	6.5

标幺值是一个相对值的概念,应用它还有其他好处,如使公式简化,使计算简化等等,因此,在各种电机包括变压器中都采用标幺值。

5.5 变压器参数测定

前面的分析得出变压器稳态对称运行时的等效电路,实际应用时,先要知道变压器的参数,才能画出其等效电路,供分析和计算使用。这些参数的大小直接影响变压器的运行性能。变压器的参数,是由变压器使用的材料、结构形状及几何尺寸决定的。要确定其参数,一种方法是在设计时根据材料及结构尺寸计算出来,另一种方法是对现成的变压器用实验的办法测出来。本节仅介绍测定变压器参数的实验方法。

5.5.1 变压器的空载试验

从变压器的空载试验可以求出变比 k,铁损耗 p_{Fe},励磁阻抗 Z_m 等。

空载试验线路图如图 5.22 所示。图(a)是单相变压器,图(b)是三相变压器。二次绕组开路,一次绕组接上额定电压 U_{1N},量测 U_1,I_0,输入功率 p_0 及 U_{20}。

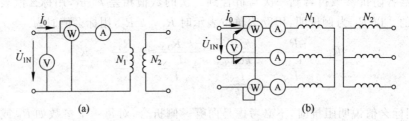

图 5.22 空载试验线路图

空载试验时,变压器没有输出有功功率,它本身有哪些有功功率损耗呢?从图 5.23 空载试验等效电路看出,有一次绕组铜损耗 $I_0^2 R_1$ 及铁心中铁损耗 $I_0^2 R_m$ 两部分。由于 $R_1 \ll R_m$,因此 $I_0^2 R_1 \ll I_0^2 R_m$,可以忽略前者,近似认为只有铁损耗这一项。空载试验时,一次绕组加的电压为额定电压 U_{1N},因此主磁通为正常运行时的大小,铁心中的涡流和磁滞损耗都是正常运行时的大小。

因此,空载试验时变压器的输入功率 p_0 近似认为等于变压器的铁损耗 $p_{Fe} = I_0^2 R_m$。这样,就可以根据测量的数据计算变压器的参数。

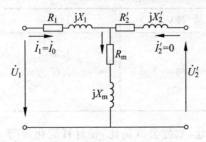

图 5.23 空载试验时的等效电路

对于单相变压器:

变压器变比

$$k = \frac{U_1}{U_{20}}$$

空载阻抗

$$Z_0 = \frac{U_1}{I_0}, \quad R_0 = \frac{p_0}{I_0^2}$$

式中 $Z_0 = Z_1 + Z_m, R_0 = R_1 + R_m$。由于 $R_1 \ll R_m$ 和

$Z_1 \ll Z_m$，因此可以认为励磁电阻

$$R_m \approx R_0 = \frac{p_0}{I_0^2} \qquad (5\text{-}35)$$

励磁阻抗

$$Z_m \approx Z_0 = \frac{U_1}{I_0} \qquad (5\text{-}36)$$

励磁电抗

$$X_m = \sqrt{Z_m^2 - R_m^2} \qquad (5\text{-}37)$$

以上是阻抗的欧（姆）值，可换算为标幺值，就是欧（姆）值再除以阻抗基值 U_{1N}/I_{1N}。

对于三相变压器，试验测定的电压、电流都是线值，根据绕组接线方式，先换算成相值，测出的功率（二表法测出）也是三相的功率，除以 3，取一相的功率。这样，就与单相变压器一样，按上面的办法计算得到每相的变比及参数值。

空载试验可以在一次侧做，也可以在二次侧做，所谓在一次侧做，就是二次侧开路，在一次侧加电压，测量一次侧的电流及输入功率。无论在哪侧做，计算的结果都是一样的。一般为了方便，试验都在低压侧做。

5.5.2 变压器的短路试验

从变压器短路试验可以求出铜损耗 p_{Cu}、短路阻抗 Z_k，短路试验线路图如图 5.24 所示。

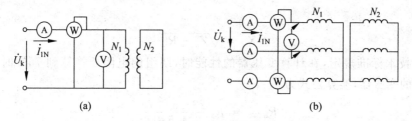

图 5.24 短路试验接线图

（a）单相变压器；（b）三相变压器

一次绕组接电压 U_1 运行时，单相变压器一、二次侧电流大小为

$$\dot{I}_1 = -\dot{I}_2' = \frac{\dot{U}_1}{Z_k' + Z_L'}$$

在正常运行情况下，$Z_k' \ll Z_L'$，电流的大小主要决定于 Z_L' 的值。如果把二次绕组短路，即 $Z_L' = 0$，这时的电流称为稳态短路电流 $\dot{I}_k$，大小为

$$\dot{I}_k = \frac{U_1}{Z_k}$$

其数值非常大，可达到额定电流的 10 倍甚至 20 倍。这是一种故障状态，运行中是不允许出现的。因此短路试验时，保持一、二次侧电流为额定值，一次绕组电压为 U_k，$U_k < U_{1N}$。实验操作步骤应是，二次绕组先短路，一次绕组再加电压，电压从零逐渐升高，到 $I_k = I_{1N}$

时,停止升压,再测量 I_k,U_k 及输入功率 p_k。

短路试验时等效电路如图 5.25 所示。一般来说,$R_1 \approx R_2'$,$X_1 \approx X_2'$,即 $Z_1 \approx Z_2'$,这样显然有

$$\dot{E}_1 = \dot{E}_2' \approx \frac{1}{2}\dot{I}_k(Z_1 + Z_2') = \frac{1}{2}\dot{U}_k$$

短路试验时,二次侧不输出有功功率,但一次侧却有有功功率输入,那么变压器里面又有哪些有功功率损耗呢?一次绕组有铜损耗 $I_1^2 R_1$,二次绕组有铜损耗 $I_1^2 R_2'$,由于短路试验时,绕组中流过的电流为额定值,因此铜损耗等于额定负

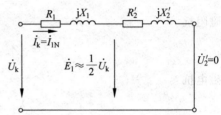

图 5.25 短路试验时的等效电路

载时的铜损耗。另外,还有铁心中的涡流和磁滞损耗,但这时由于 $E_1 \approx \frac{1}{2}U_k \ll U_{1N}$,与 E_1 成正比关系的主磁通比正常运行时小得多,铁损耗则比正常时小很多,与铜损耗相比,可以忽略不计。因此,短路试验时,输入的功率 p_k 近似等于变压器的铜损耗 $p_{Cu} = I_1^2(R_1 + R_2')$。根据测量的数据,可以计算变压器的短路阻抗。

对于单相变压器,其短路阻抗

$$Z_k = \frac{U_k}{I_1} \tag{5-38}$$

短路电阻

$$R_k = \frac{p_k}{I_1^2} \tag{5-39}$$

短路电抗

$$X_k = \sqrt{Z_k^2 - R_k^2} \tag{5-40}$$

按照技术标准规定,在计算变压器的性能时,绕组的电阻要换算到 75℃ 时的数值。对于铜线的变压器,换算公式为

$$R_{k\,75℃} = R_k \frac{234.5 + 75}{234.5 + \theta}$$

式中 θ 为试验时的室温。对铝线的变压器,换算公式为

$$R_{k\,75℃} = R_k \frac{228 + 75}{228 + \theta}$$

75℃时之阻抗为

$$Z_{k\,75℃} = \sqrt{R_{k\,75℃}^2 + X_k^2} \tag{5-41}$$

以上阻抗为欧姆值,也可换算为标幺值。

变压器做短路试验,当 $I_1 = I_{1N}$ 时,一次绕组所加电压 U_{kN} 的标幺值为

$$\underline{U}_{kN} = \frac{U_{kN}}{U_{1N}} = \frac{I_{1N}Z_k}{U_{1N}} = \frac{Z_k}{\dfrac{U_{1N}}{I_{1N}}} = \underline{Z}_k$$

等于短路阻抗标幺值 $\underline{Z}_k$,因此有时也把 $\underline{Z}_k$ 称为短路电压标幺值,用 u_k 表示。$\underline{R}_k$ 为 u_k 的有功分量,用 u_{ka} 表示;$\underline{X}_k$ 为 u_k 的无功分量,用 u_{kr} 表示。

如果需要把 Z_1 与 Z_2' 分开时,例如画 T 型等效电路等,可认为 $Z_1 \approx Z_2'$,$R_1 \approx R_2'$,$X_1 \approx X_2'$。

与空载试验一样,上面计算适用于三相变压器,但必须注意都应使用相值。

短路试验可在一次绕组做,即二次绕组短路,在一次绕组测量;短路试验也可在二次绕组做,所得结果与在一次绕组做的一样。一般为了方便都在高压侧做。

变压器给定的以及铭牌上标注的技术数据中,凡是与短路电阻有关系的,都是指换算到 75℃ 的数值,可直接用它们计算性能。

例题 5-5 一台三相电力变压器额定数据为:$S_N = 750\mathrm{kV \cdot A}$,SL-750/10,$U_{1N}/U_{2N} =$ 10000/400V,$\curlyvee/\curlyvee$ 接法。在低压侧做空载试验,测出数据为 $U_2 = U_{2N} = 400\mathrm{V}$,$I_2 = I_{20} =$ 60A,$p_0 = 3800\mathrm{W}$。在高压侧做短路试验,测出数据为 $U_1 = U_{1k} = 440\mathrm{V}$,$I_1 = I_{1N} = 43.3\mathrm{A}$,$p_k = 10900\mathrm{W}$,室温 20℃。求该变压器每一相的参数值(用标幺值表示)。

解 变比

$$k = \frac{U_{1N}/\sqrt{3}}{U_{2N}/\sqrt{3}} = \frac{10000/\sqrt{3}}{400/\sqrt{3}} = 25$$

一次绕组额定电流

$$I_{1N} = \frac{S_N}{\sqrt{3}U_{1N}} = \frac{750 \times 10^3}{\sqrt{3} \times 10000} = 43.3\mathrm{A}$$

二次绕组额定电流

$$I_{2N} = kI_{1N} = 25 \times 43.3 = 1083\mathrm{A}$$

一次绕组阻抗基值

$$Z_{1N} = \frac{U_{1N}}{\sqrt{3}I_{1N}} = \frac{10000}{\sqrt{3} \times 43.3} = 133.3\Omega$$

二次绕组阻抗基值

$$Z_{2N} = \frac{U_{2N}}{\sqrt{3}I_{2N}} = \frac{400}{\sqrt{3} \times 1083} = 0.213\Omega$$

低压侧测得励磁阻抗

$$Z_m = \frac{U_{2N}}{\sqrt{3}I_{20}} = \frac{400}{\sqrt{3} \times 60} = 3.85\Omega$$

标幺值

$$\underline{Z_m} = \frac{Z_m}{Z_{2N}} = \frac{3.85}{0.213} = 18.08$$

励磁电阻

$$R_m = \frac{p_0}{3I_{20}^2} = \frac{3800}{3 \times 60^2} = 0.35\Omega$$

标幺值

$$\underline{R_m} = \frac{R_m}{Z_{2N}} = \frac{0.35}{0.213} = 1.64$$

励磁电抗标幺值

$$\underline{X_m} = \sqrt{\underline{Z_m^2} - \underline{R_m^2}} = \sqrt{18.08^2 - 1.64^2} = 18$$

高压侧测得短路阻抗

$$Z_k = \frac{U_{1k}}{\sqrt{3}\, I_{1k}} = \frac{440}{\sqrt{3} \times 43.3} = 5.87\Omega$$

短路电阻

$$R_k = \frac{p_k}{3I_{1k}^2} = \frac{10900}{3 \times 43.3^2} = 1.94\Omega$$

短路电抗

$$X_k = \sqrt{Z_k^2 - R_k^2} = \sqrt{5.87^2 - 1.94^2} = 5.54\Omega$$

换算到 75℃（铝线变压器）时

$$R_{k\,75℃} = 1.94 \times \frac{228 + 75}{228 + 20} = 2.37\Omega$$

$$Z_{k\,75℃} = \sqrt{2.37^2 + 5.54^2} = 6.03\Omega$$

标幺值

$$\underline{R}_{k\,75℃} = \frac{2.37}{133.3} = 0.0178$$

$$\underline{X}_k = \frac{5.54}{133.3} = 0.0416$$

$$\underline{Z}_{k\,75℃} = \frac{6.03}{133.3} = 0.045$$

一、二次绕组漏电阻

$$\underline{R}_{1\,75℃} \approx \underline{R}'_{2\,75℃} = 0.0089$$

一、二次绕组漏电阻

$$\underline{X}_1 \approx \underline{X}'_2 = 0.0208$$

5.6 变压器的运行特性

5.6.1 变压器负载时二次绕组端电压的变化

当变压器一次绕组接额定电压、二次绕组开路时，二次绕组的端电压 U_{20} 就是二次绕组的额定电压 U_{2N}，带上负载以后，二次绕组电压变为 U_2，与空载时二次绕组端电压 U_{2N} 相比，变化为 $(U_{2N} - U_2)$，它与额定电压 U_{2N} 的比值称为电压调整率或电压变化率，用 ΔU 表示，即

$$\Delta U = \frac{U_{2N} - U_2}{U_{2N}} \times 100\%$$

采用标幺值，显然有

$$\Delta U = 1 - \underline{U}'_2 = 1 - \underline{U}_2 \tag{5-42}$$

负载时的电压变化率，可以用简化的等效电路及其相量图分析与计算。

图 5.26 是用标幺值画出的变压器负载时的简化等效电路图，由于采用了标幺值，二

次绕组电压、电流及阻抗都不必写成折合值的形式。从等效电路看出

$$\dot{U}_1 = \dot{I}_1 Z_k - \dot{U}_2$$

图 5.27 是采用标幺值画出的简化相量图,电源电压为额定值时,$U_1 = 1.0$,其中图(a)是感性负载时的相量图,图(b)是容性负载时的相量图。从上面的相量等式及相量图都可看出,二次绕组电压变化的原因是 $\dot{I}_1 Z_k \neq 0$,也就是变压器负载运行时其漏阻抗上有电压降。具体地说,当电流的标幺值 I 相等、负载阻抗角 φ_2 相等时,变压器短路阻抗标

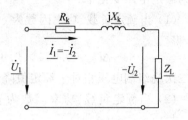

图 5.26 用标幺值的简化等效电路

幺值 Z_k 越大的,它的电压变化率 ΔU 也越大。同一台变压器在 φ_2 相同的条件下,负载越大,ΔU 越大;如果负载相同,而 φ_2 不同时,ΔU 也不等。例如,带感性负载或纯电阻负载时,$U_2 < 1.0$,副边电压低于额定值,$\Delta U > 0$;带容性负载时,二次绕组电压却有可能升高。

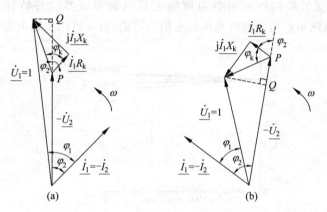

图 5.27 用标幺值的简化相量图

(a)感性负载;(b)容性负载

对于电力变压器,特别是当它的容量或电压较高时,要通过试验测定其电压调整率是非常困难,甚至不可能实现的,因此都采用下面的方法来计算。从图 5.27 的相量图中代表各电压值的几何线段长度之间的关系,可以推导出电压变化率 ΔU 与短路阻抗 Z_k、负载的大小和性质之间的关系表达式。例如图(a)中,$-\dot{U}_2$ 的端点为 P,$\dot{U}_1$ 向 $-\dot{U}_2$ 投影,端点为 Q,电力变压器由于 $I_1 Z_k$ 很小,因此认为

$$\begin{aligned}
\Delta U &\approx \overline{PQ} \\
&= I_1 Z_k \cos(\varphi_k - \varphi_2) \\
&= I_1 Z_k (\cos\varphi_k \cos\varphi_2 + \sin\varphi_k \sin\varphi_2) \\
&= \beta(R_k \cos\varphi_2 + X_k \sin\varphi_2)
\end{aligned} \qquad (5\text{-}43)$$

式中 φ_k 为 Z_k 的阻抗角。该式适用于感性负载和容性负载各种情况,只是当用于感性负载时,$\varphi_2 > 0$,当用于容性负载时,$\varphi_2 < 0$,如图(b)所示。

当变压器带额定负载,即 $\beta = 1$ 时,这时计算出来的 ΔU 叫做变压器的额定电压调整率(或变化率),它是变压器的一个重要的运行性能指标之一,标志着变压器输出电压的稳定程度。

例如一台容量为 $100 \text{kV} \cdot \text{A}$ 的三相电力变压器,已知 $\underline{R}_k = 0.024$,$\underline{X}_k = 0.0504$,计算它的额定电压变化率。

(1) 当额定负载、功率因数为 $\cos\varphi_2 = 0.8$ 滞后时,即此时 $\sin\varphi_2 = 0.6$,用式(5-43)计算,得

$$\Delta U = 0.024 \times 0.8 + 0.0504 \times 0.6 = 0.0494 = 4.94\%$$

即二次绕组端电压相对于额定值降低了 4.94%。

(2) 当额定负载、功率因数为 $\cos\varphi_2 = 0.8$ 领先时,即 $\sin\varphi_2 = -0.6$,用式(5-43)计算,得

$$\Delta U = 0.024 \times 0.8 - 0.0504 \times 0.6$$
$$= -0.0132 = -1.32\%$$

即二次绕组端电压相对于额定值升高 1.32%。

实际运行中,电力变压器带的负载经常是感性负载,所以端电压经常下降。

变压器二次绕组端电压与负载电流的关系叫做变压器的外特性,画成曲线则如图5.28所示。该图中电压与电流是用标幺值表示的,也可以用实际值表示。

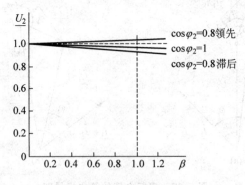

图 5.28 变压器的外特性

从电压变化率看,变压器漏阻抗 $\underline{Z}_k$ 越小,则 ΔU 越小,供电越稳定,因此电力变压器设计时一、二次绕组漏阻抗都取得很小。但是如果出现二次绕组突然短路的故障时,$\underline{Z}_k$ 越小,则暂态与稳态短路电流越大,对变压器不利,这里不具体分析。

变压器短路阻抗 $\underline{Z}_k$ 虽小,但直接影响变压器的性能,是一个非常重要的参数,其值在国家标准中有规定,在变压器铭牌上应标注该变压器的 $\underline{Z}_k$ 值(或标注短路电压 u_k)。

例题 5-6 某台三相电力变压器,$S_N = 600 \text{kV} \cdot \text{A}$,$U_{1N}/U_{2N} = 10000/400\text{V}$,$\curlyvee/\curlyvee_0$ 接法,$Z_k = 1.8 + \text{j}5\Omega$,一次绕组接额定电压、二次绕组带额定负载运行,负载功率因数 $\cos\varphi_2 = 0.9$(滞后),计算该变压器额定电压调整率及二次绕组电压值。

解 一次绕组额定电流

$$I_{1N} = \frac{S_N}{\sqrt{3}U_{1N}} = \frac{600 \times 10^3}{\sqrt{3} \times 10000} = 34.64\text{A}$$

负载功率因数 $\cos\varphi_2 = 0.9$(滞后)时,$\sin\varphi_2 = 0.436$,额定电压调整率

$$\Delta U = \beta \frac{I_{1N}(R_k\cos\varphi_2 + X_k\sin\varphi_2)}{U_{1N}/\sqrt{3}}$$

$$=1 \times \frac{34.64 \times (1.8 \times 0.9 + 5 \times 0.436)}{10000/\sqrt{3}} = 0.0228$$

$$=2.28\%$$

二次绕组电压

$$U_2 = (1 - \Delta U)U_{2N} = (1 - 0.0228) \times 400 = 390.9\text{V}$$

5.6.2 变压器效率

变压器的效率也要通过计算得出,其计算公式为

$$\eta = \frac{P_2}{P_1} = \frac{P_1 - \sum p}{P_1} = 1 - \frac{\sum p}{P_2 + \sum p} \tag{5-44}$$

式中 P_2 为二次绕组输出的有功功率;

P_1 为一次绕组输入的有功功率;

$\sum p$ 为变压器有功功率的总损耗。

二次绕组输出的有功功率 P_2 计算如下:

单相变压器

$$P_2 = U_2 I_2 \cos\varphi_2 \approx U_{2N}\beta I_{2N}\cos\varphi_2 = \beta S_N \cos\varphi_2$$

三相变压器

$$P_2 \approx \sqrt{3} U_{2N}\beta I_{2N}\cos\varphi_2 = \beta S_N \cos\varphi_2$$

上两式最后结果一样,并且都忽略了二次绕组端电压在接负载时发生的变化,认为 $U_2 \approx U_{2N}$。

总损耗 $\sum p$ 包括铁损耗 p_{Fe} 和铜损耗 p_{Cu},即

$$\sum p = p_{Fe} + p_{Cu}$$

前面分析过变压器空载和负载时,铁心中的主磁通基本不变,产生的铁损耗也基本不变,叫做不变损耗。额定电压下的铁损耗近似等于空载试验时输入的有功功率 p_0,即 $p_{Fe} \approx p_0$。铜损耗 p_{Cu} 是一、二次绕组中电流在电阻上的有功功率损耗,与负载电流的平方成正比,随负载而变化,叫做可变损耗。额定电流下的铜损耗近似等于短路试验电流为额定值时输入的有功功率 p_{kN}。负载不为额定负载时,铜损耗与负载系数的平方成正比,即 $p_{Cu} = \beta^2 p_{kN}$。

上面所得 P_2,p_{Fe} 及 p_{Cu} 的数值,都是在一定假设条件下的近似值,会造成一定的计算误差,但其误差都不超过 0.5%。对所有电力变压器都规定用这种方法来计算效率,可以在相同的基础上进行比较。将 P_2,p_{Fe} 及 p_{Cu} 分别代入式(5-44),效率计算公式则变为

$$\eta = 1 - \frac{p_0 + \beta^2 p_{kN}}{\beta S_N \cos\varphi_2 + p_0 + \beta^2 p_{kN}} \tag{5-45}$$

对于给定的变压器,p_0 和 p_{kN} 是一定的,可以用空载试验和短路试验测定。从式(5-45)中看出,对于一台给定的变压器,运行效率的高低与负载的大小和负载功率因数有关。当 β 一定,即负载电流大小不变时,负载的功率因数 $\cos\varphi_2$ 越高,效率 η 越高;当负载功率因数 $\cos\varphi_2$ 为一定时,效率 η 与负载系数的大小有关,用 $\eta = f(\beta)$ 表示,叫做效率

特性,如图 5.29 所示。从效率特性可以看出,当变压器输出电流为零时,效率为零。输出

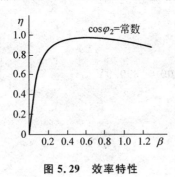

图 5.29　效率特性

电流从零增加时,输出功率增加,铜损耗也增加。但由于此时 β 较小,铜损耗较小,铁损耗相对较大,因此,总损耗虽然随 β 增加,但没有输出功率增加得快,因此效率 η 还是增加的。当铜损耗随着 β 增加而达到 $p_{Fe}=p_{Cu}$ 时,效率达到最高值(下面推导),这时的负载系数叫 β_m。当 $\beta>\beta_m$ 后,p_{Cu} 成了损耗中的主要部分,由于 $p_{Cu} \propto I_1^2 \propto \beta^2$,$P_2 \propto I_1 \propto \beta$,因此 η 随着 β 增加反而降低了。变压器的效率特性与直流电机的效率特性完全相似。

效率特性是一条具有最大值的曲线,最大值出现在 $\dfrac{d\eta}{d\beta}=0$ 处。因此,取 η 对 β 的微分,其值为零时的 β,即为最高效率时的负载系数 β_m。推导过程如下:

$$\eta = \frac{BS_N\cos\varphi_2}{\beta S_N\cos\varphi_2 + p_0 + \beta^2 p_{kN}} = \frac{S_N\cos\varphi_2}{S_N\cos\varphi_2 + \dfrac{I_{2N}}{I_2}p_0 + \dfrac{I_2}{I_{2N}}p_{kN}}$$

$$\frac{d\eta}{dI_2} = -\frac{S_N\cos\varphi_2}{\left(S_N\cos\varphi_2 + \dfrac{I_{2N}}{I_2}p_0 + \dfrac{I_2}{I_{2N}}p_{kN}\right)^2} \cdot \left(-\frac{I_{2N}}{I_2^2}p_0 + \frac{1}{I_{2N}}p_{kN}\right) = 0$$

即

$$-\frac{I_{2N}}{I_2^2}p_0 + \frac{1}{I_{2N}}p_{kN} = 0$$

$$\frac{I_{2N}^2}{I_2^2}p_0 = p_{kN}$$

最后得到的结果是

$$\beta_m^2 p_{kN} = p_0 \quad \text{或} \quad \beta_m = \sqrt{\frac{p_0}{p_{kN}}} \tag{5-46}$$

上式表明,最大效率发生在铁损耗 p_0 与铜损耗 $\beta^2 p_{kN}$ 相等的时候。

一般电力变压器带的负载都不会是恒定不变的,而有一定的波动,因此,变压器就不可能总运行在额定负载的情况。设计变压器时,取 $\beta_m<1$,具体数值要视变压器负载的实际情况而定。

例题 5-7　三相变压器额定数据为:$S_N=1000\text{kV}\cdot\text{A}$,$U_{1N}/U_{2N}=10000/6300\text{V}$,绕组采用 $\curlyvee/\triangle$ 接法。已知空载损耗 $p_0=4.9\text{kW}$,短路损耗 $p_{kN}=15\text{kW}$。求:

(1) 当该变压器供给额定负载,且 $\cos\varphi=0.8$ 滞后时的效率;

(2) 当负载 $\cos\varphi=0.8$ 滞后时的最高效率;

(3) 当负载 $\cos\varphi=1.0$ 时的最高效率。

解　(1) 因负载系数 $\beta=1$,所以效率为

$$\eta = 1 - \frac{p_0 + p_{kN}}{S_N\cos\varphi + p_0 + p_{kN}}$$

$$= 1 - \frac{4.9 \times 10^3 + 15 \times 10^3}{10^6 \times 0.8 + 4.9 \times 10^3 + 15 \times 10^3} = 97.57\%$$

（2）最高效率时负载系数为

$$\beta_m = \sqrt{\frac{p_0}{p_{kN}}} = \sqrt{\frac{4.9}{15}} = 0.5715$$

最高效率为

$$\eta_{\max} = 1 - \frac{p_0 + \beta_m^2 p_{kN}}{\beta_m S_N \cos\varphi + p_0 + \beta_m^2 p_{kN}}$$

$$= 1 - \frac{2 \times 4.9 \times 10^3}{0.5715 \times 10^6 \times 0.8 + 2 \times 4.9 \times 10^3} = 97.90\%$$

（3）$\cos\varphi = 1$ 时，最高效率（亦即变压器可能运行的最高效率）

$$\eta_{\max} = 1 - \frac{p_0 + \beta_m^2 p_{kN}}{\beta_m S_N + p_0 + \beta_m^2 p_{kN}}$$

$$= 1 - \frac{2 \times 4.9 \times 10^3}{0.5715 \times 10^6 + 2 \times 4.9 \times 10^3} = 98.31\%$$

5.7　变压器的连接组别

前面已经讨论过变压器能够变电压、变电流、变阻抗。现在来讨论变压器的另一个作用——变相位。对于某些负载，如可控硅整流电路，为了保证触发脉冲的同步，不仅要求知道变压器的变比，也要知道变压器一、二次绕组电压相位的变化，也就是要知道变压器绕组的连接组别。此外，两台以上的电力变压器并联运行时，其连接组别必须相同。连接组别应标在变压器铭牌上。

5.7.1　单相变压器绕组的标志方式

图 5.30(a)所示为套在同一铁心上的两个绕组，它们的出线端分别为 1、2 及 3、4。当磁通瞬时值在图示箭头方向上增加时，根据楞次定律，两绕组中感应电动势的瞬时实际方向是从 2 指向 1，从 4 指向 3，可见，1 和 3 为同极性端，2 和 4 为同极性端。可以在 1 和 3 两端打上"·"做标记。同极性端也叫同名端。图 5.30(b)中的两个绕组，由于绕向不同，1 和 4 为同极性端。

标志单向变压器高、低压绕组的相位关系，国际上都采用时钟表示法。高压绕组首端标记为 A、尾端标记为 X，低压绕组首端标记为 a、尾端标记为 x。可以把同极性端标为 A 和 a，也可以把异极性端标为 A 和 a。各绕组电动势都规定为从首端指向尾端（当然也可以用电压来规定），高压绕组电动势即从 A 到 X 为 $\dot{E}_{AX}$，为了简单，用 $\dot{E}_A$ 表示，低压绕组电动势即从 a 到 x 为 $\dot{E}_{ax}$，用 $\dot{E}_a$ 表示。

若高、低压绕组的首端 A 和 a 标为同极性端，则高、低压绕组电动势 $\dot{E}_A$ 和 $\dot{E}_a$ 相位相同，如图 5.31(a)。若高、低压绕组的首端 A 和 a 标为异极性端，则高、低压绕组电动势

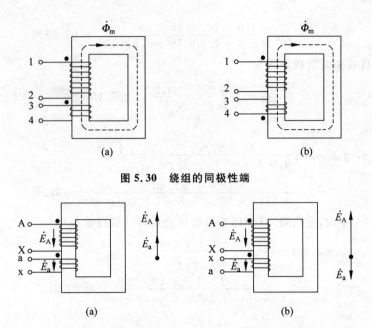

图 5.30　绕组的同极性端

图 5.31　单相变压器高、低压绕组电动势的相位关系

$\dot{E}_A$ 与 $\dot{E}_a$ 相位相反,如图 5.31(b)。

　　所谓时钟表示法,就是把电动势相量图中的高压绕组电动势 $\dot{E}_A$ 看作为时钟的长针,永远指向钟面上的"12",低压绕组电动势 $\dot{E}_a$ 看作为时钟的短针,若它指向钟面上的"12",该单相变压器连接组别标号为"0",若 $\dot{E}_a$ 指向"6",连接组别标号为"6"。例如,图 5.31(a)所示的单相变压器连接组别标号就是"0",用Ⅰ、Ⅰ0 表示,罗马数字"Ⅰ"表示高、低压边都是单相。图 5.31(b)所示的单相变压器连接组别标号是"6",用Ⅰ、Ⅰ6 表示。

5.7.2　三相变压器绕组的连接

　　三相变压器中,三个相高压绕组的首端用 A,B,C 表示,低压绕组的首端用 a,b,c 表示,三个相的尾端相应地用 X,Y,Z 和 x,y,z 表示。首端 A,B,C 为高压绕组引出端,首端 a,b,c 为低压绕组引出端。三相绕组可以连接成星形(Y)接法或三角形(△)接法。当采用Y接法时,将三个尾端 X,Y,Z 或 x,y,z 连在一起为中点。若要把中点引出,则以"0"标志。

　　三相变压器每相的相电动势即为该相绕组电动势;线电动势是指引出端的电动势,线电动势 $\dot{E}_{AB}$ 就是 A 到 B 的电动势,$\dot{E}_{BC}$ 是 B 到 C 的电动势,$\dot{E}_{CA}$ 是 C 到 A 的电动势。在三相对称系统中,接成Y或△方式的三相绕组,其相电动势与线电动势之间的关系随绕组接线方式不同而不同。

　　星形连接(Y连接)。接线图见图 5.32(a)。在接线图中,绕组按相序自左向右排列。

　　相电动势为

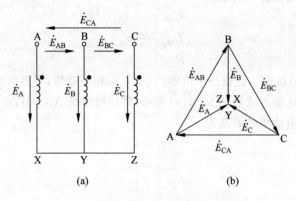

图 5.32　星形连接的相电动势与线电动势

(a) 接线图；(b) 相量图

$$\dot{E}_A = E\underline{/0^\circ}$$

$$\dot{E}_B = E\underline{/-120^\circ}$$

$$\dot{E}_C = E\underline{/-240^\circ}$$

线电动势为

$$\dot{E}_{AB} = \dot{E}_A - \dot{E}_B$$

$$\dot{E}_{BC} = \dot{E}_B - \dot{E}_C$$

$$\dot{E}_{CA} = \dot{E}_C - \dot{E}_A$$

　　画出的相量图如图 5.32(b)所示。这是一个位形图,它的特点是图中重合在一处的各点是等电位的,如 X,Y,Z,并且图中任意两点间的有向线段就表示该两点的电动势相量,如$\overrightarrow{AX}$,即 $\dot{E}_{AX} = \dot{E}_A$,$\overrightarrow{AB}$即 $\dot{E}_{AB}$。该相量图可先画它的相电动势部分(注意 X,Y,Z 要重合,相序要正确),然后画出$\overrightarrow{AB}$,$\overrightarrow{BC}$和$\overrightarrow{CA}$,即为线电动势相量。

　　三角形连接(△连接)。第一种三角形连接如图 5.33(a)所示,接线顺序是 CZ—BY—AX—CZ。

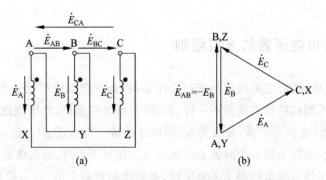

图 5.33　第一种三角形连接的相电动势与线电动势

(a) 接线图；(b) 相量图

线电动势与相电动势的关系为

$$\dot{E}_{AB} = -\dot{E}_{B}$$
$$\dot{E}_{BC} = -\dot{E}_{C}$$
$$\dot{E}_{CA} = -\dot{E}_{A}$$

相量图如图 5.32(b)所示。这也是个位形图,可先画相电动势,再画线电动势。

第二种三角形连接方式如图 5.34(a)所示,接线顺序是 AX—BY—CZ—AX。

线电动势与相电动势的关系为

$$\dot{E}_{AB} = \dot{E}_{A}$$
$$\dot{E}_{BC} = \dot{E}_{B}$$
$$\dot{E}_{CA} = \dot{E}_{C}$$

相量图如图 5.34(b)所示,也是个位形图。

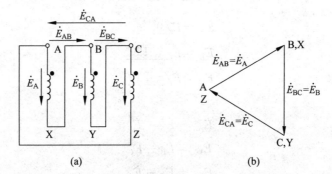

图 5.34 第二种三角形连接的相电动势与线电动势
(a) 接线图;(b) 相量图

从星形和三角形连接的电动势相量位形图看出,只要三相的相序为 A—B—C—A 时,则 A,B,C 三个点是顺时针方向依次排列,△ABC 是个等边三角形。这个结果可以帮助我们正确地画出电动势相量位形图来。

三相变压器高、低压绕组都可用Y或△连接。用Y连接时,中点可引出线,也可不引出线。

5.7.3 三相变压器的连接组别

在三相系统中,关心的是线值。三相变压器高、低压绕组线电动势之间的相位差角,因高、低压绕组不同的接线方式而不一样,但是,不论怎样连接,高压绕组线电动势 $\dot{E}_{AB}$ 和 $\dot{E}_{ab}$ 之间的相位差,要么为 0°角,要么为 30°角的整数倍。当然,$\dot{E}_{BC}$ 与 $\dot{E}_{bc}$,$\dot{E}_{CA}$ 与 $\dot{E}_{ca}$ 也有同样的关系。因此,国际上仍采用时钟表示法标志三相变压器高、低压绕组线电动势的相位关系,即规定高压绕组线电动势 $\dot{E}_{AB}$ 为长针,永远指向钟面上的"12",低压绕组线电动势 $\dot{E}_{ab}$ 为短针,它指向的数字,表示为三相变压器连接组标号的时钟序数,其中指向"12",时钟序数为 0。连接组标号书写的形式是:用大写、小写英文字母 Y 或 y 分别表示高、低压绕组星形连接；D 或 d 分别表示高、低压绕组三角形连接；在英文字母后边写出时钟序数。

下面分别对高、低绕组 Yy 连接及 Yd 连接确定其连接组标号。

1. Yy 连接

以绕组连接图如图 5.35(a)所示的 Yy 连接三相变压器为例，确定其连接组标号。

三相变压器绕组连接图中，上下对着的高、低压绕组套在同一铁心柱上。图 5.35(a)中的绕组上，A 与 a,B 与 b,C 与 c 打"·"，表示每个铁心柱的高、低压绕组都是首端为同极性端，三相对称。

当已知三相变压器绕组连接及同极性端，确定变压器的连接组标号的方法是：分别画出高压绕组和低压绕组的电动势相量位形图，从图中高压边线电动势 $\dot{E}_{AB}$ 与低压边线电动势 $\dot{E}_{ab}$ 的相位关系，便可确定其连接组标号。具体步骤如下。

（1）在绕组连接图上标出各个相电动势与线电动势，如图 5.35(a)所示，标出了 $\dot{E}_{A}$,$\dot{E}_{B}$,$\dot{E}_{C}$,$\dot{E}_{AB}$ 及 $\dot{E}_{a}$,$\dot{E}_{b}$,$\dot{E}_{c}$,$\dot{E}_{ab}$ 等。

（2）按照高压绕组连接方式，首先画出高压绕组电动势相量位形图，如图 5.35(b)所示。高压边为丫连接，绕组电动势相量图与图 5.32(b)完全一样。

（3）根据同一铁心柱上的高、低压绕组的相位关系，先确定低压绕组的相电动势相位；然后按照低压绕组的接线方式，画出低压绕组电动势相量位形图。从图 5.35(a)看出，同一铁心柱上的绕组 AX 和 ax，两绕组首端是同极性端，因此，高、低压绕组相电动势 $\dot{E}_{A}$ 和 $\dot{E}_{a}$ 同相位；同理 $\dot{E}_{B}$ 和 $\dot{E}_{b}$ 同相位，$\dot{E}_{c}$ 和 $\dot{E}_{c}$ 同相位。画低压绕组相电动势相量图时，可以采用把 a 点重合在高压边的 A 点上，先画 $\dot{E}_{a}$ 矢量，定出 a,x 两点，这样 $\dot{E}_{a}$ 与 $\dot{E}_{A}$ 不仅同方向、而且共起点。低压绕组也是丫接，其电动势相量图见图 5.35(b)，与图 5.32(b)也是一样的。

（4）由高、低压绕组线电动势相量图中 $\dot{E}_{AB}$ 与 $\dot{E}_{ab}$ 的相位关系，根据时钟表示法的规

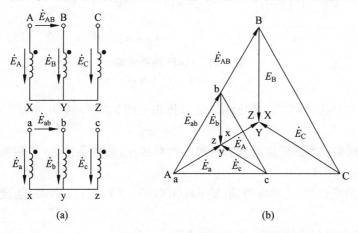

(a)   (b)

图 5.35　Y,y0 连接组别

(a) 接线图；(b) 相量图

定,$\dot{E}_{AB}$指向钟面 12 的位置,由 $\dot{E}_{ab}$指的数字确定连接组标号。如图 5.35(b)所示,$\dot{E}_{ab}$与 $\dot{E}_{AB}$同位置,因此,该变压器连接组别标号为 0,表示为 Y,y0。

以上确定连接组别的步骤,对各种接线情况的三相变压器都适用。在这个步骤中,有两点要注意:①学会根据高、低压绕组的接线方式画出各自的电动势相量图;②画高、低压绕组电动势相量图之间的相位关系时,其依据就是套在同一铁心柱上的高、低压绕组电动势,当绕组首端为同极性端时,它们的相位相同;当绕组首端为异极性端时,它们的相位相反。把图 5.35 中 a 与 A 重合,是为了使高、低压绕组线电动势 $\dot{E}_{AB}$ 与 $\dot{E}_{ab}$ 共起点,使它们的相位关系可以表现得更直观。

考虑到高、低压绕组首端既可为同极性端也可为异极性端,绕组既可为 ax,by 与 cz 的标记,又可为 cz,ax 与 by 的标记,还可为 by,cz 与 ax 的标记等,Y/Y 连接的三相变压器,可以得到(Y,y0)、(Y,y2)、(Y,y4)、(Y,y6)、(Y,y8)和(Y,y10)几种连接组别,标号都是偶数。

2. Yd 连接

(1) 若低压绕组为第一种三角形接法,绕组接线如图 5.36(a)所示的三相变压器。

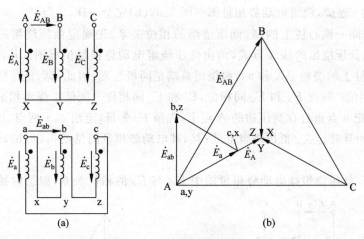

图 5.36 Y,d11 连接组别

(a) 接线图;(b) 相量图

采用同样的办法,画出高、低压绕组电动势相量图如图 5.36(b)所示,从而确定它的连接组别为 Y,d11。

(2) 若三相变压器低压绕组为第二种三角形接法,其他条件与(1)相同,其连接组别为 Y,d1,如图 5.37 所示。

Y/d 连接的变压器,还可以得到(Y,d3)、(Y,d5)、(Y,d7)、(Y,d9)连接组别,标号都是奇数。

此外,还有其他的连接组别,不再一一叙述。

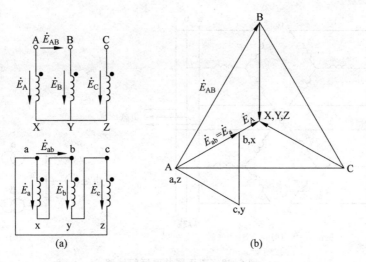

图 5.37 Y,d1 连接组别

(a) 接线图；(b) 相量图

5.7.4 标准连接组

单相和三相变压器有很多连接组别。为了方便,国家标准规定:单相双绕组电力变压器只有一个标准连接组别,为 I，I0；三相双绕组电力变压器有五种连接组别,即（Y，yn0）、（Y，d11）、（YN，d11）、（YN，y0）及（Y，y0）。

Y,yn0 主要用做配电变压器,其二次侧有中线引出,作为三相四线制供电,既可用于照明,也可用于动力负载。这种变压器高压侧电压不超过 35kV,低压侧电压为 400V(单相 230V)。Y,d11 用在二次侧超过 400V 的线路中,YN,d11 用在 110kV 以上的高压输电线路中,其高压侧可以通过中点接地。YN,y0 用于一次侧需要接地的场合。Y,y0 供三相动力负载。

5.8 变压器的并联运行

发电厂和变电所中,采用两台以上的变压器以并联运行方式供电。所谓变压器并联运行,就是把这些变压器的一、二次绕组相同标号的出线端连在一起,分别接到公共的母线上。图 5.38(a)所示为两台变压器并联运行时的接线图,图(b)为其简化的表示形式。

用电量一般是逐步增加的,变压器的容量和台数随负载逐步增加,需要并联运行。变压器并联运行时,可以根据负载的变化投入相应的容量和台数,尽量使运行着的变压器接近满载,提高系统的运行效率和改善系统的功率因数。如果某台变压器发生故障需要检修时,可以把它从电网上切除,其他变压器继续运行,保证电网正常供电。并联运行时还可以减少备用容量。以上这些都说明并联运行是有很多好处的,但是,并联运行的变压器台数也不宜过多,否则增加设备的成本和安装面积,反而不经济了。

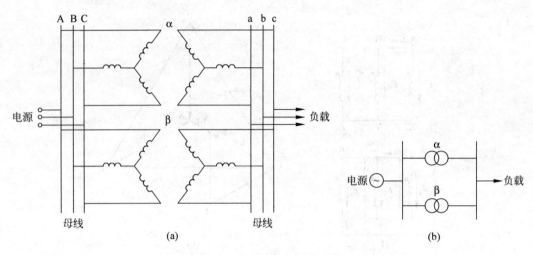

图 5.38 变压器并联运行线路

(a) 变压器并联运行接线图；(b) 简化表示形式

5.8.1 并联运行的理想情况和条件

并联运行的变压器理想运行情况是：

(1) 空载时，每一台变压器二次侧电流都为零，与单独空载运行时一样，且各台变压器间无环流；

(2) 负载运行时，各台变压器分担的负载电流应与它们的容量成正比。

为了满足理想运行情况，并联运行的变压器应满足以下条件：

(1) 一、二次侧额定电压相同（变比相等）；

(2) 属同一连接组别；

(3) 短路阻抗标幺值相等。

实际上，并联运行的变压器必须满足的是第二个条件，其他两个条件允许稍有出入。

5.8.2 短路阻抗不等时的并联运行

已知并联运行的变压器一、二次侧额定电压相同，又属同一连接组别，仅讨论其短路阻抗不等的运行情况 。设 α,β,γ 三台变压器并联运行，采用简化等效电路分析其负载运行情况，如图 5.39 所示。$\dot{U}_1$ 和 $\dot{U}_2$ 分别为一、二次侧的相电压。下面分析负载分配情况。

等效电路中 a，b 两点间的电压 $\dot{U}_{ab}$ 等于每一台变压器的负载电流与其漏阻抗压降的乘积，即 $\dot{U}_{ab} = \dot{I}_\alpha Z_{k\alpha} = \dot{I}_\beta Z_{k\beta} = \dot{I}_\gamma Z_{k\gamma}$。因此，对并

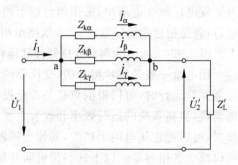

图 5.39 变压器并联运行等效电路

联运行的各台变压器则有

$$\dot{I}_\alpha : \dot{I}_\beta : I_\gamma = \frac{1}{Z_{k\alpha}} : \frac{1}{Z_{k\beta}} : \frac{1}{Z_{k\gamma}} \tag{5-47}$$

上式表明各台变压器负载电流与它们的短路阻抗成反比。另外，$\dot{I}_\alpha + \dot{I}_\beta + \dot{I}_\gamma = \dot{I}_1$。

从上式可看出，若各台变压器短路阻抗的阻抗角相等，则各负载电流相位相同，各负载电流的相量和就等于算术和。这样，在计算电流时，用短路阻抗的模代入式(5-47)中运行，各电流有效值的和即为总电流。

若采用标幺值表示，则有

$$\dot{U}_{ab} = \underline{I}_\alpha\,\underline{Z}_{k\alpha} = \underline{I}_\beta\,\underline{Z}_{k\beta} = \underline{I}_\gamma\,\underline{Z}_{k\gamma} = \beta_\alpha\,\underline{Z}_{k\alpha} = \beta_\beta\,\underline{Z}_{k\beta} = \beta_\gamma\,\underline{Z}_{k\gamma}$$

式中　$\beta_\alpha = I_\alpha/I_{\alpha N}, \beta_\beta = I_\beta/I_{\beta N}, \beta_\gamma = I_\gamma/I_{\gamma N}$ 称为负载系数。

并联运行的变压器负载系数之间有如下关系：

$$\beta_\alpha : \beta_\beta : \beta_\gamma = \frac{1}{\underline{Z}_{k\alpha}} : \frac{1}{\underline{Z}_{k\beta}} : \frac{1}{\underline{Z}_{k\gamma}} \tag{5-48}$$

上式表明并联运行的各台变压器负载系数与短路阻抗标幺值成反比。各台变压器若 $\underline{Z}_k$ 相同，则 β 也相等，负载分配最合理。由于容量相近的变压器 $\underline{Z}_k$ 值相差较小，因此，一般并联运行的变压器其容量比不超过 3∶1。

5.8.3　变比不等时的并联运行

讨论变比不等而连接组别相同时的并联运行情况。图 5.40 所示的两台单相变压器并联运行接线图中，变压器二次侧经刀闸 K′ 接负载，其中变压器 β 的二次侧通过开关 K 接到二次母线上。先分析 K′ 打开，变压器空载运行情况。

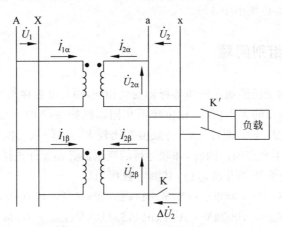

图 5.40　变压器变比不等时并联运行接线图

若开关 K 打开，由于两台变压器变比不等，即 $k_\alpha \neq k_\beta$，它们的二次空载电压也不相等，即 $U_{20\alpha} \neq U_{20\beta}$，开关 K 两边电压为

$$\Delta\dot{U}_2 = \dot{U}_{20\alpha} - \dot{U}_{20\beta}$$

$$= \frac{-\dot{U}_1}{k_\alpha} - \frac{-\dot{U}_1}{k_\beta}$$

$$= \dot{U}'_{1\beta} - \dot{U}'_{1\alpha}$$

再把 K 合上,两变压器二次闭合回路中就产生与 $\Delta\dot{U}_2$ 同方向的循环电流,简称为环流,它不经过负载。根据磁通势平衡关系,一次闭合回路中也相应产生环流。由于变压器短路阻抗值很小,当两台变压器变比相差不多,即 ΔU_2 数值不大时,环流却已经比较大,此时的等效电路见图 5.41,图中各量都是折合到二次侧的量。从该等效电路可知,环流 $\dot{I}_c$ 的大小为

$$\dot{I}_c = \frac{\dot{U}'_{1\alpha} - \dot{U}'_{1\beta}}{Z'_{k\alpha} + Z'_{k\beta}}$$

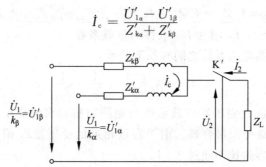

图 5.41 变压器变比不等并联运行的等效电路

刀闸 K' 合上,变压器带负载运行时,各变压器的电流除了负载时分配的电流之外,还各自都增加了一个环流。

由于变比不等的变压器并联运行时,一、二次绕组中都产生很大的环流,既占用了变压器的容量,又增加了它的损耗,是很不利的。因此,为了限制环流,通常规定并联运行的变压器变比之间相差必须小于 1%。

5.8.4 连接组别问题

如果并联运行的变压器额定电压等级即变比相同,而标准连接组别不一样时,就等于只保证了二次侧额定电压的大小相等,相位却不相同。例如,α、β 两台变压器并联运行时,二次侧的 $\dot{U}_{20\alpha} - \dot{U}_{20\beta} = \Delta\dot{U}_2 \neq 0$,而且 ΔU_2 的数值都比较大,这样一、二次绕组中都出现极大的循环电流,这是绝对不允许的。因此,并联运行的变压器必须保证连接组别相同。

例题 5-8 两台变压器并联运行,其额定数据为

$$S_{N\alpha} = 1800\text{kV} \cdot \text{A}, \text{Y}, \text{d}11, 35/10\text{kV}, \underline{Z}_{k\alpha} = 0.0825$$

$$S_{N\beta} = 1000\text{kV} \cdot \text{A}, \text{Y}, \text{d}11, 35/10\text{kV}, \underline{Z}_{k\beta} = 0.0675$$

当负载为 2800kV·A 时,求:

(1) 每台变压器的电流、容量及负载系数;

(2) 若不使任何一台变压器过载,能供给的最大负载是多少。

解 (1) 一次侧总负载电流

$$I_\alpha + I_\beta = I = \frac{2800 \times 10^3}{\sqrt{3} \times 35 \times 10^3} = 46.12\text{A}$$

一次侧额定电流

$$I_{1N\alpha} = \frac{1800 \times 10^3}{\sqrt{3} \times 35 \times 10^3} = 29.69A$$

$$I_{1N\beta} = \frac{1000 \times 10^3}{\sqrt{3} \times 35 \times 10^3} = 16.5A$$

每相短路阻抗

$$Z_{k\alpha} = \underline{Z_{k\alpha}} \cdot \frac{U_{1N}/\sqrt{3}}{I_{1N\alpha}} = 0.0825 \times \frac{35 \times 10^3/\sqrt{3}}{29.69} = 56.15\Omega$$

$$Z_{k\beta} = \underline{Z_{k\beta}} \cdot \frac{U_{1N}/\sqrt{3}}{I_{1N\beta}} = 0.0675 \times \frac{35 \times 10^3/\sqrt{3}}{16.5} = 82.69\Omega$$

电流比值

$$\frac{I_\alpha}{I_\beta} = \frac{Z_{k\beta}}{Z_{k\alpha}} = \frac{82.69}{56.15} = 1.473$$

即

$$I_\alpha = 1.473 I_\beta$$

电流

可解得

$$I_\alpha + I_\beta = 1.473 I_\beta + I_\beta = 46.12A$$

$$I_\beta = 18.65A$$

$$I_\alpha = 27.47A$$

容量

$$S_\alpha = \sqrt{3} U_{1N} I_\alpha = \sqrt{3} \times 35 \times 10^3 \times 27.47 = 1665 \times 10^3 V \cdot A$$

$$S_\beta = \sqrt{3} U_{1N} I_\beta = \sqrt{3} \times 35 \times 10^3 \times 18.65 = 1131 \times 10^3 V \cdot A$$

(本题应该是 $S_\alpha + S_\beta = S = 2800$kV·A,此二数之和稍有误差,属计算误差。)

负载系数

$$\beta_\alpha = \underline{I_\alpha} = \frac{27.47}{29.69} = 0.925 \quad (欠载)$$

$$\beta_\beta = \underline{I_\beta} = \frac{18.65}{16.5} = 1.13 \quad (过载)$$

(2) 最大负载时的负载系数

$$\beta_\beta = 1$$

$$\beta_\alpha = \frac{\underline{Z_{k\beta}}}{\underline{Z_{k\alpha}}} = \frac{0.0675}{0.0825} = 0.818$$

最大负载时各台变压器容量

$$S_\alpha = \beta_\alpha S_{N\alpha} = 0.818 \times 1800 = 1472 kV \cdot A$$

$$S_\beta = \beta_\beta S_{N\beta} = S_{N\beta} = 1000 kV \cdot A$$

最大负载

$$S = S_\alpha + S_\beta = 2472 kV \cdot A$$

例题 5-8 中关于每台变压器的电流及容量也可以计算如下：

每台变压器电流的计算。两台变压器电流比为

$$\frac{I_\alpha}{I_\beta} = \frac{S_{N\alpha}}{Z_{k\alpha}} \bigg/ \frac{S_{N\beta}}{Z_{k\beta}} = \frac{1800 \times 10^3}{0.0825} \times \frac{0.0675}{1000 \times 10^3} = 1.473$$

两台变压器电流之和为

$$I_\alpha + I_\beta = 1.473 I_\beta + I_\beta = 2.473 I_\beta = I = 46.12\text{A}$$

两台变压器电流为

$$I_\beta = 18.65\text{A}$$

$$I_\alpha = 27.47\text{A}$$

容量的计算。由

$$\frac{S_\alpha}{S_\beta} = \frac{I_\alpha}{I_\beta} = 1.473$$

$$S_\alpha + S_\beta = 1.473 S_\beta + S_\beta = 2800 \times 10^3 \text{V} \cdot \text{A}$$

可解得

$$S_\beta = \frac{2800 \times 10^3}{2.473} = 1132 \times 10^3 \text{V} \cdot \text{A}$$

$$S_\alpha = 1668 \times 10^3 \text{V} \cdot \text{A}$$

5.9 自耦变压器

一、二次侧共用一部分绕组的变压器叫自耦变压器。自耦变压器有单相的，也有三相的。与讨论双绕组变压器一样，分析单相自耦变压器运行时的电磁关系和电磁量，也适用于对称运行的三相自耦变压器的每一相。自耦变压器结构示意图如图 5.42(a) 所示，图 (b) 为每单相绕组接线图。图中标出了各电磁量的正方向，并采用与双绕组变压器相同的惯例。图 5.42 所示是一台降压的自耦变压器，一次绕组匝数 N_1 大于二次绕组匝数 N_2。绕组 ax 段是高、低压共用的叫公共绕组。

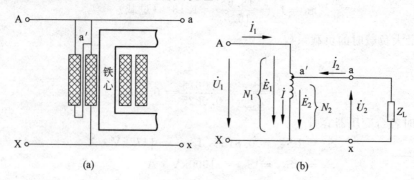

图 5.42 自耦变压器

(a) 结构示意图；(b) 绕组接线图

5.9.1 电压、电流关系

自耦变压器与双绕组变压器一样,有主磁通和漏磁通,主磁通在绕组中产生感应电动势 $\dot{E}_1$ 和 $\dot{E}_2$。当一次绕组加额定电压 U_{1N},二次绕组开路时的端电压为额定电压 U_{2N},与 U_{1N} 之比为

$$\frac{U_{1N}}{U_{2N}} \approx \frac{E_1}{E_2} = \frac{N_1}{N_2} = k_A > 1 \tag{5-49}$$

式中 k_A 为自耦变压器的变比。

与双绕组变压器一样,自耦变压器带负载时,由于电源电压保持额定值,主磁通为常数,因此,也有同样的磁通势平衡关系,即

$$\dot{I}_1 N_1 + \dot{I}_2 N_2 = \dot{I}_0 N_1$$

分析负载运行时,可忽略 $\dot{I}_0$,则有

$$\dot{I}_1 N_1 + \dot{I}_2 N_2 \approx 0$$

或

$$\dot{I}_1 \approx -\frac{\dot{I}_2}{k_A} \tag{5-50}$$

由图 5.42(b)中看出,a' 点的电流关系为

$$\dot{I} = \dot{I}_1 + \dot{I}_2 \approx -\frac{\dot{I}_2}{k_A} + \dot{I}_2 = \dot{I}_2 \left(1 - \frac{1}{k_A}\right)$$

式(5-49)和式(5-50)表明,自耦变压器负载运行时,一、二次电压之比为 k_A,电流之比为 $1/k_A$,与双绕组变压器的关系相同。

5.9.2 容量关系

对于自耦变压器,必须分清楚变压器容量和绕组容量。变压器容量,也叫通过容量,是指它的输入容量,也等于它的输出容量,在数值上为输入(或输出)电压乘以电流。当输入(或输出)电压及电流为额定值时,变压器容量即为额定容量 S_N。所谓绕组容量就是该绕组的电压与电流的乘积,又叫做电磁容量。绕组的额定电压与电流乘积,就是该绕组的额定容量。对于双绕组变压器,一次绕组的绕组容量就是变压器的输入容量,二次绕组的绕组容量就是变压器的输出容量,因此都等于变压器容量。但是,对自耦变压器来说,变压器容量与绕组容量却不相等。以单相自耦变压器为例,分析如下。

自耦变压器的容量为

$$S_N = U_{1N} I_{1N} = U_{2N} I_{2N}$$

从图 5.42(b)可以看出,绕组 Aa 段的容量为

$$S_{Aa} = U_{Aa} I_{1N} = U_{1N} \frac{N_1 - N_2}{N_1} I_{1N} = S_N \left(1 - \frac{1}{k_A}\right) \tag{5-51}$$

绕组 ax 段的容量为

$$S_{ax} = U_{ax}I = U_{2N}I_{2N}\left(1 - \frac{1}{k_A}\right) = S_N\left(1 - \frac{1}{k_A}\right) \tag{5-52}$$

式(5-51)和式(5-52)表明,负载运行时,绕组 Aa 和 ax 的容量相等且都比变压器容量小,是它的$\left(1 - \frac{1}{k_A}\right)$倍,而一般双绕组变压器一、二次绕组 AX 和 ax 的容量 U_1I_1 和 U_2I_2 都等于变压器容量。因此,这两种变压器相比较,当变压器容量相同时,自耦变压器的绕组容量比双绕组变压器的绕组容量小。电力系统使用的自耦变压器,其变比 $k_A = 1.5\sim2$。

这是为什么呢? 从式(5-50)中看出,$\dot{I}_1$ 与 $\dot{I}_2$ 的相位在忽略励磁电流时是相差 180°,同时 $k_A > 1$,因此 $I_2 > I_1$,实际上 a' 点的电流有效值的关系为

$$I_1 + I = I_2$$

因此自耦变压器二次侧输出的容量为

$$\begin{aligned}
S_2 &= U_2I_2 = U_{ax}(I_1 + I)\\
&= U_{ax}I_1 + U_{ax}I\\
&= S_{传导} + S_{ax}
\end{aligned} \tag{5-53}$$

由上式看出,自耦变压器输出容量为两部分:一部分是 $U_{ax}I = S_{ax}$,是通过绕组 Aa 段和 ax 段的电磁感应作用传到二次再送给负载的容量,是电磁容量,也就是 ax 段的绕组容量,也等于 Aa 段的绕组容量。另一部分是 $U_{ax}I_1 = S_{传导}$,叫做传导容量。它是由 I_1 直接传到负载去的,它不需要增加绕组的容量。因此,自耦变压器的绕组容量小于额定容量。双绕组变压器没有传导容量,全部输出容量都是经过一、二次绕组的电磁感应作用传递的,因而绕组容量与变压器容量相等。

上面容量关系也可以从输入容量分析,输入容量

$$\begin{aligned}
S_1 &= U_1I_1 = (U_{Aa} + U_{ax})I_1 = U_{Aa}I_1 + U_{ax}I_1\\
&= S_{Aa} + S_{传导}
\end{aligned} \tag{5-54}$$

由上式看出,自耦变压器的输入容量比 Aa 段绕组容量 S_{Aa} 也同样增加了一个传导容量。

5.9.3　自耦变压器的主要优缺点

变压器的有效材料(铜和硅钢片)的用量决定于其绕组容量。自耦变压器与双绕组变压器相比较,当二者的额定容量相同时,前者的绕组容量比后者小,因此,有效材料用量也比后者小。这样带来的好处是自耦变压器体积小,造价低,产生的铜耗、铁耗小,运行效率高,在运输、安装以及占地面积上也具有优势。

自耦变压器的一、二次绕组有电路的直接联系,因此,变压器内部绝缘与防过电压的措施要加强,例如,中点必须可靠接地,如图 5.43 所示。

自耦变压器与双绕组变压器比较,还有其他的优缺点,此处不予分析。

本节是针对降压变压器分析的,对升压的自耦变压器,变比 $k_A = \frac{N_2}{N_1} > 1$,有相同的结

论,不再重复。

把自耦变压器的一、二次绕组做成匝数可调的,如图 5.44 所示,就成了自耦调压器。改变滑动触头 K 的位置,当 $\dot{U}_1$ 一定时,$\dot{U}_2$ 大小可以从零调到稍大于 U_1 的数值,例如 $U_1 = 220\text{V}$,$U_2 = 250\text{V}$,自耦调压器有单相也有三相的。

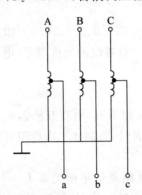

图 5.43　自耦变压器的中点接地

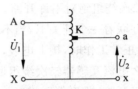

图 5.44　自耦调压器

5.10　仪用互感器

电力系统中测量高电压、大电流时使用的一种变压器是仪用互感器,测量大电流的是电流互感器,测量高电压的是电压互感器。

5.10.1　电流互感器

图 5.45 是电流互感器的接线图。一次绕组串联在被测电流 $\dot{I}_1$ 的电路中,二次绕组接在电流表或功率表的电流线圈上,其电流为 $\dot{I}_2$。根据磁通势平衡关系,有

$$\dot{I}_1 N_1 + \dot{I}_2 N_2 = \dot{I}_0 N_1$$

或

$$\dot{I}_1 + \dot{I}_2' = \dot{I}_0$$

设计电流互感器时,尽量采取措施减小其励磁电流 I_0,最好使 $I_0 \approx 0$。这样,得到

$$\dot{I}_1 \approx -\dot{I}_2' = \frac{N_2}{N_1}\dot{I}_2 = -k_i\dot{I}_2$$

式中　$k_i = \dfrac{I_1}{I_2}$,称为电流变比,是个常数。

由上式可见,把其二次电流 I_2 乘上变比就是一次被测电流 I_1。把测二次电流的电表按 $k_i I_2$ 来刻度,从表上可直接读出被测电流 I_1 的大小。

对于电流互感器二次电流的额定值,有关标准规定为

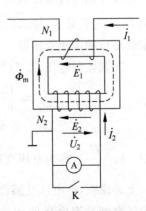

图 5.45　电流互感器

5A 或 1A。

实际上一、二次侧电流只是近似相差一个常数,无论如何做不到 $I_0 = 0$。因此,把一、二次侧电流按差一个常数 k_i 处理,就存在着误差,用相对误差表示为

$$\Delta i = \frac{k_i I_2 - I_1}{I_1} \times 100\%$$

根据误差的大小,电流互感器分为下列各级:0.2、0.5、1.0、3.0、10.0。如 0.5 级的电流互感器表示在额定电流时误差最大不超过 $\pm 0.5\%$。对各级的允许误差(电流误差与相位误差)见国家有关技术标准。

使用电流互感器应注意的事项主要有以下几点。

(1)二次绕组绝对不许开路。从图 5.45 接线图中可以看到,电流互感器的二次绕组与电流表并联着一个开关 K,当不使用或换接不同电流表时,为防止二次绕组开路而把 K 闭合,只有正常工作时,接上电表,才把开关 K 打开。

为什么电流互感器二次绕组回路不允许开路呢?从磁通势平衡关系 $\dot{I}_1 + \dot{I}_2' = \dot{I}_0$ 看,当二次绕组开路,即 $\dot{I}_2'$ 等于零时,一次被测电流 $\dot{I}_1$ 成为励磁电流,使磁路严重饱和,铁损增大,同时二次绕组感应高电压(二次绕组匝数 N_2 多)。这些因素都能损坏电流互感器。二次绕组产生的高电压,还有可能危及操作人员和其他设备的安全。

(2)二次回路应接地。

(3)二次侧回路串入的阻抗值不超过有关技术标准的规定,也就是说,电流表不能串得太多。如果二次侧串的阻抗值过大,则 I_2' 变小,而 I_1 不变,造成 I_0 增加,误差就要增加,降低了电流互感器的精度等级。

5.10.2 电压互感器

把电压互感器的一次绕组接在被测的高电压上,利用一、二次侧匝数不同,把一次侧的高电压变换为二次侧的低电压,送到电压表或功率表的电压线圈进行测量,也可作为控制信号使用。二次侧的额定电压都规定为 100V。

电压互感器接线图如图 5.46 所示。一次侧匝数 N_1 多,二次侧匝数 N_2 少,二次侧电压为 $\dot{U}_2$。为了安全,将二次侧接地。可见,电压互感器是一个空载运行的单相变压器。

一次侧被测电压 $\dot{U}_1$ 与二次侧实测电压 $\dot{U}_2$ 的关系为

$$\frac{U_1}{U_2} \approx \frac{E_1}{E_2} = \frac{N_1}{N_2} = k_u$$

$$\dot{U}_1 = -k_u \dot{U}_2$$

式中 $k_u = \dfrac{U_{1N}}{U_{2N}}$,称为电压变比,是个常数。

上式说明,把电压互感器的二次侧电压数值乘上常数 k_u 作为一次侧被测电压的数值。量测 U_2 的电压表可按 $k_u U_2$ 来刻度,从表上直接读出被测电压。

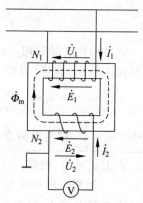

图 5.46 电压互感器

实际的电压互感器，一、二次侧漏阻抗上都有压降，因此，一、二次侧电压数值上只是近似相差一个常数，误差必然存在。根据误差的大小分为 0.2、0.5、1.0、3.0 几个等级，每等级允许误差见有关技术标准。

使用电压互感器应注意以下几点。

(1) 二次绕组不许短路，否则会因出现很大短路电流而烧毁。

(2) 二次绕组应接地以确保安全。

(3) 二次回路串接的阻抗不能太小，以免影响其测量精度。

思 考 题

5.1 变压器能否用来直接改变直流电压的大小？

5.2 额定容量为 S_N 的交流电流能源，若采用 220kV 输电电压来输送，导线的截面积为 $A(mm^2)$。若采用 1kV 电压输送，导线电流密度不变、导线面积应为多大？

5.3 变压器的铁心导磁回路中如果有空气隙，对变压器有什么影响？

5.4 额定电压为 220/110V 的变压器，若将二次侧 110V 绕组接到 220V 电源上，主磁通和励磁电流将怎样变化？若把一次侧 220V 绕组接到 220V 直流电源上，又会出现什么问题？

5.5 两台变压器的一、二次绕组感应电动势和主磁通规定正方向如图 5.47(a)、(b) 所示，试分别写出 $\dot{E}_1 = f(\dot{\Phi}_m)$ 及 $\dot{E}_2 = f(\dot{\Phi}_m)$ 的关系式。

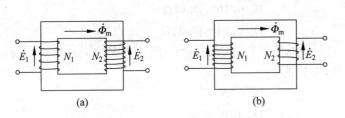

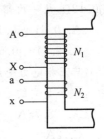

图 5.47　思考题 5.5 图　　　　　　图 5.48　思考题 5.6 图

5.6 某单相变压器额定电压为 220/110V，如图 5.48 所示，高压侧加 220V 电压时，励磁电流为 I_0。若把 X 和 a 连在一起，在 Ax 加 330V 电压，励磁电流是多大？若把 X 和 x 连在一起，Aa 加 110V 电压，励磁电流又是多大？

5.7 若抽掉变压器的铁心，一、二次绕组完全不变，行不行？为什么？

5.8 变压器一次漏阻抗 $Z_1 = R_1 + jX_1$ 的大小是哪些因素决定的？是常数吗？

5.9 变压器励磁阻抗与磁路饱和程度有关系吗？变压器正常运行时，其值可视为常数吗？为什么？

5.10 变压器空载运行时，电源送入什么性质的功率？消耗在哪里？

5.11 为什么变压器空载运行时功率因数很低？

5.12 实验时，变压器负载为可变电阻，需要加大负载时，应该怎样调节电阻值？

5.13 变压器一次漏磁通 Φ_{s1} 由一次磁通势 $I_1 N_1$ 产生，空载运行和负载运行时无论磁通势或漏磁通都相差了几十倍,漏电抗 X_1 为何不变?

5.14　变压器运行时,二次侧电流若分别为 $0,0.6I_{2N},I_{2N}$ 时,一次侧电流应分别为多大? 与负载是电阻性、电感性或电容性有关吗?

5.15　选择正确结论。

(1) 变压器采用从二次侧向一次侧折合算法的原则是_____。

　　A. 保持二次侧电流 I_2 不变

　　B. 保持二次侧电压为额定电压

　　C. 保持二次侧磁通势不变

　　D. 保持二次侧绕组漏阻抗不变

(2) 分析变压器时,若把一次侧向二次侧折合,则下面说法正确的是_____。

　　A. 不允许折合

　　B. 保持一次侧磁通势不变

　　C. 一次侧电压折算关系是 $U_1' = kU_1$

　　D. 一次侧电流折算关系是 $I_1' = kI_1$,阻抗折算关系是 $Z_1' = k^2 Z_1$

(3) 额定电压为 220/110V 的单相变压器,高压侧漏电抗为 0.3Ω,折合到二次侧后大小为_____。

　　A. 0.3Ω　　　　　　　　　　　　B. 0.6Ω

　　C. 0.15Ω　　　　　　　　　　　D. 0.075Ω

(4) 额定电压为 220/110V 的单相变压器,短路阻抗 $Z_k = 0.01 + j0.05\Omega$,负载阻抗为 $0.6 + j0.12\Omega$,从一次侧看进去总阻抗大小为_____。

　　A. $0.61 + j0.17\Omega$　　　　　　　B. $0.16 + j0.08\Omega$

　　C. $2.41 + j0.53\Omega$　　　　　　　D. $0.64 + j0.32\Omega$

(5) 某三相电力变压器的 $S_N = 500kV \cdot A$,$U_{1N}/U_{2N} = 10000/400V$,Y,yn 接法,下面数据中有一个是它的励磁电流值,应该是_____。

　　A. 28.78A　　　　　　　　　　　B. 50A

　　C. 2A　　　　　　　　　　　　　D. 10A

(6) 一台三相电力变压器的 $S_N = 560kV \cdot A$,$U_{1N}/U_{2N} = 10000/400V$,D,y 接法,负载运行时不计励磁电流。若低压侧 $I_2 = 808.3A$,高压侧 I_1 应为_____。

　　A. 808.3A　　　　　　　　　　　B. 56A

　　C. 18.67A　　　　　　　　　　　D. 32.33A

5.16　变压器运行时,一次侧电流标幺值分别为 0.6 和 0.9 时,二次侧电流标幺值应为多大?

5.17　某单相变压器的 $S_N = 22kV \cdot A$,$U_{1N}/U_{2N} = 220/110V$,一、二侧次电压、电流、阻抗的基值各是多少? 若一次侧电流 $I_1 = 50A$,二次侧电流标幺值是多大? 若短路阻抗标幺值是 0.06,其实际值是多大?

5.18　请证明 $I_1 Z_k = I_1' Z_k'$ 成立。

5.19　变压器短路实验时,电源送入的有功功率主要消耗在哪里?

5.20　在高压边和低压边做空载实验,电源送入的有功功率相同吗? 测出的参数相同吗(不计误差)?

5.21 短路实验操作时,先短路,然后从零开始加大电压,这是为什么?

5.22 变压器二次侧短路、一次侧接额定电压时,等效电路如图5.49所示,请证明稳态短路电流的标幺值等于$1/\underline{Z_k}$。

5.23 选择正确结论。

(1)某三相电力变压器带电阻电感性负载运行,负载系数相同的条件下,$\cos\varphi_2$越高,电压变化率ΔU _____。

    A. 越小   B. 不变   C. 越大

(2)额定电压为10000/400V的三相变压器负载运行时,若二次侧电压为410V,负载的性质应是 _____。

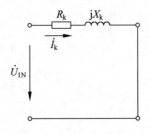

图 5.49　思考题 5.22 图

    A. 电阻   B. 电阻、电感   C. 电阻、电容

(3)短路阻抗标幺值不同的三台变压器,其$\underline{Z_{k\alpha}}>\underline{Z_{k\beta}}>\underline{Z_{k\gamma}}$,它们分别带纯电阻额定负载运行,其电压变化率数值应该是 _____。

    A. $\Delta U_\alpha>\Delta U_\beta>\Delta U_\gamma$

    B. $\Delta U_\alpha=\Delta U_\beta=\Delta U_\gamma$

    C. $\Delta U_\alpha<\Delta U_\beta<\Delta U_\gamma$

5.24 变压器设计时为什么取$p_0<p_{kN}$? 如果取$p_0=p_{kN}$,最适合于带多大的负载?

5.25 某台变压器带电阻电感性$\cos\varphi_2=0.8$时的效率特性如图5.50所示,请在该图中定性画上$\cos\varphi_2=1$,$\cos\varphi_2=0.8$及$\cos\varphi_2=0.6$三种负载情况下的效率特性。

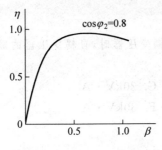

图 5.50　思考题 5.25 图

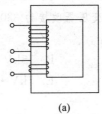

图 5.51　思考题 5.26 图

(a) Ⅰ,Ⅰ0;　(b) Ⅰ,Ⅰ6

5.26 标出图5.51中单相变压器高、低压绕组的首端、尾端及同极性端,要求它们的连接组别分别是Ⅰ,Ⅰ0和Ⅰ,Ⅰ6。

5.27 标出图5.52所示单相变压器的同极性端及其连接组别。

5.28 原为Y,y0的三相变压器,若把二次ax,by,cz改为xa,yb和zc,请分析改变后的连接组别。

5.29 若三相变压器高、低压侧线电动势$\dot{E}_{AB}$领先$\dot{E}_{ab}$相位210°,其连接组别标号是几?

5.30 如果依据高、低压侧电动势$\dot{E}_{BC}$和$\dot{E}_{bc}$的相位关系确定连接组别,与依据$\dot{E}_{AB}$和$\dot{E}_{ab}$的相位关系的结果一样吗?

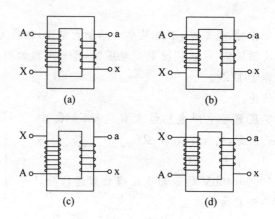

图 5.52 思考题 5.27 图

5.31 变压器并联运行的条件是什么？哪一个条件要求绝对严格？

5.32 几台 Z_k 不等的变压器并联运行时,哪一台负载系数最大?应使 Z_k 大的容量小还是容量大?为什么?

5.33 自耦变压器的绕组容量为什么小于额定容量?

5.34 选择正确结论。

(1) 单相双绕组变压器的 $S_N = 10kV \cdot A$, $U_{1N}/U_{2N} = 220/110V$,改接为 330/110V 的自耦变压器,自耦变压器额定容量为_____。

    A. 10kV · A　　　　B. 15kV · A

    C. 20kV · A　　　　D. 5kV · A

(2) 第(1)小题中的变压器改接为 330/220V 的自耦变压器时,自耦变压器的额定容量为_____。

    A. 10kV · A　　　　B. 15kV · A　　　　C. 20kV · A

    D. 6.7kV · A　　　　E. 5kV · A　　　　F. 30kV · A

习 题

5.1 额定容量 $S_N = 100kV \cdot A$、额定电压 $U_{1N}/U_{2N} = 35000/400V$ 的三相变压器,求一、二次侧额定电流。

5.2 计算下列变压器的变比:

(1) 额定电压 $U_{1N}/U_{2N} = 3300/220V$ 的单相变压器;

(2) 额定电压 $U_{1N}/U_{2N} = 10000/400V$, Y,y 接法的三相变压器;

(3) 额定电压 $U_{1N}/U_{2N} = 10000/400V$, Y,d 接法的三相变压器。

5.3 有一台型号为 S-560/10 的三相变压器,额定电压 $U_{1N}/U_{2N} = 10000/400V$, Y/Y₀ 接法,供给照明用电,若白炽灯额定值是 100W, 220V,三相总共可接多少盏灯,变压器才不过载?

5.4 变压器一、二侧次电压和电动势正方向如图 5.53(a)所示,一次侧电压 U_1 的波形如图 5.53(b)所示。试画出电动势 e_1 和 e_2、主磁通 Φ、电压 u_2 的波形,并用相量图表示 $\dot{E}_1, \dot{E}_2, \dot{\Phi}_m, \dot{U}_2$ 与 $\dot{U}_1$ 的关系(忽略漏阻抗压降)。

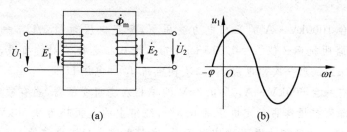

图 5.53　习题 5.4 图

5.5　某单相变压器铁心的导磁截面积为 $90cm^2$,取其磁密最大值为 1.2T,电源频率为 50Hz。现要用它制成额定电压为 1000/220V 的单相变压器,计算一、二次绕组的匝数应为多少(注:$E=4.44fNBS\times10^{-4}$,式中 E,f,B,S 的单位分别为 V,Hz,T 和 cm^2)?

5.6　一台单相降压变压器额定容量为 $200kV\cdot A$,额定电压为 1000/230V,一次侧参数 $R_1=0.1\Omega$,$X_1=0.16\Omega$,$R_m=5.5\Omega$,$X_m=63.5\Omega$。带额定负载运行时,已知 $\dot{I}_{1N}$ 落后于 $\dot{U}_{1N}$ 相位角为 $30°$,求空载与额定负载时的一次侧漏阻抗压降及电动势 E_1 的大小。并比较空载与额定负载时的数据,由此说明空载和负载运行时有 $\dot{U}_1\approx-\dot{E}_1$,$E_1$ 不变,Φ_m 不变。

5.7　某铁心线圈接到 110V 交流电源上时,测出输入功率 $P_1=10W$,电流 $I=0.5A$;把铁心取出后,测得输入功率 $P_1=100W$,电流 $I=76A$。不计漏磁,画出该铁心线圈在电压为 110V 时的等效电路并计算参数值(串联型式的)。

5.8　晶体管功率放大器从输出信号来说相当于一个交流电源,若其电动势为 $E_s=8.5V$,内阻 $R_s=72\Omega$;另有一扬声器,电阻为 $R=8\Omega$。现采用两种方法把扬声器接入放大器电路作负载,一种是直接接入,一种是经过变比为 $k=3$ 的变压器接入,如图 5.54 所示。若忽略变压器的漏阻抗及励磁电流。

(1) 求两种接法时扬声器获得的功率;

(2) 欲使放大器输出功率最大,变压器变比应设计为多少?

(3) 变压器在电路中的作用是什么?

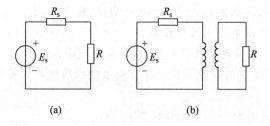

图 5.54　习题 5.8 图

5.9　一台三相变压器 $\curlyvee/\curlyvee$ 接法,额定数据为 $S_N=200kV\cdot A$,1000/400V。一次侧接额定电压,二次侧接三相对称负载,每相负载阻抗为 $Z_L=0.96+j0.48\Omega$,变压器每相短路

阻抗 $Z_k=0.15+j0.35\Omega$。求该变压器一次侧电流、二次侧电流、二次侧电压各为多少？输入的视在功率、有功功率和无功功率各为多少？输出的视在功率、有功功率、无功功率各为多少？

5.10　某台 1000kV·A 的三相电力变压器,额定电压为 $U_{1N}/U_{2N}=10000/3300V$, $\curlyvee/\triangle$接法。短路阻抗标幺值 $Z_k=0.015+j0.053$,带三相$\triangle$接法对称负载,每相负载阻抗为 $Z_L=50+j85\Omega$,试求一次侧电流 I_1、二次侧电流 I_2 和电压 U_2。

5.11　设有一台 600kV·A,35/6.3kV 的单相双绕组变压器,当有额定电流通过时,变压器内部的漏阻抗压降占额定电压的 6.5%,绕组中的铜损耗为 9.50kW(认为是 75℃时的数值);当在一次绕组上外加额定电压时,空载电流占额定电流的 5.5%,功率因数为 0.10。

(1) 求该变压器的短路阻抗和励磁阻抗;

(2) 当一次绕组外加额定电压,二次绕组外接一阻抗 $Z_L=80\underline{/40°}\Omega$ 的负载时,求 U_2, I_1 及 I_2。

5.12　三相变压器的型号为 S-750/10,额定电压为 10000/400V,$\curlyvee/\triangle$连接。在低压侧做空载试验数据为:电压 $U_{20}=400V$,电流 $I_0=65A$,空载损耗 $p_0=3.7kW$。在高压侧做短路试验数据为:电压 $U_{1k}=450V$,电流 $I_{1k}=35A$,短路损耗 $p_k=7.5kW$,室温 30℃。求变压器的参数,画出 T 型等效电路,假设 $Z_1\approx Z_2'$,$R_1\approx R_2'$,$X_1\approx X_2'$。

5.13　习题 5.12 中变压器带感性额定负载时,$\cos\varphi_2=0.8$,求二次侧电压变化率 ΔU、二次侧电压 U_2 及效率 η。若 $\cos\varphi_2=0.8$ 容性额定负载时,重求上述各值。画出两种情况下的简化相量图(计算性能,用 75℃时的参数值)。

5.14　三相变压器额定值为 $S_N=5600kV·A$,$U_{1N}/U_{2N}=35000/6300V$,$\curlyvee/\triangle$连接。从短路试验得:$U_{1k}=2610V$,$I_{1k}=92.3A$,$p_k=53kW$。当 $U_1=U_{1N}$ 时,$I_2=I_{2N}$,测得电压恰为额定值 $U_2=U_{2N}$,求此时负载的性质及功率因数角 φ 的大小(不考虑温度影响)。

5.15　额定频率为 50Hz,额定负载功率因数为 0.8 滞后,电压变化率为 10% 的变压器,现将它接上 60Hz 的电源,电流与电压保持额定值,并仍旧使其在功率因数为 0.8 滞后的负载下使用,试求此时的电压变化率。已知在额定状态下的电抗压降为电阻压降的 10 倍。

5.16　三相变压器的额定容量为 5600kV·A,额定电压为 6000/400V,$\curlyvee/\triangle$连接。在一次侧做短路试验,$U_k=280V$,得到 75℃时的短路损耗 $p_{kN}=56kW$,空载试验测得 $p_0=18kW$。当每相负载阻抗值 $Z_L=0.1+j0.06\Omega$,$\triangle$接法时,求:

(1) I_1,I_2,β,U_2 及 η(电压电流指线值);

(2) 该变压器效率最高时的负载系数 β_m 及最高效率。

5.17　根据图 5.55 中的四台三相变压器绕组接线确定其连接组别,要求画出绕组电动势相量图。

5.18　画出下列连接组别的绕组接线图:

(1) Y,d3;

(2) D,y1。

5.19　两台变压器并联运行,其中 α 变压器额定容量 $S_{N\alpha}$ 为 20000kV·A,$Z_k=0.08$, β 变压器容量 $S_{N\beta}$ 为 10000kV·A,$Z_k=0.06$,如果一次侧总负载电流为 $I_1=200A$,试求两

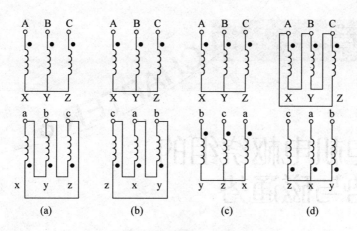

图 5.55　习题 5.17 图

台变压器的一次侧电流各为多少。

5.20　一次侧及二次侧额定电压相同、连接组别一样的两台变压器并联运行,其中 α 变压器的 $S_{N\alpha}=30kV \cdot A, u_{k\alpha}=3\%$;β 变压器的 $S_{N\beta}=50kV \cdot A, u_{k\beta}=5\%$。当输出 70kV·A 的视在功率时,求两台变压器各自的负载系数是多少? 各输出多少视在功率?

5.21　某变电所有 Y,yn0 连接组别的三台变压器并联运行,各自数据如下:

(1) $S_{N\alpha}=3200kV \cdot A, U_{1N}/U_{2N}=35/6.3kV, u_{k\alpha}=6.9\%$;

(2) $S_{N\beta}=5600kV \cdot A, U_{1N}/U_{2N}=35/6.3kV, u_{k\beta}=7.5\%$;

(3) $S_{N\gamma}=3200kV \cdot A, U_{1N}/U_{2N}=35/6.3kV, u_{k\gamma}=7.6\%$。

试计算:

(1) 总输出容量为 10000kV·A 时,各台变压器分担的负载(容量);

(2) 不允许任何一台过载时的最大输出容量。

5.22　实验室有一单相变压器,其数据如下:$S_N=1kV \cdot A, U_{1N}/U_{2N}=220/110V$, $I_{1N}/I_{2N}=4.55/9.1A$。今将它改接为自耦变压器,接法如图 5.56(a)和(b)所示,求此两种自耦变压器当低压边绕组 ax 接于 110V 电源时,AX 边的电压 U_1 及自耦变压器的额定容量 S_N 各为多少?

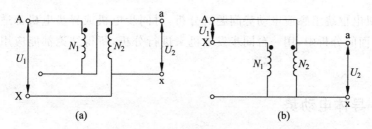

图 5.56　习题 5.22 图

5.23　一单相自耦变压器数据如下:$U_1=220V, U_2=180V, I_2=400A$。当不计算损耗和漏阻抗压降时,求:

(1) 自耦变压器 I_1 及公共绕组电流 I;

(2) 输入和输出功率、绕组电磁功率、传导功率(各功率均指视在功率)。

第6章

交流电机电枢绕组的
电动势与磁通势

交流电机包括同步电机和异步电机两大类。同步电机和异步电机的运行原理和结构有很多不同之处,也有很多相同之处。在分别阐述同步电机和异步电机之前,先把它们的共同之处加以分析,即交流电机电枢绕组及其电动势和磁通势。本章侧重于电枢绕组的电动势和磁通势的分析,对于电枢绕组,只作简单介绍。

电枢是电机中机电能量转换的关键部分,直流电机电枢指转子部分,而交流电机的电枢是指的定子部分。

对交流电机电枢绕组的要求,首先是能感应出有一定大小而波形为正弦的电动势,对三相电机来说,要求三相电动势对称。为此,电枢绕组每一个线圈除了有一定的匝数外,还要在定子内圆空间按一定的规律分布与连接。安排绕组时,既能满足电动势要求,又能满足绕组产生磁通势的要求。

6.1　交流电机电枢绕组的电动势

交流电机电枢绕组感应电动势问题的分析,对同步电机或异步电机都适用。为了便于理解,在下面的分析中,用一台同步发电机来进行分析,所得结论都能应用到异步电动机上。

6.1.1　导体电动势

图 6.1(a)是一台简单的交流同步发电机模型。它的定子是一个圆筒形的铁心,在靠近铁心内表面的槽里,插了一根导体 A。圆筒形铁心中间放了可以旋转的主磁极。主磁极可以是永久磁铁,也可以是电磁铁,磁极的极性用 N,S 表示。图 6.1(a)是从轴向看的示意图,但是一定要记住,这台电机的定子铁心、导体 A 以及磁极在轴向有一定的长度,用 l 表示。

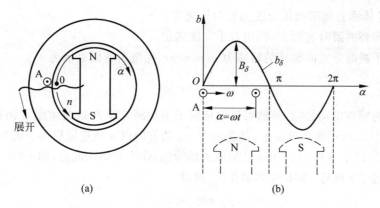

图 6.1 简单的交流同步发电机模型

用原动机拖着主磁极以恒定转速 n 相对于定子逆时针方向旋转,放在定子上的导体 A 与主磁极之间有了相对运动。根据电磁感应定律,导体 A 中会感应电动势。

为了写出数学表达式,在转子的表面上放上直角坐标,坐标原点任选在两个主磁极的中间,纵坐标代表气隙磁密 B 的大小,横坐标表示磁极表面各点距坐标原点的距离,用角度 α 衡量。整个坐标随着转子一道旋转。图 6.1(b) 是把图(a)所示模型在导体 A 处沿轴向剖开,并展成直线的图形。由于角度 α 是衡量转子表面的空间距离,所以是空间角度。在电机里,把一对主磁极表面所占的空间距离用空间角度表示,并定为 $360°$(或 2π 弧度)。它与电机整个转子表面所占的空间几何角度 $360°$(2π 弧度)是有区别的。前者叫空间电角度,用 α 表示;后者叫机械角度,用 β 表示。如果电机只有一对主磁极(两个磁极算一对),空间电角度 α 与机械角度 β 二者相等。如果电机有 p 对主磁极,即 p 对极电机,对应的总空间电角度为 $p \times 360°$,而机械角度永远为 $360°$。它们之间的关系为

$$\alpha = p\beta$$

分析电机的原理时,都用空间电角度这个概念,不用机械角度,这点希望读者要十分明确。

为了用曲线或公式表达气隙磁密以及导体中的感应电动势,还应规定它们的正方向。假设气隙磁通从磁极到定子为正,对应的磁密也为正,反之为负。规定图 6.1(b) 中所示导体 A 的感应电动势出纸面为正,用 ⊙ 表示。

电机气隙磁通是由转子励磁绕组中通入直流励磁电流产生的。当主磁极逆时针方向旋转时,气隙磁通以及对应的气隙磁密也随之一道旋转。

假设电机的气隙中只有波长等于一对主磁极极距、沿气隙圆周方向分布为正弦形的磁密波,称为基波磁密,如图 6.1(b)所示。用公式表示为

$$b_\delta = B_\delta \sin\alpha$$

式中 B_δ 是气隙磁密的最大值。

根据电磁感应定律知道,导体切割磁感应线所产生感应电动势的大小为

$$e = b_\delta l v$$

式中 b_δ 为气隙磁密;

l 为切割磁感应线的导体长度;

v 为导体垂直切割磁感应线的相对线速度。

感应电动势的瞬时实际方向,用右手定则确定。

已知转子逆时针方向旋转的转速为 $n(\mathrm{r/min})$,用电角速度表示为

$$\omega = 2\pi p \frac{n}{60}$$

在求导体中的感应电动势时,显然可以看成转子不动而导体 A 以角速度 ω 朝相反方向旋转。在图 6.1(b) 所示直角坐标上,就是沿着 $+\alpha$ 的方向以 ω 角速度移动。此外,规定当导体 A 最初正好位于图 6.1(b) 所示坐标原点的瞬间,作为时间的起点,即 $t=0$。

当时间过了 t 秒后,导体 A 移到 α 处,这时

$$\alpha = \omega t$$

该处的气隙磁密为

$$b_\delta = B_\delta \sin\alpha = B_\delta \sin\omega t$$

于是导体 A 中感应的基波电动势瞬时值为

$$e = b_\delta l v = B_\delta l v \sin\omega t$$

$$= E_\mathrm{m} \sin\omega t = \sqrt{2}\, E \sin\omega t$$

式中 $E_\mathrm{m} = B_\delta l v$ 为导体中基波感应电动势的最大值;

E 为基波感应电动势的有效值。

可见,导体中感应的基波电动势随时间变化的波形,决定于气隙中磁密的分布波形。导体中随时间按正弦规律变化的电动势,如图 6.2(a) 所示。如果用电角度 ωt 作为衡量电动势变化的时间,则图 6.1(b) 中,导体从坐标原点位移到 α 空间电角度处所需的时间就是 ωt 时间电角度,且二者的数值相等,即在空间上所位移的电角度 α 等于所经历的时间电角度 ωt。

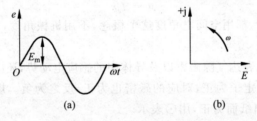

图 6.2 导体 A 中感应的基波电动势波形及相量表示法

从图 6.1(b) 中看出,导体 A 每经过一对主磁极,其中感应电动势便经历一个周期。用 f 表示定子上导体 A 中感应基波电动势的频率(即每秒基波电动势变化的周数)。当电机的转子每转一圈,由于转子上有 p 对主磁极,导体 A 中基波电动势变化了 p 周,已知电机每秒转了 $n/60$ 转,所以导体 A 基波电动势的频率 f 为

$$f = \frac{pn}{60}$$

式中 n 的单位为 r/min。

从上式看出,当电机的极对数 p 与转速 n 一定时,频率 f 就是固定的数值。我国电力系统规定频率 $f = 50\mathrm{Hz}$。为此,当极对数 $p=1$ 时,$n=3000\mathrm{r/min}$;$p=2$ 时,$n=$

1500 r/min,余类推。转速 n 称为同步转速。

用频率 f 表示转子的电角速度 ω 时有

$$\omega = \frac{2\pi pn}{60} = 2\pi f$$

式中　ω 为导体 A 感应基波电动势变化的角频率,单位为 rad/s。

导体中感应基波电动势的最大值为

$$E_m = B_\delta lv = \frac{\pi}{2}\left(\frac{2}{\pi}B_\delta\right)l(2\tau f)$$

$$= \pi f B_{av} l\tau = \pi f \Phi$$

式中　$B_{av} = \dfrac{2}{\pi}B_\delta$,为气隙磁密的平均值;

$\Phi = B_{av}l\tau$,为气隙每极基波磁通量;

$v = 2p\tau\dfrac{n}{60} = 2\tau f$,其中 τ 为定子内表面用长度表示的极距。

导体基波电动势(有效值)为

$$E = \frac{1}{\sqrt{2}}E_m = \frac{1}{\sqrt{2}}\pi f\Phi = 2.22 f\Phi$$

式中　Φ 的单位为 Wb;

E 的单位为 V。

上述正弦电动势 $e = E_m\sin\omega t$,可用 $\dot{E} = E\ \underline{/0°}$ 表示,并以角速度 ω 逆时针方向在复平面里旋转,即为时间旋转矢量,如图 6.2(b)所示。为了与空间矢量区别称其为相量。

例题 6-1　在电机的定子上放了相距 150°空间电角度的两根导体 A 与 X,转子绕组通入直流励磁电流产生一对极性的气隙磁密,并规定导体电动势出纸面为正,如图 6.3 所示。已知原动机拖动电机转子逆时针方向以 n 的转速恒速旋转时,在每根导体中感应的基波电动势有效值都是 10V。画出图 6.3 所示瞬间两根导体 A 与 X 的感应基波电动势相量在复平面上的位置。

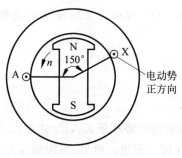

图 6.3　导体 A 与 X

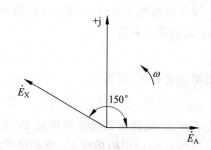

图 6.4　用相量表示的 A,X 两根导体的基波电动势

解　从图 6.3 中看出,顺着转子转动方向看,导体 A 在导体 X 的前面 150°空间电角度的地方,用相量表示的导体基波电动势,导体 A 的基波电动势相量应落后于导体 X 的

相量 150°时间电角度。这是因为,N 极先经过 X 导体处,再到 A 导体处的缘故。图 6.4 画出了图 6.3 所示瞬间对应的导体基波电动势相量图,每根相量的长短代表 10V 大小的有效值。

6.1.2 整距线匝电动势

在图 6.5(a)中相距一个极距(180°空间电角度或 π 弧度空间电角度)的位置上放了两根导体 A 与 X,按照图 6.5(b)的形式连成一个整距线匝。所谓整距是因为两导体相距一个整极距,线匝的两个引出线分别称为头和尾。

在电机里,只有放在铁心里的导体才能产生感应电动势,导体 A 与 X 之间的连线不产生感应电动势,只起连线的作用,叫做端接线。

由于两根导体 A 与 X 在空间位置上相距一个极距,当一根导体处于 N 极中心下时,另一根导体必定处于 S 极中心下,所以它们的基波感应电动势总是大小相等,方向相反,即在时间相位上彼此相差 180°时间电角度(π 弧度时间电角度)。如果两根导体正好在主极之间的瞬时,每根导体的基波电动势相量则如图 6.5(c)所示。其中 $\dot{E}_A$ 是导体 A 的基波电动势相量,$\dot{E}_X$ 是导体 X 的基波电动势相量。

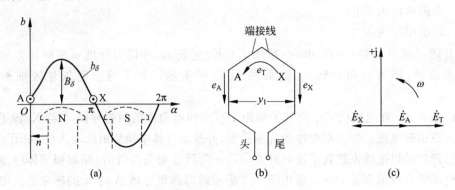

图 6.5 整距线匝感应基波电动势

线匝基波电动势用 e_T 表示,它的正方向如图 6.5(b)所示。线匝基波电动势 e_T 与 e_A,e_X 之间的关系为

$$e_T = e_A - e_X$$

如果用相量表示,则为

$$\dot{E}_T = \dot{E}_A - \dot{E}_X$$

从上式知道,线匝基波电动势相量 $\dot{E}_T$ 是两根导体基波电动势相量 $\dot{E}_A,\dot{E}_X$ 之差。

把图 6.5(c)中的相量 $\dot{E}_A$ 减相量 $\dot{E}_X$ 得 $\dot{E}_T$,画在同一图里。可见,整距线匝基波电动势为

$$E_T = 2E_A = 2 \times 22.2 f\Phi = 4.44 f\Phi$$

6.1.3 整距线圈电动势

如果图 6.5(b)所示的线圈不止一匝,而是 N_y 匝串联,就称为线圈。一个线圈两边之间的距离 y_1 叫节距,用空间电角度表示,如图 6.5(b)所示。$y_1 = \pi$ 的线圈是整距线圈,$y_1 < \pi$ 的称为短距线圈,$y_1 > \pi$ 的称为长距线圈。在电机中,一般不用长距线圈。

整距线圈基波电动势为

$$E_y = 4.44 f N_y \Phi$$

顺便指出,一个线圈与一个磁密为空间正弦分布的磁场相切割时,产生的切割电动势 $E = 4.44 f N_y \Phi$;若线圈环链的是一个正弦变化的磁场,变压器电动势 $E = 4.44 f N_y \Phi$。二式完全一样,说明了切割电动势也是线圈环链一个交变的磁通而致。

6.1.4 短距线圈电动势

图 6.6(a)所示的线圈是一个短距线圈,线圈的节距 $y_1 = y\pi$,如图 6.6(b)所示,其中 y 是一个大于 0 小于 1 的数。图 6.6(c)是在这个瞬间短距线圈感应基波电动势的相量图。根据规定的正方向,短距线圈的基波电动势相量为

$$\dot{E}_y = \dot{E}_A - \dot{E}_X = E_A \underline{/0^\circ} - E_X \underline{/y\pi}$$

短距线圈基波电动势为

$$E_y = 2E_A \sin y \frac{\pi}{2} = 4.44 f N_y \Phi \sin y \frac{\pi}{2}$$
$$= 4.44 f N_y k_p \Phi$$

式中 $k_p = \sin y \dfrac{\pi}{2}$,称为基波短距系数。

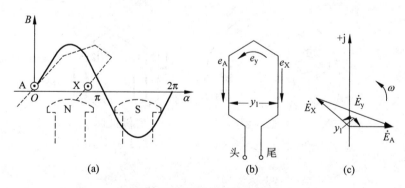

图 6.6 短距线圈基波电动势

线圈短距时,$k_p < 1$。只有 $y = 1$,即整距线圈时,$k_p = 1$。

当线圈短距后,两个圈边中感应基波电动势的相位角不是相差 π 弧度,所以短距线圈的基波电动势不是每个圈边电动势的 2 倍,而是相当于把线圈看成是整距线圈所得电动势再乘一个小于 1 的基波短距系数。

上面的结论也可以这样来理解,把图 6.6 中的短距线圈看成是整距线圈,不过它的匝数不是 N_y,而是 $N_y k_p$,从线圈感应基波电动势的大小来看,完全是等效的。

例题 6-2　如果把相距 150°空间电角度的 A,X 两根导体组成线匝,每根导体电动势为 10V,求该线匝的基波电动势。

解　用计算基波短距系数的办法求 E_T。

A,X 两根导体在空间相距 150°空间电角度,依此可计算出短距线匝的节距为

$$y_1 = y\pi = 150° \times \frac{\pi}{180°}$$

所以

$$y = \frac{150°}{180°} = 0.833$$

基波短距系数

$$k_p = \sin y \frac{\pi}{2} = \sin 0.833 \times 90° = 0.965$$

短距线匝基波感应电动势为

$$E_T = 2 \times 10 \times 0.965 = 19.3\text{V}$$

6.1.5　整距分布线圈组的电动势

为了充分利用电机定子内圆空间,定子上不止放一个整距线圈,而是放上几个线圈,并均匀地分布在定子内表面的槽里。

图 6.7(a)所示为在电机的定子槽里放上三个均匀分布的整距线圈,即 1—1′、2—2′、3—3′的示意图。这些线圈的匝数彼此相等,按头和尾连接,即互相串联起来,称为线圈组,如图 6.7(b)所示。相邻线圈的槽距角为 α。

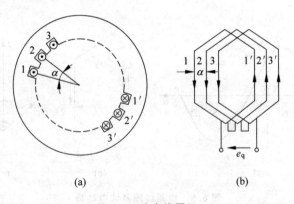

(a)　　　　　　　　(b)

图 6.7　分布线圈组

关于每一个整距线圈的基波电动势,前面已经分析过。现在是空间分布的三个整距线圈,就每一个整距线圈来说,显然它们的基波电动势彼此相等,但是,三个线圈已经分布开,当然它们在切割同一磁感应线时,就有先有后。也就是说,三个分布线圈的基波感应电动势在时间相位上彼此不同相。图 6.8(a)所示为这种情况下三个整距线圈基波电动

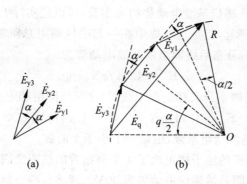

图 6.8　分布线圈组的基波电动势

势的相量图。三个整距线圈基波电动势之间彼此相差 α 时间电角度。由三个分布的整距线圈组成的线圈组,其基波电动势相量用 $\dot{E}_q$ 表示,它为三个线圈电动势相量和,即

$$\dot{E}_q = \dot{E}_{y1} + \dot{E}_{y2} + \dot{E}_{y3}$$

图 6.8(b)示出了 $\dot{E}_{y1}$、$\dot{E}_{y2}$、$\dot{E}_{y3}$ 及总电势 $\dot{E}_q$ 的相量。为一般起见,下面认为不止是三个整距线圈的分布问题,而是有 q 个整距线圈在定子上依次分布。根据几何学,作出它们的外接圆,如图 6.8(b)虚线所示。设外接圆的半径为 R,则一个线圈和线圈组的电动势分别为

$$E_y = 2R\sin\frac{\alpha}{2}$$

$$E_q = 2R\sin q\frac{\alpha}{2}$$

　　如果把这些分布的 q 个整距线圈都集中起来放在一起,每个线圈的基波电动势大小相等,相位相同,则线圈组总基波电动势为 qE_y。但是分布开来后,线圈组基波电动势却为 E_q。用 qE_y 去除 E_q,得

$$\frac{E_q}{qE_y} = \frac{2R\sin q\dfrac{\alpha}{2}}{2qR\sin\dfrac{\alpha}{2}}$$

于是

$$E_q = qE_y \frac{\sin q\dfrac{\alpha}{2}}{q\sin\dfrac{\alpha}{2}} = qE_y k_d$$

式中　$k_d = \dfrac{\sin q\dfrac{\alpha}{2}}{q\sin\dfrac{\alpha}{2}}$ 称为基波分布系数。

　　分布系数 k_d 是一个小于 1 的数。它的意义是,由于各线圈是分布的,线圈组的总基波电动势就比把各线圈都集中在一起时的总基波电动势要小。从数学上看,就是把集中在一起的线圈组基波电动势乘上一个小于 1 的分布系数,那么就与分布的线圈组实际基波电动势相等。

也可以这样认为,从感应基波电动势的大小看,可以把实际上有 q 个整距线圈分布的情况,看成是都集中在一起,但是这个集中在一起的线圈组总匝数不是 qN_y,而是等效匝数 qN_yk_d。不管怎样看,分布后线圈组的基波电动势为

$$E_q = 4.44fqN_yk_d\Phi$$

如果各个分布的线圈本身又都是短距线圈,这时线圈组感应基波电动势为

$$E_q = 4.44fqN_yk_dk_p\Phi = 4.44fqN_yk_{dp}\Phi$$

式中 $k_{dp}=k_dk_p$ 称为基波绕组系数,也是一个小于1的数。

例题 6-3 一台电机的定子槽里放了4个分布着的整距线圈,相邻线圈的槽距角 $\alpha=15°$ 空间电角度,每个线圈基波感应电动势为30V。现将这些空间分布着的整距线圈按头尾相连构成线圈组,求该线圈组的基波感应电动势。

解 用画相量图的办法求解。图6.9是空间分布的四个整距线圈基波感应电动势相量图,由此求得

$$E_q = 2\times30\cos\frac{\alpha}{2} + 2\times30\cos\left(\alpha+\frac{\alpha}{2}\right)$$

$$= 2\times30\cos7.5° + 2\times30\cos22.5° = 115.2\text{V}$$

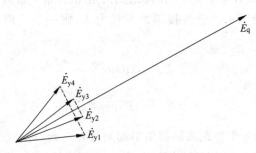

图6.9 4个线圈的基波电动势相量

用计算的方法求解。已知 $q=4$,$\alpha=15°$,可以求出基波分布系数 k_d 为

$$k_d = \frac{\sin q\frac{\alpha}{2}}{q\sin\frac{\alpha}{2}} = \frac{\sin4\times\frac{15°}{2}}{4\sin\frac{15°}{2}} = 0.96$$

线圈组基波感应电动势为

$$E_q = 4\times30k_d = 120\times0.96 = 115.2\text{V}$$

6.2 交流电机电枢绕组

前面已经介绍了电枢绕组的基波电动势,在下一节还要介绍绕组流过交流电流产生的磁通势。在交流电机里,不管是发电机还是电动机,在同一个电枢绕组里,既有感应电动势的问题,又有电流产生磁通势的问题。为了简单起见,下面安排电枢绕组时,从发电机的角度看,要求三相绕组能够发出三相对称的基波感应电动势,或者说,从能够发出三

相对称基波电动势出发,如何安排三相绕组。安排好了电枢绕组,当把它接到三相对称交流电源后,就可以使电机作为电动机运行。

在安排电枢绕组之前,有一个很重要的概念还要再强调一下,那就是,在电机电枢表面上相距 α 空间电角度的两根导体也好,或者两个线圈也好,它们感应的基波电动势在时间相位上,也必然相差 α 时间电角度。

6.2.1 三相单层绕组

1. 三相单层集中整距绕组

已知三相绕组能感应三相对称基波电动势,用相量表示如图 6.10(a)所示。图中 A 相电动势 $\dot{E}_A$ 领先 B 相电动势 $\dot{E}_B$ 120°时间电角度,$\dot{E}_B$ 又领先 $\dot{E}_C$ 120°时间电角度,它们的有效值相等。

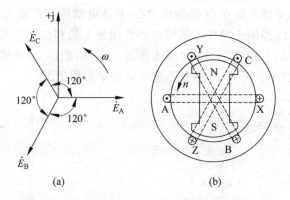

图 6.10 三相对称绕组产生的三相对称基波电动势

若把图 6.5 中的那个整距线圈当作这里的 A 相绕组,则 B 相和 C 相还要再安排两个同样匝数的整距线圈,以使三相的基波电动势有效值相等。既然三相电动势之间的相位彼此相差 120°时间电角度,那么,把三个整距线圈在定子内表面空间按 120°空间电角度分布就可以。根据图中转子的转向,把 B 相的线圈放在 A 相线圈前面 120°空间电角度的地方,C 相放在 A 相线圈后面 120°的地方,如图 6.10(b)所示。这样就能得到三相对称绕组。所谓三相对称绕组,指的是各相绕组在串联匝数以及连法上都相同,只是在空间的位置,彼此互相错开 120°空间电角度。注意,图 6.10 中各线圈中的 $\oplus$、$\odot$ 表示感应电动势的正方向。

图 6.10 是最简单的三相对称绕组,每相只有一个整距线圈,两根引出线,三相总共六根引出线,如 A、X,B、Y,C、Z。根据需要,可以把三相绕组接成Y形或△形。

上面介绍的这种三相绕组,由于每相只有一个集中整距线圈。定子上每个槽里只放一个圈边,又叫三相集中单层整距绕组。

这种绕组除了感应电动势波形不理想外,电枢表面的空间也没有充分利用,不如采用分布绕组好。

2. 三相单层分布绕组

为了清楚起见,下面通过一个具体例子来说明如何安排三相单层分布绕组。

已知一台电机,如图 6.11 所示,定子上总槽数 $Z=24$,极对数 $p=2$,转子逆时针方向旋转,转速为 $n(r/min)$,试连接成三相单层分布绕组。分析的步骤如下。

(1) 先计算定子相邻两槽之间的槽距角 α

$$\alpha = \frac{p \times 360°}{Z} = \frac{2 \times 360°}{24} = 30°$$

(2) 画基波电动势星形相量图

先假设电机定子每个槽里只放一根导体,并规定导体感应基波电动势的正方向出纸面为正。当转子磁极转到图 6.11 所示瞬间,第 24 槽里的导体正处在 N 极的正中心,基波电动势为正最大值,用相量 24 表示时,如图 6.12 所示。当磁极随时间转过 30°空间电角度时,第 1 槽里的导体正处在 N 极的正中心,基波电动势达正最大值。由于第 24 槽导体基波电动势相量 24 和第 1 槽导体基波电动势相量 1 的相位角与槽距角相等,所以,画图的瞬间,相量 1 滞后于相量 24 30°时间电角度。同样,把这 24 个槽导体电动势相量都画出来,如图 6.13 所示。图 6.13 叫做基波电动势星形相量图。

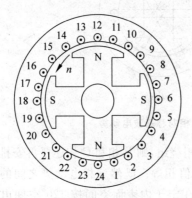

图 6.11 $p=2,Z=24$ 的电机

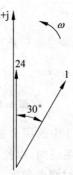

图 6.12 导体 24 与导体 1 的基波
电动势相量

(3) 按 60°相带法分相

根据基波电动势星形相量图,把有关槽里的导体分配到三个相里去,从而连接成三相对称绕组。

把图 6.13 基波电动势星形相量图分成六等份,每一等份为 60°时间电角度。由于时间电角度等于空间电角度,这 60°时间电角度内的相量对应着定子 60°空间电角度范围内的槽,这些槽在定子内表面上所占的地带叫相带。这种分法叫 60°相带法(每个磁极的范围是 180°空间电角度,60°相带的意思是每相在每个磁极下占 1/3 空间地带,即 60°空间电角度)。图 6.13 中,每 60°相带中有两个槽导体,用每相在每极下的槽数 q 表示。q 的计算方法为

$$q = \frac{Z}{2mp} = \frac{24}{2 \times 3 \times 2} = 2$$

式中 m 为相数(等于3)。

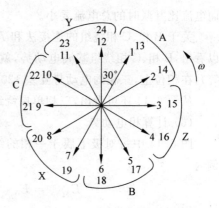

图 6.13 $p=2, Z=24$ 电机的基波
电动势星形相量图

在基波电动势星形相量图上逆相量旋转的方向标上 A,Z,B,X,C,Y。显然,A,X 相带里的槽都属于 A 相,B,Y 相带里的槽属于 B 相,C,Z 相带里的槽属于 C 相。

(4) 画绕组的连接图

把图 6.11 沿轴向剖开,并展成一个平面,磁极在定子槽的上面没有画出来,如图 6.14 所示。图中等长等距的直线代表定子槽,一共有 24 根,代表 24 个槽。从基波电动势星形相量图中看出,1、2 槽和 13、14 槽属于 A 相带;7、8 槽和 19、20 槽属于 X 相带,A 与 X 相带之间相距 180°空间电角度。把属于 A 相的 1 槽和属于 X 相带的 7 槽连接成整距线圈。同样,把 2 槽和 8 槽连接成另外一个整距线圈。由于这两个线圈都是属于 A 相的(X 相带也属于 A 相,只是基波感应电势的相位与 A 相带相差 180°时间电角度),可以把它们互相串联起来。这就是前面介绍过的分布的线圈组,它们的引出线为 $A_1 X_1$。同样,由 13 槽和 19 槽,14 槽和 20 槽两个线圈组成的线圈组,它们的引出线为 $A_2 X_2$。

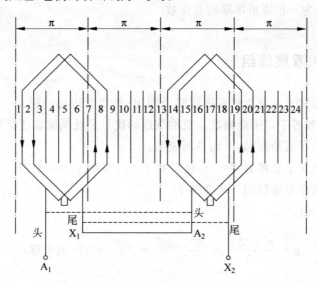

图 6.14 单层绕组的连接图

(5) 确定绕组并联的路数

如果要求为一路串联绕组,则把 X_1 与 A_2 相连即可(如图 6.14 中的实线);如果要求两路并联绕组,把 A_1 和 A_2 连接,X_1 和 X_2 连接即可,如图 6.14 中虚线所示。

单层绕组最多可并联的支路有 p(p 为极对数)个。

当电机每相的总线圈数一定时,如用一路串联,则每相基波电动势要比并联时的大,而电流比并联时的总电流要小。

关于 B 相、C 相绕组的连接法和 A 相完全一样,图中没有画出。但是,从图 6.13 可以看出,B 相、C 相绕组基波电动势,就大小来说与 A 相的一样(因为每相包含的槽数相等),在相位上,三相的电动势互差 120°时间电角度。B 相滞后 A 相,C 相滞后 B 相。

从图 6.14 还可看出,三相单层绕组的线圈数等于总槽数的一半。

(6)计算相电动势

图 6.14 中每对极下属于一相的线圈组,它们的基波电动势大小都一样,以 A 相为例为

$$E_{A_1X_1} = E_{A_2X_2} = qE_y k_d = 4.44 fqN_y k_d \Phi$$

式中 E_y 为每个整距线圈的基波电动势。

当绕组并联支路数用 a 表示时,每相基波电动势为

$$E_\phi = 4.44 fqN_y k_d p \frac{1}{a}\Phi$$

$$= 4.44 f \frac{pqN_y}{a} k_d \Phi$$

$$= 4.44 fNk_d \Phi$$

式中 $N = \dfrac{pqN_y}{a}$,为一相绕组串联的总匝数。

6.2.2 三相双层绕组

双层绕组是指定子上每个槽里能放两个圈边,每个圈边为一层。一个线圈有两个圈边,电机线圈的总数等于定子总槽数。双层绕组的优点是线圈能够任意短距,对改善电动势波形有好处。为了清楚起见,下面举例说明。

已知三相电机定子总槽数 $Z=36$,极对数 $p=2$,节距 $y_1=7$ 个槽,并联支路数 $a=1$,连接成三相双层短距分布绕组。步骤如下。

(1)计算槽距角 α

$$\alpha = \frac{p \times 360°}{Z} = \frac{2 \times 360°}{36} = 20° \quad (空间电角度)$$

(2)画基波电动势星形相量图

值得注意的是,对双层绕组的基波电动势星形相量图,每个相量代表一个短距线圈的电动势,而不是导体电动势。

图 6.15 是短距线圈基波电动势星形相量图。

(3)按 60°相带法分相

把图 6.15 里的相量分成六等份,逆相量旋转方向标上 A,Z,B,X,C,Y。这样,每相在每极下的槽数(或线圈数)q 为

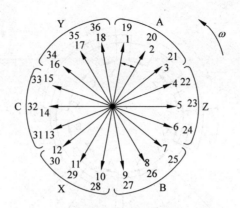

图 6.15 短距线圈基波电动势星形相量图

$$q = \frac{Z}{2mp} = \frac{36}{2 \times 3 \times 2} = 3$$

（4）画绕组连接图

在图 6.16 中画出 36 根等长、等距的实线和相应的虚线，实线代表放在槽内上层的圈边，虚线代表放在槽内下层的圈边（实、虚线靠近些）。根据给定线圈的节距，把属于同一线圈的上下层圈边连成线圈。例如，第 1 槽的上层圈边与第 8 槽的下层圈边相连（相隔了 7 个槽），称为第 1 线圈。把上层在第 2 槽的线圈叫第 2 线圈，依此类推。根据图中划分的相带，把属于同一相的线圈串联起来就构成一相的绕组。

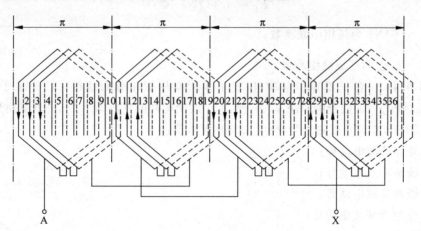

图 6.16 三相双层短距分布绕组的连接图

（5）确定绕组并联的路数

图 6.16 中每相绕组有 4 个极相组（即每相在每极下由 q 个线圈组成的线圈组），根据需要它们可以并联，也可以串联。并联支路数最少是 $a=1$，最多为 $a=4$。双层绕组的并联支路数最多是 $a=2p$。本例中要求 $a=1$，把两对极下的四个极相组串联起来即可。

电机制造厂中，常用图 6.17 的表示法来表示图 6.16 极相组之间的连线情况。

（6）计算相电动势

短距线圈基波电动势为

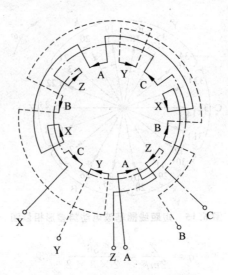

图 6.17　交流绕组极相组间连线

$$E_y = 4.44 f N_y k_p \Phi$$

极相组基波电动势为

$$E_q = 4.44 f q N_y k_d k_p \Phi$$

相绕组基波电动势为

$$E_\phi = 4.44 f N k_{dp} \Phi$$

式中　$N = \dfrac{2pq}{a} N_y$ 为每相串联匝数；

$k_{dp} = k_d k_p$ 为基波绕组系数。

例题 6-4　一台三相异步电动机，定子采用双层短距分布绕组。已知定子总槽数 $Z=36$，极对数 $p=3$，线圈的节距 $y_1=5$ 槽，每个线圈串联的匝数 $N_y=20$，并联支路数 $a=1$，频率 $f=50\text{Hz}$，基波每极磁通量 $\Phi=0.00398\text{Wb}$，求：

(1) 导体基波电动势；

(2) 线匝基波电动势；

(3) 线圈基波电动势；

(4) 极相组基波电动势；

(5) 相绕组基波电动势。

解　(1) 导体基波电动势

$$E = 2.22 f \Phi = 2.22 \times 50 \times 0.00398 = 0.442\text{V}$$

(2) 先计算基波短距系数

$$k_p = \sin y \frac{\pi}{2} = \sin \frac{y_1}{\tau} \frac{\pi}{2} = \sin \frac{5}{6} \frac{\pi}{2} = 0.966$$

式中　τ 是极距(用槽数表示)，其数值为

$$\tau = \frac{Z}{2p} = \frac{36}{2 \times 3} = 6$$

$$y = \frac{y_1}{\tau} = \frac{5}{6}$$

短距线匝基波电动势为

$$E_{\mathrm{T}} = 4.44 f k_{\mathrm{p}} \Phi = 4.44 \times 50 \times 0.966 \times 0.00398 = 0.854 \mathrm{V}$$

（3）线圈基波电动势

$$E_y = 4.44 f N_y k_{\mathrm{p}} \Phi = 4.44 \times 50 \times 0.966 \times 20 \times 0.00398 = 17 \mathrm{V}$$

（4）每极每相的槽数（线圈数）

$$q = \frac{Z}{2mp} = \frac{36}{2 \times 3 \times 3} = 2$$

槽距角

$$\alpha = \frac{p \times 360°}{Z} = \frac{3 \times 360°}{36} = 30°$$

基波分布系数

$$k_{\mathrm{d}} = \frac{\sin q \frac{\alpha}{2}}{q \sin \frac{\alpha}{2}} = \frac{\sin 2 \times \frac{30°}{2}}{2 \sin \frac{30°}{2}} = 0.965$$

绕组系数

$$k_{\mathrm{dp}} = k_{\mathrm{d}} k_{\mathrm{p}} = 0.966 \times 0.965 = 0.932$$

极相组基波电动势为

$$\begin{aligned} E_{\mathrm{q}} &= 4.44 f q N_y k_{\mathrm{dp}} \Phi \\ &= 4.44 \times 50 \times 2 \times 20 \times 0.932 \times 0.00398 \\ &= 32.94 \mathrm{V} \end{aligned}$$

（5）每相绕组串联总匝数

$$N = \frac{2pq}{a} N_y = \frac{2 \times 3 \times 2}{1} \times 20 = 240$$

相绕组基波电动势为

$$\begin{aligned} E_\phi &= 4.44 f N k_{\mathrm{dp}} \Phi \\ &= 4.44 \times 50 \times 240 \times 0.932 \times 0.00398 = 197.6 \mathrm{V} \end{aligned}$$

6.2.3 绕组的谐波电动势

实际的电机气隙里磁密分布不完全都是基波,尚有谐波,如三次、五次、七次奇数次谐波。所谓三、五、七次谐波磁密,即在一对磁极极距中有三、五、七个波长的正弦形磁密波。这些谐波磁密也要在各槽里的导体中感应出各次谐波电动势。当绕组采用了短距、分布以及三相连接时,可以使各次谐波电动势大大被削弱,甚至使某次谐波电动势为零。当然,短距、分布也能把基波电动势削弱些(基波绕组系数 $k_{\mathrm{dp}} < 1$,但很接近1)。只要设计合理,让基波电动势削弱得少,而谐波电动势削弱得多就可以。

在计算谐波电动势时,只要知道它的谐波短距系数及谐波分布系数(二者相乘就是该谐波的绕组系数)即可。其计算公式与基波的一致,所不同的是,同一空间角度 α 对基波

和谐波来讲，它们的电角度相差 ν 倍，ν 是谐波的次数。因此谐波短距系数 $k_{p\nu}$ 为

$$k_{p\nu} = \sin\nu y\,\frac{\pi}{2}$$

谐波分布系数 $k_{d\nu}$ 为

$$k_{d\nu} = \frac{\sin q\dfrac{\nu\alpha}{2}}{q\sin\dfrac{\nu\alpha}{2}}$$

仍以例题 6-4 那台电机为例，五次谐波每极磁通 $\Phi_5 = 0.0004\text{Wb}$，七次谐波每极磁通 $\Phi_7 = 0.00001\text{Wb}$，计算它的相绕组电动势中五次、七次谐波分量。五次、七次谐波短距系数分别为

$$k_{p5} = \sin 5y\,\frac{\pi}{2} = \sin 5\times\frac{5}{6}\times\frac{\pi}{2} = 0.259$$

$$k_{p7} = \sin 7y\,\frac{\pi}{2} = \sin 7\times\frac{5}{6}\times\frac{\pi}{2} = 0.259$$

五次、七次谐波分布系数分别为

$$k_{d5} = \frac{\sin q\dfrac{5\alpha}{2}}{q\sin\dfrac{5\alpha}{2}} = \frac{\sin 2\times\dfrac{5\times 30°}{2}}{2\sin\dfrac{5\times 30°}{2}} = 0.259$$

$$k_{d7} = \frac{\sin q\dfrac{7\alpha}{2}}{q\sin\dfrac{7\alpha}{2}} = \frac{\sin 2\times\dfrac{7\times 30°}{2}}{2\sin\dfrac{7\times 30°}{2}} = -0.259^①$$

五次、七次谐波绕组系数分别为

$$k_{dp5} = k_{d5}k_{p5} = 0.067$$
$$k_{dp7} = k_{d7}k_{p7} = 0.067$$

相绕组五次谐波电动势为

$$E_{\phi 5} = 4.44\times 5 fNk_{dp5}\Phi_5$$
$$= 4.44\times 5\times 50\times 240\times 0.067\times 0.00004$$
$$= 0.715\text{V}$$

相绕组七次谐波电动势

$$E_{\phi 7} = 4.44\times 7 fNk_{dp7}\Phi_7$$
$$= 4.44\times 7\times 50\times 240\times 0.067\times 0.00001$$
$$= 0.28\text{V}$$

从以上数据看出，绕组采用了短距、分布连接法，基波电动势削弱得很少，谐波电动势被削弱得很多。

此外，三相丫接或△接，在三相线电动势中不会有三次谐波及三的倍数次谐波电动势

---

① 负号在电动势瞬时表达式中才有意义，算电动势有效值时，可不考虑。

出现。这是由于三相三次谐波以及三的倍数次谐波电动势在时间相位上同相所造成的。

由于谐波电动势较小,在后面分析异步电机和同步电机时,暂不考虑。

6.3 交流电机电枢单相绕组产生的磁通势

在电机里,不管什么样的绕组,当流过电流时,都要产生磁通势。所谓磁通势,指的是绕组里的全电流,或安培数。但是,在三相交流电枢绕组里,各相绕组在定子空间的位置不同,流过的交流电流相位也不一样,究竟会产生什么样的磁通势,例如磁通势的大小、波形;在时间上是脉振、还是旋转等等,需要进行分析。掌握绕组流过电流产生的磁通势,对分析电机运行原理会有很大的帮助。

交流电机电枢绕组产生的磁通势与直流电机相比,要复杂一些。分析磁通势的大小及波形等问题时,应从两大方面来考虑:首先是绕组在定子空间所在的位置;其次再考虑该绕组流过的电流,在时间上又是如何变化的。绕组在空间的位置,也就是该绕组里电流在空间的分布,当然,由电流产生的磁通势,就有个空间分布的问题。此外,流过绕组的电流,在不同的时间里,大小又不一样,可见,产生的磁通势,在同一空间位置,随着时间的不同,也不一样。用数学的语言可以这样描述:交流绕组产生的磁通势,既是空间函数,又是时间函数。

为简单起见,在分析磁通势时,先从一个线圈产生的磁通势讲起,再到单相、两相和三相绕组产生的磁通势。

6.3.1 整距线圈的磁通势

1. 整距线圈的磁通势

图 6.18(a)里 AX 是一个匝数为 N_y 的整距线圈。当线圈里通入电流时,就要产生磁通势。由磁通势产生的磁通如图 6.18(a)中虚线所示。根据安培环路定律知道,闭合磁路的磁通势等于该磁路所链的全部电流。在图 6.18(a)里各条磁路上,不论离开线圈圈边多远,它们所链的全部电流都一样,即各磁路的磁通势为 iN_y。当然,iN_y 是作用在每条磁回路的整个回路上。不过,在电机里,为了能用数学公式表示磁通势,把作用在某一磁回路上的线圈磁通势看成为集中在气隙上,这对产生该磁回路磁通的大小毫无影响。由于每个磁回路都要两次经过气隙,再加上电机的磁路对称,把整距线圈的磁通势 iN_y 分成两半,每一半磁通势 $\left(\frac{1}{2}iN_y\right)$ 作用在该磁回路经过的一个气隙上。也可以理解为每个磁极的磁通势为 $\frac{1}{2}iN_y$,一对磁极磁通势为 iN_y。

把直角坐标放在电机定子的内表面上,横坐标用空间电角度 α 表示,坐标原点选在线圈的轴线上,纵坐标表示线圈磁通势(安匝)的大小,用 f_y 表示,如图 6.18(a)所示。规定电流从线圈的 X 端流进(用 ⊕ 表示),A 端流出(用 ⊙ 表示)作为电流的正方向;磁通势从

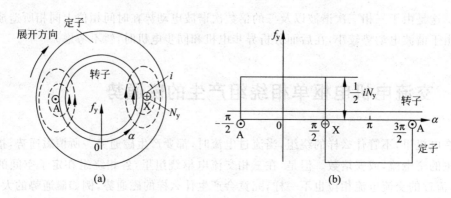

图 6.18　整距线圈产生的磁通势

定子到转子的方向作为正方向。

为了清楚起见,把图 6.18(a)中的电机在线圈 A 处沿轴向剖开,并展成直线,如图 6.18(b)所示。

当某个瞬间,线圈 AX 里流过正最大值电流时,即从 X 端流进,从 A 端流出,如图 6.18(a)所示。两次过气隙的磁回路,不论离开线圈圈边 A 或 X 多远,所链着的为全电流,即磁通势的大小都一样,只是磁通势的作用方向有所不同。关于磁通势的大小,下面再分析。先看如何确定磁通势的方向。根据右手螺旋法则,四个手指指向线圈里流过电流的方向,则大拇指的指向为磁通势的方向。图 6.18 所示瞬间,在 $-\dfrac{\pi}{2}$ 到 $\dfrac{\pi}{2}$ 的范围内,磁通势的方向为出定子进转子,与规定的磁通势正方向一致,所以这时的磁通势为正。同样可以确定在 $\dfrac{\pi}{2}$ 到 $\dfrac{3}{2}\pi$ 范围内,磁通势为负。

图 6.18(b)所示为磁通势分布的曲线,可以理解为在电机气隙中的磁位降。总磁通势 iN_y,一半降落在 AX 段气隙里,一半降落在 XA 段气隙里。

由此可见,整距线圈产生的磁通势(或在气隙里的磁位降),沿定子内表面气隙空间分布呈两极的矩形波,幅值为 $\dfrac{1}{2}iN_y$。显然,这里讲的幅值,就是指每个磁极的磁通势,单位为 A。

已知线圈里流的电流随时间按余弦变化,即

$$i = \sqrt{2}\,I\cos\omega t$$

式中　I 为电流的有效值;

　　　ωt 为时间电角度。

图 6.18(b)为整距线圈产生的在空间呈矩形波分布的磁通势,其大小是由电流的大小决定的。当时间电角度 ωt 不同,线圈里电流 i 的大小也不同。i 按正弦规律变化时,磁通势的大小也随之按正弦规律变化,称为脉振波。磁通势波交变的频率与电流的频率一样。最大幅值是 $i = \sqrt{2}\,I$ 时的 $\dfrac{1}{2}\sqrt{2}\,IN_y$。

注意,图 6.18(b)线圈 AX 里标的 ⊕、⊙ 是该瞬间流过线圈电流的瞬时实际方向。

图 6.19(a)所示为四极电机绕组。当某瞬时流过电流(方向如图中 ⊕、⊙)产生的磁

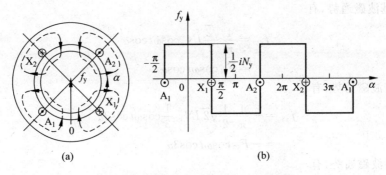

图 6.19 某瞬时四极电机产生的磁通势

通势沿气隙圆周方向空间分布,如图 6.19(b)所示。如果只看每对极产生的磁通势,与上面的两极电机完全一样。为此,多极绕组的电机只研究其每对极磁通势即可。

从两极和四极电机电枢磁通势看,整距线圈通电流时,产生磁通势的极数与电机的极数一样。

矩形分布的脉振磁通势表达式为

$$f_y = \frac{1}{2} i N_y = \frac{1}{2}\sqrt{2} I N_y \cos\omega t \quad \left(-\frac{\pi}{2} < \alpha < \frac{\pi}{2}\right)$$

$$f_y = -\frac{1}{2} i N_y = -\frac{1}{2}\sqrt{2} I N_y \cos\omega t \quad \left(\frac{\pi}{2} < \alpha < \frac{3\pi}{2}\right)$$

2. 磁通势展开

空间矩形波可用傅氏级数展成无穷多个正弦波。可见,空间矩形分布的脉振磁通势,可以展开成无穷多个空间正弦分布的磁通势,每个正弦分布的磁通势同时都随时间正弦变化。

下面具体对图 6.18(b)中磁通势波展成傅氏级数。由于图 6.18(b)中的磁通势波形依纵、横坐标轴对称,该矩形波仅含有奇次的余弦项。整距线圈产生的每极磁通势,用傅氏级数表示为

$$f_y(\alpha,\omega t) = C_1\cos\alpha + C_3\cos3\alpha + C_5\cos5\alpha + \cdots$$

$$= \sum_{\nu}^{\infty} C_\nu\cos\nu\alpha \tag{6-1}$$

式中　$\nu=1,3,5,\cdots$ 为谐波的次数;

系数 C_ν 为

$$C_\nu = \frac{4}{\pi} \frac{1}{2} i N_y \frac{1}{\nu} \sin\nu\frac{\pi}{2} \tag{6-2}$$

把 $\nu=1,3,5,\cdots$ 以及 $i=\sqrt{2} I\cos\omega t$ 代入式(6-1),得

$$f_y(\alpha,\omega t) = \frac{4}{\pi} \frac{1}{2}\sqrt{2} I N_y\cos\omega t\cos\alpha - \frac{4}{\pi} \frac{1}{2}\sqrt{2} I N_y \frac{1}{3}\cos\omega t\cos3\alpha$$

$$+ \frac{\pi}{4} \frac{1}{2}\sqrt{2} I N_y \frac{1}{5}\cos\omega t\cos5\alpha - \cdots$$

$$= f_{y1} + f_{y3} + f_{y5} + \cdots$$

其中 f_{y1} 称基波磁通势,有

$$f_{y1} = \frac{4}{\pi} \frac{\sqrt{2}}{2} IN_y \cos\omega t \cos\alpha$$

$$= F_{y1} \cos\omega t \cos\alpha$$

f_{y3} 称三次谐波磁通势,有

$$f_{y3} = -\frac{4}{\pi} \frac{1}{2} \sqrt{2} IN_y \frac{1}{3} \cos\omega t \cos3\alpha$$

$$= -F_{y3} \cos\omega t \cos3\alpha$$

f_{y5} 叫五次谐波磁通势,有

$$f_{y5} = \frac{4}{\pi} \frac{1}{2} \sqrt{2} IN_y \frac{1}{5} \cos\omega t \cos5\alpha$$

$$= F_{y5} \cos\omega t \cos5\alpha$$

此外,尚有七次、九次等高次谐波磁通势。

下面分析基波及各谐波磁通势的特点。

(1) 基波及各谐波磁通势的最大幅值

比较基波、三次、五次等磁通势的最大幅值 F_{y1},F_{y3},F_{y5} 等,可以看出:

$$F_{y3} = \frac{1}{3}F_{y1}$$

$$F_{y5} = \frac{1}{5}F_{y1}$$

$$\vdots$$

$$F_{y\nu} = \frac{1}{\nu}F_{y1}$$

即三次谐波磁通势最大幅值 F_{y3} 的大小,是基波磁通势最大幅值 F_{y1} 的 $1/3$ 倍；五次谐波磁通势最大幅值 F_{y5} 是 F_{y1} 的 $1/5$ 倍；ν 次谐波磁通势最大幅值 $F_{y\nu}$ 是 F_{y1} 的 $1/\nu$ 倍。由此可见,谐波次数越高,即 ν 值越大,该谐波磁通势的最大幅值越小。

当时间电角度 $\omega t = 0°$、电流 i 达正最大值时,基波磁通势与各谐波磁通势都为它们各自的最大幅值,这时它们在气隙空间的分布如图 6.20 所示。图中仅画出基波及三次、

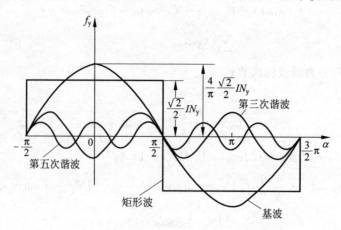

图 6.20　矩形波磁通势的基波及谐波分量

五次谐波磁通势。

(2) 基波及各谐波磁通势的极对数

从图 6.20 可看出,基波磁通势的极对数与原矩形波磁通势的极对数一样多。三次谐波磁通势的极对数是基波的 3 倍;五次谐波磁通势的极对数是基波的 5 倍,等等。

(3) 基波及各谐波磁通势幅值随时间变化的关系

当电流随时间按余弦规律变化时,不论是基波磁通势或谐波磁通势,它们的幅值都随时间按电流的变化规律(cosωt)而变化,即在时间上,都为脉振波。

图 6.21 给出不同瞬间整距线圈的电流和它产生的矩形波脉振磁通势及其基波脉振磁通势。图 6.21(a)、(b)、(c)、(d)、(e)、(f)和(g)分别为 $\omega t = 0°$、$30°$、$60°$、$90°$、$120°$、$150°$ 和 $180°$时的波形。

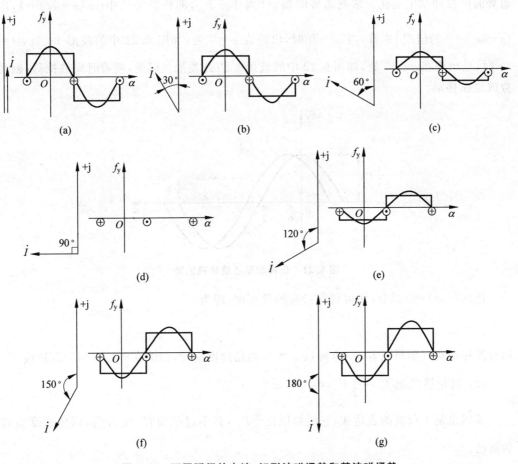

图 6.21 不同瞬间的电流、矩形波磁通势和基波磁通势

3. 基波脉振磁通势

整距线圈产生的磁通势中,基波磁通势是最主要的,其最大幅值是 $\dfrac{4}{\pi}\dfrac{\sqrt{2}}{2}IN_y$。

根据三角公式

$$2\cos\alpha\cos\beta = \cos(\alpha-\beta) + \cos(\alpha+\beta)$$

把整距线圈的基波磁通势 f_{y1} 变为

$$f_{y1} = \frac{1}{2}F_{y1}\cos(\alpha-\omega t) + \frac{1}{2}F_{y1}\cos(\alpha+\omega t)$$
$$= f'_{y1} + f''_{y1}$$

（1）讨论 $f'_{y1} = \dfrac{1}{2}F_{y1}\cos(\alpha-\omega t)$ 项

这是一个行波的表达式。当给定时间,若磁通势沿气隙圆周方向按余弦规律分布,则它的幅值只有原脉振波最大振幅的一半。随着时间的推移,这个在空间按余弦分布的磁通势的位置却发生变化。拿磁通势的幅值$\left(\text{等于}\dfrac{1}{2}F_{y1},\text{即行波公式中}\cos(\alpha-\omega t)=1,\text{即}\right.$ $\left.(\alpha-\omega t)=0\text{ 的情况}\right)$来看,当 $\omega t=0$ 时,出现在 $\alpha=0$ 处,如图 6.22 中的波形 1;当 $\omega t=30°$ 时,只出现在 $\alpha=30°$ 处,如图 6.22 中的波形 2,以此类推。可见,随着时间的推移,磁通势波也在移动。

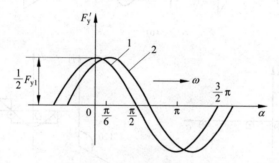

图 6.22　正转的基波旋转磁通势

把 $(\alpha-\omega t)=0$ 微分,便可得到行波的角速度,即为

$$\frac{\mathrm{d}\alpha}{\mathrm{d}t} = \omega$$

即行波在电机气隙里朝着 $+\alpha$ 方向以 ω 大小的角速度旋转,行波在电机里即为旋转波。

（2）讨论第二项 $f''_{y1} = \dfrac{1}{2}F_{y1}\cos(\alpha+\omega t)$

显然也是个行波的表达式,它的幅值是 $\dfrac{1}{2}F_{y1}$,只不过是朝着 $-\alpha$ 方向,以角速度 ω 旋转而已。

由此可见:①一个脉振磁通势波可以分为两个波长与脉振波完全一样,分别朝相反方向旋转的旋转波,旋转波的幅值是原脉振波最大振幅的一半;②当脉振波振幅为最大值时,两个旋转波正好重叠在一起。

一个在空间按余弦分布的磁通势波,可以用一个空间矢量 F 来表示。让矢量的长短等于该磁通势的幅值,矢量的位置就在该磁通势波正幅值所在的位置。

已知图 6.23(a)中所示的行波朝着 $+\alpha$ 方向移动。当某瞬间行波正幅值 F 正好位于

α_1 空间电角度处,用空间矢量表示时,采用极坐标最直观,让矢量的长短等于行波的正幅值 F,矢量的位置也在 α_1 空间电角度处,矢量的旁边再加上个箭头表示其旋转方向,ω 为旋转角速度,如图 6.23(b)所示。

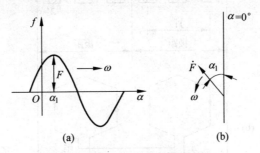

图 6.23 用空间矢量表示磁通势

图 6.24 所示为整距线圈产生的基波脉振磁通势,以及用两个分别朝相反方向旋转的旋转磁通势表示的矢量图。图中 $\dot{F}$ 是脉振磁通势,$\dot{F}'$,$\dot{F}''$ 是两个分别朝正、反方向旋转的旋转磁通势。图 6.24 分别是当 $\omega t = 0°、30°、60°、90°、120°、150°、180°$ 等瞬间,正转、反转及脉振磁通势之间所对应的矢量图。

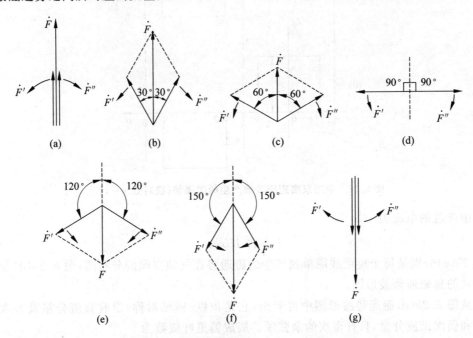

图 6.24 脉振磁通势及分成的两个旋转磁通势

6.3.2 短距线圈的磁通势

图 6.25(a)所示为单相双层短距绕组,在一对极范围里,1—1′是一个短距线圈,2—2′是另一个短距线圈,两个线圈尾尾相连串联在一起,如图 6.25(b)所示。两个串联的短距

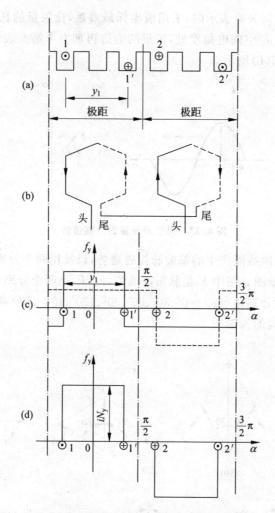

图 6.25   单相双层短距线圈产生的磁通势(极对数 $p=1$)

线圈中流过的电流为

$$i = \sqrt{2}\,I\cos\omega t$$

图 6.25(c)分别是每个短距线圈单独产生的磁通势在气隙空间的分布图,图 6.25(d)是它们合成的总磁通势波形图。

从图 6.25(d)磁通势波形图中可看出,它是依纵、横轴对称,没有直流分量及各次正弦项和偶次谐波分量,只有奇次的余弦项。展成傅里叶级数为

$$f_{双}(\alpha,\omega t) = C_1\cos\alpha + C_3\cos3\alpha + C_5\cos5\alpha + \cdots$$

$$= \sum_{\nu}^{\infty} C_{\nu}\cos\nu\alpha \qquad\qquad (6\text{-}3)$$

系数

$$C_{\nu} = \frac{4}{\pi}iN_y\frac{1}{\nu}\sin\nu y\frac{\pi}{2}$$

$$= \frac{4}{\pi} i N_y \frac{1}{\nu} k_{p\nu}$$

$$k_{p\nu} = \sin\nu y \frac{\pi}{2}$$

式中　$\nu = 1,3,5,\cdots$为谐波的次数。

　　把式(6-1)与式(6-3)进行比较,为了抓主要矛盾,只比较两式中的基波项(即$\nu = 1$的项)。整距线圈时,基波磁通势为

$$\frac{4}{\pi} \frac{1}{2} \sqrt{2} I N_y \cos\omega t \cos\alpha \tag{6-4}$$

双层短距线圈时,基波磁通势为

$$\frac{4}{\pi} \sqrt{2} I N_y \sin y \frac{\pi}{2} \cos\omega t \cos\alpha = \frac{4}{\pi} \sqrt{2} I N_y k_{p1} \cos\omega t \cos\alpha \tag{6-5}$$

　　从式(6-4)与式(6-5)中可看出,两种情况下产生的基波磁通势有两点差别。①在计算双层短距线圈每极磁通势的大小时,要乘上由线圈短距引起的短距系数。现在仅讨论的是基波磁通势,所以基波短距系数$k_{p1} = \sin y \frac{\pi}{2}$。基波短距系数$k_{p1}$的式子与计算基波电动势时的基波短距系数完全一样,都是小于1的数。②在每个线圈串联匝数N_y相同的情况下,双层绕组产生的每极磁通势要大,这是因为双层线圈在一对极下有两个线圈(见图6.25)。

6.3.3　单层分布线圈组产生的磁通势

　　当在图6.7(b)中三个空间分布而匝数彼此相同的整距线圈里通以相同的电流时,每个线圈产生磁通势的大小应该一样,不同的是由于各线圈在空间的位置没有重叠在一起,因此,它们的磁通势在空间的位置不会相同。以各线圈产生的基波磁通势为例,三个线圈的基波磁通势用空间矢量表示,如图6.26所示,它们彼此大小相同,在空间位置上依次相差α电角度。这个结论可以推广到q个线圈的分布情况,分布后,整个线圈组磁通势的最大振幅为

$$F_{q1} = q F_{y1} \frac{\sin q \frac{\alpha}{2}}{q \sin \frac{\alpha}{2}} = q F_{y1} k_{d1}$$

式中

$$k_{d1} = \frac{\sin q \frac{\alpha}{2}}{q \sin \frac{\alpha}{2}}$$

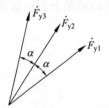

图 6.26　分布的整距线圈磁通势

称为基波磁通势的分布系数,它与计算基波电动势时的分布系数是同一个数;

　　F_{y1}是每个线圈产生的基波磁通势最大幅值。

　　写成一般式子,ν次谐波磁通势的分布系数为

$$k_{d\nu} = \frac{\sin q\nu \dfrac{\alpha}{2}}{q\sin \nu \dfrac{\alpha}{2}}$$

ν 次谐波磁通势的最大幅值为

$$F_{q\nu} = qF_{y\nu}k_{d\nu}$$

式中　$F_{y\nu}$ 为每个线圈 ν 次谐波磁通势的最大幅值。

6.3.4　分布短距对气隙磁通势波形的影响

在电机中,为了改善电机的性能,希望基波磁通势占主要分量,即尽量减小各次谐波磁通势,为此,设计电机的绕组时,要采用短距、分布绕组。只要设计得合适,就能够大大削弱各次谐波磁通势。当各次谐波磁通势减小很多时,剩下的主要就是基波磁通势。

分布短距后,要在基波磁通势和各次谐波磁通势上乘上一个短距系数和分布系数。把 $k_{dp\nu} = k_{p\nu}k_{d\nu}$ 叫 ν 次谐波的绕组系数,它也是小于 1 的数。与电动势时的情况一样,设计合适时,基波绕组系数 k_{dp1} 比各次谐波绕组系数大,即短距、分布对基波磁通势削弱得少,对谐波磁通势削弱得多。

一般情况下,取线圈的 y 为 0.8 左右,以把五、七次谐波磁通势大大削弱。至于三次谐波以及三的倍数次谐波磁通势,在三相绕组连接中互相抵消(下面介绍)。

6.3.5　单相绕组磁通势

根据以上分析,如果绕组是双层短距分布绕组,由它产生的相绕组磁通势为

$$f_{\phi}(\alpha,\omega t) = \frac{4}{\pi}\frac{\sqrt{2}}{2}\frac{NI}{p}\left(k_{dp1}\cos\alpha + \frac{1}{3}k_{dp3}\cos 3\alpha + \frac{1}{5}k_{dp5}\cos 5\alpha + \cdots\right)\cos\omega t$$

$$= F_{\phi 1}\cos\omega t\cos\alpha + F_{\phi 3}\cos\omega t\cos 3\alpha + F_{\phi 5}\cos\omega t\cos 5\alpha + \cdots$$

式中　各磁通势分量的最大幅值分别为

$$F_{\phi 1} = \frac{4}{\pi}\frac{\sqrt{2}}{2}\frac{Nk_{dp1}I}{p}$$

$$F_{\phi 3} = \frac{4}{\pi}\frac{\sqrt{2}}{2}\frac{1}{3}\frac{Nk_{dp3}I}{p}$$

$$F_{\phi 5} = \frac{4}{\pi}\frac{\sqrt{2}}{2}\frac{1}{5}\frac{Nk_{dp5}I}{p}$$

$$\vdots$$

$N = \dfrac{2pqN_y}{a}$ 为每相绕组串联的匝数。

上式中,基波磁通势(用 f_1 表示)最为重要,应该记住,$f_1 = F_{\phi 1}\cos\omega t\cos\alpha$。

基波磁通势虽然是由双层短距分布绕组所产生,但是,可以想象为是由一个等效的整

距线圈所产生。所谓等效线圈，就是它能够产生上式给出的基波磁通势。

关于双层短距分布绕组的基波磁通势有如下的特点：①单相双层短距分布绕组产生的基波磁通势为 $f_1 = F_{\phi 1}\cos\omega t\cos\alpha$，即在气隙空间按 $\cos\alpha$ 分布，它的振幅 $F_{\phi 1}\cos\omega t$ 随时间按 $\cos\omega t$ 变化，其中 $F_{\phi 1}$ 为最大振幅；②当时间电角度 $\omega t = 0°$ 的时候，在空间电角度 $\alpha = 0°$ 的地方，是基波磁通势最大正幅值所在地，即单相绕组的轴线处。

6.4　三相电枢绕组产生的磁通势

6.4.1　基波磁通势

大容量交流发电机以及电动机几乎都是三相电机，它们都有三相绕组，绕组又都流过三相对称电流，所以应研究三相绕组产生磁通势的情况。

图 6.27(a)是最简单的三相绕组在定子内表面上的空间分布。关于坐标的放置以及坐标原点的选择如图 6.27 所示。当然，三相只能用同一个坐标。每相绕组里要标出电流的正方向。图 6.27 这个最简单的绕组，也可以理解为任何三相对称的复杂绕组，只不过是每一相都用一个等效整距线圈来代替原来的复杂绕组。

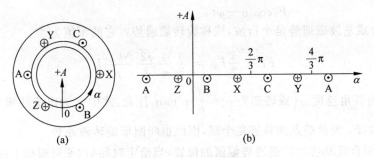

图 6.27　等效三相绕组

已知三相绕组流过的电流分别为

$$i_A = \sqrt{2}\,I\cos\omega t$$
$$i_B = \sqrt{2}\,I\cos(\omega t - 120°)$$
$$i_C = \sqrt{2}\,I\cos(\omega t - 240°)$$

A 相电流在电机气隙圆周方向产生的基波磁通势为

$$f_{A1} = F_{\phi 1}\cos\omega t\cos\alpha$$

滞后 A 相 120°时间电角度的 B 相电流 i_B，流过位于 A 相前面 120°空间电角度的 B 相绕组时，产生的基波磁通势为

$$f_{B1} = F_{\phi 1}\cos(\omega t - 120°)\cos(\alpha - 120°)$$

同样，i_C 产生的基波磁通势为

$$f_{C1} = F_{\phi 1}\cos(\omega t - 240°)\cos(\alpha - 240°)$$

式中 $F_{\phi1}=\dfrac{4}{\pi}\dfrac{\sqrt{2}}{2}\dfrac{Nk_{dp1}}{p}I$。

用前面介绍过的把一个脉振波分解为两个行波的办法,把上述三个相的脉振磁通势分别分解为

$$f_{A1}=\frac{1}{2}F_{\phi1}\cos(\alpha-\omega t)+\frac{1}{2}F_{\phi1}\cos(\alpha+\omega t)$$

$$f_{B1}=\frac{1}{2}F_{\phi1}\cos(\alpha-\omega t)+\frac{1}{2}F_{\phi1}\cos(\alpha+\omega t-240°)$$

$$f_{C1}=\frac{1}{2}F_{\phi1}\cos(\alpha-\omega t)+\frac{1}{2}F_{\phi1}\cos(\alpha+\omega t-120°)$$

把上面三个相产生的基波磁通势加起来,就得到三相合成基波磁通势为

$$f_1(\alpha,\omega t)=f_{A1}+f_{B1}+f_{C1}$$

$$=\frac{1}{2}F_{\phi1}\cos(\alpha-\omega t)+\frac{1}{2}F_{\phi1}\cos(\alpha+\omega t)$$

$$+\frac{1}{2}F_{\phi1}\cos(\alpha-\omega t)+\frac{1}{2}F_{\phi1}\cos(\alpha+\omega t-240°)$$

$$+\frac{1}{2}F_{\phi1}\cos(\alpha-\omega t)+\frac{1}{2}F_{\phi1}\cos(\alpha+\omega t-120°)$$

$$=\frac{3}{2}F_{\phi1}\cos(\alpha-\omega t)$$

$$=F_1\cos(\alpha-\omega t)$$

可见,三相合成基波磁通势是个行波,或称旋转磁通势。它的幅值为

$$F_1=\frac{3}{2}F_{\phi1}=\frac{3}{2}\frac{4}{\pi}\frac{\sqrt{2}}{2}\frac{Nk_{dp1}}{p}I$$

朝着 $+\alpha$ 方向以角速度 $\omega\left(\text{或转速为 }n=\dfrac{60f}{p}\text{r/min,注意,式中 }f\text{ 为电流的频率}\right)$ 旋转。由于 F_1 为常数,$\dot F_1$ 矢量端点的轨迹是个圆,因此也叫圆形旋转磁通势。

关于三相合成基波旋转磁通势幅值的位置,当给定时间后,便可根据上式找出来。例如当 $\omega t=0°$ 时,三相合成基波旋转磁通势的幅值 F_1 在 $\alpha=0°$ 的地方,即位于图 6.27 中坐标原点处,显然这个地方就是 A 相绕组的轴线,标以 $+A$。从电流的公式中知道,$\omega t=0°$ 的时候,A 相电流为正最大值。也就是说,当 A 相电流达正最大值时,三相合成基波旋转磁通势正好位于图 6.27 中 $\alpha=0°$ 的地方(即 A 相绕组的轴线)。随着时间的推移,当 $\omega t=120°$ 时间电角度时,三相合成基波旋转磁通势的幅值 F_1,从上式看出,在 $\alpha=120°(2\pi/3)$ 的地方(这里正好是 B 相绕组的轴线)。从电流的表达式中看出,这时 B 相电流达正最大值。由此可见,B 相电流为正最大值时,三相合成基波旋转磁通势的幅值 F_1 在 $\alpha=120°$ 的地方,即位于 B 相绕组的轴线处。C 相电流为正最大值时,幅值 F_1 在 $\alpha=240°(4\pi/3)$ 的地方,即 C 相绕组的轴线处。在以上三个特定时间,三相合成基波旋转磁通势幅值的特定位置,对分析磁通势问题很有帮助,应该记住。实际上,当电流在时间上变化的电角度 ωt 已知后,三相合成基波旋转磁通势幅值所在地方的角度 α 与 ωt 的值相等,因为 $\alpha=\omega t$ 时,才能使 $\cos(\alpha-\omega t)=1$,得磁通势的幅值 F_1。

用空间旋转矢量表示磁通势时,也能求出三相合成基波旋转磁通势。画矢量图时,只

能画出某个瞬间旋转磁通势矢量的大小和位置。画任意瞬间的都可以,各矢量之间的相对关系不会改变。以画 $\omega t = 0°$ 时 A 相电流达正最大值的瞬间磁通势矢量图为例。图 6.28 中的极坐标,逆时针方向是 α 角的正方向。根据前面的介绍,一个脉振磁通势可以分解为两个向相反方向旋转的磁通势,这两个旋转磁通势的幅值以及转速大小都彼此相等。A 相的两个旋转磁通势是 $\dot{F}'_{A1}$ 和 $\dot{F}''_{A1}$,其中 $\dot{F}'_{A1}$ 朝 $+\alpha$ 方向旋转,叫正转磁通势;$\dot{F}''_{A1}$ 朝 $-\alpha$ 方向旋转,叫反转磁通势。由于 A 相电流为正最大值,$\dot{F}'_{A1}$,$\dot{F}''_{A1}$ 正位于 $\alpha = 0°$ 的地方,即 $+A$ 轴处。$\dot{F}'_{B1}$ 和 $\dot{F}''_{B1}$ 是 B 相的两个旋转磁通势,其中 $\dot{F}'_{B1}$ 朝 $+\alpha$ 方向旋转,叫正转

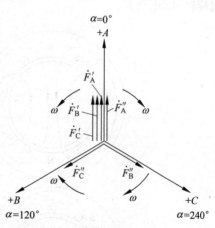

磁通势;$\dot{F}''_{B1}$ 朝 $-\alpha$ 方向旋转,叫反转磁通势。如何确定当 $\omega t = 0°$ 时,这两个旋转磁通势的位置?如果时间角 $\omega t = 120°$ 电角度时,B 相电流达正最大值,B 相脉振磁通势振幅也为正最大值,位置在 $\alpha = 120°$ 的地方,也就是说,$\dot{F}'_{B1}$ 和 $\dot{F}''_{B1}$ 都应该转到 $\alpha = 120°$ 的地方。但是,画图的瞬间 $\dot{F}'_{B1}$ 和 $\dot{F}''_{B1}$ 应各自从 $\alpha = 120°$ 的地方向后退 $120°$ 空间电角度,如图 6.28 所示位置。为了清楚起见,在 $\alpha = 120°$ 的地方标以 $+B$ 轴。同样,$\dot{F}'_{C1}$ 和 $\dot{F}''_{C1}$ 是 C 相的两个旋转磁通势,$\dot{F}'_{C1}$ 是正转磁通势,$\dot{F}''_{C1}$ 是反转磁通势。如果时间角 $\omega t = 240°$ 电角度时,两个旋转磁通势都转到 $\alpha = 240°$ 的地方。但是,画图的瞬间是 $\omega t = 0°$,所以它们各自应向后退 $240°$ 空间

图 6.28 三相 6 个旋转磁通势的合成

电角度,如图 6.28 所示位置。同样,在 $\alpha = 240°$ 的地方标以 $+C$ 轴。从图 6.28 中看出,三相的 6 个旋转磁通势矢量中,$\dot{F}''_{A1}$,$\dot{F}''_{B1}$,$\dot{F}''_{C1}$ 三个转速相同而反转的旋转矢量彼此相距 $120°$ 空间电角度,幅值大小又都相等,把它们加起来正好等于零,即互相抵消。另外三个正转的旋转矢量 $\dot{F}'_{A1}$,$\dot{F}'_{B1}$,$\dot{F}'_{C1}$,它们在空间位置相同,当 $\omega t = 0°$ 时,都处在 $\alpha = 0°$ 的位置上,它们的转速相同,幅值相等,加起来为单相脉振磁通势最大振幅的 3/2 倍。这就是三相合成基波磁通势。随着时间的推移,三相合成基波磁通势在空间上是旋转的。这个方法比前边用数学解析式分析更直观些,但用来进行计算不够方便。

综上所述,三相合成基波旋转磁通势有以下几个特点。

（1）幅值

$$F_1 = \frac{3}{2} \frac{4}{\pi} \frac{\sqrt{2}}{2} \frac{N k_{dp1}}{p} I$$

幅值 F_1 不变,是圆形旋转磁通势。

（2）转向

磁通势的转向决定于电流的相序,从领先相向滞后相旋转。

（3）转速

旋转磁通势相对于定子绕组的转速为同步转速 $n = \frac{60f}{p}$ r/min。用角速度 ω 表示时,为 $\omega = 2\pi p n / 60$［每秒电弧度］。

（4）瞬间位置

当三相电流中某相电流值达正最大值时，三相合成基波旋转磁通势的正幅值，正好位于该相绕组的轴线处。

为了更形象地表现三相旋转磁通势，画出三相旋转磁场用磁力线表示的示意图，见图 6.29。图中给出两极和四极两个电枢绕组的情况，其中图（a）是 A 相电流为正最大值瞬间，即 $\omega t=0°$；图（b）是 $\omega t=60°$瞬间。图中各相绕组标出的电流方向是实际方向，其正方向与图 6.27 相同。图 6.29（a）与（b）对比，显然是时间上相差 60°电角度，磁通势在空间旋转 60°电角度。

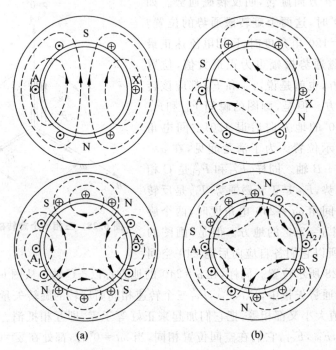

图 6.29　两极、四极旋转磁场

（a）$\omega t=0°$；（b）$\omega t=60°$

6.4.2　三相的三次谐波磁通势

与基波不同的是，对应于基波的一个极距，三次谐波已是三个极距，即对应于基波的 α 空间电角度，三次谐波已是 3α 空间电角度。分析时，仍用基波磁通势时的坐标，则各相三次谐波磁通势的表达式分别为

$$f_{A3}=-F_{\phi3}\cos\omega t\cos3\alpha$$

$$f_{B3}=-F_{\phi3}\cos(\omega t-120°)\cos3(\alpha-120°)$$

$$=-F_{\phi3}\cos(\omega t-120°)\cos3\alpha$$

$$f_{C3}=-F_{\phi3}\cos(\omega t-240°)\cos3(\alpha-240°)$$

$$= - F_{\phi 3} \cos(\omega t - 240°) \cos 3\alpha$$

式中　$F_{\phi 3} = \dfrac{4}{\pi} \dfrac{\sqrt{2}}{2} \dfrac{1}{3} \dfrac{N k_{dp3}}{p} I$，为三次谐波脉振磁通势的最大幅值。

把三个相的三次谐波磁通势相加，就是三相合成的三次谐波磁通势 $f_3(\alpha, \omega t)$，即

$$
\begin{aligned}
f_3(\alpha, \omega t) &= f_{A3} + f_{B3} + f_{C3} \\
&= - F_{\phi 3} \cos\omega t \cos 3\alpha - F_{\phi 3} \cos(\omega t - 120°) \cos 3\alpha \\
&\quad - F_{\phi 3} \cos(\omega t - 240°) \cos 3\alpha \\
&= - F_{\phi 3} \cos 3\alpha [\cos\omega t + \cos(\omega t - 120°) + \cos(\omega t - 240°)] \\
&= 0
\end{aligned}
$$

从上式看出，各相三次谐波磁通势的空间位置相同，因为三相电流在时间上互差 120°电角度，致使三相三次谐波磁通势互相抵消了。

显然三的倍数次谐波，如九次、十五次等的磁通势都为零。

至于三相绕组的五、七次谐波磁通势，采用分布、短距绕组使之削弱到极小；更高次数的谐波磁通势，本身已很小。因此，三相绕组产生的磁通势，可以忽略谐波，只认为基波磁通势是主要的。后面分析同步电机、异步电机时的磁通势均指基波。本书从此处开始，再提到基波磁通势时下标中的数字 1 都去掉，例如 f_y，F_y，都不再写成 f_{y1}，F_{y1}。

例题 6-5　已知三个匝数彼此相等的整距线圈 AX，BY，CZ 在定子的槽内集中地放在一起，如图 6.30 所示。若三个整距线圈里流过的电流分别为

$$i_A = \sqrt{2} I \cos\omega t$$

$$i_B = \sqrt{2} I \cos(\omega t - 120°)$$

$$i_C = \sqrt{2} I \cos(\omega t - 240°)$$

求产生的合成基波总磁通势。

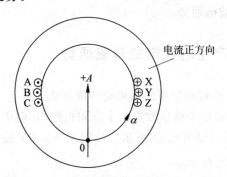

图 6.30　在空间上放在一起的三个整距线圈

解　用解析法求解。根据图 6.30 的坐标，AX 整距线圈产生的基波磁通势为

$$f_{y\,AX} = F_y \cos\omega t \cos\alpha$$

BY 整距线圈产生的基波磁通势为

$$f_{y\,BY} = F_y \cos(\omega t - 120°) \cos\alpha$$

CZ 整距线圈产生的基波磁通势为

$$f_{y\,CZ} = F_y \cos(\omega t - 240°) \cos\alpha$$

式中 F_y 为整距线圈产生基波磁通势的最大幅值。

将上述三个整距线圈的基波磁通势相加,得合成基波总磁通势为

$$f_y = F_y\cos\omega t\cos\alpha + F_y\cos(\omega t - 120°)\cos\alpha + F_y\cos(\omega t - 240°)\cos\alpha$$
$$= F_y\cos\alpha\{\cos\omega t + \cos(\omega t - 120°) + \cos(\omega t - 240°)\} = 0$$

例题 6-6 已知三个整距线圈匝数彼此相等,按彼此相距 120°空间电角度放置在电机的定子槽里,如图 6.27(a)所示。若三个线圈里流过的电流为

$$i_A = i_B = i_C = \sqrt{2}\,I\cos\omega t$$

求合成基波磁通势。

解 用解析法求解。三个整距线圈产生的基波磁通势分别为

$$f_{y\,AX} = F_y\cos\omega t\cos\alpha$$
$$f_{y\,BY} = F_y\cos\omega t\cos(\alpha - 120°)$$
$$f_{y\,CZ} = F_y\cos\omega t\cos(\alpha - 240°)$$

式中 F_y 为整距线圈产生基波磁通势的最大幅值。

合成基波磁通势 f_y 为

$$f_y = F_y\cos\omega t\cos\alpha + F_y\cos\omega t\cos(\alpha - 120°) + F_y\cos\omega t\cos(\alpha - 240°)$$
$$= F_y\cos\omega t\{\cos\alpha + \cos(\alpha - 120°) + \cos(\alpha - 240°)\} = 0$$

即合成基波磁通势等于零。

6.5 两相电枢绕组产生的磁通势

小功率交流电机电枢绕组只有两相绕组,通入两相电流后,也产生磁通势。这里只讨论其基波磁通势,不计谐波磁通势。

6.5.1 两相绕组产生的圆形旋转磁通势

通过两个例题分析两相对称绕组的圆形旋转磁通势。

例题 6-7 已知在电机定子槽里放置两个空间相距 90°电角度,且匝数相等的整距线圈 AX,BY(两相对称线圈),如图 6.31 所示。分别在 AX,BY 线圈里通入两相对称电流

$$i_A = \sqrt{2}\,I\cos\omega t$$
$$i_B = \sqrt{2}\,I\cos(\omega t - 90°)$$

求两相对称整距线圈产生的合成基波磁通势。

解 1 用解析法求解。

两个整距线圈产生的基波磁通势分别为

$$f_{y\,AX} = F_y\cos\omega t\cos\alpha$$
$$f_{y\,BY} = F_y\cos(\omega t - 90°)\cos(\alpha - 90°)$$

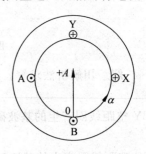

图 6.31 两相对称绕组

合成基波磁通势为

$$f_y = f_{y\,AX} + f_{y\,BY}$$
$$= F_y\cos\omega t\cos\alpha + F_y\cos(\omega t - 90°)\cos(\alpha - 90°)$$
$$= \frac{1}{2}F_y\cos(\alpha - \omega t) + \frac{1}{2}F_y\cos(\alpha + 90°)$$
$$+ \frac{1}{2}F_y\cos(\alpha - \omega t) + \frac{1}{2}F_y\cos(\alpha + \omega t - 180°)$$
$$= F_y\cos(\alpha - \omega t)$$

这是一个行波表达式。可见,空间相距 90°电角度的两个匝数相等的整距线圈,当分别通入时间相差 90°电角度的正弦交流电流时,产生的合成基波磁通势是一个圆形旋转磁通势。如果线圈 BY 领先线圈 AX 90°(顺 $+\alpha$ 方向看)电角度,电流 i_B 滞后 i_A 90°电角度,则产生的合成基波圆形旋转磁通势是一个从 A 相向 B 相方向旋转(朝 $+\alpha$ 方向旋转)的磁通势。

解 2 用画矢量图的方法求解。

画 $\omega t = 0$ 瞬间的矢量图。线圈 AX 的电流为正最大值时,产生的正、反转基波旋转磁通势 $\dot{F}'_A$,$\dot{F}''_A$ 正好处于 $+A$ 轴上。BY 线圈的电流再过 90°电角度才达正最大值,产生的正、反转基波旋转磁通势 $\dot{F}'_B$,$\dot{F}''_B$ 再过 90°电角度时,才转到 $\alpha = 90°$ 的地方(即 $+B$ 轴处)。因此,$\omega t = 0$ 的瞬间正好位于图 6.32 所示的位置。从图中可看出,反转的基波旋转磁通势 $\dot{F}''_A$ 和 $\dot{F}''_B$ 互相抵消。剩下的 $\dot{F}'_A$,$\dot{F}'_B$ 两个正转的基波旋转磁通势相加,就是两相对称线圈产生的合成基波旋转磁通势(即由电流领先相向电流滞后相旋转)。

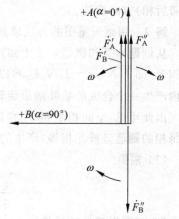

图 6.32 两相对称线圈通以两相对称电流产生的合成基波磁通势

例题 6-8 如果把例题 6-7 中在定子空间相距 90°电角度的两个整距线圈换成两相对称绕组,每相绕组都是双层短距分布绕组,它们的串联匝数都相等,仍用 AX,BY 表示每相绕组的引出线。当两相绕组流过的两相对称电流分别为

$$i_A = \sqrt{2}\,I\cos\omega t$$
$$i_B = \sqrt{2}\,I\cos(\omega t + 90°)$$

求这两相绕组产生的合成基波磁通势。

解 1 用解析法求解。

仍然用图 6.31 的坐标,每相绕组产生的基波磁通势为

$$f_A = F_\phi\cos\omega t\cos\alpha$$
$$f_B = F_\phi\cos(\omega t + 90°)\cos(\omega t - 90°)$$

式中 $F_\phi = \dfrac{4}{\pi}\dfrac{\sqrt{2}Nk_{dp}}{2p}I$,为每相绕组产生的基波磁通势最大幅值。

合成基波磁通势为

$$f = f_A + f_B$$

$$= F_\phi \cos\omega t \cos\alpha + F_\phi \cos(\omega t + 90°)\cos(\alpha - 90°)$$

$$= \frac{1}{2}F_\phi \cos(\alpha - \omega t) + \frac{1}{2}F_\phi \cos(\alpha + \omega t)$$

$$+ \frac{1}{2}F_\phi \cos(\alpha - \omega t - 180°) + \frac{1}{2}F_\phi \cos(\alpha + \omega t)$$

$$= F_\phi \cos(\alpha + \omega t)$$

$$= F\cos(\alpha + \omega t)$$

式中 $F = F_\phi$ 为合成基波磁通势的幅值。

由上式看出,两相对称绕组通以两相对称电流产生的合成基波磁通势仍为圆形旋转磁通势,其旋转的方向与例题 6-7 中的相反,是从 B 相绕组(电流领先相)向 A 相绕组(电流滞后相)方向旋转。

解 2 用画矢量图的方法求解,请读者自行完成。

从例题 6-7 和例题 6-8 中知道,如果两相绕组的匝数不等,只要两相绕组的磁通势彼此相等(即 $I_A N_A k_{dp} = I_B N_B k_{dp}$),以及两相电流在时间相位上相差 90°电角度,就能够在电机内产生一个合成的基波圆形旋转磁通势。

由此可见,空间相距 90°电角度的两相绕组,通以时间上相差 90°电角度的两相电流,且每相的磁通势彼此相等,产生的合成基波旋转磁通势有以下的特点。

(1) 幅值

$$F = \frac{4}{\pi} \frac{\sqrt{2} N_A k_{dp}}{2p} I_A = \frac{4}{\pi} \frac{\sqrt{2} N_B k_{dp}}{2p} I_B$$

为常数,是圆形旋转磁通势。

(2) 转向

两相合成基波旋转磁通势的转向决定于电流的相序,即由电流领先相向电流滞后相方向旋转。

(3) 转速

基波旋转磁通势相对于定子绕组的转速为同步转速 $n = \dfrac{60f}{p}$ (r/min)(注意,式中的 f 为频率),同步角速度 $\omega = 2\pi f$ (rad/s)。

(4) 瞬时位置

哪相电流达正最大值时,合成基波磁通势的正幅值正好位于该相绕组的轴线处。

6.5.2 椭圆磁通势

例题 6-9 仍以例题来说明这种磁通势。

已知 A,B 相绕组的位置如图 6.31 所示,其串联有效匝数分别为 $N_A k_{dp}$ 及 $N_B k_{dp}$,两相绕组流过的电流分别为

$$i_A = \sqrt{2} I_A \cos\omega t$$

$$i_B = \sqrt{2}\,I_B\cos(\omega t - 90°)$$

并且，$I_A N_A k_{dp} > I_B N_B k_{dp}$。分析这种情况下两相绕组产生的合成基波磁通势。

解 为了直观，用画矢量图的方法求解。

仍画 $\omega t = 0°$ 瞬间各相绕组的磁通势。与例题 6-7 相比，这种情况下只是两相的磁通势不相等，但图 6.32 中各矢量 $\dot{F}'_A$，$\dot{F}''_A$，$\dot{F}'_B$，$\dot{F}''_B$ 的相对位置不会改变，只是 $\dot{F}'_A$，$\dot{F}''_A$ 的幅值比 $\dot{F}'_B$、$\dot{F}''_B$ 的幅值增大。这种情况下的各磁通势矢量见图 6.33。

把图中正转基波旋转磁通势 $\dot{F}'_A$，$\dot{F}'_B$ 相加，得正转合成基波旋转磁通势，用 $\dot{F}'$ 表示，则

$$\dot{F}' = \dot{F}'_A + \dot{F}'_B$$

显然，正转合成基波旋转磁通势 $\dot{F}'$ 是个圆磁通势。

把图 6.33 中反转基波旋转磁通势 $\dot{F}''_A$，$\dot{F}''_B$ 相加，得反转合成基波旋转磁通势，用 $\dot{F}''$ 表示，则

$$\dot{F}'' = \dot{F}''_A + \dot{F}''_B$$

反转合成基波旋转磁通势 $\dot{F}''$ 仍为圆形旋转磁通势。与图 6.32 中不同的是，这种情况下，反转合成基波旋转磁通势 $\dot{F}''$ 不为零。

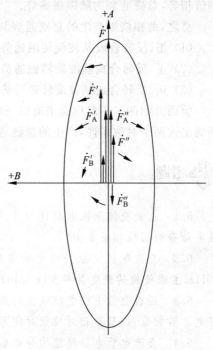

图 6.33 椭圆磁通势

既然在电机里同时存在着正、反转合成基波旋转磁通势 $\dot{F}'$ 和 $\dot{F}''$，就应该把它们相加起来，得总磁通势，用 $\dot{F}$ 表示。由于 $\dot{F}'$ 和 $\dot{F}''$ 的旋转方向相反，在相加时，只能在固定某个瞬间，找到 $\dot{F}'$ 和 $\dot{F}''$ 的大小与位置，再进行相加，得该瞬间的 $\dot{F}$。

从图 6.33 中看出，当 $\omega t = 0°$ 时，$\dot{F}'$ 与 $\dot{F}''$ 都位于 $+A$ 轴（$\alpha = 0°$）的地方，$\dot{F}'$ 和 $\dot{F}''$ 同方向，相加所得 $\dot{F}$ 为最大。

当 $\omega t = 90°$ 时，$\dot{F}'$ 转到 $\alpha = 90°$ 的地方，而 $\dot{F}''$ 转到 $\alpha = -90°$ 处时，$\dot{F}'$ 和 $\dot{F}''$ 反方向，相加后所得 $\dot{F}$ 为最小。

其他瞬间，$\dot{F}'$ 和 $\dot{F}''$ 相加所得 $\dot{F}$ 介于上述两种情况之间。

从图 6.33 中看出，总磁通势 $\dot{F}$ 的轨迹是一个椭圆，因此称为椭圆磁通势。当 $\dot{F}'$，$\dot{F}''$ 同方向时，为椭圆的长轴；反方向时，为椭圆的短轴。

另外，总磁通势 $\dot{F}$ 还是正转的，即仍从电流领先相向电流滞后相方向旋转。椭圆磁通势的转速不均匀，其平均转速为 $n = \dfrac{60f}{p}$(r/min)（f 是频率）。

如果两相绕组产生的磁通势相等，即 $I_A N_A k_{dp} = I_B N_B k_{dp}$，但两相电流 i_A，i_B 之间的相位不是相差 90° 电角度。用同样方法分析可知，两相绕组产生的合成总磁通势也是一个椭圆磁通势。

还有一种情况，就是两相绕组在空间上相距不是 90° 电角度，绕组产生的磁通势又不相等，电流相位也不是相差 90° 电角度，产生的合成总磁通势一般应是椭圆磁通势。这里

不再仔细分析。

如果在两相绕组里通入同相的电流,则产生的正、反转合成基波旋转磁通势 $\dot{F}',\dot{F}''$ 的幅值相等,总磁通势为脉振磁通势。

总之,两相绕组产生的总磁通势共有三种情况:

(1) 正、反转合成基波旋转磁通势 $\dot{F}',\dot{F}''$ 中有一个为零,即为圆磁通势;

(2) 正、反转合成基波旋转磁通势 $\dot{F}'\neq\dot{F}''$,是椭圆磁通势;

(3) 正、反转合成基波旋转磁通势 $\dot{F}'=\dot{F}''$,是脉振磁通势。

前面介绍的三相对称绕组通以三相对称电流产生的合成总磁通势为圆磁通势。如果不满足这两个对称条件,产生的总磁通势一般为椭圆磁通势,这里不再叙述。

思考题

6.1 八极交流电机电枢绕组中有两根导体,相距 45°空间机械角,这两根导体中感应电动势的相位相差多少?

6.2 交流电机电枢绕组电动势的频率与哪些量有关系?六极电机电动势频率为 50Hz,主磁极旋转速度是多少(r/min)?

6.3 四极交流电机电枢线匝的两个边相距 80°空间机械角度,画出这两个线匝边感应电动势相量图(只要相对位置对便可),并通过相量简单合成方法计算短距系数。

6.4 交流电机电枢绕组的导体感应电动势有效值的大小与什么有关?与导体在某瞬间的相对位置有无关系?

6.5 六极交流电机电枢绕组有 54 槽,一个线圈的两个边分别在第 1 槽和第 8 槽,这两个边的电动势相位相差多少?两个相邻的线圈的电动势相位相差多少?画出基波电动势相量图,并在相量图上计算合成电动势,从而算出绕组短距系数和分布系数。

6.6 若主磁极磁密中含有高次谐波,电枢绕组采用短距和分布,那么绕组中的每一根导体是否可忽略谐波电动势?绕组的线电动势是否可忽略谐波电动势?

6.7 试分析大、中型交流电机的电枢绕组采用双层绕组的原因。

6.8 简单证明如果相电动势中有三次谐波电动势,那么三相绕组丫接法或△接法后,线电动势中没有三次谐波分量。

6.9 单相整距集中绕组匝数为 N_y,通入电流 $i=\sqrt{2}I\cos\omega t$,通过计算把不同瞬间的矩形波磁通势和基波磁通势的幅值等填入下表。

ωt	$i=\sqrt{2}I\cos\omega t$	矩形波磁通势幅值	基波磁通势幅值
0°			
60°			
120°			
180°			
240°			
300°			
360°			

6.10 单相整距绕组中流入的电流 i,如果其频率改变,对它所产生的磁通势有何影响?

6.11 一脉振磁通势可以分解成一对正、反转的旋转磁通势,这里的脉振磁通势可以是矩形分布的磁通势吗?

6.12 单相电枢绕组产生的磁通势中含有三次谐波分量吗? 三相对称绕组通入三相对称电流时产生的磁通势中含有三次谐波分量吗?

6.13 绕组采用短距和分布形式,对其产生的基波磁通势和谐波磁通势各有什么影响?

6.14 填空。

(1) 整距线圈的电动势大小为 10V,其他条件都不变,只把线圈改成短距,短距系数为 0.966,短距线圈的电动势应为 _____ V。

(2) 四极交流电机电枢有 36 槽,槽距角大小应为 _____(电角度),相邻两个线圈电动势相位差 _____。若线圈两个边分别在第 1、第 9 槽中,绕组短距系数等于 _____,绕组分布系数等于 _____,绕组系数等于 _____。

(3) 单相整距集中绕组产生的矩形波磁通势的幅值与其基波磁通势幅值相差 _____ 倍,基波磁通势的性质是 _____。

(4) 两极电枢绕组有一相绕组通电,产生的基波磁通势的极数为 _____,电流频率为 50Hz,基波磁通势每秒钟变化 _____ 次。

(5) 最大幅值为 F 的两极脉振磁通势,空间正弦分布,每秒钟脉振 50 次。可以把该磁通势看成由两个旋转磁通势 $\dot F_1$ 和 $\dot F_2$ 的合成磁通势:旋转磁通势幅值 F_1 和 F_2 的大小为 _____,转向 _____,转速为 _____ r/min,极数为 _____,每个瞬间 $\dot F_1$ 与 $\dot F_2$ 的位置相距脉振磁通势 $\dot F$ 的距离(电角度)_____。

(6) 三相对称绕组通入电流为 $i_A=\sqrt2 I\cos\omega t$,$i_B=\sqrt2 I\cos(\omega t+120°)$,$i_C=\sqrt2 I\cos(\omega t-120°)$。合成磁通势的性质是 _____,转向是从绕组轴线 _____ 转向 _____ 转向 _____。若 $f=\dfrac{\omega}{2\pi}=60$Hz,电机是六极的,磁通势转速为 _____ r/min。当 $\omega t=120°$ 瞬间,磁通势最大幅值在 _____ 轴线处。

(7) 某交流电机电枢只有两相对称绕组,通入两相电流。若两相电流大小相等,相位差 90°,电机中产生的磁通势性质是 _____。若两相电流大小相等,相位差 60°,磁通势性质是 _____。若两相电流大小不等,相位差 90°,磁通势性质为 _____。在两相电流相位相同的条件下,不论各自电流大小如何,磁通势的性质为 _____。

(8) 某交流电机两相电枢绕组是对称的,极数为 2。通入的电流 $\dot I_A$ 领先 $\dot I_B$,合成磁通势的转向便是先经绕组轴线 _____ 转 90° 电角度后到绕组轴线 _____,转速表达式为 _____ r/min。

(9) 某三相交流电机电枢通上三相交流电后,磁通势顺时针旋转,对调其中的两根引出线后,再接到电源上,磁通势为 _____ 时针转向,转速 _____ 变。

(10) 某两相绕组通入两相电流后磁通势顺时针旋转,对调其中一相的两引出线再接电源,磁通势为_____时针旋转,转速_____变。

6.15 一台Y接法的交流电机定子如果接电源时有一相断线,电机内产生什么性质的磁通势? 如果绕组是△接法的,同样的情况下,磁通势的性质又是怎样的?

6.16 以三个等效线圈代表三相定子对称绕组,如图6.34所示,现通以三相对称电流,其中 $i_A=10\sin\omega t$,A相领先B相领先C相。

(1) $i_A=10$A 时,见图6.34(c),合成基波磁通势幅值在何处?

(2) $i_A=5$A 时,见图6.34(c),合成基波磁通势幅值又在何处?

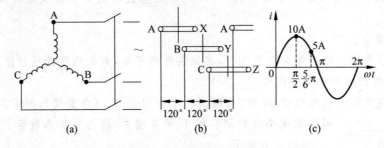

(a)　　　　　(b)　　　　　(c)

图 6.34 思考题 6.16 图

6.17 某三相交流电机通入的三相电流有效值相等,电机的极数、电流的相序和频率、磁通势的性质及转速、转向等内容列在下表中,请正确填入所缺的内容。

电流相序	频率/Hz	极数	磁通势性质	磁通势转向	磁通势转速/$(r \cdot min^{-1})$
对称,A—B—C	50	4	圆形旋转	$+A \rightarrow +B \rightarrow +C$	1500
对称,A—B—C	50	12			
对称,A—C—B		6			1200
	60	8	圆形旋转	$+A \rightarrow +C \rightarrow +B$	
不同大小,同相位	50	4			

习题

6.1 有一台同步发电机定子为36槽,4极,若第1槽中导体感应电动势 $e=E_m\sin\omega t$,分别写出第2、10、19和36槽中导体感应电动势瞬时值表达式,并画出相应的电动势相量图。

6.2 计算下列情况下双层绕组的基波绕组系数:

(1) 极对数 $p=3$,定子槽数 $Z=54$,线圈节距 $y_1=\dfrac{7}{9}\tau$(τ 是极距);

(2) $p=2$,$Z=60$,线圈跨槽 1~13。

6.3 已知三相交流电机极对数是3,定子槽数36,线圈节距 $\dfrac{5}{6}\tau$(τ 是极距),支路数为1,求:

(1) 每极下的槽数;

(2) 用槽数表示的线圈节距 y_1;

(3) 槽距角;

(4) 每极每相槽数;

(5) 画基波电动势相量图;

(6) 按 60°相带法分相;

(7) 画出绕组连接图(只画 A 相,B、C 相画引线)。

6.4 已知某三相四极交流电机采用双层分布短距绕组,$Z=36$,$y_1=\frac{7}{9}\tau$,定子丫接法,线圈串联匝数 $N_y=2$,气隙基波每极磁通量 $\Phi=0.73\text{Wb}$,并联支路 $a=1$,求:

(1) 基波绕组系数;

(2) 基波相电动势;

(3) 基波线电动势。

6.5 六极交流电机定子每相总串联匝数 $N=125$,基波绕组系数 $k_{dp}=0.92$,每相基波感应电动势 $E=230\text{V}$,求气隙每极基波磁通 Φ。

6.6 某交流电机极距按定子槽数计算为 10,若希望线圈中没有五次谐波电动势,计算线圈应取多大节距。

6.7 一台三相六极交流电机定子是双层短距分布绕组,已知 $q=2$,$N_y=6$,$y_1=\frac{5}{6}\tau$,$a=1$。当通入频率 $f=50\text{Hz}$ 且 $I=20\text{A}$ 的三相对称电流时,求电机合成基波磁通势的幅值及转速。

6.8 三相交流电机电枢绕组示意图见图 6.27,三相电流为 $i_A=10\sin\omega t\text{A}$,$i_B=10\sin(\omega t-120°)\text{A}$,$i_C=10\sin(\omega t+120°)\text{ A}$。求:

(1) 合成基波磁通势的幅值;

(2) 画出 $\omega t=0°$、$90°$ 和 $150°$ 三个瞬间磁通势矢量图,标出合成基波磁通势的位置和转向。

6.9 如图 6.31 所示的两相对称绕组,若 $i_A=\sqrt{2}I\sin\omega t$,$i_B=\sqrt{2}I\sin(\omega t+90°)$。

(1) 写出基波合成磁通势表达式;

(2) 画出 $\omega t=0°$、$90°$ 两瞬间的磁通势矢量图,标出合成基波磁通势的位置与转向;

(3) 若 $f=\frac{\omega}{2\pi}=50\text{Hz}$,计算磁通势转速。

6.10 两相绕组空间相差 90°,匝数相同,通入两相不对称电流 $i_A=\sqrt{2}I\cos\omega t$,$i_B=2\sqrt{2}I\cos(\omega t+90°)$,用一个脉振磁通势分成两个旋转磁通势的方法,画出 $\omega t=0°$ 的磁通势矢量图,从图中分析合成基波磁通势的性质、转向和转速。

6.11 电枢绕组若为两相绕组,匝数相同,但空间相距 120° 电角度,A 相流入 $i_A=\sqrt{2}I\cos\omega t$。

(1) 若 $i_B=\sqrt{2}I\cos(\omega t-120°)$,合成磁通势的性质是什么? 画出磁通势矢量图并标出正、反转磁通势分量;

(2) 若要求产生圆形旋转磁通势,且其转向为从 $+A$ 轴经 120° 到 $+B$ 轴方向,电流 i_B 应是怎样的,写出瞬时值表达式(可从磁通势矢量图上分析)。

第7章

异步电动机原理

7.1　异步电动机结构、额定数据与工作原理

7.1.1　异步电动机主要用途与分类

异步电机主要用作电动机,拖动各种生产机械。例如,在工业方面,用于拖动中小型轧钢设备、各种金属切削机床、轻工机械、矿山机械等;在农业方面,用于拖动风机、水泵、脱粒机、粉碎机以及其他农副产品的加工机械等;在民用电器方面的电扇、洗衣机、电冰箱、空调机等也都是用异步电动机拖动的。

异步电动机的优点是结构简单、容易制造、价格低廉、运行可靠、坚固耐用、运行效率较高且适用性强,缺点是功率因数较差。异步电动机运行时,必须从电网里吸收滞后性的无功功率,它的功率因数总是小于1。但电网的功率因数可以用别的办法进行补偿,并不妨碍异步电动机的广泛使用。

对那些单机容量较大、转速又恒定的生产机械,一般采用同步电动机拖动为好,因为同步电动机的功率因数是可调的(可使 $\cos\varphi = 1$ 或领先)。但并不是说,异步电动机就不能拖动这类生产机械,而是要根据具体情况进行分析比较,以确定采用哪种电机为好。

异步电动机运行时,定子绕组接到交流电源上,转子绕组自身短路,由于电磁感应的关系,在转子绕组中产生电动势、电流,从而产生电磁转矩,所以,异步电机又叫感应电机。

异步电动机的种类很多,从不同角度看,有不同的分类法。例如:

(1) 按定子相数分,有单相异步电动机、两相异步电动机及三相异步电动机。

(2) 按转子结构分,有绕线式异步电动机和鼠笼式异步电动机。其中鼠笼式异步电动机又包括单鼠笼异步电动机、双鼠笼异步电动机及深槽式异步电动机。

(3) 按有无换向器分,有无换向器异步电动机和换向器异步电动机。

此外,根据电机定子绕组上所加电压大小,又有高压异步电动机、低压异步电动机。从其他角度看,还有高启动转矩异步电机、高转差率异步电机和高转速异步电机等等。

异步电机也可作为异步发电机使用。单机使用时,常用于电网尚未到达的地区,又找不到同步发电机的情况,或用于风力发电等特殊场合。在异步电动机的电力拖动中,有时利用异步电机回馈制动,即运行在异步发电机状态。

下面针对无换向器的三相异步电动机进行分析。

7.1.2 三相异步电动机的结构

图7.1是一台鼠笼式三相异步电动机的结构图。它主要是由定子和转子两大部分组成的,定、转子中间是空气隙。此外,还有端盖、轴承、机座、风扇等部件,分别简述如下。

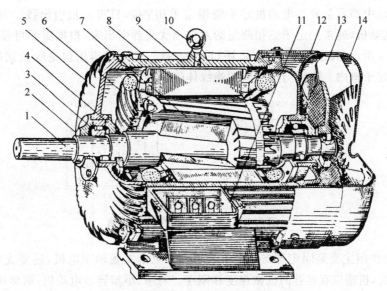

图7.1 鼠笼式三相异步电动机的结构图

1—轴;2,4—轴承盖;3—轴承;5,12—端盖;
6—定子绕组;7—转子;8—定子铁心;9—机座;10—吊环;
11—出线盒;13—风扇;14—风罩

1. 异步电动机的定子

异步电动机的定子由机座、定子铁心和定子绕组三个部分组成。

定子铁心是电动机磁路的一部分,装在机座里。为了降低定子铁心里的铁损耗,定子铁心用0.5mm厚的硅钢片叠压而成,在硅钢片的两面还应涂上绝缘漆。图7.2是异步电动机定子铁心。当铁心直径小于1m时,用整圆的硅钢片叠成,大于1m时,用扇形硅钢片。

在定子铁心内圆上开有槽,槽内放置定子绕组(也叫电枢绕组)。图7.3所示为定子槽,其中图(a)是开口槽,用于大、中型容量高压异步电动机;图(b)是半开口槽,用于中型500V以下的异步电动机;图(c)是半闭口槽,用于低压小型异步电动机。

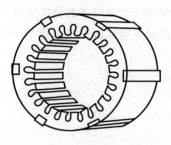

图 7.2   定子铁心

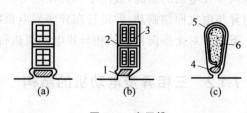

图 7.3   定子槽

1,4—槽楔；2—层间绝缘；3—扁铜线；

5—槽绝缘；6—圆导线

高压大、中型容量异步电动机定子绕组常采用丫接，只有三根引出线。对中、小容量低压异步电动机，通常把定子三相绕组的六根出线头都引出来，根据需要可接成丫形或△形，如图 7.4 所示，其中图(a)为丫接，图(b)为△接。定子绕组用包绝缘的铜(或铝)导线绕成，嵌在定子槽内。绕组与槽壁间用绝缘体隔开。

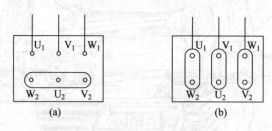

图 7.4   三相异步电动机的引出线

机座的作用主要是固定与支撑定子铁心。如果是端盖轴承电机，还要支撑电机的转子部分，因此，机座应有足够的机械强度和刚度。对中、小型异步电动机，通常用铸铁机座。对大型电机，一般采用钢板焊接的机座，整个机座和座式轴承都固定在同一个底板上。

2. 气隙

异步电动机的气隙比同容量直流电动机的气隙小得多，在中、小型异步电动机中，气隙一般为 $0.2 \sim 1.5$mm。

异步电动机的励磁电流是由定子电源供给的。气隙大时，要求的励磁电流也大，从而影响电动机的功率因数。为了提高功率因数，应尽量让气隙小些，但也不能太小，否则定子和转子有可能发生摩擦或碰撞。从减少附加损耗以及减少高次谐波磁通势产生的磁通来看，气隙大些也有好处。

3. 异步电动机的转子

异步电动机的转子是由转子铁心、转子绕组和转轴组成的，转子铁心也是电动机磁路的一部分，它用 0.5mm 厚的硅钢片叠压而成。图 7.5 是转子槽形图，其中图(a)是绕线式异步电动机转子槽形，图(b)是单鼠笼转子槽形，图(c)是双鼠笼转子槽形。整个转子铁心

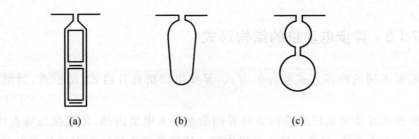

(a)   (b)   (c)

图 7.5   转子冲片上的槽形图

固定在转轴上,或固定在转子支架上,转子支架再套在转轴上。

如果是绕线式异步电动机,则转子绕组也是三相绕组,它可以连接成丫形或△形。一般小容量电动机连接成△形,中、大容量电动机都连接成丫形。转子绕组的三条引线分别接到三个滑环上,用一套电刷装置引出来,如图 7.6 所示。这就可以把静止的外接电路串联到转子绕组回路里去,其目的是改善电动机的特性或是为了调速,以后再详细介绍。

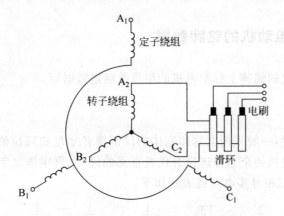

图 7.6   绕线式异步电动机定、转子绕组接线方式

鼠笼式绕组与定子绕组大不相同,它是一个自己短路的绕组。在转子的每个槽里放上一根导体,每根导体都比铁心长,在铁心的两端用两个端环把所有的导条都短路起来,形成一个自己短路的绕组。如果把转子铁心拿掉,则可看出,剩下的绕组形状像一个松鼠笼子,如图 7.7(a)所示,因此叫鼠笼转子。导条的材料有用铜的,也有用铝的。如果用的是铜料,就需要把事先做好的裸铜条插入转子铁心上的槽里,再用铜端环套在伸出两端的铜条上,最后焊在一起,如图 7.7(b)所示。如果用的是铝料,就用熔化了的铝液直接浇铸在转子铁心上的槽里,连同端环、风扇一次铸成,如图 7.7(c)所示。

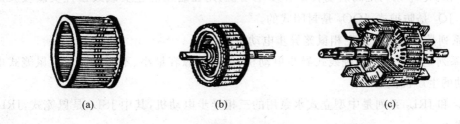

(a)   (b)   (c)

图 7.7   鼠笼转子

7.1.3　异步电动机的结构形式

根据不同的冷却方式和保护方式,异步电动机有开启式、防护式、封闭式和防爆式几种。

防护式异步电动机能够防止外界的杂物落入电机内部,并能在与垂直线成 45°角的任何方向防止水滴、铁屑等掉入电机内部。这种电动机的冷却方式是在电动机的转轴上装有风扇,冷空气从端盖的两端进入电动机,冷却定、转子以后再从机座旁边出去。

封闭式异步电动机是电动机内部的空气和机壳外面的空气彼此相互隔开。电动机内部的热量通过机壳的外表面散出去。为了提高散热效果,在电动机外面的转轴上装上风扇和风罩,并在机座的外表面铸出许多冷却片。这种电动机多用在灰尘较多的场所。

防爆式异步电动机是一种全封闭的电动机,它把电动机内部和外界的易燃、易爆气体隔开,多用于有汽油、酒精、天然气、煤气等易爆性气体的场所。

7.1.4　异步电动机的铭牌数据

三相异步电动机的铭牌上标明电机的型号及额定数据等。

1. 型号

电机产品的型号,一般采用大写印刷体的汉语拼音字母和阿拉伯数字组成。其中汉语拼音字母是根据电机的全名称选择有代表意义的汉字,再用该汉字的第一个拼音字母组成。例如 Y 系列三相异步电动机表示如下:

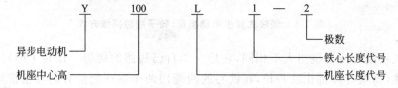

我国生产的异步电动机种类很多,下面列出一些常见的产品系列。

Y 系列为小型鼠笼全封闭自冷式三相异步电动机,用于金属切削机床、通用机械、矿山机械、农业机械等,也可用于拖动静止负载或惯性负载较大的机械,如压缩机、传送带、磨床、锤击机、粉碎机、小型起重机、运输机械等。目前,Y_2 系列也已问世。

JQ_2 和 JQO_2 系列是高启动转矩异步电动机,用在启动静止负载或惯性负载较大的机械上。JQ_2 是防护式,JQO_2 是封闭式的。

JS 系列是中型防护式三相鼠笼异步电动机。

JR 系列是防护式三相绕线式异步电动机,用在电源容量小、不能用同容量鼠笼式电动机启动的生产机械上。

JSL_2 和 JRL_2 系列是中型立式水泵用的三相异步电动机,其中 JSL_2 是鼠笼式,JRL_2 是绕线式。

JZ₂ 和 JZR₂ 系列是起重和冶金用的三相异步电动机,JZ₂ 是鼠笼式,JZR₂ 是绕线式。

JD₂ 和 JDO₂ 系列是防护式和封闭式多速异步电动机。

BJO₂ 系列是防爆式鼠笼异步电动机。

JPZ 系列是旁磁式制动异步电动机。

JZZ 系列是锥形转子制动异步电动机。

JZT 系列是电磁调速异步电动机。

其他类型的异步电动机可参阅产品目录。

2. 额定值

异步电动机的额定值包含下列内容。

(1) 额定功率 P_N 指电动机在额定运行时轴上输出的机械功率,单位为 kW。

(2) 额定电压 U_N 指额定运行状态下加在定子绕组上的线电压,单位为 V。

(3) 额定电流 I_N 指电动机在定子绕组上加额定电压、轴上输出额定功率时,定子绕组中的线电流,单位为 A。

(4) 额定频率 f_1 我国规定工业用电的频率是 50Hz。异步机定子边的量加下标 1 表示,转子边的量加下标 2 表示。

(5) 额定转速 n_N 指电动机定子加额定频率的额定电压,且轴端输出额定功率时电机的转速,单位为 r/min。

(6) 额定功率因数 $\cos\varphi$ 指电动机在额定负载时,定子边的功率因数。

(7) 绝缘等级与温升。

各种绝缘材料耐温的能力不一样,按照不同的耐热能力,绝缘材料可分为一定等级。温升是指电动机运行时高出周围环境的温度值。我国规定环境最高温度为 40℃。

电动机的额定输出转矩可以由额定功率、额定转速计算,公式为

$$T_{2N} = 9550 \frac{P_N}{n_N}$$

其中,功率的单位为 kW,转速的单位为 r/min,转矩的单位为 N·m。

此外,铭牌上还标明了工作方式、连接方法等。对绕线式异步电动机还要标明转子绕组的接法、转子绕组额定电动势 E_{2N}(指定子绕组加额定电压、转子绕组开路时滑环之间的电动势)和转子的额定电流 I_{2N}。

如何根据电机的铭牌进行定子的接线?如果电动机定子绕组有六根引出线,并已知其首、末端,分几种情况讨论。

(1) 当电动机铭牌上标明"电压 380/220V,接法丫/△"时,这种情况下,究竟是接成丫或△,要看电源电压的大小。如果电源电压为 380V,则接成丫接;电源电压为 220V 时,则接成△接。注意,不可乱接。

(2) 当电动机铭牌上标明"电压 380V,接法△"时,则只有△接法。但是,在电动机启动过程中,可以接成丫接,接在 380V 电源上,启动完毕,恢复△接法。

对有些高压电动机,往往定子绕组有三根引出线,只要电源电压符合电动机铭牌电压值,便可使用。

例题 7-1 已知一台三相异步电动机的额定功率 $P_N = 4kW$,额定电压 $U_N = 380V$,额定功率因数 $\cos\varphi_N = 0.77$,额定效率 $\eta_N = 0.84$,额定转速 $n_N = 960r/min$,求额定电流 I_N。

解 额定电流为

$$I_N = \frac{P_N}{\sqrt{3}\,U_N \cos\varphi_N \eta_N} = \frac{4 \times 10^3}{\sqrt{3} \times 380 \times 0.77 \times 0.84} = 9.4A$$

7.1.5 异步电动机的工作原理

三相异步电动机定子接三相电源后,电机内便形成圆形旋转磁通势,圆形旋转磁密,

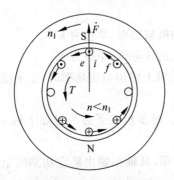

图 7.8 异步电动机工作原理

设其方向为逆时针转,如图 7.8 所示。若转子不转,转子鼠笼导条与旋转磁密有相对运动,导条中有感应电动势 e,方向由右手定则确定。由于转子导条彼此在端部短路,于是导条中有电流 i,不考虑电动势与电流的相位差时,电流方向同电动势方向。这样,导条就在磁场中受力 f,用左手定则确定受力方向,如图 7.8 所示。转子受力,产生转矩 T,便为电磁转矩,方向与旋转磁通势同方向,转子便在该方向上旋转起来。

转子旋转后,转速为 n,只要 $n < n_1$(n_1 为旋转磁通势同步转速),转子导条与磁场仍有相对运动,产生与转子不转时相同方向的电动势、电流及受力,电磁转矩 T 仍旧

为逆时针方向,转子继续旋转,稳定运行在 $T = T_L$ 情况下。

7.2   三相异步电动机转子不转、转子绕组开路时的电磁关系

正常运行的异步电动机,转子总是旋转的。为了便于理解,先从转子不转时进行分析,再分析转子旋转的情况。下面分析中,先讨论绕线式异步电动机,再讨论鼠笼式异步电动机。

7.2.1   规定正方向

图 7.9 所示为一台绕线式三相异步电动机,定、转子绕组都是Y接,定子绕组接在三相对称电源上,转子绕组开路。其中图(a)是定、转子三相等效绕组在定、转子铁心中的布置图。这个图是从电机轴向看进去,应该想象它的铁心和导体都有一定的轴向长度,用 l 表示。图(b)仅仅画出定、转子三相绕组的连接方式,并在图中标明各有关物理量的规定正方向。这两个图是一致的,是从不同的角度画出的,应当弄清楚。

图 7.9 中,$\dot{U}_1$、$\dot{E}_1$、$\dot{I}_1$ 分别是定子绕组的相电压、相电动势和相电流;$\dot{U}_2$、$\dot{E}_2$、$\dot{I}_2$ 分别是转子绕组的相电压、相电动势和相电流;图中的箭头指向表示各量的正方向。还规定

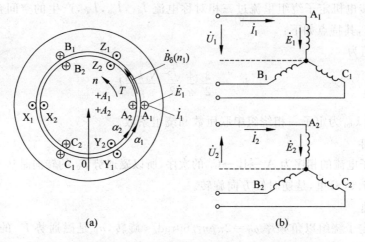

图 7.9 转子绕组开路时三相绕线式异步电动机的规定正方向

磁通势、磁通和磁密都是从定子出来而进入转子的方向为它们的正方向。另外,把定、转子空间坐标轴的纵轴都选在 A 相绕组的轴线处,如图 7.9(a)中的 $+A_1$ 和 $+A_2$。其中 $+A_1$ 是定子空间坐标轴;$+A_2$ 是转子空间坐标轴。为了方便起见,假设 $+A_1$,$+A_2$ 两个轴重叠在一起。

7.2.2 磁通及磁通势

1. 励磁磁通势

当三相异步电动机定子绕组接到三相对称电源上时,定子绕组里就会有三相对称电流流过,它们的有效值分别用 I_{0A},I_{0B},I_{0C} 表示。由于对称,只考虑 A 相电流 $\dot{I}_{0A}$ 即可。为了方便起见,A 相电流下标中的 A 不标,用 $\dot{I}_0$ 表示,并画在图 7.10(a)的时间参考轴上。从对交流绕组产生磁通势的分析中知道,三相对称电流流过三相对称绕组能产生合成旋转磁通势。

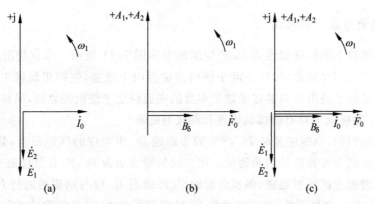

图 7.10 励磁电流、励磁磁通势以及定、转子绕组电动势相矢量图

三相异步电机定子绕组里流过三相对称电流 $\dot{I}_{0A}$，$\dot{I}_{0B}$，$\dot{I}_{0C}$，产生的空间合成旋转磁通势用 $\dot{F}_0$ 表示，其特点如下：

（1）幅值为

$$F_0 = \frac{3}{2}\frac{4}{\pi}\frac{\sqrt{2}}{2}\frac{N_1 k_{dp1}}{p}I_0$$

式中 N_1 和 k_{dp1} 为定子一相绕组串联匝数和绕组系数。

（2）转向

由于定子电流的相序为 $A_1 \rightarrow B_1 \rightarrow C_1$ 的次序，所以磁通势 $\dot{F}_0$ 的转向是从 $+A_1 \rightarrow +B_1 \rightarrow +C_1$。在图 7.9(a)里，是逆时针方向旋转。

（3）转速

相对于定子绕组以角频率 $\omega_1 = 2\pi p n_1/60 \text{rad/s}$ 旋转，n_1 是磁通势 $\dot{F}_0$ 的同步转速，单位是 r/min。

（4）瞬间位置

图 7.10(a)中定子 A_1 相电流 $\dot{I}_0$ 再过 90°时间电角度，就转到 $+j$ 轴上，即达到正最大值，那时，三相合成旋转磁通势 $\dot{F}_0$ 就应在 $+A_1$ 轴上，所以，画图的瞬间，三相合成旋转磁通势 $\dot{F}_0$ 就应画在图 7.10(b) $+A_1$ 轴后面 90°空间电角度的位置。

为了方便起见，在下面的分析中，把时间参考轴 $+j$，空间坐标轴 $+A_1$，$+A_2$ 三者重叠在一起，如图 7.10(c)所示，称为时间空间相矢量图，简称时空相矢量图。显然，磁通势 $\dot{F}_0$ 正好与 $\dot{I}_0$ 同方向。尽管 $\dot{F}_0$ 与 $\dot{I}_0$ 间角度为零（同方向）没有任何物理意义，但画图时还是很方便的。

由于转子绕组开路，不可能有电流，当然也不会产生转子磁通势。这时作用在磁路上只有定子磁通势 $\dot{F}_0$，于是，$\dot{F}_0$ 就要在电机的磁路里产生磁通。为此，$\dot{F}_0$ 也叫励磁磁通势，电流 $\dot{I}_0$ 叫励磁电流。

转子不转的三相异步电机，相当于一台二次绕组开路的三相变压器，其中定子绕组是一次绕组，转子绕组是二次绕组，只是在磁路中，异步电机定、转子铁心中多了一个空气隙磁路而已。

2. 主磁通与定子漏磁通

作用在磁路上的励磁磁通势 $\dot{F}_0$ 产生的磁通如图 7.11 所示。像双绕组变压器那样，我们把通过气隙同时链着定、转子两个绕组的磁通叫主磁通，气隙里每极主磁通量用 Φ_1 表示。把不链转子绕组而只链定子绕组本身的磁通叫定子绕组漏磁通，简称定子漏磁通，用 Φ_{S1} 表示。漏磁通主要有槽部漏磁通和端接漏磁通。

气隙是均匀的，励磁磁通势 $\dot{F}_0$ 产生的主磁通 Φ_1 所对应的气隙磁密，是一个在气隙中在空间按正弦分布并旋转的磁密波。用空间矢量表示为 $\dot{B}_\delta$，B_δ 是气隙磁密的最大值。

暂时不考虑主磁路里磁滞、涡流的影响，气隙磁密 $\dot{B}_\delta$ 应与励磁磁通势 $\dot{F}_0$ 同方向，见图 7.10(b)与(c)，这是因为，励磁磁通势 $\dot{F}_0$ 的幅值所在处，该处气隙磁密也为最大值。

气隙里每极主磁通 Φ_1 为

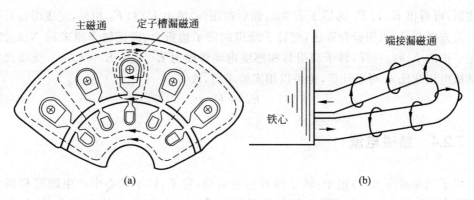

图7.11 异步电动机的主磁通与漏磁通

$$\Phi_1 = \frac{2}{\pi} B_\delta \tau l$$

式中　$\frac{2}{\pi} B_\delta$ 为气隙平均磁密;

　　　τ 为定子的极距;

　　　l 为电机轴向的有效长度。

7.2.3 感应电动势

　　旋转着的气隙每极主磁通 Φ_1 在定、转子绕组中感应电动势的有效值分别为 E_1 和 E_2（理解为 A_1 相和 A_2 相的相电动势）。

$$E_1 = 4.44 f_1 N_1 k_{dp1} \Phi_1$$
$$E_2 = 4.44 f_1 N_2 k_{dp2} \Phi_1$$

式中　N_2 和 k_{dp2} 分别为转子绕组每相串联匝数和绕组系数。

　　定子、转子每相电动势之比叫电压变比,用 k_e 表示,即

$$k_e = \frac{E_1}{E_2} = \frac{N_1 k_{dp1}}{N_2 k_{dp2}}$$

　　下面分析 $\dot{B}_\delta$ 与 $\dot{E}_1$，$\dot{E}_2$ 之间的相对关系。图6.5是某瞬间气隙磁密波与整距线匝中感应电动势的相对关系。由于坐标的选择不影响物理本质,为方便起见,把图6.5中空间坐标沿 α 增加方向移动90°,并把纵坐标叫 $+A$,可见,这时 $\dot{B}_\delta$ 矢量正好位于 $+A$ 上。如果再把 $+A$ 与 $+j$ 轴重叠画在一起,则矢量 $\dot{B}_\delta$ 与相量 $\dot{E}_1$，$\dot{E}_2$ 之间相差90°角度,$\dot{B}_\delta$ 在前,$\dot{E}_1$，$\dot{E}_2$ 在后(注意,这个90°角度没有物理意义,只是作图方便而已)。这个结论与线圈匝数没关系,因此,图6.5中整距线圈可以认为是一相绕组的等效串联匝数。

　　由于图7.9(a)的正方向与图6.5(a)的正方向一样,因此,三相异步电动机空间气隙磁密 $\dot{B}_\delta$ 及其在绕组中的感应电动势 $\dot{E}_1$ 和 $\dot{E}_2$ 之间的关系也具有同样的结论,即只要将 $+j$ 轴与 $+A_1$，$+A_2$ 重合,气隙磁密矢量 $\dot{B}_\delta$ 一定领先电动势 $\dot{E}_1$，$\dot{E}_2$ 90°,$\dot{E}_1$ 和 $\dot{E}_2$ 相位相同。

　　已知 $\dot{E}_1$ 和 $\dot{E}_2$ 的大小及相位后,可在图7.10(c)的时间空间相矢量图上画出来,由于此瞬间 $\dot{B}_\delta$ 还差90°才到 $+A_1$ 和 $+A_2$ 轴上,因此,$\dot{E}_1$ 和 $\dot{E}_2$ 还差180°才到 $+j$ 轴上。图(c)

完成后，可看出 $\dot{E}_1$ 与 $\dot{E}_2$ 落后于 $\dot{I}_0$ 90°，而后在图(a)填上 $\dot{E}_1$ 和 $\dot{E}_2$ 相量，完成图(a)。

为方便起见，采用折合算法，把转子绕组向定子边折合，即把转子原来的 $N_2 k_{dp2}$ 看成和定子边的 $N_1 k_{dp1}$ 一样，转子绕组每相感应电动势便为 $\dot{E}_2'$，$\dot{E}_2' = \dot{E}_1 = k_e \dot{E}_2$。绕线式异步电动机电压变比 k_e 可以计算，也可以用实验求出，故

$$\dot{E}_1 = \dot{E}_2' \tag{7-1}$$

7.2.4　励磁电流

由于气隙磁密 $\dot{B}_\delta$ 与定子、转子都有相对运动，定子、转子铁心中产生磁滞和涡流损耗，即铁损耗。与变压器一样，这部分损耗是电源送入的，励磁电流也由 I_{0a} 和 I_{0r} 两分量组成。I_{0a} 提供铁损耗，是有功分量；I_{0r} 建立磁通势，产生磁通 Φ_1，是无功分量，因此

$$\dot{I}_0 = \dot{I}_{0a} + \dot{I}_{0r}$$

有功分量 I_{0a} 很小，因此 $\dot{I}_0$ 领先 $\dot{I}_{0r}$ 一个不大的角度。在时间空间相矢量图上，$\dot{I}_0$ 与 $\dot{F}_0$ 相位相同，$\dot{I}_{0r}$ 与 $\dot{B}_\delta$ 相位一样，$\dot{I}_0$ 和 $\dot{F}_0$ 领先 $\dot{B}_\delta$ 一个不大的角度，如图 7.12 所示。

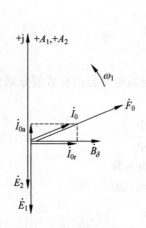

图 7.12　考虑铁损耗后的励磁电流、磁通势与绕组电动势的时空相矢量图

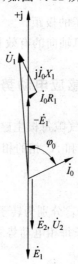

图 7.13　转子绕组开路时的相量图

7.2.5　电压方程式

定子绕组漏磁通在定子绕组里的感应电动势，用 $\dot{E}_{s1}$ 表示，叫定子漏电动势。一般来说，由于漏磁通走的磁路大部分是空气，因此漏磁通本身比较小，并且由漏磁通产生的漏电动势其大小与定子电流 I_0 成正比。用第 5 章变压器里学过的方法，把漏磁通在定子绕组里的感应漏电动势看成是定子电流 I_0 在漏电抗 X_1 上的压降。根据图 7.9(b)中规定的电动势、电流正方向，$\dot{E}_{s1}$ 在相位上要滞后 $\dot{I}_0$ 90°时间电角度，写成

$$\dot{E}_{s1} = -j\dot{I}_0 X_1$$

式中　X_1 为定子每相的漏电抗,它主要包括定子槽漏抗、端接漏抗。上式右边不带负号,

即 $j\dot{I}_0 X_1$ 就是电流 $\dot{I}_0$ 在电抗 X_1 上的压降。

这里要说明一下,X_1 虽然是定子一相的漏电抗,但是,它所对应的漏磁通却是由三相电流共同产生的。有了漏电抗这个参数,就能把电流产生磁通,磁通又在绕组中感应电动势的复杂关系,简化成电流在电抗上的压降形式,这对以后的分析计算都很方便。定子绕组电阻 R_1 上的压降为 $\dot{I}_0 R_1$。

根据图 7.9(b)所给各量的正方向,可以列出定子一相回路的电压方程式为

$$\begin{aligned}
\dot{U}_1 &= -\dot{E}_1 + \dot{I}_0 R_1 - \dot{E}_{s1} \\
&= -\dot{E}_1 + \dot{I}_0 R_1 + j\dot{I}_0 X_1 \\
&= -\dot{E}_1 + \dot{I}_0 (R_1 + jX_1) \\
&= -\dot{E}_1 + \dot{I}_0 Z_1
\end{aligned}$$

式中　$Z_1 = R_1 + jX_1$,为定子一相绕组的漏阻抗。

上式用相量表示时,画成相量图如图 7.13 所示。

异步电机转子绕组开路时的电压方程式以及相量图,与三相变压器副绕组开路时的情况完全一样。

7.2.6　等效电路

与三相变压器空载时一样,也能找出并联或串联的等效电路。如果用励磁电流 $\dot{I}_0$ 在参数 Z_m 上的压降表示 $-\dot{E}_1$,则

$$-\dot{E}_1 = \dot{I}_0 (R_m + jX_m) = \dot{I}_0 Z_m \tag{7-2}$$

式中　$Z_m = R_m + jX_m$ 为励磁阻抗;

R_m 为励磁电阻,它是等效铁损耗的参数;

X_m 为励磁电抗。

于是,定子一相电压平衡等式为

$$\begin{aligned}
\dot{U}_1 &= -\dot{E}_1 + \dot{I}_0 (R_1 + jX_1) \\
&= \dot{I}_0 (R_m + jX_m) + \dot{I}_0 (R_1 + jX_1) \\
&= \dot{I}_0 (Z_m + Z_1)
\end{aligned}$$

转子回路电压方程式为

$$\dot{U}_2 = \dot{E}_2$$

图 7.14 所示为这种情况下的等效电路。

这种情况下电磁关系示意如下:

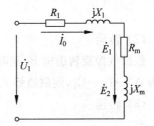

图 7.14　转子绕组开路时异步电动机的等效电路

$$\dot{U}_1 \rightarrow \dot{I}_0 \begin{cases} \dot{I}_0 R_1 \\ \Phi_{s1} \rightarrow \dot{E}_{s1} = -j\dot{I}_0 X_1 \\ \Phi_1 \begin{cases} \dot{E}_1 \\ \dot{E}_2 \end{cases} \end{cases} \begin{array}{l} \dot{U}_1 = -\dot{E}_1 + \dot{I}_0 (R_1 + jX_1) \\ \dot{U}_2 = \dot{E}_2 \end{array}$$

7.3　三相异步电动机转子堵转时的电磁关系

7.3.1　磁通势与磁通

1. 磁通势

图 7.15 是异步电动机转子三相绕组短路的接线图,定子接额定电压,转子堵住不转,各量的正方向标在图中。既然转子绕组自己短路,它的线电压为零,由于对称,相电压也为零,即 $U_2 = 0$。转子绕组感应电动势 $\dot{E}_2$ 并不为零,于是在转子三相绕组里产生三相对称电流,每相电流的有效值用 I_2 表示。这种情况与第 5 章介绍过的变压器二次绕组短路情况类似。

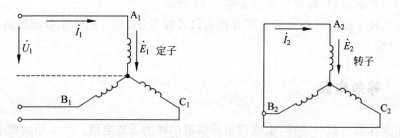

图 7.15　转子短路并堵转的三相异步电动机

在三相对称的转子绕组里流过三相对称电流 $\dot{I}_2$ 时,产生的转子空间旋转磁通势 $\dot{F}_2$ 的特点分析如下。

（1）幅值

$$F_2 = \frac{3}{2} \frac{4}{\pi} \frac{\sqrt{2}}{2} \frac{N_2 k_{\mathrm{dp2}}}{p} I_2$$

（2）转向

假设气隙旋转磁密 $\dot{B}_\delta$ 逆时针方向旋转,在转子绕组里感应电动势及产生电流 I_2 的相序为 $A_2 \to B_2 \to C_2$,则磁通势 $\dot{F}_2$ 也是逆时针方向旋转的,即从 $+A_2$ 转到 $+B_2$,再转到 $+C_2$。

（3）转速

相对于转子绕组的转速为 $n_2 = \dfrac{60 f_2}{p} = \dfrac{60 f_1}{p} = n_1$,因为转子电流的频率 $f_2 = f_1$。用角频率表示时,为 $\omega_2 = 2\pi p n_2 / 60 = \omega_1 (\mathrm{rad/s})$。

（4）瞬间位置

同样把转子电流 $\dot{I}_2$ 理解为转子边 A_2 相绕组里的电流。当 $\dot{I}_2$ 达正最大值时,即在 $+\mathrm{j}$ 轴上,那时转子旋转磁通势 $\dot{F}_2$ 应转到 A_2 相绕组的轴线处,即 $+A_2$ 轴上。可见,画时空相矢量图时,应该使磁通势 $\dot{F}_2$ 与 $\dot{I}_2$ 重合,见图 7.16。

与二次绕组短路的三相变压器一样,当异步电机转子绕组短路时,定子边电流不再是

$\dot{I}_0$,用 $\dot{I}_1$ 表示。由定子电流 $\dot{I}_1$ 产生的气隙空间旋转磁通势用 $\dot{F}_1$ 表示,叫定子旋转磁通势。

定子旋转磁通势 $\dot{F}_1$ 的特点分析如下。

(1) 幅值

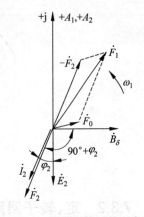

$$F_1 = \frac{3}{2} \frac{4}{\pi} \frac{\sqrt{2}}{2} \frac{N_1 k_{dp1}}{p} I_1$$

(2) 转向

沿逆时针方向旋转。

(3) 转速

相对于定子绕组的角频率为 ω_1,用转速表示为 n_1。

(4) 瞬间位置

当定子 A_1 相电流 $\dot{I}_1$ 达正最大值时,$\dot{F}_1$ 应在 A_1 相绕组的轴线处。画时空相矢量图时,$\dot{F}_1$ 应与 $\dot{I}_1$ 重合。

图 7.16 转子堵转时转子电动势、电流以及磁通势的时空相矢量图

转子绕组短路的三相异步电机,作用在磁路上的磁通势有两个:一为定子旋转磁通势 $\dot{F}_1$;一为转子旋转磁通势 $\dot{F}_2$。由于它们的旋转方向相同,转速又相等,只是一前一后地旋转着,称为同步旋转。

既然它们是同步旋转,又作用在同一个磁路上,把它们按矢量的关系加起来,得到合成的磁通势仍用 $\dot{F}_0$ 表示,即

$$\dot{F}_1 + \dot{F}_2 = \dot{F}_0$$

这个合成的旋转磁通势 $\dot{F}_0$,才是产生气隙每极主磁通 Φ_1 的磁通势。主磁通 Φ_1 在定、转子绕组里感应电动势 $\dot{E}_1$ 和 $\dot{E}_2$。

由此可见,转子绕组短路后,气隙里的主磁通 Φ_1 是由定、转子旋转磁通势共同产生的。这和转子绕组开路时的情况不大一样。

2. 漏磁通

定子电流为 $\dot{I}_1$ 时产生的漏磁通,表现的漏电抗仍为 X_1,由于漏磁路是线性的,X_1 为常数。

同样,转子绕组中有电流 $\dot{I}_2$ 时,也要产生漏磁通,如图 7.17 所示,表现的电抗为 X_2(转子不转时,转子一相的漏电抗)。

对绕线式异步电动机,当然也是三相转子电流在产生一相的漏电抗时都起作用。一般情况下,转子漏电抗 X_2 也是一个常数。只有当定、转子电流非常大时,例如直接启动异步电动机,由于启动电流很大(约为额定电流的 4~7 倍),这时定、转子的漏磁路也会出现饱和现象,使定、转子漏电抗 X_1,X_2 数值变小。

在异步电动机里,把磁通分成主磁通和漏磁通的方法与变压器的分析方法是一样的。但是要注意,变压器中的主磁通 Φ 是脉振磁通,Φ_m 是它的最大振幅,在异步电动机中,气隙里主磁通 Φ_1 却是旋转磁通,它对应的磁密波沿气隙圆周方向是正弦分布,以同步速 n_1 相对于定子在旋转,Φ_1 表示气隙里每极的磁通量。

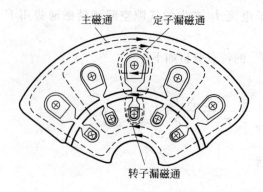

图 7.17 漏磁通

7.3.2 定、转子回路方程

当转子绕组里有电流 $\dot{I}_2$ 时,在转子绕组每相电阻 R_2 上的压降为 $\dot{I}_2 R_2$,在每相漏电抗 X_2 上的压降为 $j\dot{I}_2 X_2$。于是转子绕组一相的回路电压方程式根据图 7.15 给定的正方向为

$$0 = \dot{E}_2 - \dot{I}_2(R_2 + jX_2) = \dot{E}_2 - \dot{I}_2 Z_2 \tag{7-3}$$

式中 $Z_2 = R_2 + jX_2$ 为转子绕组的漏阻抗。

转子相电流 $\dot{I}_2$ 为

$$\dot{I}_2 = \frac{\dot{E}_2}{R_2 + jX_2} = \frac{E_2}{\sqrt{R_2^2 + X_2^2}} \, e^{-j\varphi_2}$$

$$\varphi_2 = \arctan \frac{X_2}{R_2}$$

式中 φ_2 为转子绕组回路的功率因数角。

上式中,$\dot{E}_2, \dot{I}_2, X_2$ 等的频率都是 $f_2 = f_1$,即与定子同频率。在图 7.16 中,转子电流 $\dot{I}_2$ 滞后电动势 $\dot{E}_2$ φ_2 时间电角度。图中磁通势 $\dot{F}_2$ 与 $\dot{I}_2$ 同方向。

把合成的励磁磁通势 $\dot{F}_0$、气隙旋转磁密 $\dot{B}_\delta$ 都画在图 7.16 中。

根据定、转子磁通势合成关系,有

$$\dot{F}_1 + \dot{F}_2 = \dot{F}_0$$

改写成

$$\dot{F}_1 = \dot{F}_0 + (-\dot{F}_2)$$

这就可以认为定子旋转磁通势 $\dot{F}_1$ 里包含着两个分量:一个分量是大小等于 F_2,而方向与 $\dot{F}_2$ 相反,用 $(-\dot{F}_2)$ 表示,它的作用是抵消转子旋转磁通势 $\dot{F}_2$ 对主磁通的影响;另一分量就是励磁磁通势 $\dot{F}_0$,用来产生气隙旋转磁密 $\dot{B}_\delta$。把三个磁通势 $\dot{F}_1, (-\dot{F}_2), \dot{F}_0$ 都画在图 7.16 中。由于这种情况下定子磁通势已变为 $\dot{F}_1$,定子绕组里的电流也就变为 $\dot{I}_1$。

定子回路的电压方程式为

$$\dot{U}_1 = -\dot{E}_1 + \dot{I}_1(R_1 + jX_1) \tag{7-4}$$

例题 7-2 有一台三相四极 50Hz 的绕线式异步电动机,转子每相电阻 $R_2 = 0.02\Omega$,转子不转时每相的漏电抗 $X_2 = 0.08\Omega$,电压变比 $k_e = \dfrac{E_1}{E_2} = 10$。当 $E_1 = 200V$ 时,求转子不转时的转子一相电动势 E_2、转子相电流 I_2 以及转子功率因数 $\cos\varphi_2$。

解 (1)转子相电动势

$$E_2 = \frac{E_1}{k_e} = \frac{200}{10} = 20V$$

(2)转子相电流

$$I_2 = \frac{E_2}{\sqrt{R_2^2 + X_2^2}} = \frac{20}{\sqrt{0.02^2 + 0.08^2}} = 242.5A$$

(3)功率因数

$$\cos\varphi_2 = \frac{R_2}{\sqrt{R_2^2 + X_2^2}} = \frac{0.02}{\sqrt{0.02^2 + 0.08^2}} = 0.243$$

7.3.3 转子绕组的折合

异步电动机定、转子之间没有电路上的连接,只有磁路的联系,这点和变压器的情况相类似。从定子边看转子只有转子旋转磁通势 $\dot{F}_2$ 与定子旋转磁通势 $\dot{F}_1$ 起作用,只要维持转子旋转磁通势 $\dot{F}_2$ 的大小、相位不变,至于转子边的电动势、电流以及每相串联有效匝数是多少都无关紧要。根据这个道理,假设把实际电动机的转子抽出,换上一个新转子,它的相数、每相串联匝数以及绕组系数都分别和定子的一样(三相、N_1、k_{dp1})。这时在新换的转子中,每相的感应电动势为 E_2'、电流为 I_2',转子漏阻抗为 $Z_2' = R_2' + jX_2'$,但产生的转子旋转磁通势 $\dot{F}_2$ 却和原转子产生的一样。虽然换成了新转子,但转子旋转磁通势 $\dot{F}_2$ 并没有改变,所以不影响定子边,这就是进行折合的依据。

根据定、转子磁通势的关系

$$\dot{F}_1 + \dot{F}_2 = \dot{F}_0$$

可以写成

$$\frac{3}{2}\frac{4}{\pi}\frac{\sqrt{2}}{2}\frac{N_1 k_{dp1}}{p}\dot{I}_1 + \frac{m_2}{2}\frac{4}{\pi}\frac{\sqrt{2}}{2}\frac{N_2 k_{dp2}}{p}\dot{I}_2 = \frac{3}{2}\frac{4}{\pi}\frac{\sqrt{2}}{2}\frac{N_1 k_{dp1}}{p}\dot{I}_0$$

令

$$\frac{m_2}{2}\frac{4}{\pi}\frac{\sqrt{2}}{2}\frac{N_2 k_{dp2}}{p}\dot{I}_2 = \frac{3}{2}\frac{4}{\pi}\frac{\sqrt{2}}{2}\frac{N_1 k_{dp1}}{p}\dot{I}_2' \tag{7-5}$$

这样可得

$$\frac{3}{2}\frac{4}{\pi}\frac{\sqrt{2}}{2}\frac{N_1 k_{dp1}}{p}\dot{I}_1 + \frac{3}{2}\frac{4}{\pi}\frac{\sqrt{2}}{2}\frac{N_1 k_{dp1}}{p}\dot{I}_2' = \frac{3}{2}\frac{4}{\pi}\frac{\sqrt{2}}{2}\frac{N_1 k_{dp1}}{p}\dot{I}_0$$

简化为

$$\dot{I}_1 + \dot{I}_2' = \dot{I}_0 \tag{7-6}$$

至于电流 $\dot{I}_2'$ 与原来电流 $\dot{I}_2$ 的关系,可以从式(7-5)得到

$$m_2 N_2 k_{dp2}\dot{I}_2 = 3N_1 k_{dp1}\dot{I}_2'$$

224

$$\dot{I}_2' = \frac{m_2}{3} \frac{N_2 k_{dp2}}{N_1 k_{dp1}} \dot{I}_2 = \frac{1}{k_i} \dot{I}_2$$

式中　$k_i = \dfrac{I_2}{I_2'} = \dfrac{3 N_1 k_{dp1}}{m_2 N_2 k_{dp2}} = \dfrac{3}{m_2} k_e$　称为电流变比。

上式中，m_2 是转子绕组的相数，只有绕线式三相异步电动机转子绕组是三相，鼠笼式异步电动机转子绕组一般不是三相，而是 m_2 相。

从式(7-6)看出，本来异步电动机定、转子之间存在着磁通势的联系，没有电路上的直接联系，经过上述的变换，把复杂的相数、匝数和绕组系数统统消掉后，剩下来的是电流之间的联系。从表面上看，好像定、转子之间真的在电路上有了联系，所以式(7-6)的关系只是一种存在于等效电路上的联系。

在计算异步电动机时，如果能求得转子折合电流 $\dot{I}_2'$，只要再知道电流变比 k_i，用 k_i 去乘 $\dot{I}_2'$ 就是原转子的实际电流 $\dot{I}_2$。电流变比 k_i 除了用计算的方法得到外，也能用试验的方法求得。

以上把异步电动机转子绕组的实际相数 m_2、匝数 N_2 和绕组系数 k_{dp2} 看成和定子的相数 3、匝数 N_1 和绕组系数 k_{dp1} 完全一样的办法，称为转子绕组向定子绕组折合，$\dot{I}_2'$ 称转子折合电流。

前面已经介绍过，折合过的转子绕组感应电动势为 $\dot{E}_2'$。

既然对异步电动机的转子相数、匝数和绕组系数都进行了折合，折合后的电动势为 $\dot{E}_2'$，电流为 $\dot{I}_2'$，显然新转子的漏阻抗 $Z_2 = R_2 + jX_2$ 也存在着折合的问题，不应再是原来的漏阻抗。转子绕组漏阻抗的折合值，用 $Z_2' = R_2' + jX_2'$ 表示，于是转子回路的电压方程式由式(7-3)变为

$$0 = \dot{E}_2' - \dot{I}_2'(R_2' + jX_2') \tag{7-7}$$

Z_2' 与 Z_2 的关系为

$$Z_2' = R_2' + jX_2' = \frac{\dot{E}_2'}{\dot{I}_2'} = \frac{k_e \dot{E}_2}{\dfrac{\dot{I}_2}{k_i}} = k_e k_i (R_2 + jX_2)$$

$$= k_e k_i R_2 + j k_e k_i X_2$$

于是折合后转子漏阻抗与折合前转子漏阻抗的关系为

$$R_2' = k_e k_i R_2$$
$$X_2' = k_e k_i X_2$$

阻抗角

$$\varphi_2' = \arctan \frac{X_2'}{R_2'} = \arctan \frac{k_e k_i X_2}{k_e k_i R_2} = \varphi_2$$

可见，折合前后漏阻抗的阻抗角没有改变。

折合前后的功率关系不变。例如转子里的铜损耗，用折合后的关系表示为

$$3 {I_2'}^2 R_2' = 3 \left(\frac{I_2}{k_i} \right)^2 k_e k_i R_2 \frac{m_2}{m_2} = m_2 I_2^2 R_2$$

折合前后的无功功率也不变。例如转子漏抗上的无功功率,用折合后的关系式表示为

$$3I_2'^2 X_2' = 3\left(\frac{I_2}{k_i}\right)^2 k_e k_i X_2 \frac{m_2}{m_2} = m_2 I_2^2 X_2$$

它说明了折合前后在转子绕组电阻里的损耗不变,在电抗里的无功功率也不变。

7.3.4 基本方程式、等效电路和相量图

异步电动机进行折合后,前面列出的式(7-4)、式(7-2)、式(7-1)、式(7-7)和式(7-6)是当电动机转子不转而转子绕组短路时的五个基本方程式,再把它们列写如下:

$$\dot{U}_1 = -\dot{E}_1 + \dot{I}_1(R_1 + jX_1)$$
$$-\dot{E}_1 = \dot{I}_0(R_m + jX_m)$$
$$\dot{E}_1 = \dot{E}_2'$$
$$\dot{E}_2' = \dot{I}_2'(R_2' + jX_2')$$
$$\dot{I}_1 + \dot{I}_2' = \dot{I}_0$$

根据以上五个方程式,可画出如图 7.18 所示的等效电路。

图 7.19 是根据上述五个基本方程式画出的转子不转时转子绕组短路的相量图。

异步电动机定、转子漏阻抗标幺值都是比较小的,如果在它的定子绕组加上额定电压,这时定、转子的电流都很大,大约是额定电流的 $4 \sim 7$ 倍。这就是异步电动机加额定电压直接启动而转速等于零的瞬间情况。如果使电动机长期工作在这种状态,则有可能将电机烧坏。

有时为了测量异步电动机的参数,采用转子绕组短路并堵转实验。为了不使电动机定、转子过电流,必须把加在定子绕组上的电压降低,以限制定、转子绕组中的电流。

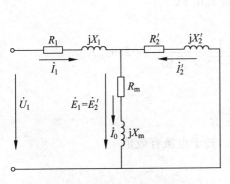

图 7.18 转子堵转、转子绕组
短路时的等效电路

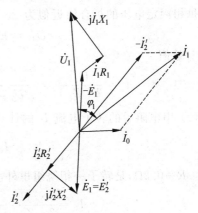

图 7.19 转子堵转、转子绕组
短路时的相量图

226

图 7.20 是在这种情况下电磁关系的示意图。

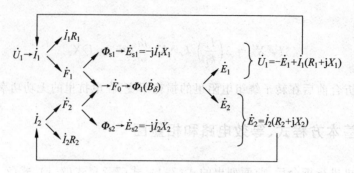

图 7.20 电磁关系示意图

例题 7-3 一台绕线式三相异步电动机,当定子加额定电压而转子开路时,滑环上电压为 260V,转子绕组为Y接,不转时转子每相漏阻抗为 $0.06+j0.2\Omega$(设定子每相漏阻抗 $Z_1=Z_2'$)。

(1)定子加额定电压,求转子不转时转子相电流;

(2)当在转子回路串入三相对称电阻,每相阻值为 0.2Ω 时,计算转子每相电流。

解 计算转子电流,可以采用图 7.18 所示等效电路。由于异步电动机的漏阻抗比励磁阻抗小得多,这种情况下,可以忽略励磁阻抗 Z_m,等效电路如图 7.21 所示。

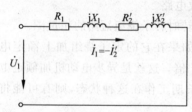

图 7.21 简化后的等效电路

本题所计算的量系电机转子边的量,为此采用把异步电机定子边向转子边折合的数值算。

(1)定子加额定电压,转子不转时转子相电流的计算,转子开路时每相电动势为

$$E_2 = \frac{260}{\sqrt{3}} = 150.1\text{V} \quad (260\text{V 是线电压})$$

定子每相额定电压的折合值近似为

$$U_1' \approx E_1' = E_2 = 150.1\text{V}$$

$\dot{I}_2$ 的有效值

$$I_2 = \frac{U_1'}{2\,|\,Z_2\,|} = \frac{150.1}{\sqrt{(2\times0.06)^2+(2\times0.2)^2}} = 359.2\text{A}$$

(2)串电阻后的转子电流 I_2 的计算

$$\dot{I}_2 = \frac{\dot{U}_1'}{2Z_2+R}$$

式中 $R=0.2\Omega$,是转子一相绕组里外串的电阻。转子电流有效值

$$I_2 = \frac{U_1'}{2\,|\,Z_2\,|+R}$$

$$= \frac{150.1}{\sqrt{(2\times0.06+0.2)^2+(2\times0.2)^2}}$$

$$= 293\text{A}$$

7.4 三相异步电动机转子旋转时的电磁关系

7.4.1 转差率

前面介绍过,当异步电动机定子绕组接到三相对称电源,转子绕组短路时,便有电磁转矩作用在转子上。如果不再把转子堵住,转子就要向气隙旋转磁密 $\dot{B}_\delta$ 旋转的方向转起来,例如为逆时针方向旋转。

下面就会提出这样的问题,异步电机转子受电磁转矩的作用,逆时针方向加速,但最后稳定的转速是多少呢?设想电动机转子的转速 n 恰恰等于同步转速 n_1,即电动机的转子与气隙旋转磁密 $\dot{B}_\delta$ 之间没有相对运动,这时的转子绕组里就没有感应电动势,当然也就没有感应电流。转子电流 I_2 为零,电磁转矩也必定等于零,不可能维持转子的转速,所以转子转速不能达到同步转速 n_1,而是 $n<n_1$。只有 $n<n_1$,转子绕组与气隙旋转磁密之间才有相对运动,才能在转子绕组里感应电动势、电流,产生电磁转矩。可见,异步电动机转子转速 n 总是小于同步转速 n_1 的。异步电动机的名称就是由此而得来的。

当异步电动机转子的转速 n 为某一确定值时,这时产生的电磁转矩 T 恰恰等于作用在电机转轴上的负载转矩(还包括由电机本身摩擦及附加损耗引起的转矩),于是异步电动机转子的转速 n 便会稳定运行在这个恒定的转速下。

通常把同步转速 n_1 和电动机转子转速 n 二者之差与同步转速 n_1 的比值叫做转差率(也叫转差或者滑差),用 s 表示。

关于转差率 s 的定义可理解如下。

当电机的定子绕组接电源时,站在定子绕组边看,首先看到气隙旋转磁密 $\dot{B}_\delta$ 的转向和旋转的快慢(用 n_1 表示),其次是过气隙看转子本身的转向和旋转的快慢(用 n 表示)。如果二者为同转向,则转差率 s 为

$$s = \frac{n_1 - n}{n_1}$$

如果二者转向相反,则

$$s = \frac{n_1 + n}{n_1}$$

式中 n_1, n 为转速的绝对值。

s 是一个没有单位的数,它的大小也能反映电动机转子的转速。例如 $n=0$ 时,$s=1$;$n=n_1$ 时,$s=0$;$n>n_1$ 时 s 为负;电动机转子的转向与气隙旋转磁密 $\dot{B}_\delta$ 的转向相反时,$s>1$。

正常运行的异步电动机,转子转速 n 接近于同步转速 n_1,转差率 s 很小,一般 $s=0.01\sim0.05$。

7.4.2 转子电动势

当异步电动机转子以转速 n 恒速旋转时,转子回路的电压方程式为

$$\dot{E}_{2s} = \dot{I}_{2s}(R_2 + jX_{2s}) \tag{7-8}$$

式中　$\dot{E}_{2s}$ 是转子转速为 n 时,转子绕组的相电动势;

　　　$\dot{I}_{2s}$ 是上述情况下转子的相电流;

　　　X_{2s} 是转子转速为 n 时,转子绕组一相的漏电抗(注意,X_{2s} 与 X_2 的数值不同,下面还要介绍);

　　　R_2 是转子一相绕组的电阻。

转子以转速 n 恒速旋转时,转子绕组的感应电动势、电流和漏电抗的频率(下面简称转子频率)用 f_2 表示,这就和转子不转时的大不一样。异步电动机运行时,转子的转向与气隙旋转磁密 $\dot{B}_\delta$ 的转向一致,它们之间的相对转速为 $n_2 = n_1 - n$,表现在电动机转子上的频率 f_2 为

$$f_2 = \frac{pn_2}{60} = \frac{p(n_1 - n)}{60} = \frac{pn_1}{60} \frac{n_1 - n}{n_1} = f_1 s \tag{7-9}$$

转子频率 f_2 等于定子频率 f_1 乘以转差率 s。为此,转子频率 f_2 也叫转差频率。当然,s 为任何值时,上式的关系都成立。

正常运行的异步电动机,转子频率 f_2 约为 $0.5 \sim 2.5\,\mathrm{Hz}$。

转子旋转时转子绕组中感应电动势为

$$E_{2s} = 4.44 f_2 N_2 k_{dp2} \Phi_1 = 4.44 s f_1 N_2 k_{dp2} \Phi_1 = sE_2$$

式中　E_2 为转子不转时转子绕组中感应电动势。上式说明了当转子旋转时,每相感应电动势与转差率 s 成正比。

值得注意的是,电动势 E_2 并不是异步电机堵转时真正的电动势,因为电机堵转时,气隙主磁通 Φ_1 的大小要发生变化,在以后还要叙述。上式中的 $E_2 = 4.44 f_1 N_2 k_{dp2} \Phi_1$,其中 Φ_1 就是电机正常运行时气隙里每极磁通量,认为是常数。

转子漏抗 X_{2s} 是对应转子频率 f_2 时的漏电抗,它与转子不转时转子漏电抗 X_2(对应于频率 $f_1 = 50\,\mathrm{Hz}$)的关系为

$$X_{2s} = sX_2$$

可见,当转子以不同的转速旋转时,转子的漏电抗 X_{2s} 是个变数,它与转差率 s 成正比。

对于正常运行的异步电动机,$X_{2s} \ll X_2$。

7.4.3　定、转子磁通势及磁通势关系

下面对转子旋转时,定、转子绕组电流产生的空间合成磁通势进行分析。

1. 定子磁通势 $\dot{F}_1$

当异步电机旋转起来后,定子绕组里流过的电流为 $\dot{I}_1$,产生旋转磁通势 $\dot{F}_1$,它的特点在前面已经分析过。这里假设它相对于定子绕组以同步转速 n_1 逆时针方向旋转。

2. 转子旋转磁通势 $\dot{F}_2$

(1) 幅值

当异步电动机以转速 n 旋转时,由转子电流 $\dot{I}_{2s}$ 产生的三相合成旋转磁通势的幅值为

$$F_2 = \frac{3}{2} \frac{4}{\pi} \frac{\sqrt{2}}{2} \frac{N_2 k_{dp2}}{p} I_{2s}$$

（2）转向

由前面分析转子绕组短路、转速 $n=0$ 的情况知道，气隙旋转磁密 $\dot{B}_\delta$ 逆时针旋转时，在转子绕组里感应电动势，产生电流的相序为 $A_2 \rightarrow B_2 \rightarrow C_2$。现在分析的情况是，转子已经旋转起来，有一定的转速 n，由于是电动机状态，转子旋转的方向与气隙旋转磁密 $\dot{B}_\delta$ 同方向，仅仅是转子的转速 n 小于气隙旋转磁密 $\dot{B}_\delta$ 的转速 n_1。这时，如果站在转子上看气隙旋转磁密 $\dot{B}_\delta$，它对于转子的转速为 (n_1-n)，转向为逆时针方向。这样，由气隙旋转磁密 $\dot{B}_\delta$ 在转子每相绕组感应电动势，产生电流的相序，仍为 $A_2 \rightarrow B_2 \rightarrow C_2$（见图 7.9(a)）。

既然转子电流 $\dot{I}_{2s}$ 的相序为 $A_2 \rightarrow B_2 \rightarrow C_2$，由转子电流 $\dot{I}_{2s}$ 产生的三相合成旋转磁通势 $\dot{F}_2$ 的转向，相对于转子绕组而言，也是由 $+A_2$ 到 $+B_2$，再转到 $+C_2$，为逆时针方向旋转。

（3）转速

转子电流 $\dot{I}_{2s}$ 的频率为 f_2，显然由转子电流 $\dot{I}_{2s}$ 产生的三相合成旋转磁通势 $\dot{F}_2$，它相对于转子绕组的转速，用 n_2 表示，为

$$n_2 = \frac{60 f_2}{p}$$

（4）瞬间位置

当转子绕组某一相电流达正最大值时，$\dot{F}_2$ 正好位于该相绕组的轴线上。

3. 合成磁通势

搞清楚了定、转子三相合成旋转磁通势 $\dot{F}_1$，$\dot{F}_2$ 的特点后，现在希望站在定子绕组的角度上看定、转子旋转磁通势 $\dot{F}_1$ 与 $\dot{F}_2$。

（1）幅值

关于定、转子磁势 $\dot{F}_1$，$\dot{F}_2$ 的幅值，不因站在定子上看而有所改变，仍为前面分析的结果。

（2）转向

$\dot{F}_1$，$\dot{F}_2$ 二者的转向相对于定子都为逆时针方向旋转。

（3）转速

定子旋转磁通势 $\dot{F}_1$ 相对于定子绕组的转速为 n_1。

转子旋转磁通势 $\dot{F}_2$ 相对于转子绕组的逆时针转速为 n_2。由于转子本身相对于定子绕组有一逆时针转速 n，为此站在定子绕组上看转子旋转磁通势 $\dot{F}_2$ 的转速为 n_2+n。

已知

$$n_2 = \frac{60 f_2}{p} = \frac{60 s f_1}{p} = s n_1$$

$$s = \frac{n_1 - n}{n_1}$$

于是，转子旋转磁通势 $\dot{F}_2$ 相对于定子绕组的转速为

$$n_2 + n = s n_1 + n = \frac{n_1 - n}{n_1} n_1 + n = n_1$$

这就是说,站在定子绕组上看转子旋转磁通势 $\dot{F}_2$,它也是逆时针方向,以转速 n_1 旋转着。可见,定子旋转磁通势 $\dot{F}_1$ 与转子旋转磁通势 $\dot{F}_2$,它们相对定子来说,都是同转向,以相同的转速 n_1 一前一后旋转着,称为同步旋转。

作用在异步电动机磁路上的定、转子旋转磁通势 $\dot{F}_1$ 与 $\dot{F}_2$,既然以同步转速一道旋转,就应该把它们按矢量的办法加起来,得到一个合成的总磁通势,仍用 $\dot{F}_0$ 来表示,即

$$\dot{F}_1 + \dot{F}_2 = \dot{F}_0$$

由此可见,当三相同步电动机转子以转速 n 旋转时,定、转子磁通势关系并未改变,只是每个磁通势的大小及相互之间的相位有所不同而已。

顺便说明一下,这种情况下的合成磁通势 $\dot{F}_0$,与前面介绍过的两种情况下的励磁磁通势 $\dot{F}_0$ 就实质来说都一样,都是产生气隙每极主磁通 Φ_1 的励磁磁通势。但三种情况下的励磁磁通势 $\dot{F}_0$,就大小来说,不一定都一样。现在介绍的励磁磁通势 $\dot{F}_0$,才是异步电动机运行时的励磁磁通势。对应的电流 $\dot{I}_0$ 是励磁电流。对于一般的异步电动机,I_0 的大小约为 $(20\% \sim 50\%)I_N$。

例题 7-4 一台三相异步电机,定子绕组接到频率为 $f_1 = 50\mathrm{Hz}$ 的三相对称电源上,已知它运行在额定转速 $n_N = 960\mathrm{r/min}$。求:

(1) 该电动机的极对数 p;

(2) 额定转差率 s_N;

(3) 额定转速运行时,转子电动势的频率 f_2。

解 (1) 已知异步电动机额定转差率较小,现根据电动机的额定转速 $n_N = 960\mathrm{r/min}$,便可判断出它的气隙旋转磁密 $\dot{B}_\delta$ 的转速 $n_1 = 1000\mathrm{r/min}$,于是极对数为

$$p = \frac{60f_1}{n_1} = \frac{60 \times 50}{1000} = 3$$

(2) 额定转差率

$$s_N = \frac{n_1 - n_N}{n_1} = \frac{1000 - 960}{1000} = 0.04$$

(3) 转子电动势的频率

$$f_2 = s_N f_1 = 0.04 \times 50 = 2\mathrm{Hz}$$

例题 7-5 假设例题 7-4 这台三相异步电动机实际运行时,它的转子转向、转速 n 有下述几种情况,试分别求它们的转差率 s。

(1) 转子的转向与 $\dot{B}_\delta$ 的转向相同,转速 n 又分别为 $950\mathrm{r/min}$、$1000\mathrm{r/min}$、$1040\mathrm{r/min}$ 和 0;

(2) 转子的转向与 $\dot{B}_\delta$ 的转向相反,转速 $n = 500\mathrm{r/min}$。

解 (1) 转子的转向与 $\dot{B}_\delta$ 的转向相同时,若 $n = 950\mathrm{r/min}$,则

$$s = \frac{n_1 - n}{n_1} = \frac{1000 - 950}{1000} = 0.05$$

若 $n = 1000\mathrm{r/min}$,则

$$s = 0$$

若 $n = 1040\mathrm{r/min}$,则

$$s = \frac{n_1 - n}{n_1} = \frac{1000 - 1040}{1000} = -0.04$$

若 $n=0$，则

$$s = 1$$

（2）转子的转向与 $\dot{B}_\delta$ 的转向相反，$n=500\text{r/min}$，则

$$s = \frac{n_1 + n}{n_1} = \frac{1000 + 500}{1000} = 1.5$$

7.4.4 转子绕组频率的折合

前面已经分析过转子电流频率 f_2 的大小仅仅影响转子旋转磁通势 $\dot{F}_2$ 相对于转子本身的转速，转子旋转磁通势 $\dot{F}_2$ 相对于定子的相对转速永远为 n_1，而与 f_2 的大小无关。另外，定、转子之间的联系是通过磁通势相联系，只要保持转子旋转磁通势 $\dot{F}_2$ 的大小不变，即每极安匝不变即可，至于电流的频率是多少无所谓。根据这个概念，把式(7-8)变换为

$$\dot{I}_{2s} = \frac{\dot{E}_{2s}}{R_2 + jX_{2s}} = \frac{s\dot{E}_2}{R_2 + jsX_2}$$

$$= \frac{\dot{E}_2}{\dfrac{R_2}{s} + jX_2} = \dot{I}_2$$

式中　E_{2s}，I_{2s}，X_{2s} 分别为异步电动机转子旋转时，转子绕组一相的电动势、电流和漏电抗；

E_2，I_2，X_2 分别为电动机转子不转时，一相的电动势、电流和漏电抗。

由上式还可看出，在频率变换的过程中，除了电流有效值保持不变外，转子电路的功率因数角 φ_2 也没有发生任何变化，即

$$\varphi_2 = \arctan \frac{X_{2s}}{R_2} = \arctan \frac{sX_2}{R_2} = \arctan \frac{X_2}{\dfrac{R_2}{s}}$$

在上式的推导过程中，并没做任何的假设，结果证明了两个电流 $\dot{I}_{2s}$ 和 $\dot{I}_2$ 的有效值以及初相角完全相等。

下面分析一下这两个有效值相等的电流 $\dot{I}_{2s}$ 和 $\dot{I}_2$ 它们的频率。

关于电流 $\dot{I}_{2s}$，它是由转子绕组的转差电动势 $\dot{E}_{2s}$ 和转子绕组本身的电阻 R_2 以及实际运行时转子的漏电抗 X_{2s} 求得的，对应的电路是图 7.22(a)。

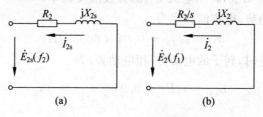

图 7.22　转子频率折合

关于电流 $\dot{I}_2$，却是由转子不转时的电势 $\dot{E}_2$ 和转子的等效电阻 R_2/s、转子不转时转子漏电抗 X_2（注意，$X_2=X_{2s}/s$）得到的，对应的电路是图 7.22(b)。

图 7.22(a)、(b)所示两个电路中，图(a)是异步电动机实际运行时，转子一相的电路，图(b)是等效电路。所谓等效，就是两个电路的电流有效值大小彼此相等。再看图 7.22(a)、(b)两个电路的频率，其中图(a)是 f_2，图(b)则是 f_1。两个电流的频率虽然不同，由于有效值相等，在产生转子旋转磁通势 $\dot{F}_2$ 的幅值上又都一样。转子电路虽然经过这种变换，但是，从定子边看转子旋转磁通势并没有任何不同。所以图 7.22 中，从图(a)电路变成了图(b)电路的形式，就产生转子旋转磁通势 $\dot{F}_2$ 幅值的大小来说，完全是一样的。这就是转子电路的频率折合，即把转子旋转时实际频率为 f_2 的电路，变成了转子不转，频率为 f_1 的电路。

以上这种把图 7.22(a)折合成图(b)电路的所谓频率折合，折合后图(b)电路的电动势为转子不转时的电动势 $\dot{E}_2$（注意不是转子堵转时的电动势），转子回路的电阻变成 R_2/s，漏电抗变成 $X_{2s}/s=X_2$。对其中转子回路电阻来说，除原来转子绕组本身电阻 R_2 外，相当于多串一个大小为 $\left(\dfrac{1-s}{s}\right)R_2$ 的电阻，漏电抗也变成了转子不转时的漏电抗 X_2（即对应的频率为 f_1）。

再考虑把转子绕组的相数、匝数以及绕组系数都折合到定子边，转子回路的电压方程式则变为

$$\dot{E}_2' = \dot{I}_2'\left(\frac{R_2'}{s} + jX_2'\right) \tag{7-10}$$

当异步电动机转子电路进行了频率折合后，转子旋转磁通势 $\dot{F}_2$ 的幅值可写成

$$F_2 = \frac{m_2}{2}\frac{4}{\pi}\frac{\sqrt{2}}{2}\frac{N_2 k_{dp2}}{p}I_2$$

再考虑转子绕组的相数、匝数折合，F_2 为

$$F_2 = \frac{3}{2}\frac{4}{\pi}\frac{\sqrt{2}}{2}\frac{N_1 k_{dp1}}{p}I_2'$$

这样一来，定、转子旋转磁通势 $\dot{F}_1+\dot{F}_2=\dot{F}_0$ 的关系，又可写成

$$\dot{I}_1 + \dot{I}_2' = \dot{I}_0$$

即为电流关系。

例题 7-6 一台三相绕线式异步电动机，当定子绕组加频率为 50Hz 的额定电压，转子绕组开路时转子绕组滑环上的电动势 E_2 为 260V（已知转子绕组为Y接）。转子不转时转子一相的电阻 $R_2=0.06\Omega$，$X_2=0.2\Omega$，电动机的额定转差率 $s_N=0.04$。求这台电动机额定运行时转子电动势 $\dot{E}_{2sN}$，转子电流 $\dot{I}_{2sN}$ 的有效值及频率。

解 (1) 转子电动势、电流的频率为

$$f_2 = s_N f_1 = 0.04 \times 50 = 2\text{Hz}$$

(2) 转子额定运行时，转子的电动势（相电动势）为

$$E_{2sN} = s_N E_2 = 0.04 \times \frac{260}{\sqrt{3}} = 6\text{V}$$

式中 260V 为线值，除以 $\sqrt{3}$ 变为相值。

（3）额定运行时，转子电流为

$$I_{2sN} = \frac{E_{2sN}}{|Z_{2s}|} \approx \frac{6}{0.06} = 100A$$

式中　$|Z_{2s}| = \sqrt{R_2^2 + (s_N X_2)^2} = \sqrt{0.06^2 + (0.04 \times 0.2)^2} \approx 0.06$。

7.4.5　基本方程式、等效电路和时空相矢量图

与异步电动机转子绕组短路并把转子堵住不转时相比较，在基本方程式中，只有转子绕组回路的电压方程式有所差别，其他几个方程式都一样。可见，用式（7-10）代替式（7-7），就能得到异步电动机转子旋转时的基本方程式，即

$$\dot{U}_1 = -\dot{E} + \dot{I}_1(R_1 + jX_1)$$
$$-\dot{E}_1 = \dot{I}_0(R_m + jX_m)$$
$$\dot{E}_1 = \dot{E}_2'$$
$$\dot{E}_2' = \dot{I}_2'\left(\frac{R_2'}{s} + jX_2'\right)$$
$$\dot{I}_1 + \dot{I}_2' = \dot{I}_0$$

根据以上五个方程式，可以画出如图7.23的等效电路，与图7.18相比较，在转子回路里增加了一项值为$\frac{1-s}{s}R_2'$的电阻。

从图7.23等效电路可看出，当异步电动机空载时，转子的转速接近同步速，转差率s很小，R_2'/s趋于∞，电流$\dot{I}_2'$可认为等于零，这时定子电流$\dot{I}_1$就是励磁电流$\dot{I}_0$，电动机的功率因数很低。

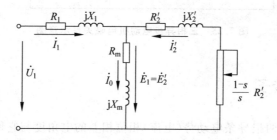

图7.23　三相异步电动机的T型等效电路

当电动机运行于额定负载时，转差率$s \approx 0.05$，R_2'/s约为R_2'的20倍，等效电路里转子边呈电阻性，功率因数$\cos\varphi_2$较高。这时定子边的功率因数$\cos\varphi_1$也比较高，可达0.8～0.85。

已知气隙主磁通Φ_1的大小与电动势E_1的大小成正比，而$-\dot{E}_1$的大小又决定于$\dot{U}_1$与$\dot{I}_1Z_1$的相量差。由于异步电动机定子漏阻抗Z_1不很大，所以定子电流$\dot{I}_1$从空载到额定负载时，在定子漏阻抗上产生的压降I_1Z_1与U_1大小相比也是较小的，可见$\dot{U}_1$差不多等于$-\dot{E}_1$。这就是说，异步电动机从空载到额定负载运行时，由于定子电压U_1不变，主磁

通 Φ_1 基本上也是固定的数值。因此,励磁电流也差不多是个常数。但是,当异步电动机运行于低速时,例如刚启动时,转速 $n=0(s=1)$,这时定子电压 U_1 全部降落在定、转子的漏阻抗上。已知定、转子漏阻抗 $Z_1 \approx Z_2'$,这样,定、转子漏阻抗上的电压降各近似为定子电压 U_1 的一半左右。也就是说,E_1 近似是 U_1 的一半左右,气隙主磁通 Φ_1 也将变为空载时的一半左右。

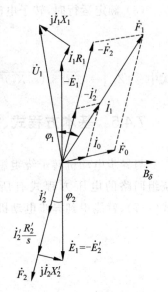

图7.24   三相异步电动机时空相矢量图

既然异步电动机稳态运行可以用一个等效电路表示,那么当知道电动机的参数时,通过等效电路就可以计算出电动机的性能。

图7.24是根据上述五个基本方程式画出的异步电动机时空相矢量图。画相矢量图的目的是为了研究各量之间的相对关系,为此,时间参考轴、空间坐标轴都没有必要再标出来,图7.24的时空相矢量图与三相变压器负载运行的相量图相似。

三相异步电动机负载运行的电磁关系见图7.25。

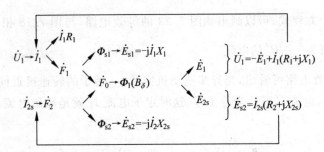

图7.25   三相异步电动机电磁关系示意图

7.4.6   鼠笼转子

鼠笼转子每相邻两根导条电动势(电流)相位相差的电角度与它们空间相差的电角度相同。导条是均匀分布的,一对磁极范围内有 m_2 根鼠笼条,转子就感应产生 m_2 相对称的感应电动势和电流。采用三相对称绕组通入三相对称电流产生圆形旋转磁通势的办法,可以得到 m_2 相对称鼠笼绕组在 m_2 相对称电流条件下产生圆形旋转磁通势的结论。具体分析过程不予赘述。

鼠笼式转子产生旋转磁通势的转向与绕线式转子的一样,也是与定子旋转磁通势转向一致,$\dot{F}_1$ 与 $\dot{F}_2$ 一前一后同步转动,其极数亦与定子的相同。因此,鼠笼转子三相异步电动机磁通势关系亦为

$$\dot{F}_1 + \dot{F}_2 = \dot{F}_0$$

鼠笼式转子 m_2 根鼠笼条,相数为 m_2,每相绕组匝数为1/2,绕组系数为1。

鼠笼式异步电动机电磁关系与绕线式的相同,也采用折合算法、等效电路及时空相矢量图的方法分析。道理一样,方法相同,仅仅是折合系数的数值不同而已。

7.5 三相异步电动机的功率与转矩

7.5.1 功率关系

当三相异步电动机以转速 n 稳定运行时,从电源输入的功率为

$$P_1 = 3U_1 I_1 \cos\varphi_1$$

定子铜损耗 p_{Cu1} 为

$$p_{\mathrm{Cu1}} = 3I_1^2 R_1$$

正常运行情况下的异步电动机,由于转子转速接近于同步转速、气隙旋转磁密 $\dot{B}_\delta$ 与转子铁心的相对转速很小,再加上转子铁心和定子铁心同样是用 0.5mm 厚的硅钢片(大、中型异步电动机还涂漆)叠压而成,所以转子铁损耗很小,可忽略不计。因此,电动机的铁损耗只有定子铁损耗 p_{Fe1},即

$$p_{\mathrm{Fe}} = p_{\mathrm{Fe1}} = 3I_0^2 R_{\mathrm{m}}$$

从图 7.23 所示等效电路可以看出,传输给转子回路的电磁功率 P_{M} 等于转子回路全部电阻上的损耗,即

$$P_{\mathrm{M}} = P_1 - p_{\mathrm{Cu1}} - p_{\mathrm{Fe}}$$
$$= 3I_2'^2 \left[R_2' + \frac{1-s}{s}R_2' \right]$$
$$= 3I_2'^2 \frac{R_2'}{s}$$

电磁功率也可表示为

$$P_{\mathrm{M}} = 3E_2' I_2' \cos\varphi_2 = m_2 E_2 I_2 \cos\varphi_2$$

转子绕组中的铜损耗 p_{Cu2} 为

$$p_{\mathrm{Cu2}} = 3I_2'^2 R_2' = sP_{\mathrm{M}}$$

电磁功率 P_{M} 减去转子绕组中的铜损耗 p_{Cu2} 就是等效电阻 $\frac{1-s}{s}R_2'$ 上的损耗。这部分等效损耗实际上是传输给电机转轴上的机械功率,用 P_{m} 表示。它是转子绕组中电流与气隙旋转磁密共同作用产生的电磁转矩,带动转子以转速 n 旋转所对应的功率。

$$P_{\mathrm{m}} = P_{\mathrm{M}} - p_{\mathrm{Cu2}}$$
$$= 3I_2'^2 \frac{1-s}{s}R_2'$$
$$= (1-s)P_{\mathrm{M}}$$

电动机在运行时,会产生轴承以及风阻等摩擦阻转矩,也要损耗一部分功率,把这部分功率叫做机械损耗,用 p_{m} 表示。

在异步电动机中,除了上述各部分损耗外,由于定、转子开了槽和定、转子磁通势中含有谐波磁通势,还要产生一些附加损耗,用 p_{s} 表示。p_{s} 一般不易计算,往往根据经验估

算。在大型异步电动机中，p_s 约为输出额定功率的 0.5%；而在小型异步电动机中，满载时，p_s 可达输出额定功率的 $1\% \sim 3\%$ 甚至更大。

转子的机械功率 P_m 减去机械损耗 p_m 和附加损耗 p_s，才是转轴上真正输出的功率，用 P_2 表示，即

$$P_2 = P_m - p_m - p_s \tag{7-11}$$

可见异步电动机运行时，从电源输入电功率 P_1 到转轴上输出功率 P_2 的全过程为

$$P_2 = P_1 - p_{Cu1} - p_{Fe} - p_{Cu2} - p_m - p_s$$

用功率流程图表示如图 7.26 所示。

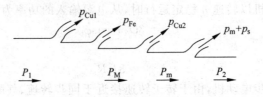

图 7.26 异步电动机的功率流程

从以上功率关系分析中看出，异步电动机运行时电磁功率、转子回路铜损耗和机械功率三者之间的关系是

$$P_M : p_{Cu2} : P_m = 1 : s : (1-s) \tag{7-12}$$

上式说明，若电磁功率一定，转差率 s 越小，转子回路铜损耗越小，机械功率越大。电机运行时，若 s 大，则效率一定不高。

7.5.2　转矩关系

机械功率 P_m 除以轴的角速度 Ω 就是电磁转矩 T，即

$$T = \frac{P_m}{\Omega}$$

还可以找出电磁转矩与电磁功率的关系，为

$$T = \frac{P_m}{\Omega} = \frac{P_m}{\dfrac{2\pi n}{60}} = \frac{P_m}{(1-s)\dfrac{2\pi n_1}{60}} = \frac{P_M}{\Omega_1} \tag{7-13}$$

式中　Ω_1 为同步角速度（用机械角表示）。

式(7-11)两边除以角速度 Ω，得出

$$T_2 = T - T_0$$

式中　T_0 为空载转矩，$T_0 = \dfrac{p_m + p_s}{\Omega} = \dfrac{p_0}{\Omega}$；

T_2 为输出转矩。

例题 7-7　已知一台三相 $50\,\mathrm{Hz}$ 绕线式异步电动机，额定电压 $U_{1N} = 380\mathrm{V}$，额定功率 $P_N = 100\mathrm{kW}$，额定转速 $n_N = 950\mathrm{r/min}$，在额定转速下运行时，机械摩擦损耗 $p_m = 1\mathrm{kW}$，忽略附加损耗。当电动机额定运行时，求：

(1) 额定转差率 s_N；

(2) 电磁功率 P_M；

(3) 转子铜耗 p_{Cu2}。

解 （1）额定转差率

$$s_N = \frac{n_1 - n}{n_1} = \frac{1000 - 950}{1000} = 0.05$$

式中　n_1 为同步转速,判断为 $n_1 = 1000 \text{r/min}$。

（2）已知

$$P_M = P_2 + p_m + p_{Cu2}$$

将

$$p_{Cu2} = s_N P_M$$

代入上式得

$$P_M = P_2 + p_m + s_N P_M$$

$$P_M = \frac{P_2 + p_m}{1 - s_N} = \frac{100 + 1}{1 - 0.05}$$

$$= 106.3 \text{kW}$$

（3）额定运行时转子铜损耗

$$p_{Cu2} = s_N P_M = 0.05 \times 106.3$$

$$= 5.3 \text{kW}$$

例题 7-8　上题中的异步电动机,在额定运行时的电磁转矩、输出转矩及空载转矩各为多少?

解 （1）额定电磁转矩

$$T_N = \frac{P_M}{\Omega_1} = \frac{P_M}{\frac{2\pi n_1}{60}} = 9550 \times \frac{P_M}{n_1}$$

$$= 9550 \times \frac{106.3}{1000}$$

$$= 1015.2 \text{N} \cdot \text{m}$$

（2）额定输出转矩

$$T_{2N} = \frac{P_N}{\Omega_N} = \frac{P_N}{\frac{2\pi n_N}{60}} = 9550 \times \frac{P_N}{n_N}$$

$$= 9550 \times \frac{100}{950}$$

$$= 1005.3 \text{N} \cdot \text{m}$$

（3）额定运行时的空载转矩

$$T_0 = \frac{p_m}{\Omega_N} = \frac{p_m}{\frac{2\pi n_N}{60}} = 9550 \times \frac{p_m}{n_N}$$

$$= 9550 \times \frac{1}{950}$$

$$= 10.1 \text{N} \cdot \text{m}$$

7.5.3　电磁转矩的物理表达式

电磁功率 P_M 除以同步机械角速度 Ω_1，得电磁转矩

$$
\begin{aligned}
T = \frac{P_M}{\Omega_1} &= \frac{3 I_2'^2 \dfrac{R_2'}{s}}{\dfrac{2\pi n_1}{60}} \\
&= \frac{3 E_2 I_2 \cos\varphi_2}{\dfrac{2\pi n_1}{60}} \\
&= \frac{3(\sqrt{2}\,\pi f_1 N_2 k_{dp2} \Phi_1) I_2 \cos\varphi_2}{\dfrac{2\pi n_1}{60}} \\
&= \frac{3}{\sqrt{2}} p N_2 k_{dp2} \Phi_1 I_2 \cos\varphi_2 \\
&= C_{Tj} \Phi_1 I_2 \cos\varphi_2
\end{aligned}
$$

式中　　n_1 为同步转速；

$C_{Tj} = \dfrac{3}{\sqrt{2}} p N_2 k_{dp2}$ 为常数，叫转矩系数。

当磁通单位为 Wb，电流单位为 A 时，上式转矩的单位为 N·m。

从上式看出，异步电动机的电磁转矩 T 与气隙每极磁通 Φ_1、转子电流 I_2 以及转子功率因数 $\cos\varphi_2$ 成正比，或者说与气隙每极磁通和转子电流的有功分量乘积成正比。

7.6　三相异步电动机的机械特性

三相异步电动机的机械特性是指在定子电压、频率和参数固定的条件下，电磁转矩 T 与转速 n（或转差率 s）之间的函数关系。

7.6.1　机械特性的参数表达式

电磁转矩与转子电流的关系为

$$
T = \frac{3 I_2'^2 \dfrac{R_2'}{s}}{\dfrac{2\pi n_1}{60}} = \frac{3 I_2'^2 \dfrac{R_2'}{s}}{\dfrac{2\pi f}{p}}
$$

在异步机等效电路中，由于励磁阻抗比定、转子漏阻抗大很多很多，把 T 型等效电路中励磁阻抗这一段电路认为是开路来计算 I_2'，误差很小，故

$$I_2' = \frac{U_1}{\sqrt{\left(R_1 + \dfrac{R_2'}{s}\right)^2 + (X_1 + X_2')^2}}$$

代入上面电磁转矩公式中,得到

$$
T = \frac{3U_1^2 \dfrac{R_2'}{s}}{\dfrac{2\pi n_1}{60}\left[\left(R_1 + \dfrac{R_2'}{s}\right)^2 + (X_1 + X_2')^2\right]}
$$

$$
= \frac{3pU_1^2 \dfrac{R_2'}{s}}{2\pi f_1\left[\left(R_1 + \dfrac{R_2'}{s}\right)^2 + (X_1 + X_2')^2\right]} \tag{7-14}
$$

这就是机械特性的参数表达式。固定 U_1,f_1 及阻抗等参数,$T = f(s)$ 画成曲线便为 $T\text{-}s$ 曲线。

7.6.2 固有机械特性

1. 固有机械特性曲线

三相异步电动机在电压、频率均为额定值不变,定、转子回路不串入任何电路元件条件下的机械特性称为固有机械特性,其 $T\text{-}s$ 曲线(也即 $T\text{-}n$ 曲线)如图 7.27 所示。其中曲线 1 为电源正相序时的曲线,曲线 2 为负相序时的曲线。

从图 7.27 可看出,三相异步电动机固有机械特性不是一条直线,且具有以下特点。

(1) 在 $0 < s \leqslant 1$,即 $n_1 < n \leqslant 0$ 的范围内,特性在第 I 象限,电磁转矩 T 和转速 n 都为正,从规定正方向判断,T 与 n 同方向,n 与 n_1 同方向,如图 7.8 所示,电动机工作在电动状态。

(2) 在 $s < 0$ 范围内,$n > n_1$,特性在第 II 象限,电磁转矩为负值,是制动性转矩,电磁功率也是负值,是发电状态,如图 7.28(a) 所示。

(3) 在 $s > 1$ 范围内,$n < 0$,特性在第 IV 象限,$T > 0$,也是一种制动状态,其电磁量方向如图 7.28(b) 所示。

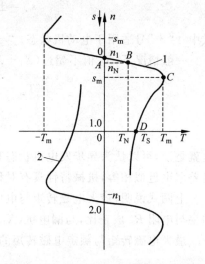

图 7.27 三相异步电动机固有机械特性

在第 I 象限电动状态的特性上,B 点为额定运行点,其电磁转矩与转速均为额定值。A 点 $n = n_1$,$T = 0$,为理想空载运行点。C 点是电磁转矩最大点。D 点 $n = 0$,转矩为 T_S,是启动点(见图 7.27)。

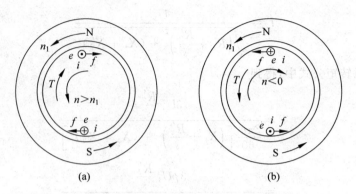

图 7.28   三相异步电动机制动电磁转矩

2. 最大电磁转矩

正、负最大电磁转矩可以从参数表达式求得,为

$$\frac{\mathrm{d}T}{\mathrm{d}s} = 0$$

得到最大电磁转矩

$$T_{\mathrm{m}} = \pm \frac{1}{2} \frac{3pU_1^2}{2\pi f_1 \left[\pm R_1 + \sqrt{R_1^2 + (X_1 + X_2')^2} \right]} \tag{7-15}$$

最大转矩对应的转差率称为临界转差率,为

$$s_{\mathrm{m}} = \pm \frac{R_2'}{\sqrt{R_1^2 + (X_1 + X_2')^2}} \tag{7-16}$$

式中 "+"号适用于电动机状态;"-"号适用于发电机状态。

一般情况下,R_1^2 值不超过 $(X_1 + X_2')^2$ 的 5%,可以忽略其影响。这样一来,有

$$T_{\mathrm{m}} = \pm \frac{1}{2} \frac{3pU_1^2}{2\pi f_1 (X_1 + X_2')}$$

$$s_{\mathrm{m}} = \pm \frac{R_2'}{X_1 + X_2'}$$

也就是说,可以认为异步发电机状态和电动机状态的最大电磁转矩绝对值近似相等,临界转差率也近似相等,机械特性具有对称性。

上两式说明,最大电磁转矩与电压平方成正比,与漏电抗 $(X_1 + X_2')$ 成反比;临界转差率与电阻 R_2 成正比,与漏电抗 $(X_1 + X_2')$ 成反比,与电压大小无关。

最大电磁转矩与额定电磁转矩的比值即最大转矩倍数,又称过载倍数,用 λ 表示为

$$\lambda = \frac{T_{\mathrm{m}}}{T_{\mathrm{N}}}$$

一般三相异步电动机 λ=1.6~2.2,起重、冶金用的异步电动机 λ=2.2~2.8。应用于不同场合的三相异步电动机都有足够大的过载倍数,当电压突然降低或负载转矩突然增大时,电动机转速变化不大,待干扰消失后又恢复正常运行。但是要注意,绝不能让电动机长期工作在最大转矩处,这样电流过大,温升超出允许值,将会烧毁电机,同时在最大转矩处运行也不稳定。

3. 堵转转矩

电动机启动时,$n=0$,$s=1$ 的电磁转矩称为堵转转矩,将 $s=1$ 代入式(7-14)中,得到堵转转矩 T_S,为

$$T_S = \frac{3pU_1^2 R_2'}{2\pi f_1 \left[(R_1 + R_2')^2 + (X_1 + X_2')^2 \right]} \tag{7-17}$$

从式中可以看出,T_S 与电压的平方成正比,漏电抗越大,堵转转矩越小。

堵转转矩与额定转矩的比值称为堵转转矩倍数,用 K_T 表示,即

$$K_T = \frac{T_S}{T_N}$$

电动机启动时,T_S 大于 1.1 倍的负载转矩就可顺利启动。一般异步电动机堵转转矩倍数 $K_T = 0.8 \sim 1.2$。

4. 稳定运行问题

从三相异步电动机机械特性上看,当 $0 < s < s_m$,机械特性下斜,拖动恒转矩负载和泵类负载运行时均能稳定运行。当 $s_m < s < 1$,机械特性上翘,拖动恒转矩负载不能稳定运行。但拖动泵类负载时,满足 $T = T_L$ 处,$\dfrac{dT}{dn} < \dfrac{dT_L}{dn}$ 的条件,即可以稳定运行。但是,由于这时候转速低,转差率大,转子电动势 $E_{2s} = sE_2$ 比正常运行时大很多,造成转子电流、定子电流均很大,因此不能长期运行。三相异步电动机应长期稳定运行在 $0 < s < s_N$ 范围内。

例题 7-9 一台三相六极鼠笼式异步电动机定子绕组丫接,额定电压 $U_N = 380$V,额定转速 $n_N = 975$r/min,电源频率 $f_1 = 50$Hz,定子电阻 $R_1 = 2.08\Omega$,定子漏电抗 $X_1 = 3.12\Omega$,转子电阻折合值 $R_2' = 1.53\Omega$,转子漏电抗折合值 $X_2' = 4.25\Omega$。计算:

(1) 额定电磁转矩;

(2) 最大电磁转矩及过载倍数;

(3) 临界转差率;

(4) 堵转转矩及堵转转矩倍数。

解 气隙旋转磁密 $\dot{B}_\delta$ 的转速为

$$n_1 = \frac{60f_1}{p} = \frac{60 \times 50}{3} = 1000 \text{r/min}$$

额定转差率

$$s_N = \frac{n_1 - n_N}{n_1} = \frac{1000 - 957}{1000} = 0.043$$

定子绕组额定相电压

$$U_1 = \frac{380}{\sqrt{3}} = 220 \text{V}$$

(1) 额定转矩

$$T_N = \cfrac{3pU_1^2 \cfrac{R_2'}{s_N}}{2\pi f_1\left[\left(R_1 + \cfrac{R_2'}{s_N}\right)^2 + (X_1 + X_2')^2\right]}$$

$$= \cfrac{3 \times 3 \times 220^2 \times \cfrac{1.53}{0.043}}{2\pi \times 50 \times \left[\left(2.08 + \cfrac{1.53}{0.043}\right)^2 + (3.12 + 4.25)^2\right]}$$

$$= 33.5\text{N} \cdot \text{m}$$

(2) 最大转矩

$$T_m = \frac{1}{2}\frac{3pU_1^2}{2\pi f_1(X_1 + X_2')}$$

$$= \frac{1}{2}\frac{3 \times 3 \times 220^2}{2\pi \times 50 \times (3.12 + 4.25)}$$

$$= 94\text{N} \cdot \text{m}$$

过载倍数

$$\lambda = \frac{T_m}{T_N} = \frac{94}{33.5} = 2.8$$

(3) 临界转差率

$$s_m = \frac{R_2'}{X_1 + X_2'} = \frac{1.53}{3.12 + 4.25} = 0.2$$

(4) 堵转转矩

$$T_S = \cfrac{3pU_1^2 R_2'}{2\pi f_1\left[(R_1 + R_2')^2 + (X_1 + X_2')^2\right]}$$

$$= \cfrac{3 \times 3 \times 220^2 \times 1.53}{2\pi \times 50 \times \left[(2.08 + 1.53)^2 + (3.12 + 4.25)^2\right]}$$

$$= 31.5\text{N} \cdot \text{m}$$

堵转转矩倍数

$$K_T = \frac{T_S}{T_N} = \frac{31.5}{33.5} = 0.94$$

7.6.3 人为机械特性

1. 降低定子端电压的人为机械特性

式(7-14)中,只改变定子电压 U_1 的大小,保持其他量不变,本节研究这种情况下的机械特性。由于异步电机的磁路在额定电压下已有点饱和,故不宜再升高电压。下面只讨论降低定子端电压 U_1 时的人为机械特性。

已知异步电机的同步转速 n_1 与电压 U_1 毫无关系,可见,不管 U_1 变为多少,不会改变 n_1 的大小。这就是说,不同电压 U_1 的人为机械特性,都是同一个理想空载运行点。电磁转矩 T 与 U_1^2 成正比,为此最大转矩 T_m 以及堵转转矩 T_S 都要随 U_1 的降低而按 U_1 平方规律减小。至于最大转矩对应的转差率 s_m 与电压 U_1 无关,并不改变大小。把不同电压 U_1 的人为特性画在图 7.29 中。

顺便指出,如果异步电机原来拖动额定负载工作在 A 点(见图 7.29),当负载转矩 T_L 不变,仅把电机的端电压 U_1 降低,电机的转速略降低一些。由于负载转矩不变,电压 U_1 虽然减小,但是电磁转矩依然不变。从转矩 $T=C_{Tj}\Phi_1 I_2 \cos\varphi_2$ 可看出,当定子端电压降低后,气隙主磁通 Φ_1 减小,但转子功率因数 $\cos\varphi_2$ 却变化不大(因转速 n 变化不大),所以转子电流 I_2 要增大,同时定子电流也要增大。从电机的损耗来看,主磁通的减小能降低铁损耗,但是,随着电流 I_2 的增大,铜损耗与电流的平方成正比,增加很快。如果电压降低过多,拖动额定负载的异步电动机长期处于低电压下运行,由于铜损耗增大很多,有可能烧坏电机。这点要十分注意。相反地,如果异步电机处于半载或者轻负载下运行,降低它的定子端电压 U_1,使主磁通 Φ_1 减小以降低电机的铁损耗,从节能的角度看,又是有好处的。

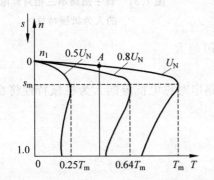

图 7.29 改变定子电压 U_1 的人为机械特性

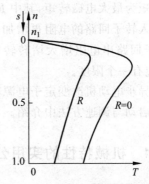

图 7.30 定子串三相对称电阻
人为机械特性

2. 定子回路串接三相对称电阻的人为机械特性

在其他量不变的条件下,仅改变异步电机定子回路电阻,例如串入三相对称电阻 R 时,显然,定子回路串入电阻,不影响同步转速 n_1,但是,从式(7-15)、式(7-17)和式(7-16)可看出,最大电磁转矩 T_m,堵转转矩 T_S 和临界转差率 s_m 都随着定子回路电阻值增大而减小,这时公式中的 R_1 可看作是定子回路总的电阻值(一相的)。

定子串三相对称电阻人为机械特性如图 7.30 所示。

3. 定子回路串入三相对称电抗的人为机械特性

定子回路串入三相对称电抗的人为机械特性与串电阻的相似,n_1 不变,T_m,T_S 及 s_m 均减小。串电抗不消耗有功功率,而串电阻消耗有功功率。

4. 转子回路串入三相对称电阻的人为机械特性

绕线式三相异步电动机通过滑环,可以把三相对称电阻串入转子回路,而后三相再短路。

从式(7-15)可看出,最大电磁转矩与转子每相电阻值无关,即转子串入电阻后,T_m 不变。从式(7-16)可看出,临界转差率

244

$$s_m \propto R_2' \propto (R_2' + R_s')$$

式中 $R_2' + R_s'$ 为转子回路一相的总电阻,包括外边串入的电阻 R_s'。

转子回路串入电阻并不改变同步转速 n_1。

转子回路串入三相对称电阻后的人为机械特性如图 7.31 所示。

从图 7.31 可看出,转子回路串入适当电阻,可以增大堵转转矩。串的电阻合适时,可使

$$s_m = \frac{R_2' + R_s'}{X_1 + X_2'} = 1$$

$$T_S = T_m$$

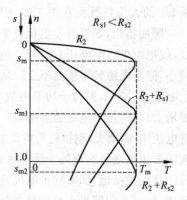

图 7.31 转子回路串三相对称电阻的人为机械特性

即堵转转矩为最大电磁转矩,其中 $R_s' = k_e k_i R_s$。

若串入转子回路的电阻再增加,则 $s_m > 1$,$T_S < T_m$。可见,转子回路串电阻增大堵转转矩,并非是电阻越大越好,而应有一个限度。

三相异步电动机改变定子电源频率,转子回路串对称电抗等的人为机械特性将在异步电动机启动与调速方法中介绍。

7.6.4 机械特性的实用公式

1. 实用公式

实际应用时,三相异步电机的参数不易得到,所以式(7-14)使用不便。若利用异步电机产品目录中给出的数据,找出异步电动机的机械特性公式,即便是粗糙些,但也很有用,这就是实用公式。下面进行推导。

用式(7-15)去除式(7-14)得

$$\frac{T}{T_m} = \frac{2R_2' \left[R_1 + \sqrt{R_1^2 + (X_1 + X_2')^2} \right]}{s \left[\left(R_1 + \dfrac{R_2'}{s} \right)^2 + (X_1 + X_2')^2 \right]}$$

从式(7-16)知道

$$\sqrt{R_1^2 + (X_1 + X_2')^2} = \frac{R_2'}{s_m}$$

代入上式,于是上式变为

$$\frac{T}{T_m} = \frac{2R_2' \left(R_1 + \dfrac{R_2'}{s_m} \right)}{\dfrac{s(R_2')^2}{s_m^2} + \dfrac{(R_2')^2}{s} + 2R_1 R_2'}$$

$$= \frac{2 \left(1 + \dfrac{R_1}{R_2'} s_m \right)}{\dfrac{s}{s_m} + \dfrac{s_m}{s} + 2 \dfrac{R_1}{R_2'} s_m}$$

$$= \frac{2+q}{\dfrac{s}{s_m} + \dfrac{s_m}{s} + q}$$

式中 $q = \dfrac{2R_1}{R_2} s_m \approx 2s_m$，其中 s_m 大约在 $0.1\sim 0.2$ 范围内。上式中，显然在任何 s 值时，都有

$$\frac{s}{s_m} + \frac{s_m}{s} \geqslant 2$$

而 $q \ll 2$，可忽略，这样上式可简化为

$$\frac{T}{T_m} = \frac{2}{\dfrac{s}{s_m} + \dfrac{s_m}{s}} \tag{7-18}$$

这就是三相异步电动机机械特性的实用公式。

2. 如何使用实用公式

从实用公式看出，必须先知道最大转矩及临界转差率才能计算。而额定输出转矩可以通过额定功率和额定转速计算，在实际应用中，忽略空载转矩，近似认为 $T_N = T_{2N}$。过载倍数 λ 可从产品目录中查到，故 $T_m = \lambda T_N$ 便可确定。

下面推导临界转差率 s_m 的计算公式。

若用额定工作点的 s_N 和 T_N，将其代入式(7-18)，得到

$$\frac{1}{\lambda} = \frac{2}{\dfrac{s_N}{s_m} + \dfrac{s_m}{s_N}}$$

解上式得

$$s_m = s_N(\lambda + \sqrt{\lambda^2 - 1}) \tag{7-19}$$

此式使用时，额定工作点的数据是已知的。

若使用实用公式时，不知道额定工作点数据，更多的情况是在人为机械特性上运行（机械特性照样可以用实用公式计算），但该特性上没有额定运行点，这时可将任一已知点的 T 和 s 代入式(7-18)，找出 s_m 的表达式，过程如下：

$$\frac{T}{T_m} \cdot \frac{T_N}{T_N} = \frac{2}{\dfrac{s}{s_m} + \dfrac{s_m}{s}}$$

$$\frac{T}{\lambda T_N} = \frac{2}{\dfrac{s}{s_m} + \dfrac{s_m}{s}}$$

解上式，得这种情况下最大转矩对应的转差率 s_m 为

$$s_m = s\left(\lambda \frac{T_N}{T} + \sqrt{\lambda^2 \left(\frac{T_N}{T}\right)^2 - 1}\right)$$

异步电动机的电磁转矩实用公式很简单，使用起来也较方便，应该记住。同时，最大转矩对应的转差率 s_m 的公式也应记住。

当三相异步电动机在额定负载范围内运行时，它的转差率小于额定转差率（$s_N = 0.01\sim 0.05$）。这就是说

$$\frac{s}{s_{\mathrm{m}}} \ll \frac{s_{\mathrm{m}}}{s}$$

忽略 s/s_{m} 也是可以的,这样一来,式(7-18)变为

$$T = \frac{2T_{\mathrm{m}}}{s_{\mathrm{m}}}s$$

经过以上简化,使三相异步电动机的机械特性呈线性变化关系,使用起来更为方便。但是,上式只能用于转差率在 $s_{\mathrm{N}} > s > 0$ 的范围内。在此条件下,把额定工作点的值代入上式,得到对应于最大转矩的转差率 s_{m} 为

$$s_{\mathrm{m}} = 2\lambda s_{\mathrm{N}}$$

例题 7-10　已知一台三相异步电动机,额定功率 $P_{\mathrm{N}}=70\mathrm{kW}$,额定电压 220/380V,额定转速 $n_{\mathrm{N}}=725\mathrm{r/min}$,过载倍数 $\lambda=2.4$。求其转矩的实用公式(转子不串电阻)。

解　额定转矩

$$T_{\mathrm{N}} = 9550 \times \frac{P_{\mathrm{N}}}{n_{\mathrm{N}}} = 9550 \times \frac{70}{725} = 922\mathrm{N \cdot m}$$

最大转矩

$$T_{\mathrm{m}} = \lambda T_{\mathrm{N}} = 2.4 \times 922 = 2212.9\mathrm{N \cdot m}$$

额定转差率(根据额定转速 $n_{\mathrm{N}}=725\mathrm{r/min}$,可判断出同步转速 $n_1=750\mathrm{r/min}$)

$$s_{\mathrm{N}} = \frac{n_1 - n_{\mathrm{N}}}{n_1} = \frac{750 - 725}{750} = 0.033$$

临界转差率

$$s_{\mathrm{m}} = s_{\mathrm{N}}(\lambda + \sqrt{\lambda^2 - 1}) = 0.033(2.4 + \sqrt{2.4^2 - 1}) = 0.15$$

转子不串电阻时的转矩实用公式为

$$T = \frac{2T_{\mathrm{m}}}{\frac{s}{s_{\mathrm{m}}} + \frac{s_{\mathrm{m}}}{s}} = \frac{2 \times 2212.9}{\frac{s}{0.15} + \frac{0.15}{s}} = \frac{4425.8}{\frac{s}{0.15} + \frac{0.15}{s}}$$

例题 7-11　一台绕线式三相异步电动机,已知额定功率 $P_{\mathrm{N}}=150\mathrm{kW}$,额定电压 $U_{\mathrm{N}}=380\mathrm{V}$,额定频率 $f_1=50\mathrm{Hz}$,额定转速 $n_{\mathrm{N}}=1460\mathrm{r/min}$,过载倍数 $\lambda=2.3$。求电动机的转差率 $s=0.02$ 时的电磁转矩及拖动恒转矩负载 860N·m 时电动机的转速。

解　根据额定转速 n_{N} 的大小可以判断出气隙旋转磁密 $\dot{B}_{\delta}$ 的转速 $n_1=1500\mathrm{r/min}$,则额定转差率

$$s_{\mathrm{N}} = \frac{n_1 - n_{\mathrm{N}}}{n_1} = \frac{1500 - 1460}{1500} = 0.027$$

临界转差率

$$s_{\mathrm{m}} = s_{\mathrm{N}}(\lambda + \sqrt{\lambda^2 - 1}) = 0.027(2.3 + \sqrt{2.3^2 - 1}) = 0.118$$

额定转矩

$$T_{\mathrm{N}} = 9550 \times \frac{P_{\mathrm{N}}}{n_{\mathrm{N}}} = 9550 \times \frac{150}{1460} = 981.2\mathrm{N \cdot m}$$

当 $s=0.02$ 时,电磁转矩

$$T = \frac{2T_{\mathrm{m}}}{\frac{s}{s_{\mathrm{m}}} + \frac{s_{\mathrm{m}}}{s}} = \frac{2 \times 2.3 \times 981.2}{\frac{0.02}{0.118} + \frac{0.118}{0.02}} = 743.5\mathrm{N \cdot m}$$

电磁转矩为 $860\mathrm{N \cdot m}$ 时转差率为 s',则

$$T = \frac{2\lambda T_{\mathrm{N}}}{\dfrac{s'}{s_{\mathrm{m}}} + \dfrac{s_{\mathrm{m}}}{s'}}$$

$$860 = \frac{2 \times 2.3 \times 981.2}{\dfrac{s'}{0.118} + \dfrac{0.118}{s'}}$$

求出 $s' = 0.0234$(另一解为 0.596,不合理,舍去)

电动机转速

$$n = n_1 - s'n_1 = (1 - s')n_1$$
$$= (1 - 0.0234) \times 1500 = 1465\mathrm{r/min}$$

7.7 三相异步电动机的工作特性及其测试方法

异步电动机的工作特性是指,在电动机的定子绕组加额定电压,电压的频率又为额定值,这时电动机的转速 n、定子电流 I_1、功率因数 $\cos\varphi_1$、电磁转矩 T、效率 η 等与输出功率 P_2 的关系,即 $U_1 = U_{\mathrm{N}}$,$f_1 = f_{\mathrm{N}}$ 时,$n, I_1, \cos\varphi_1, T, \eta = f(P_2)$。

可以通过直接给异步电动机带负载测得工作特性,也可以利用等效电路计算而得。

图 7.32 是三相异步电动机的工作特性曲线,分别叙述如下。

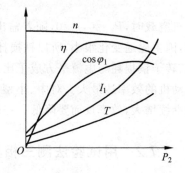

图 7.32 三相异步电动机的工作特性

7.7.1 工作特性的分析

1. 转速特性 $n = f(P_2)$

三相异步电动机空载时,转子的转速 n 接近于同步速 n_1。随着负载的增加,转速 n 要略微降低,这时转子电动势 E_{2s} 增大,转子电流 I_{2s} 增大,以产生大的电磁转矩来平衡负载转矩。因此,随着 P_2 的增加,转子转速 n 下降,转差率 s 增大。

2. 定子电流特性 $I_1 = f(P_2)$

当电动机空载时,转子电流 I_2' 差不多为零,定子电流等于励磁电流 I_0。随着负载的增加,转速下降,转子电流增大,定子电流也增大。

3. 定子边功率因数 $\cos\varphi_1 = f(P_2)$

三相异步电动机运行时必须从电网中吸取无功功率,它的功率因数永远小于1。空载时,定子功率因数很低,不超过 0.2。当负载增大时,定子电流中的有功电流增加,使功

率因数提高了。接近额定负载时,$\cos\varphi_1$ 最高。如果负载进一步增大,由于转差率 s 的增大,使 φ_2 角增大,见图 7.24,结果 $\cos\varphi_1$ 又开始减小。

4. 电磁转矩特性 $T=f(P_2)$

稳定运行时,异步电动机的转矩方程为

$$T = T_2 + T_0$$

输出功率 $P_2 = T_2\Omega$,所以

$$T = \frac{P_2}{\Omega} + T_0$$

当电动机空载时,电磁转矩 $T=T_0$。随着负载增加,P_2 增大,由于机械角速度 Ω 变化不大,电磁转矩 T 随 P_2 的变化近似地为一条直线。

5. 效率特性 $\eta=f(P_2)$

根据

$$\eta = \frac{P_2}{P_1} = 1 - \frac{\sum p}{P_2 + \sum p}$$

电机空载时,$P_2=0$,$\eta=0$,随着输出功率 P_2 的增加,效率 η 也在增加。在正常运行范围内,因主磁通变化很小,所以铁损耗变化不大,机械损耗变化也很小,合起来叫不变损耗。定、转子铜损耗与电流平方成正比,变化很大,叫可变损耗。当不变损耗等于可变损耗时,电动机的效率达最大。对中、小型异步电动机,大约 $P_2=0.75P_N$ 时,效率最高。如果负载继续增大,效率反而要降低。一般来说,电动机的容量越大,效率越高。

7.7.2 用试验法测三相异步电动机的工作特性

如果用直接负载法求异步电动机的工作特性,要先测出电动机的定子电阻、铁损耗和机械损耗。这些参数都能从电动机的空载试验中得到。

直接负载试验是在电源电压为额定电压 U_N、额定频率 f_N 的条件下,给电动机的轴上带上不同的机械负载,测量不同负载下的输入功率 P_1、定子电流 I_1、转速 n,即可算出各种工作特性,并画成曲线。

如果用试验法能测出异步电动机的参数以及测出机械损耗和附加损耗(附加损耗也可以估算),利用异步电动机的等效电路,也能够间接地计算出电动机的工作特性。

7.8 三相异步电动机参数的测定

上面已经说明,为了要用等效电路计算异步电动机的工作特性,应先知道它的参数。和变压器一样,通过做空载和短路(堵转)两个试验,就能求出异步电动机的 R_1,X_1,R_2',X_2',R_m 和 X_m 来。

7.8.1 短路(堵转)试验

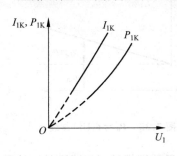

图 7.33 异步电动机的短路特性

短路试验又叫堵转试验,即把绕线式异步电机的转子绕组短路,并把转子卡住,不使其旋转。鼠笼式电机转子本身已短路。为了在做短路试验时不出现过电流,把加在异步电动机定子上的电压降低。一般从 $U_1 = 0.4U_N$ 开始,然后逐渐降低电压。试验时,记录定子绕组加的端电压 U_1、定子电流 I_{1K} 和定子输入功率 P_{1K},还应量测定子绕组每相电阻 R_1 的大小。根据试验的数据,画出异步电动机的短路特性 $I_{1K} = f(U_1)$,$P_{1K} = f(U_1)$,如图 7.33 所示。

图 7.18 所示为异步电动机堵转时的等效电路。因电压低,铁损耗可忽略,为了简单起见,可认为 $Z_m \gg Z_2'$,$I_0 \approx 0$,即图 7.18 等效电路的励磁支路开路。由于试验时,转速 $n = 0$,机械损耗 $p_m = 0$,定子全部输入功率 P_{1K} 都损耗在定、转子的电阻上,即

$$P_{1K} = 3I_1^2 R_1 + 3(I_2')^2 R_2'$$

由于

$$I_0 \approx 0$$

$$I_2' \approx I_1 = I_{1K}$$

所以

$$P_{1K} = 3I_{1K}^2 (R_1 + R_2')$$

根据短路试验测得的数据,可以算出短路阻抗 Z_k、短路电阻 R_k 和短路电抗 X_k,即

$$Z_k = \frac{U_1}{I_{1K}}$$

$$R_k = \frac{P_{1K}}{3I_{1K}^2}$$

$$X_k = \sqrt{Z_k^2 - R_k^2}$$

式中

$$R_k = R_1 + R_2'$$

$$X_k = X_1 + X_2'$$

从 R_k 中减去定子电阻 R_1,即得 R_2'。对于 X_1 和 X_2',在大、中型异步电动机中,可认为

$$X_1 \approx X_2' \approx \frac{X_k}{2}$$

7.8.2 空载试验

空载试验的目的是测励磁阻抗 R_m、X_m、机械损耗 p_m 和铁损耗 p_{Fe}。试验时,电动机的转轴上不加任何负载,即电动机处于空载运行,把定子绕组接到频率为额定的三相对称电源上。当电源电压为额定值时,让电动机运行一段时间,使其机械损耗达到稳定值。用调压器改变加在电动机定子绕组上的电压,使其从 $(1.1 \sim 1.3)U_N$ 开始,逐渐降低电压,直到电动机的转速发生明显的变化为止。记录电动机的端电压 U_1、空载电流 I_0、空载功

率 P_0 和转速 n，并画成曲线，如图 7.34 所示，即异步电动机的空载特性。

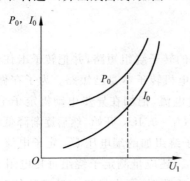

图 7.34　异步电动机的空载特性

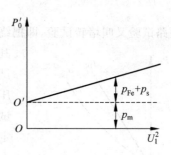

图 7.35　$P_0' = f(U_1^2)$ 曲线

由于异步电动机处于空载状态，转子电流很小，转子里的铜损耗可忽略不计。这种情况下，定子输入的功率 P_0 消耗在定子铜损耗 $3I_0^2 R_1$、铁损耗 p_{Fe}，机械损耗 p_m 和空载附加损耗 p_s 中，即

$$P_0 = 3I_0^2 R_1 + p_{Fe} + p_m + p_s$$

从输入功率 P_0 中减去定子铜损耗 $3I_0^2 R_1$ 并用 P_0' 表示，得

$$P_0' = P_0 - 3I_0^2 R_1 = p_{Fe} + p_m + p_s$$

上述损耗中，p_{Fe} 和 p_s 随着定子端电压 U_1 的改变而发生变化；而 p_m 的大小与电压 U_1 无关，只要电动机的转速不变化或变化不大时，就认为是个常数。由于铁损耗 p_{Fe} 和空载附加损耗 p_s 可认为与磁密的平方成正比，因而可近似地看作与电动机的端电压 U_1^2 成正比。这样，可以把 P_0' 对 U_1^2 的关系画成曲线，如图 7.35 所示。把图 7.35 中曲线延长与纵坐标轴交于点 O'，过 O' 做一水平虚线，把曲线的纵坐标分成两部分。由于机械损耗 p_m 与转速有关，电动机空载时，转速接近于同步转速，对应的机械损耗是个不变的数值。可由虚线与横坐标轴之间的部分来表示这个损耗，其余部分当然就是铁损耗 p_{Fe} 和空载附加损耗 p_s 了。

定子加额定电压时，根据空载试验测得的数据 I_0 和 P_0，可以算出

$$Z_0 = \frac{U_1}{I_0}$$

$$R_0 = \frac{P_0 - p_m}{3I_0^2}$$

$$X_0 = \sqrt{Z_0^2 - R_0^2}$$

式中　P_0 是测得的三相功率；

I_0，U_1 分别是相电流和相电压。

电动机空载时，$s \approx 0$，从图 7.23 所示 T 型等效电路中可看出，这时

$$\frac{1-s}{s} R_2' \approx \infty$$

可见

$$X_0 = X_m + X_1$$

式中　X_1 可从短路（堵转）试验中测出，于是励磁电抗

$$X_m = X_0 - X_1$$

则励磁电阻为

$$R_m = R_0 - R_1$$

 **考题**

7.1 三相异步电动机主磁通和漏磁通是如何定义的? 主磁通在定、转子绕组中感应电动势的频率一样吗? 两个频率之间数量关系如何?

7.2 在时空相矢量图上,为什么励磁电流 $\dot{I}_0$ 和励磁磁通势在同一位置上?

7.3 在时空相矢量图上怎样确定电动势 $\dot{E}_1$ 和 $\dot{E}_2$ 的位置?

7.4 比较一下三相异步电动机转子开路、定子接电源的电磁关系与变压器空载运行的电磁关系有何异同? 等效电路有何异同?

7.5 为什么三相异步电动机励磁电流的标幺值比三相变压器的大很多?

7.6 为什么异步电动机的气隙很小?

7.7 异步电动机转子铁心不用铸钢铸造或钢板叠成,而用硅钢片叠成,这是为什么?

7.8 三相异步电动机接三相电源转子堵转时,为什么产生电磁转矩? 其方向由什么决定的?

7.9 三相异步电动机接三相电源,转子绕组开路和短路时定子电流为什么不一样?

7.10 三相异步电动机接三相电源转子堵转时,转子电流的相序如何确定? 频率是多少? 转子电流产生磁通势的性质怎样? 转向和转速如何?

7.11 三相异步电动机堵转情况下,把转子边的量向定子边折合,折合的原则是什么? 折合前的电动势 E_2、电流 I_2 及参数 Z_2 与折合后的 E_2'、I_2' 及 Z_2' 的关系是什么?

7.12 三相异步电动机转子堵转时的等效电路是如何组成的?

7.13 已知三相异步电动机的极对数 p,根据同步转速 n_1、转速 n、定子频率 f_1、转子频率 f_2、转差率 s 及转子旋转磁通势 $\dot{F}_2$ 相对于转子的转速 n_2 之间的关联,请在下表空格中填入相应结果。

p	$n_1/(\text{r} \cdot \text{min}^{-1})$	$n/(\text{r} \cdot \text{min}^{-1})$	f_1/Hz	f_2/Hz	s	$n_2/(\text{r} \cdot \text{min}^{-1})$
1			50		0.03	
2		1000	50			
	1800		60	3		
5	600	−500				
3	1000				−0.2	
4			50		1	

7.14 普通三相异步电动机励磁电流标幺值和额定转差率的数值范围是什么?

7.15 请简单证明转子磁通势相对于定子的转速为同步转速 n_1。

7.16 三相异步电动机转子不转时,转子每相感应电动势为 E_2、漏电抗为 X_2,旋转时转子每相电动势和漏电抗值为多大？为什么？

7.17　三相异步电动机运行时，转子向定子折合的原则是什么？折合的具体内容有哪些？

7.18　对比三相异步电动机与变压器的 T 型等效电路，二者有什么异同？转子电路中 $\dfrac{1-s}{s}R_2'$ 代表什么？

7.19　三相异步电动机主磁通数值在正常运行和启动时一样大吗？约差多少？

7.20　三相异步电动机转子电流的数值在启动时和运行时一样大吗？为什么？

7.21　若三相异步电动机启动时转子电流为额定运行时的 5 倍，是否启动时电磁转矩也应为额定电磁转矩的 5 倍？为什么？

7.22　异步电动机定、转子绕组没有电路连接，为什么负载转矩增大时定子电流会增大？负载变化时（在额定负载范围内）主磁通变化否？

7.23　三相异步电动机等效电路中的参数 X_1，X_2'，X_m 和 R_m，在电动机接额定电压从空载到额定负载的情况下，这些参数值是否变化？

7.24　一台三相异步电动机的额定电压 380/220V，定子绕组接法 Y/△，试问：

（1）如果将定子绕组△接，接三相 380V 电压，能否空载运行？能否负载运行？会发生什么现象？

（2）如果将定子绕组 Y 接，接于三相 220V 电压，能否空载运行？能否负载运行？会发生什么现象？

7.25　三相异步电动机空载运行时，转子边功率因数 $\cos\varphi_2$ 很高，为什么定子边功率因数 $\cos\varphi_1$ 却很低？为什么额定负载运行时定子边的 $\cos\varphi_1$ 又比较高？为什么 $\cos\varphi_1$ 总是滞后性的？

7.26　一台额定频率为 60Hz 的三相异步电动机用在 50Hz 电源上，其他不变，电动机空载电流如何变化？若拖动额定负载运行，电源电压有效值不变，因频率降低会出现什么问题？

7.27　填空。

（1）忽略空载损耗，拖动恒转矩负载运行的三相异步电动机，其 $n_1=1500$r/min，电磁功率 $P_M=10$kW。若运行时转速 $n=1455$r/min，则输出的机械功率 $P_m=$＿＿＿＿＿kW；若 $n=900$r/min，则 $P_m=$＿＿＿＿＿ kW；若 $n=300$r/min，则 $P_m=$＿＿＿＿＿ kW，转差率 s 越大，电动机效率越＿＿＿＿＿。

（2）三相异步电动机电磁功率为 P_M，机械功率为 P_m，输出功率为 P_2，同步角速度为 Ω_1，机械角速度为 Ω，那么 $\dfrac{P_M}{\Omega_1}=$＿＿＿＿＿，称为＿＿＿＿＿；$\dfrac{P_m}{\Omega}=$＿＿＿＿＿，称为＿＿＿＿＿；而 $\dfrac{P_2}{\Omega}=$＿＿＿＿＿，称为＿＿＿＿＿。

（3）三相异步电动机电磁转矩与电压 U_1 的关系是＿＿＿＿＿。

（4）三相异步电动机最大电磁转矩与转子回路电阻成＿＿＿＿＿关系，临界转差率与转子回路电阻成＿＿＿＿＿关系。

7.28 三相异步电动机能否长期运行在最大电磁转矩情况下？为什么？

7.29 某三相异步电动机机械特性与反抗性恒转矩负载转矩特性相交于图 7.36 中的 1、2 两点，与通风机负载转矩特性相交于点 3。请回答 1、2、3 三个点中哪个点能稳定运行，哪个点能长期稳定运行？

7.30 频率为 60Hz 的三相异步电动机接于 50Hz 的电源上，电压不变，其最大电磁转矩和堵转转矩将如何变化？

7.31 三相异步电动机额定电压为 380V，额定频率为 50Hz，转子每相电阻为 0.1Ω，其 $T_m = 500\text{N} \cdot \text{m}$，$T_S = 300\text{N} \cdot \text{m}$，$s_m = 0.14$，请填好下面空格：

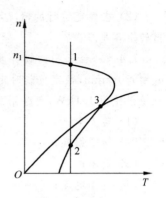

图 7.36 思考题 7.29 图

(1) 若额定电压降至 220V，则 $T_m = $ _____ N·m，$T_S = $ _____ N·m，$s_m = $ _____ 。

(2) 若转子每相串入 $R = 0.4\Omega$ 电阻，则 $T_m = $ _____ N·m，$T_S = $ _____ N·m，$s_m = $ _____ 。

7.32 一台鼠笼式三相异步电动机转子是插铜条的，损坏后改为铸铝的。如果在额定电压下，仍旧拖动原来额定转矩大小的恒转矩负载运行，那么与原来各额定值比较，电动机的转速 n、定子电流 I_1、转子电流 I_2、功率因数 $\cos\varphi_1$、输入功率 P_1 及输出功率 P_2 将怎样变化？

7.33 绕线式三相异步电动机转子回路串入适当电阻可以增大堵转转矩，串入适当电抗时，是否也有相似的效果？

习 题

7.1 五相对称绕组轴线顺时针排列，通五相对称电流 $i_A = \sqrt{2}I\cos\omega t$，$i_B = \sqrt{2}I\cos(\omega t - 72°)$，$i_C = \sqrt{2}I\cos(\omega t - 144°)$，$i_D = \sqrt{2}I\cos(\omega t - 216°)$，$i_E = \sqrt{2}I\cos(\omega t - 288°)$，请画出 $\omega t = 0°$，$\omega t = 72°$ 两瞬间磁通势矢量图，标出合成磁通势位置与转向，说明其性质。

7.2 一台三相四极绕线式异步电动机定子接在 50Hz 的三相电源上，转子不转时，每相感应电动势 $E_2 = 220\text{V}$，$R_2 = 0.08\Omega$，$X_2 = 0.45\Omega$。忽略定子漏阻抗影响，求在额定运行 $n_N = 1470\text{r/min}$ 时的下列各量：

(1) 转子电流频率；

(2) 转子相电动势；

(3) 转子相电流。

7.3 设有一台额定容量 $P_N = 5.5\text{kW}$，频率 $f_1 = 50\text{Hz}$ 的三相四极异步电动机，在额定负载运行情况下，由电源输入的功率为 6.32kW，定子铜耗为 341W，转子铜耗为 237.5W，铁损耗为 167.5W，机械损耗为 45W，附加损耗为 29W。

(1) 画出功率流程图，标明各功率及损耗；

(2) 在额定运行的情况下,求电动机的效率、转差率、转速、电磁转矩以及转轴上的输出转矩各是多少?

7.4 一台三相六极异步电动机,额定数据为: $P_N = 28kW$, $U_N = 380V$, $f_1 = 50Hz$, $n_N = 950r/min$,额定负载时定子边的功率因数 $\cos\varphi_{1N} = 0.88$,定子铜耗、铁耗共为 2.2kW,机械损耗为 1.1kW,忽略附加损耗。在额定负载时,求:

(1) 转差率;

(2) 转子铜耗;

(3) 效率;

(4) 定子电流;

(5) 转子电流的频率。

7.5 已知一台三相四极异步电动机的额定数据为: $P_N = 10kW$, $U_N = 380V$, $I_N = 11.6A$,定子为Y接,额定运行时,定子铜耗 $p_{Cu1} = 557W$,转子铜耗 $p_{Cu2} = 314W$,铁耗 $p_{Fe} = 276W$,机械损耗 $p_m = 77W$,附加损耗 $p_s = 200W$。求该电动机的额定负载时的:

(1) 额定转速;

(2) 空载转矩;

(3) 转轴上的输出转矩;

(4) 电磁转矩。

7.6 一台三相四极异步电动机,额定数据为: $P_N = 10kW$, $U_N = 380V$, $I_N = 19.8A$,定子绕组为Y接, $R_1 = 0.5\Omega$。空载试验数据: $U_1 = 380V$, $P_0 = 0.425kW$, $I_0 = 5.4A$,机械损耗 $p_m = 0.08kW$,忽略附加损耗。短路试验数据: $U_K = 120V$, $P_K = 0.92kW$, $I_K = 18.1A$。若 $X_1 = X_2'$,求电机的参数 R_2'、X_1、X_2'、R_m 和 X_m。

7.7 一台三相六极鼠笼式异步电动机数据为:额定电压 $U_N = 380V$,额定转速 $n_N = 957r/min$,额定频率 $f_1 = 50Hz$,定子绕组Y接,定子电阻 $R_1 = 2.08\Omega$,转子电阻折合值 $R_2' = 1.53\Omega$,定子漏电抗 $X_1 = 3.12\Omega$,转子漏电抗折合值 $X_2' = 4.25\Omega$。求:

(1) 额定转矩;

(2) 最大转矩;

(3) 过载倍数;

(4) 最大转矩对应的转差率。

7.8 一台三相四极定子绕组为Y接的绕线式异步电动机数据为:额定容量 $P_N = 150kW$,额定电压 $U_N = 380V$,额定转速 $n_N = 1460r/min$,过载倍数 $\lambda = 3.1$。求:

(1) 额定转差率;

(2) 最大转矩对应的转差率;

(3) 额定转矩;

(4) 最大转矩。

7.9 一台三相八极异步电动机数据为:额定容量 $P_N = 260kW$,额定电压 $U_N = 380V$,额定频率 $f_N = 50Hz$,额定转速 $n_N = 722r/min$,过载倍数 $\lambda = 2.13$。求:

(1) 额定转差率;

(2) 额定转矩;

(3) 最大转矩;

(4) 最大转矩对应的转差率;

(5) $s=0.02$ 时的电磁转矩。

7.10 一台三相绕线式异步电动机数据为:额定容量 $P_N=75kW$,额定转速 $n_N=720r/min$,定子额定电流 $I_N=148A$,额定效率 $\eta_N=90.5\%$,额定功率因数 $\cos\varphi_{1N}=0.85$,过载倍数 $\lambda=2.4$,转子额定电动势 $E_{2N}=213V$(转子不转,转子绕组开路电动势),转子额定电流 $I_{2N}=220A$。求:

(1) 额定转矩;

(2) 最大转矩;

(3) 最大转矩对应的转差率;

(4) 用实用转矩公式绘制电动机的固有机械特性。

7.11 一台三相八极异步电动机的数据为:额定容量 $P_N=50kW$,额定电压 $U_N=380V$,额定频率 $f_N=50Hz$,额定负载时的转差率为 0.025,过载倍数 $\lambda=2$。

(1) 用转矩的实用公式求最大转矩对应的转差率;

(2) 求转子的转速。

7.12 一台三相六极绕线式异步电动机接在频率为 50Hz 的电网上运行。已知电机定、转子总电抗每相为 0.1Ω,折合到定子边的转子电阻每相为 0.02Ω,求:

(1) 最大转矩对应的转速;

(2) 要求堵转转矩是最大转矩的 2/3,需在转子中串入多大的电阻(折合到定子边,并忽略定子电阻)。

第8章

CHAPTER 8

三相异步电动机的
启动与制动

交流电动机大致上可分为异步电动机和同步电动机两大类。其中异步电动机因其结构简单、价格便宜、性能良好、运行可靠,广泛用于国民经济中的各行各业作为原动机拖动生产机械。

本章着重介绍三相异步电动机的启动和各种运行状态。

同步电动机的启动问题不在本章叙述。

8.1 三相异步电动机直接启动

从三相异步电动机固有机械特性可知,如果在额定电压下直接启动电动机,由于最初启动瞬间主磁通 Φ_m 将减少到额定值的一半左右,功率因数 $\cos\varphi_2$ 又很低,造成堵转电流(本章中称为启动电流)相当大而堵转转矩(本章称为启动转矩)并不大的结果。以普通鼠笼式三相异步电动机为例,定子启动电流 $I_{1S} = K_I I_N = (4\sim7)I_N$,$K_I$ 称为启动电流倍数,启动转矩 $T_S = K_T T_N = (0.8\sim1.2)T_N$,$K_T$ 称为启动转矩倍数。图8.1所示为三相异步电动机直接启动时的固有机械特性与电流特性。

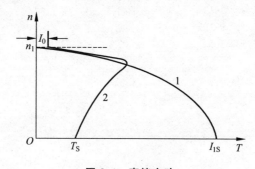

图8.1 直接启动

1—电流特性;2—固有机械特性

启动电流 I_S 值大有什么影响呢？

首先看启动过程中出现较大的电流,对电动机本身的影响。由于交流电动机不存在换向问题,对不频繁启动的异步电动机来说,短时大电流没什么影响;对频繁启动的异步电动机,频繁短时出现大电流会使电动机本身过热,但是,只要限制每小时最多启动次数,电动机也是能承受的。因此,只考虑电动机本身,是可以直接启动的。

再看 I_S 值大对供电变压器的影响。变压器的容量是按其供电的负载总容量设置的。正常运行时,由于电流不超过额定值,其输出电压比较稳定,电压变化率在允许的范围之内。启动异步电动机时,若变压器额定容量相对很大,电动机额定功率相对很小,短时启动电流不会使变压器输出电压下降多少,因此也没什么关系。若变压器额定容量相对不够大,电动机额定功率相对不算小,电动机短时较大的启动电流会使变压器输出电压短时下降幅度较大,超过正常规定值,例如 $\Delta U > 10\%$ 或更严重。这将带来如下影响:

(1) 就电动机本身而言,由于电压太低启动转矩下降很多 ($T_S \propto U_1^2$),当负载较重时,可能启动不了。

(2) 影响由同一台配电变压器供电的其他负载,比如说电灯会变暗,数控设备以及系统保护设备等可能失常,重载的异步电动机可能停转等。

显然,上述情况即便是偶尔出现一次,也是不允许的。可见,变压器额定容量相对电动机来讲不是足够大时,不允许直接启动三相异步电动机。

式(8-1)是定子启动电流 I_{1S} 和启动转矩表达式。

$$\left.\begin{aligned}
I_{1S} \approx I_{2S}' &= \frac{U_1}{\sqrt{(R_1 + R_2')^2 + (X_1 + X_2')^2}} \\
T_S &= \frac{3pU_1^2 R_2'}{2\pi f_1 \left[(R_1 + R_2')^2 + (X_1 + X_2')^2\right]}
\end{aligned}\right\} \tag{8-1}$$

从上式看出,降低定子启动电流的方法有:①降低电源电压;②加大定子边电阻或电抗;③加大转子边电阻或电抗。加大启动转矩的方法只有适当加大转子电阻,但不能过分,否则启动转矩反而可能减小。

在供电变压器容量较大,电动机容量较小的前提下,可以直接启动三相鼠笼式异步电动机。一般来说,7.5kW 以下的小容量鼠笼式异步电动机都可直接启动。

8.2 鼠笼式三相异步电动机降压启动

8.2.1 定子串接电抗器启动

三相异步电动机定子串接电抗器,启动时电抗器接入定子电路;启动后,切除电抗器,进入正常运行。

三相异步电动机直接启动时,每相等效电路如图 8.2(a)所示,电源电压 $\dot{U}_1$ 直接加在电动机短路阻抗 $Z_k = R_k + jX_k$ 上。定子边串入电抗 X 启动时,每相等效电路如

图 8.2(b)所示，$\dot{U}_1$ 加在 $(jX+Z_k)$ 上，而 Z_k 上的电压是 $\dot{U}_1'$。定子边串电抗启动可以理解为增大定子边电抗值，也可以理解为降低定子实际所加电压，其目的是减小启动电流。

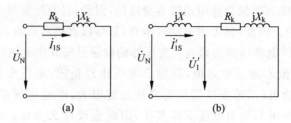

图 8.2　定子串入电抗器启动时的等效电路

(a) 直接启动；(b) 定子串入电抗器启动

根据图 8.2 等效电路，可以得出

$$\dot{U}_N = \dot{I}_{1S}(Z_k + jX)$$

$$\dot{U}_1' = \dot{I}_{1S}'Z_k$$

三相异步电动机的短路阻抗为 $Z_k = R_k + jX_k$，其中 $X_k \approx Z_k$。因此，串电抗启动时，可以近似把 Z_k 看成电抗性质，把 Z_k 的模直接与外串电抗 X 相加。设串电抗为 X 时，电动机定子电压降为 U_1' 与直接启动时额定电压 U_N 比值为 u，则

$$\left.\begin{array}{l} \dfrac{U_1'}{U_N} = u = \dfrac{Z_k}{Z_k + X} \\[3mm] \dfrac{I_{1S}'}{I_{1S}} = u = \dfrac{Z_k}{Z_k + X} \\[3mm] \dfrac{T_S'}{T_S} = u^2 = \left(\dfrac{Z_k}{Z_k + X}\right)^2 \end{array}\right\} \tag{8-2}$$

显然，定子串电抗器启动，固然降低了启动电流，但启动转矩降低得更多。因此，这种启动方法，只能用于电动机空载和轻载启动。

工程实际中，往往先给定线路允许电动机启动电流的大小 I_{1S}'，再计算出电抗 X 的大小。根据式(8-2)得

$$X = \frac{1-u}{u}Z_k \tag{8-3}$$

其中电动机短路阻抗为

$$Z_k = \frac{U_N}{\sqrt{3}\,I_S} = \frac{U_N}{\sqrt{3}\,K_I I_N}$$

若定子回路串电阻启动，也属于降压启动，降低启动电流。串电阻与串电抗相比，前者启动过程中，定子边功率因数高，在同样启动电流下，其启动转矩较后者大。实际中大功率异步电动机有采用水电阻的，启动设备简单。串电阻启动，在启动过程中电阻上有较大的损耗，因此不频繁启动的异步电动机，可采用水电阻启动方式。

例题 8-1　一台鼠笼式三相异步电动机的有关数据为：$P_N = 60\mathrm{kW}$，$U_N = 380\mathrm{V}$，$I_N = 136\mathrm{A}$，$K_I = 6.5$，$K_T = 1.1$，供电变压器限制该电动机最大启动电流为 $500\mathrm{A}$。

(1) 若空载定子串电抗器启动,每相串入的电抗最少应是多少?

(2) 若拖动 $T_L = 0.3T_N$ 恒转矩负载,可不可以采用定子串电抗器方法启动? 若可以,计算每相串入的电抗值的范围。

解 (1) 空载启动每相串入电抗值的计算

直接启动的启动电流为

$$I_{1S} = K_I I_N = 6.5 \times 136 = 884A$$

串电抗(最小值)时的启动电流与 I_{1S} 的比值为

$$u = \frac{I'_{1S}}{I_{1S}} = \frac{500}{884} = 0.566$$

短路阻抗为

$$Z_k = \frac{U_N}{\sqrt{3} I_S} = \frac{380}{\sqrt{3} \times 884} = 0.248\Omega$$

根据式(8-3),每相串入电抗最小值为

$$X = \frac{(1-u)Z_k}{u} = \frac{(1-0.566) \times 0.248}{0.566} = 0.190\Omega$$

(2) 拖动 $T_L = 0.3T_N$ 恒转矩负载启动的计算

串电抗启动时,最小启动转矩为

$$T'_S = 1.1T_L = 1.1 \times 0.3T_N = 0.33T_N$$

启动转矩与直接启动转矩的比值为

$$\frac{T'_S}{T_S} = \frac{0.33T_N}{K_T T_N} = \frac{0.33}{1.1} = 0.3 = u^2$$

串电抗器启动电流与直接启动电流比值为

$$\frac{I'_{1S}}{I_S} = u = \sqrt{0.3} = 0.548$$

启动电流

$$I'_{1S} = uI_S = 0.548 \times 884 = 484.4A < 500A$$

可以串电抗启动。每相串入的电抗最大值为

$$X = \frac{(1-u)Z_k}{u} = \frac{(1-0.548) \times 0.248}{0.548} = 0.205\Omega$$

每相串入的电抗最小值为 $X = 0.190\Omega$ 时,启动转矩 $T'_S = u^2 K_T T_N = 0.352T_N >$ $0.33T_N$。因此电抗值的范围即为 $0.190 \sim 0.205\Omega$。

8.2.2 丫-△启动

对于额定电压运行时定子绕组接成△形的鼠笼式三相异步电动机,为了减小启动电流,在启动过程中,可以采用丫-△降压启动方法,即启动时,定子绕组丫接法,启动后,换成△接法,其接线图如图 8.3 所示。开关 K_1 闭合接通电源后,开关 K_2 合到下边,电动机定子绕组丫接法,电动机开始启动;当转速升高到一定程度后,开关 K_2 从下边断开合向上边,定子绕组△接法,电动机进入正常运行。

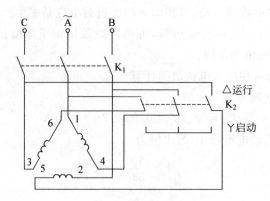

图 8.3　Ｙ-△启动接线图

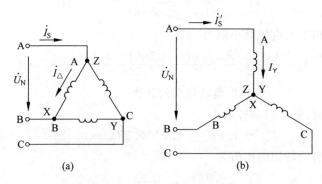

图 8.4　Ｙ-△启动的启动电流

(a) 直接启动；(b) Ｙ-△启动

电动机直接启动时，定子绕组△接法，如图 8.4(a)所示，每一相绕组加的是额定电压 U_N，相电流为 $I_\triangle$，线电流为 $I_S = \sqrt{3}\, I_\triangle$。采用Ｙ-△启动，启动时定子绕组为Ｙ接法，如图 8.4(b)所示，每相电压降为

$$U'_1 = \frac{U_N}{\sqrt{3}}$$

每相启动电流为 I_Y，则

$$\frac{I_Y}{I_\triangle} = \frac{U'_1}{U_N} = \frac{U_N / \sqrt{3}}{U_N} = \frac{1}{\sqrt{3}}$$

线启动电流为 I'_S，则

$$I'_S = I_Y = \frac{1}{\sqrt{3}} I_\triangle$$

于是有

$$\frac{I'_S}{I_S} = \frac{\frac{1}{\sqrt{3}} I_\triangle}{\sqrt{3}\, I_\triangle} = \frac{1}{3} \tag{8-4}$$

上式说明，Ｙ-△启动时，尽管相电压和相电流与直接启动时相比，降低到原来的 $1/\sqrt{3}$，但是，对供电变压器造成冲击的启动电流则降低到直接启动时的 1/3。

若直接启动时启动转矩为 T_S，Ｙ-△启动时启动转矩为 T'_S，则

$$\frac{T'_s}{T_s} = \left(\frac{U'_1}{U_1}\right)^2 = \frac{1}{3} \qquad (8\text{-}5)$$

式(8-4)与式(8-5)表明,启动转矩与启动电流降低的倍数一样,都是直接启动的1/3。可见,这种启动方式也只能用于轻负载启动。

为了实现丫-△启动,电动机定子绕组三相共六个出线端都要引出来。我国生产的低压(380V)三相异步电动机,定子绕组都是△接法。

丫-△启动还有一个问题值得注意。当由启动时的丫接法切换为△接法,电动机绕组里有可能出现短时较大的冲击电流。这是因为,图8.3中开关 K_2 将电动机定子绕组从丫接法断开,定子绕组里没有电流,但转子电流衰减有一个过程。它在衰减的过程中,起了励磁电流的作用,在电机气隙里产生磁通,旋转着的电机,会在定子绕组里感应电动势,称为残压。其大小、频率和相位都在变化。当开关 K_2 闭合,使电动机为△接法,这时电源额定电压加在定子绕组上。两种电压的作用,有时候可能产生很大的电流冲击,严重时会把开关 K_2 的触点熔化。

8.2.3 自耦变压器(启动补偿器)降压启动

鼠笼式三相异步电动机采用自耦变压器降压启动的接线图如图8.5所示。启动时,开关 K 投向启动一边,电动机的定子绕组通过自耦变压器接到三相电源上,属降压启动。当转速升高到一定程度后,开关 K 投向运行边,自耦变压器被切除,电动机定子直接接在电源上,电动机进入正常运行状态。

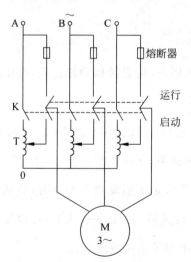

图 8.5 自耦变压器降压启动

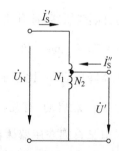

图 8.6 自耦变压器降压启动的一相电路

自耦变压器降压启动异步电动机时,一相的电路如图8.6所示。U_N 是加在自耦变压器一次绕组的额定电压,U' 是其二次电压,即加在异步电动机定子绕组上的电压。

根据变压器原理可知

$$\frac{U'}{U_N} = \frac{N_2}{N_1}$$

$$\frac{I'_s}{I''_s} = \frac{N_2}{N_1}$$

式中　N_1、N_2分别是自耦变压器一次和二次绕组的串联匝数；I'_s、I''_s分别是自耦变压器加额定电压U_N时,一次和二次电流(忽略其励磁电流)。

如果电动机定子加额定电压U_N直接启动,其启动电流为I_s,若降压后的电压为U'启动,其启动电流为I''_s,比较I''_s与I_s,则有

$$\frac{I''_s}{I_s} = \frac{U'}{U_N} = \frac{N_2}{N_1}$$

下面分析一下,同是额定电压U_N,加在电动机定子直接启动异步电动机,供电变压器提供的电流为I_s,若加在自耦变压器一次绕组上,二次绕组电压U'接到异步电动机,这时供电变压器提供的电流为I'_s。比较I'_s和I_s,二者有如下的关系:

$$\left.\begin{array}{l} \dfrac{I'_s}{I_s} = \left(\dfrac{N_2}{N_1}\right)^2 \\[3mm] I'_s = \left(\dfrac{N_2}{N_1}\right)^2 I_s \end{array}\right\} \tag{8-6}$$

自耦变压器降压启动时电动机的启动转矩T'_s与直接启动时启动转矩T_s之间的关系为

$$\left.\begin{array}{l} \dfrac{T'_s}{T_s} = \left(\dfrac{U'}{U_N}\right)^2 = \left(\dfrac{N_2}{N_1}\right)^2 \\[3mm] T'_s = \left(\dfrac{N_2}{N_1}\right)^2 T_s \end{array}\right\} \tag{8-7}$$

降压自耦变压器绕组匝数N_2小于N_1。

式(8-6)和式(8-7)表明,采用自耦变压器降压启动,与直接启动相比较,电压降低到原来的$\frac{N_2}{N_1}$,启动电流与启动转矩降低到原来的$\left(\frac{N_2}{N_1}\right)^2$。

启动用的自耦变压器,备有几个抽头(即输出几种电压)供选用。例如有三种抽头,分别为$55\%\left(即\frac{N_2}{N_1}=55\%\right)$、$64\%$和$73\%$；也有另外三种抽头,分别为$40\%$、$60\%$和$80\%$等。

自耦变压器降压启动,比起定子串电抗启动,当限定的启动电流相同时,启动转矩损失得较少。比起Y-△启动,有几种抽头供选用,比较灵活,并且$\frac{N_2}{N_1}$较大时,可以拖动较大的负载启动。但是自耦变压器体积大,价格高,也不能带重负载启动。

例题8-2　有一台鼠笼式三相异步电动机$P_N=28kW$,△接法,$U_N=380V$,$I_N=58A$,$\cos\varphi_N=0.88$,$n_N=1455r/min$,启动电流倍数$K_I=6$,启动转矩倍数$K_T=1.1$,过载倍数$\lambda=2.3$。供电变压器要求启动电流≤150A,负载启动转矩为73.5N·m。请选择一个合适的降压启动方法,写出必要的计算数据。(若采用自耦变压器降压启动,抽头有55%、64%、73%三种,需要算出用哪种抽头；若采用定子边串接电抗启动,需要算出电抗的具体数值；能用Y-△启动方法时,不用其他方法。)

解 电动机额定转矩

$$T_N = 9550\frac{P_N}{n_N} = 9550 \times \frac{28}{1455} = 183.78\text{N} \cdot \text{m}$$

正常启动要求启动转矩 T_{S1} 不小于负载转矩的 1.1 倍,即

$$T_{S1} = 1.1T_L = 1.1 \times 73.5 = 80.85\text{N} \cdot \text{m}$$

(1) 校核是否能采用丫-△启动方法。丫-△启动时的启动电流为

$$I'_S = \frac{1}{3}I_S = \frac{1}{3}K_I I_N = \frac{1}{3} \times 6 \times 58 = 116\text{A}$$

$$I'_S < I_{S1} = 150\text{A}$$

丫-△启动时的启动转矩为

$$T'_S = \frac{1}{3}T_S = \frac{1}{3}K_T T_N = \frac{1}{3} \times 1.1 \times 183.78 = 67.39\text{N} \cdot \text{m}$$

$T'_S < T_{S1}$,故不能采用 丫-△启动。

(2) 校核是否能采用串电抗启动方法。限定的最大启动电流 $I_{S1}=150\text{A}$,则串电抗启动最大启动转矩为

$$T''_S = \left(\frac{I_{S1}}{I_S}\right)^2 T_S = \left(\frac{I_{S1}}{I_S}\right)^2 K_T T_N = \left(\frac{150}{6 \times 58}\right)^2 \times 1.1 \times 183.78 = 37.4\text{N} \cdot \text{m}$$

$T''_S < T_{S1}$,故不能采用串电抗降压启动。

(3) 校核是否能采用自耦变压器降压启动。抽头为 55% 时,启动电流与启动转矩分别为

$$I'_{S1} = 0.55^2 I_S = 0.55^2 \times 6 \times 58 = 105.27\text{A} < I_{S1}$$

$$T'_{S1} = 0.55^2 T_S = 0.55^2 \times 1.1 \times 183.78 = 61.15\text{N} \cdot \text{m} < T_{S1}$$

故不能采用。

抽头为 64% 时,启动电流与启动转矩分别为

$$I'_{S2} = 0.64^2 I_S = 0.64^2 \times 6 \times 58 = 142.5\text{A} < I_{S1}$$

$$T'_{S2} = 0.64^2 T_S = 0.64^2 \times 1.1 \times 183.78 = 82.80\text{N} \cdot \text{m} > T_{S1}$$

可以采用 64% 的抽头。

抽头为 73% 时,启动电流为

$$I'_{S3} = 0.73^2 \times 6 \times 58 = 185.45\text{A}$$

$I'_{S3} > I_{S1}$,不能采用,启动转矩不必计算。

到现在为止,前面所介绍的几种鼠笼式异步电动机降压启动方法,主要目的都是减小启动电流,但同时又都程度不同地降低启动转矩,因此,只适合电动机空载或轻载启动。对于重载启动,尤其要求启动过程很快的情况下,则经常需要启动转矩较大的异步电动机。式(8-1)表明,加大启动转矩的方法是增大转子电阻。对于绕线式异步电动机,则可在转子回路内串电阻。对于鼠笼式异步电动机,只有设法加大鼠笼本身的电阻值。

8.2.4 三相反并联晶闸管降压启动

用三相反并联晶闸管降压启动的启动器,在市场上称为软启动器。它是由反并联晶

闸管及其控制器组成。反并联的晶闸管串接在三相交流电源与被控电机之间,如图8.7所示。

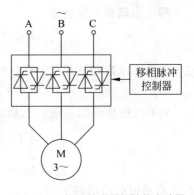

图 8.7　三相反并联晶闸管软启动器

启动电动机时,可以通过改变反并联晶闸管的导通角,即所谓的相控,减小其输出电压,限制电动机的启动电流,故名软启动。实际上,这种启动器并不改变输出电压的频率,仍为电源电压的频率,仅改变其输出电压的波形。受晶闸管相控的作用,输出电压波形偏离了正弦形。除了有基波电压(与电源电压同频率的电压波形叫基波)外,尚有一系列谐波电压。相对基波电压而言,谐波电压占的比例较小。谐波电压的存在,增加了电机的损耗和影响电机的性能。

软启动器从原理上看,属于降压启动异步电机,其特点是可以实现输出电压从小到大连续可调,即启动电流大小可控,避免了其他降压启动下启动电流对电网和电机的冲击。通过灵活的相控技术,可以实现开环控制电流,也可以实现闭环恒流启动。

软启动器还可能用作软停车。有些水泵,如高楼供水泵,在停车时,如果立即断电停机,会引起水击现象,损坏设备。采用缓慢停机则安全可靠。

8.3　高启动转矩的鼠笼式三相异步电动机

8.3.1　高转差鼠笼式异步电动机

浇注式的鼠笼绕组都采用铝材,而有些电动机鼠笼绕组由合金铝(如锰铝或硅铝)浇注而成,或者同时还采用转子小槽,减小导条截面积,这样,转子电阻R_2就比一般鼠笼式异步电动机的大。

焊接式的鼠笼绕组采用紫铜,而有些电动机,鼠笼材料用黄铜,黄铜的电阻率比紫铜高,因此转子电阻R_2也比较大。

转子电阻大,则直接启动时的启动转矩大,最大转矩也大,但同时额定转差率也较大,运行段机械特性较软。称为高转差电动机。

高转差异步电动机适用于要求启动转矩较大或带冲击性负载的机械,如剪床、冲床、游梁式抽油机电机等。

电动机转子电阻大,正常运行时效率较低,而且电动机价格较贵。

8.3.2　深槽式鼠笼异步电动机

深槽式鼠笼异步电动机转子槽形深而窄,其深度与宽度之比约为10～20,而普通鼠笼式异步电动机这个比值不超过5。这种电动机运行时,转子导条中有电流通过,其槽漏磁通分布如图8.8(a)所示。导条槽底部分链的漏磁通多,槽口部分链的漏磁通少;电流与磁通都是交变的,这样槽底部分漏电抗较大,槽口部分漏电抗小。由于槽形很深,槽底部分与槽口部分漏电抗相差甚远。

电动机刚启动时,$s=1$,转子电流频率 $f_2=sf_1=f_1$ 较高,转子漏电抗 X_2 比较大。同时,深槽式电动机比起一般鼠笼式电动机,其槽形深,转子漏电抗较大。因此,启动时,则有 $X_2 \gg R_2$,在感应电动势 E_2 的作用下,转子电流的大小主要取决于 X_2。由于槽底与槽口漏电抗相差甚远,转子导条内电流的分布必然极不均匀,槽底部分电抗大、电流小,槽口部分电抗小、电流大,图 8.8(b)中曲线 1 为启动时导条电流密度沿槽深的分布示意图。这种当频率较高时交流电流集中到导条槽口的现象称为集肤效应或趋表效应。

电动机正常运行时,s 很小,转子电流频率 sf_1 也很低,转子漏电抗 $X_{2s}=sX_2$ 很小,$sX_2 \ll R_2$,因此,在电动势 sE_2 的作用下,转子电流主要由电阻决定。这样,转子电流在导条内的分布趋向均匀,集肤效应很不明显,如图 8.8(b)中曲线 2 所示。

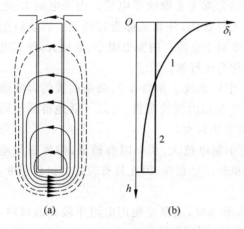
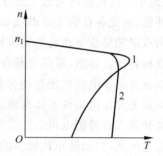

图 8.8　深槽式异步电动机
(a) 槽漏磁通分布;(b) 电流密度

图 8.9　深槽式异步电动机机械特性

刚启动时,集肤效应使导条内电流比较集中在槽口,相当于减少了导条的有效截面积,使转子电阻增大。随着转速 n 的升高,集肤效应逐渐减弱,转子电阻逐渐减小,直到正常运行,转子电阻自动变回到正常运行值。这种启动时转子电阻加大,运行时为正常值的结果,既增加了电动机的启动转矩,又能在正常运行时转差率不大,并且电动机效率也不会降低。深槽式异步电动机机械特性如图 8.9 所示,曲线 1 为普通鼠笼式的,曲线 2 为深槽式的。

深槽式异步电动机转子槽漏抗较大,功率因数稍低,最大转矩倍数稍小。

8.3.3　双鼠笼异步电动机

双鼠笼异步电动机的转子上装有两套并联的鼠笼绕组,如图 8.10(a)所示。外笼导条截面积小,用电阻率较高的黄铜制成,电阻较大;内笼导条截面积大,用电阻率较低的紫铜制成,电阻较小。电动机运行时,导条里有交流电流通过,内笼漏磁链多、漏电抗较大;外笼漏磁链少、漏电抗较小。

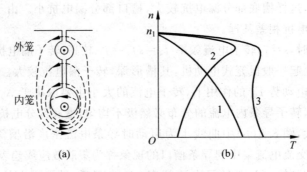

图 8.10　双鼠笼异步电动机

(a) 转子槽与槽漏磁通；(b) 机械特性

电动机启动时,转子电流频率较高,电流的分配主要取决于电抗。内笼电抗大、电流小,外笼电抗小、电流大。由于启动时外笼起主要作用,外笼又称为启动笼。启动后正常运行时,转子电流频率很低,电流的分配主要取决于电阻。内笼电阻小、电流大,外笼电阻大、电流小。运行时内笼起主要作用,内笼又称为运行笼。

外笼、内笼各自的 T-n 曲线如图 8.10(b)中的曲线 1 和曲线 2,两条曲线的合成曲线 3,即为双鼠笼异步电动机的机械特性。变更外笼和内笼的参数,可以灵活地得到不同形状的机械特性。显然,双鼠笼异步电动机启动转矩较大。

双鼠笼异步电动机比普通异步电动机转子漏电抗大,功率因数稍低,但效率却差不多。双鼠笼异步电动机不像深槽式异步电动机转子槽很深,因此具有较好的机械强度,适用于高转速大容量的电机。

综上所述,启动转矩比较高的鼠笼式异步电动机,或鼠笼使用电阻率较高的材料,加大了转子电阻;或改变转子槽形为深槽或双鼠笼,利用集肤效应,加大了启动时的转子电阻,结果都增大了启动转矩。但是,第一种办法降低了电动机运行时的效率,第二种办法加大了转子漏电抗从而降低了电动机的功率因数。

8.4　绕线式三相异步电动机的启动

绕线式三相异步电动机,转子回路中可以外串三相对称电阻,以增大电动机的启动转矩。如果外串电阻 R_{S} 的大小合适,$R_2' + R_{\mathrm{S}}' = X_1 + X_2'$,则可以作到 $T_{\mathrm{S}} = T_{\mathrm{m}}$,启动转矩达到可能的最大值。同时,从式(8-1)看出,由于 R_{S} 较大,启动电流也明显减小。启动结束后,可以切除外串电阻,电动机的效率不受影响。绕线式三相异步电动机可以应用在重载和频繁启动的生产机械上。

绕线式三相异步电动机主要有两种串电阻的启动方法,下边分别加以介绍。

8.4.1　转子串频敏变阻器启动

对于单纯为了限制启动电流、增大启动转矩的绕线式异步电动机,可以采用转子串频敏变阻器启动。

绕线式三相异步电动机转子串频敏变阻器启动接线如图 8.11 所示。频敏变阻器是一个三相铁心线圈,它的铁心是由实心铁板或钢板叠成。接触器触点 K 断开时,电动机转子串入频敏变阻器启动。启动过程结束后,接触器触点 K 再闭合,切除频敏变阻器,电动机进入正常运行。

频敏变阻器每一相的等效电路与变压器空载运行时的等效电路是一致的。忽略绕组漏阻抗时,其励磁阻抗 Z_p 为励磁电阻 R_p 与励磁电抗 X_p 串联组成,即 $Z_p = R_p + jX_p$。但是与一般变压器励磁阻抗不完全相同,主要表现在以下两点:

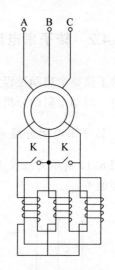

图 8.11 绕线式三相异步电动机
转子串频敏变阻器启动

(1)频率为 50Hz 的电流通过时,阻抗 $Z_p = R_p + jX_p$ 比一般变压器励磁阻抗小得多。这样串在转子回路中,既限制了启动电流,又不致使启动电流过小而减小启动转矩。

(2)频率为 50Hz 的电流通过时,$R_p > X_p$。因为频敏变阻器中磁密取得较高,铁心处于饱和状态,励磁电流较大,因此励磁电抗 X_p 较小。而铁心是厚铁板或厚钢板的,磁滞、涡流损耗都很大,频敏变阻器的单位重量铁心中的损耗,比一般变压器的要大几百倍,因此 R_p 较大。

绕线式三相异步电动机转子串频敏变阻器启动时,$s=1$,转子回路中电流 $\dot{I}_2$ 的频率为 50Hz。转子回路串入 $Z_p = R_p + jX_p$,而 $R_p > X_p$,因此转子回路主要是串入了电阻,而且 $R_p \gg R_2$。这样,转子回路功率因数大大提高了,既限制了启动电流,又提高了启动转矩。由于 X_p 存在,电动机最大转矩稍有下降。

启动过程中,随着转速升高,转子回路电流频率 sf_1 逐渐降低。我们知道,频敏变阻器中铁损耗的大小与频率的平方成正比,频率低,损耗小,电阻 R_p 也小;电抗 $X_p = \omega L_p$,频率低,X_p 也小。极端情况下,电流为直流时,$R_p \approx 0$,$X_p = 0$。因此,启动过程中,频敏变阻器是随着电流频率 sf_1 的降低,$Z_p = R_p + jX_p$ 也自动减小。正因如此,电动机在几乎整个启动过程中始终保持较大电磁转矩。启动结束后,sf_1 很低,$Z_p = R_p + jX_p$ 很小,近似认为 $Z_p \approx 0$,频敏变阻器自动不起作用。这时,可以闭合接触器触点 K,予以切除。

利用频敏变阻器在 50Hz 时,R_p 较大、1～3Hz 时,$Z_p \approx 0$,随频率改变参数的特性,可以获得启动转矩接近最大转矩的机械特性。如图 8.12 中曲线 2 所示(其中曲线 1 为固有机械特性)。

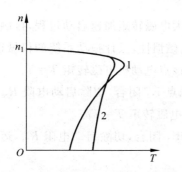

图 8.12 转子串频敏变阻器的机械特性
1—固有特性;2—人为特性

8.4.2　转子串电阻分级启动

为了使整个启动过程中尽量保持较大的启动转矩,绕线式异步电动机可以采用逐级切除转子启动电阻的分级启动。

1. 转子串电阻分级启动

图 8.13 所示为绕线式三相异步电动机转子串电阻分级启动的接线图与机械特性,启动过程如下。

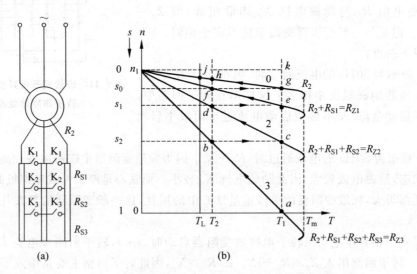

图 8.13　绕线式三相异步电动机转子串电阻分级启动

(a) 接线图;(b) 机械特性

(1) 接触器触点 K_1,K_2,K_3 断开,绕线式异步电动机定子接额定电压,转子每相串入启动电阻($R_{S1}+R_{S2}+R_{S3}$),启动点为机械特性曲线 3 上的 a 点,启动转矩 T_1 大于负载转矩 T_L,电动机开始启动。

(2) 转速上升,到 b 点时,$T=T_2(>T_L)$,为了加大电磁转矩加速启动过程,接触器触点 K_3 闭合,切除启动电阻 R_{S3}。忽略异步电动机的电磁惯性,只计拖动系统的机械惯性,则电动机运行点从 b 变到机械特性曲线 2 上的 c 点,该点电动机电磁转矩 $T=T_1$。

(3) 转速继续上升,到 d 点,$T=T_2$ 时,接触器触点 K_2 闭合,切除启动电阻 R_{S2}。电动机运行点从 d 变到机械特性曲线 1 上的 e 点,该点电磁转矩 $T=T_1$。

(4) 转速继续上升,到 f 点,$T=T_2$,接触器触点 K_1 闭合,切除启动电阻 R_{S1},运行点从 f 变为固有机械特性曲线上的 g 点,该点 $T=T_1$。

(5) 转速继续上升,经 h 点最后稳定运行在 j 点。

上述启动过程中,转子回路外串电阻分三级切除,故称为三级启动。T_1 为最大启动转矩,T_2 为最小启动转矩或切换转矩。

2. 作图法计算启动电阻

转子串电阻分级启动需要定量计算各级启动电阻的大小，由于三相异步电动机机械特性不是直线，准确计算将会很麻烦。为了简化计算，通常把异步电动机机械特性近似看成直线，这对在 $0 < s < s_m$ 范围的机械特性来说，误差不大，而 $s > s_m$ 范围内没有运行点，不需要考虑。

作图法计算启动电阻首先应作出分级启动的机械特性，然后根据作图的结果，计算各级启动电阻。

当启动级数 m 确定后，例如 $m = 3$，参考图 8.13(b)，各级机械特性作图步骤如下。

(1) 先画固有机械特性。固有机械特性为过理想空载运行点和额定工作点的直线。其中，理想空载运行点 $T = 0$，$n = n_1$；额定工作点 n_N 已知，$T_N = 9550 \dfrac{P_N}{n_N}$。

(2) 确定最大启动转矩 T_1 及切换转矩 T_2。考虑电源电压可能向下波动，取 $T_1 \leqslant 0.85 T_m$，切换转矩 $T_2 \geqslant 1.1 T_L$。

(3) 作第一级启动机械特性。根据 T_1 确定启动点 $a(s_a = 1, T_a = T_1)$，过 a 点与理想空载运行点画直线，即为第一级启动机械特性曲线 3。

(4) 作第二级启动机械特性。根据 T_2 确定第一级启动机械特性上的切换点 b。从 b 点平行右移找出第二级启动机械特性上的 c 点 $(s_c = s_2, T_c = T_1)$。过 c 点及理想空载点画直线，即为第二级启动机械特性曲线 2。

(5) 作第三级启动机械特性。第二级启动机械特性上 $T = T_2$ 的点为切换点 d，从 d 平行右移找到第三级启动机械特性上的 e 点 $(s_e = s_1, T_e = T_1)$。过 e 点及理想空载点的直线为第三级启动机械特性曲线 1。

(6) 完成作图。第三级启动机械特性上 $T = T_2$ 的点为切换点 f。三级启动时，从 f 点平行右移找出 g 点 $(n_g = n_0, T_g = T_1)$。若 g 点也为固有机械特性上的点，即 g 点为三直线交点时，则作图正确，完成了作图。若 g 点不在固有机械特性上，则作图不正确，需要修改 T_1 或 T_2 的大小，重新作图，直到正确为止。

根据正确的作图结果，可以计算各级启动电阻值。

从式(7-14)看出，若电磁转矩 T 为常数时，增加转子电阻值，其转差率也相应正比增加。即

$$\frac{s}{R_2 + R_S} = 常数$$

式中 R_2、R_S 分别为电机转子每相电阻和外串电阻。

利用上面这个比例关系，根据作图结果，可以推导各级启动电阻的计算方法如下。

图 8.13(b)中，$T = T_1$ 不变，转子回路串入不同电阻时，则有

$$\frac{s_0}{R_2} = \frac{s_1}{R_2 + R_{S1}} = \frac{s_2}{R_2 + R_{S1} + R_{S2}} = \frac{s_3}{R_2 + R_{S1} + R_{S2} + R_{S3}}$$

令

$$R_{Z1} = R_2 + R_{S1}, \quad R_{Z2} = R_2 + R_{S1} + R_{S2}, \quad R_{Z3} = R_2 + R_{S1} + R_{S2} + R_{S3}$$

则有

$$\frac{\overline{kg}}{R_2} = \frac{\overline{ke}}{R_{Z1}} = \frac{\overline{kc}}{R_{Z2}} = \frac{\overline{ka}}{R_{Z3}}$$

由此得

$$R_{Z1} = \frac{\overline{ke}}{\overline{kg}} R_2$$

$$R_{Z2} = \frac{\overline{kc}}{\overline{kg}} R_2$$

$$R_{Z3} = \frac{\overline{ka}}{\overline{kg}} R_2$$

各级启动电阻为

$$\left.\begin{aligned} R_{S1} &= R_{Z1} - R_2 = \left(\frac{\overline{ke}}{\overline{kg}} - \frac{\overline{kg}}{\overline{kg}} \right) R_2 = \frac{\overline{ge}}{\overline{kg}} R_2 \\ R_{S2} &= R_{Z2} - R_{Z1} = \frac{\overline{kc} - \overline{ke}}{\overline{kg}} R_2 = \frac{\overline{ec}}{\overline{kg}} R_2 \\ R_{S3} &= R_{Z3} - R_{Z2} = \frac{\overline{ka} - \overline{kc}}{\overline{kg}} R_2 = \frac{\overline{ca}}{\overline{kg}} R_2 \end{aligned}\right\} \qquad (8\text{-}8)$$

其中,转子绕组是Y接法,每相电阻按下式计算:

$$R_2 \approx Z_{2S} = \frac{s_N E_{2N}}{\sqrt{3} I_{2N}}$$

式中　E_{2N} 为转子感应电动势(线值),由电动机铭牌或产品目录给出;

　　　I_{2N} 为转子额定线电流,由铭牌或产品目录给出;

　　　$Z_{2S} = R_2 + jX_{2S} = R_2 + js_N X_2$,为额定运行时的转子实际阻抗,$s_N \ll 1$,$R_2 \gg s_N X_2$。

3. 解析法计算启动电阻

下面介绍的解析法计算启动电阻,也是把异步电动机机械特性线性化。根据式(7-19)机械特性的实用公式 $T = \dfrac{2T_m}{s_m} s$,可以找出转子回路串电阻后的机械特性。

(1) 在同一条机械特性上,T_m 与 s_m 为常数,则

$$T \propto s$$

(2) 转子回路串电阻后,对不同电阻值的机械特性,其 T_m 为常数,当 $s =$ 常数时,有

$$T \propto \frac{1}{s_m} \propto \frac{1}{R_2 + R_S}$$

根据以上两个比例关系,推导启动电阻的计算方法。

在不同的串电阻机械特性上,根据 $s =$ 常数,$T \propto \dfrac{1}{R_2 + R_S}$,参考图 8.13(b),则有

$$\frac{R_{Z1}}{R_2} = \frac{T_1}{T_2}, \quad \frac{R_{Z2}}{R_{Z1}} = \frac{T_1}{T_2}, \quad \frac{R_{Z3}}{R_{Z2}} = \frac{T_1}{T_2}$$

令 $\dfrac{T_1}{T_2} = \alpha$ 为启动转矩比,则

$$\frac{R_{Z1}}{R_2} = \frac{R_{Z2}}{R_{Z1}} = \frac{R_{Z3}}{R_{Z2}} = \alpha$$

启动时各级电阻则为

$$\left. \begin{array}{l} R_{Z1} = \alpha R_2 \\ R_{Z2} = \alpha R_{Z1} = \alpha^2 R_2 \\ R_{Z3} = \alpha R_{Z2} = \alpha^3 R_2 \\ \vdots \\ R_{Zm} = \alpha R_{Z(m-1)} = \alpha^m R_2 \end{array} \right\} \tag{8-9}$$

当 $T = T_1$ 时，如图 8.13(b)所示，可得到

$$\left. \begin{array}{l} \dfrac{R_{Zm}}{1} = \dfrac{R_2}{s_0} \\[2mm] \dfrac{R_{Zm}}{R_2} = \dfrac{1}{s_0} \end{array} \right\} \tag{8-10}$$

在固有机械特性上，根据 $T \propto s$，则有

$$\frac{s_N}{s_0} = \frac{T_N}{T_1}$$

即

$$\frac{1}{s_0} = \frac{T_N}{s_N T_1} \tag{8-11}$$

或

$$\frac{1}{s_0} = \frac{T_N}{s_N \alpha T_2} \tag{8-12}$$

把式(8-10)与式(8-11)代入式(8-9)中的最后一式，得到

$$\alpha^m = \frac{R_{Zm}}{R_2} = \frac{1}{s_0} = \frac{T_N}{s_N T_1}$$

故有

$$\alpha = \sqrt[m]{\frac{T_N}{s_N T_1}} \tag{8-13}$$

或者把式(8-10)与式(8-12)代入式(8-9)中最后一式，得到

$$\alpha^m = \frac{R_{Zm}}{R_2} = \frac{1}{s_0} = \frac{T_N}{s_N \alpha T_2}$$

于是得

$$\alpha^{m+1} = \frac{T_N}{s_N T_2}$$

即

$$\alpha = \sqrt[m+1]{\frac{T_N}{s_N T_2}} \tag{8-14}$$

式(8-13)与式(8-14)为计算启动电阻依据的公式。

例如，已知启动级数 m，当给定 T_1 时，计算启动电阻的步骤如下：

(1) 按式(8-13)计算 α。

(2) 校核是否 $T_2 \geqslant (1.1 \sim 1.2) T_L$，不合适则需修改 T_1，甚至修改启动级数 m；并重新计算 α，再校核 T_2，直至 T_2 大小合适为止，再以此 α 计算各级电阻。

(3) 按式(8-9)计算各级电阻。

如已知启动级数 m，当给定 T_2 时，计算步骤相似。先按式(8-14)计算 α；再校核是否 $T_1 \leqslant 0.85T_m$，不合适需修改 T_2 甚至 m，直至合适为止。

如果已知的是 T_1 和 T_2，计算启动级数 m，依据的仍是式(8-13)或式(8-14)。先从 T_1(或 T_2)及 α 算 m，一般情况下，计算的结果往往不是整数，取接近的整数。然后再根据取定的 m，重新算 α，再校核 T_2(或 T_1)，直至合适为止。

转子回路串电阻分级启动时启动电阻计算是在机械特性线性化前提下得出的，因此有一定的误差。

例题 8-3　某生产机械用绕线式三相异步电动机拖动，其有关技术数据为：$P_N = 40\text{kW}$，$n_N = 1460\text{r/min}$，$E_{2N} = 420\text{V}$，$I_{2N} = 61.5\text{A}$，$\lambda = 2.6$。启动时负载转矩 $T_L = 0.75T_N$，求转子串电阻三级启动之启动电阻。

解　额定转差率

$$s_N = \frac{n_1 - n_N}{n_1} = \frac{1500 - 1460}{1500} = 0.027$$

转子每相电阻

$$R_2 \approx \frac{s_N E_{2N}}{\sqrt{3}\,I_{2N}} = \frac{0.027 \times 420}{\sqrt{3} \times 61.5} = 0.106\Omega$$

最大启动转矩

$$T_1 \leqslant 0.85\lambda\,T_N = 0.85 \times 2.6T_N = 2.21T_N$$

取

$$T_1 = 2.21T_N$$

启动转矩比

$$\alpha = \sqrt[m]{\frac{T_N}{s_N T_1}} = \sqrt[3]{\frac{T_N}{0.027 \times 2.21T_N}} = 2.56$$

校核切换转矩 T_2，有

$$T_2 = \frac{T_1}{\alpha} = \frac{2.21T_N}{2.56} = 0.863T_N$$

$$1.1T_L = 1.1 \times 0.75T_N = 0.825T_N$$

$T_2 > 1.1T_L$，合适。

各级启动时转子回路总电阻

$$R_{Z1} = \alpha R_2 = 2.56 \times 0.106 = 0.271\Omega$$

$$R_{Z2} = \alpha^2 R_2 = 2.56^2 \times 0.106 = 0.695\Omega$$

$$R_{Z3} = \alpha^3 R_2 = 2.56^3 \times 0.106 = 1.778\Omega$$

各级启动时外串启动电阻

$$R_{S1} = R_{Z1} - R_2 = 0.271 - 0.106 = 0.165\Omega$$

$$R_{S2} = R_{Z2} - R_{Z1} = 0.695 - 0.271 = 0.424\Omega$$

$$R_{S3} = R_{Z3} - R_{Z2} = 1.778 - 0.695 = 1.083\Omega$$

绕线式三相异步电动机转子绕组串电阻分级启动的主要优点是：可以得到最大的启动转矩；而且转子回路内只串电阻没有电抗，启动过程中功率因数比串频敏变阻器还要高；启动电阻同时可兼作调速电阻(后面叙述)。但是要求启动过程中启动转矩尽量大，则启动级数就要多，特别是容量大的电动机，这就将需要较多的设备，使得设备投资大，维修不太方便。而且启动过程中能量损耗大，不经济。

8.5 三相异步电动机的各种运行状态

交流电力拖动系统运行时，在拖动各种不同负载的条件下，若改变异步电动机电源电压的大小、相序及频率，或者改变绕线式异步电动机转子回路所串电阻等参数，三相异步电动机就会运行在四个象限中的各种不同状态。

三相异步电动机各种运行状态的定义方法与直流电动机是一致的。若电磁转矩 T 与转速 n 的方向一致时，电动机运行于电动状态；若 T 与 n 的方向相反时，电动机运行于制动状态。制动状态中，根据 T 与 n 的不同情况，又分成了回馈制动、反接制动、倒拉反转及能耗制动等。

8.5.1 电动运行

图 8.14 所示为三相异步电动机机械特性曲线，当电动机工作点在第 I 象限时，例如 A,B 点，电动机为正向电动运行状态；当工作点在第 III 象限时，例如 C 点，电动机为反向电动运行状态。电动运行状态下，电磁转矩为拖动性转矩。

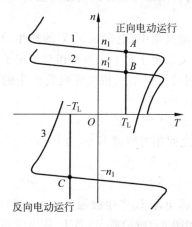

图 8.14 三相异步电动机电动运行
1—固有机械特性曲线；2—降低电源频率的人为机械特性曲线；
3—电源相序为负序(A—C—B)时的固有机械特性曲线

8.5.2 能耗制动

1. 能耗制动基本原理

如图 8.15 所示,三相异步电动机处于电动运行状态的转速为 n。如果突然切断电动机的三相交流电源,同时把直流电流 $I_=$ 通入它的定子绕组,例如开关 K_1 打开、K_2 闭合,结果,电源切换后的瞬间,三相异步电动机内形成一个在空间固定的磁通势,最大幅值为 $F_=$,磁通势用 $\dot{F}_=$ 表示。

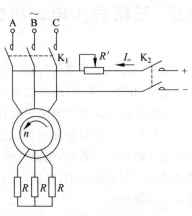

图 8.15 能耗制动

在切换电源后的瞬间,由于机械惯性,电动机转速不能突变,继续维持原逆时针方向旋转。这样一来,空间固定不转的磁通势 $\dot{F}_=$ 相对于旋转的转子来说,变成了一个旋转磁通势,旋转方向为顺时针,转速大小为 n。正如三相异步电动机运行于电动状态下一样,转子与空间磁通势 $\dot{F}_=$ 有相对运动,转子绕组则感应电动势 $\dot{E}_2$,产生电流 $\dot{I}_2$,进而转子受到电磁转矩 T。T 的方向与磁通势 $\dot{F}_=$ 相对于转子的旋转方向一致,即转子受到顺时针方向作用的电磁转矩 T。

转子转向为逆时针方向,受到的转矩为顺时针方向,显然 T 与 n 反方向,电动机处于制动运行状态,T 为制动性的阻转矩。如果电动机拖动的负载为反抗性恒转矩负载,在此转矩作用下,电动机减速运行,直至转速 $n=0$。

上述制动停车过程中,将转动部分储存的动能转换为电能消耗在转子回路中,故称之为能耗制动过程。

三相异步电动机能耗制动过程中,电磁转矩 T 的产生,仅与定子磁通势的大小以及它与转子之间的相对运动有关。至于定子磁通势相对于定子本身是旋转的还是静止的则无关紧要。因此,分析能耗制动可以用三相交流电流产生的旋转磁通势 $\dot{F}_\sim$ 等效替代直流磁通势 $\dot{F}_=$。等效的条件如下:

(1) 保持磁通势幅值不变,即 $F_\sim = F_= = F$;

(2) 保持磁通势与转子之间相对转速不变,为 $0 - n = -n$。

2. 定子等效电流

异步电动机定子通入直流电流 $I_=$ 产生磁通势 $F_=$,其幅值的大小与定子绕组的接法及通入 $I_=$ 的大小有关。例如图 8.16(a)所示,当 $I_=$ 从出线端 A 进 B 出,如果电动机定子绕组为Y接法,则 A 相绕组和 B 相绕组分别产生磁通势 $\dot{F}_A$ 和 $\dot{F}_B$,二者幅值相等,空间相差 60°电角度,如图 8.16(b)所示。$\dot{F}_A$ 与 $\dot{F}_B$ 及合成磁通势 $\dot{F}_=$ 的大小为

$$F_A = F_B = \frac{4}{\pi} \frac{1}{2} \frac{N_1 k_{dp1}}{p} I_=$$

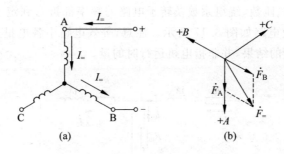

图 8.16　定子通入直流时的磁通势

$$F_= = \sqrt{3}\,\frac{4}{\pi}\,\frac{1}{2}\,\frac{N_1 k_{dp1}}{p}\,I_=$$

把 $\dot{F}_=$ 等效为三相交流电流产生的,每相交流电流的有效值大小为 I_1,则交流磁通势幅值为

$$F_\sim = \frac{3}{2}\,\frac{4}{\pi}\,\frac{\sqrt{2}}{2}\,\frac{N_1 k_{dp1}}{p}\,I_1$$

等效的原则是

$$F_\sim = F_=$$

等效的结果是

$$\frac{3}{2}\,\frac{4}{\pi}\,\frac{\sqrt{2}}{2}\,\frac{N_1 k_{dp1}}{p}\,I_1 = \sqrt{3}\,\frac{4}{\pi}\,\frac{1}{2}\,\frac{N_1 k_{dp1}}{p}\,I_=$$

由此得

$$I_1 = \sqrt{\frac{2}{3}}\,I_=$$

上式说明,对于图 8.16 所示的定子Y接法方式,$I_=$ 产生的磁通势可以用 $I_1 = \sqrt{\dfrac{2}{3}}\,I_=$ 的三相交流电流产生的磁通势等效。

3. 转差率及等效电路

磁通势 $\dot{F}_\sim$ 与转子相对转速为 $(-n)$,$\dot{F}_\sim$ 的转速即同步转速为 $n_1 = \dfrac{60 f_1}{p}$,能耗制动转差率用 ν 表示,则为

$$\nu = -\frac{n}{n_1}$$

转子绕组感应电动势 $\dot{E}_{2\nu}$ 的大小与频率为

$$\dot{E}_{2\nu} = \nu \dot{E}_2$$

$$f_2 = |\,\nu f_1\,|$$

例如,转子转速 $n=0$ 时,$\nu=0$,$E_{2\nu}=0$;$n=n_1$ 时,$\nu=-1$,$f_2=f_1$,$\dot{E}_{2\nu}=-\dot{E}_2$;而 $n=-n_1$ 时,$\nu=1$,$f_2=f_1$,$\dot{E}_{2\nu}=\dot{E}_2$ 等。其中,E_2 是磁通势与转子相对转速为 $-n_1$,即 $n=n_1$ 时转子绕组的电动势。

把转子绕组相数、匝数、绕组系数及转子电路的频率都折合到定子边后,三相异步电动机能耗制动的等效电路如图8.17所示。注意,等效电路中各电量是等效电流 I_1 产生磁通势 $\dot{F}_\sim = \dot{F}_=$ 作用的结果,并非指电机运行时的量。

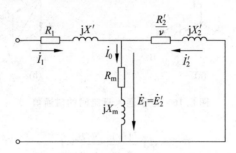

图 8.17 能耗制动时的等效电路

4. 能耗制动的机械特性

能耗制动时,忽略电动机铁损耗。根据等效电路画出电动机定子电流 $\dot{I}_1$、励磁电流 $\dot{I}_0$ 及转子电流 $\dot{I}_2'$ 之间的相量关系如图8.18所示。它们之间的关系为

$$I_1^2 = I_2'^2 + I_0^2 - 2I_2'I_0\cos(90° + \varphi_2)$$
$$= I_2'^2 + I_0^2 + 2I_2'I_0\sin\varphi_2 \qquad (8\text{-}15)$$

忽略铁损耗后,则有

$$I_0 = \frac{E_1}{X_m} = \frac{E_2'}{X_m}$$

$$= \frac{I_2'Z_2'}{X_m} = \frac{I_2'}{X_m}\sqrt{\left(\frac{R_2'}{\nu}\right)^2 + X_2'^2} \qquad (8\text{-}16)$$

另外,还有

$$\sin\varphi_2 = \frac{X_2'}{\sqrt{\left(\frac{R_2'}{\nu}\right)^2 + X_2'^2}} \qquad (8\text{-}17)$$

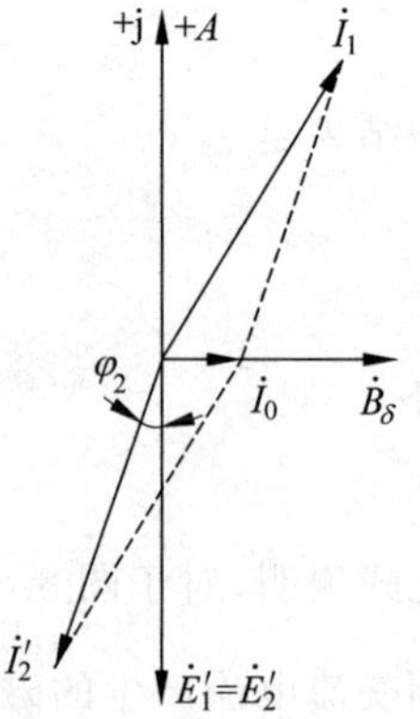

图 8.18 能耗制动时的电流关系

把式(8-16)和式(8-17)代入式(8-15),整理后得

$$I_2'^2 = \frac{I_1^2 X_m^2}{\left(\frac{R_2'}{\nu}\right)^2 + (X_m + X_2')^2}$$

根据第7章的分析结果知道,电磁转矩为电磁功率除以同步角速度 Ω_1,即

$$T = \frac{P_M}{\Omega_1} = \frac{3I_2'^2 \dfrac{R_2'}{\nu}}{\Omega_1} = \frac{3I_1^2 X_m^2 \dfrac{R_2'}{\nu}}{\Omega_1\left[\left(\dfrac{R_2'}{\nu}\right)^2 + (X_m + X_2')^2\right]} \qquad (8\text{-}18)$$

上式为能耗制动的机械特性表达式。能耗制动时,I_1 视为已知量。

根据式(8-18)画出三相异步电动机能耗制动时的机械特性如图8.19所示。显然,能

耗制动时的机械特性与定子接三相交流电源运行时的机械特性很相似,是一条具有正、负最大值的曲线,电磁转矩 $T=0$ 所对应的转差率 $\nu=0$,其相应的转速 $n=0$。图 8.19 中曲线 1 与曲线 2 相比,只是磁通势不同而已,前者磁通势强,后者磁通势弱。曲线 3 表示转子回路电阻大的结果。从图 8.19 机械特性看出,改变直流励磁电流的大小,或者改变绕线式异步电动机转子回路每相所串的电阻值 R_S,都可以调节能耗制动时的机械特性。

三相异步电动机拖动反抗性恒转矩负载运行时,采用能耗制动停车,电动机的运行点如图 8.20 所示,从 $A \rightarrow B \rightarrow O$,最后准确停在 $n=0$ 处。如果拖动位能性恒转矩负载,则需要在制动到 $n=0$ 时及时切断直流电源,才能保证准确停车。

采用能耗制动停车时,考虑到既要有较大的制动转矩,又不要使定、转子回路电流过大而使绕组过热,根据经验,对图 8.15 所示接线方式的异步电动机,能耗制动时对鼠笼式异步电动机取

$$I_= = (4 \sim 5) I_0$$

对绕线式异步电动机取

$$I_= = (2 \sim 3) I_0$$

$$R_S = (0.2 \sim 0.4) \frac{E_{2N}}{\sqrt{3} I_{2N}}$$

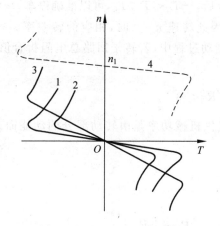

图 8.19 能耗制动机械特性

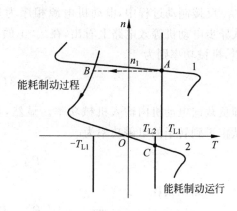

图 8.20 能耗制动

1—固有机械特性;2—能耗制动机械特性

能耗制动停车过程,电动机运行于第 II 象限的机械特性上。对于拖动位能性恒转矩负载,电动机减速到 $n=0$ 后,接着便反转,如图 8.20 所示,最后稳定运行于第 IV 象限的工作点 C。这种稳态下,电动机电磁转矩 $T>0$,而转速 $n<0$。

8.5.3 反接制动

图 8.21(a)所示绕线式三相异步电动机,接触器触点 K_1 闭合为正向电动运行,A 点是工作点;K_1 断开、K_2 闭合,则改变了电源相序,电动机进入了反接制动过程。图(b)(曲线 2)为拖动反抗性恒转矩负载,反接制动的同时,转子回路串入较大电阻的反接制动

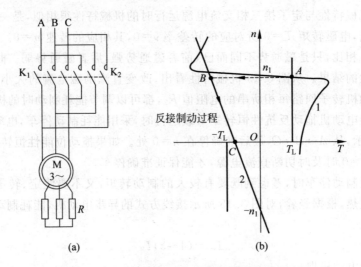

图 8.21　绕线式三相异步电动机的反接制动过程

（a）接线图；（b）机械特性

1—固有机械特性；2—电源相序为负序、转子串电阻的人为机械特性

机械特性。电动机的运行点从 $A{\to}B{\to}C$，到 C 点后，$-T_{\mathrm{L}}{<}T{<}T_{\mathrm{L}}$，可以准确停车。

反接制动过程中，电动机电源相序为负序，因此转速 $n{\geqslant}0$ 时，相应的转差率 $s{\geqslant}1$。从异步电动机等效电路上看出，在 $s{>}1$ 的反接制动过程中，若转子回路总电阻折合值为 R'_2，机械功率则为

$$P_{\mathrm{m}} = 3I_2'^2 \frac{1-s}{s} R'_2 < 0$$

即负载向电动机内输入机械功率。显然，负载提供机械功率是由转动部分的动能而来。从定子到转子的电磁功率为

$$P_{\mathrm{M}} = 3I_2'^2 \frac{R'_2}{s} > 0$$

转子回路铜损耗

$$p_{\mathrm{Cu2}} = 3I_2'^2 R'_2 = P_{\mathrm{M}} - P_{\mathrm{m}} = P_{\mathrm{M}} + |P_{\mathrm{m}}|$$

因此，转子回路中消耗了从电源输入的电磁功率及由负载送入的机械功率，数值很大。为此，必须在转子回路中串入较大的电阻，以减小电流 $\dot{I}'_2$，保护电动机不致由于过热而损坏。所谓大电阻是指比启动电阻阻值还要大。

从转子回路串电阻反接制动的机械特性看出，为了加快制动过程，使整个制动过程中都保持比较大的电磁转矩 $|T|$，可以采用转子回路串入大电阻并分级切除的分级制动方式。

当电动机拖动负载转矩 $|T_{\mathrm{L}}|$ 较小的反抗性恒转矩负载运行，或者拖动位能性恒转矩负载运行的两种情况下，如果进行反接制动停车，必须在降速到 $n{=}0$ 之前切断电动机电源并刹车，否则电动机将会反向启动，见图 8.22 反接制动机械特性曲线 2 交点 D。

与他励直流电动机制动停车一样，三相异步电动机反接制动停车比能耗制动停车速度快，但能量损失较大。一些频繁正、反转的生产机械，经常采用反接制动停车接着反向启动，就是为了迅速改变转向，提高生产率。

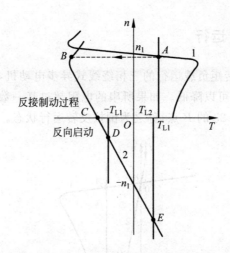

图 8.22 三相绕线式异步电动机反接制动机械特性
1—固有机械特性；2—负序电源、转子回路串电阻的人为机械特性

反接制动停车的制动电阻计算，根据所要求的最大制动转矩进行。为了简单，可以认为反接制动后瞬间的转差率 $s \approx 2$，处于反接制动机械特性的 $s = 0 \sim s_m$ 之间。

鼠笼式异步电动机转子回路无法串电阻，最好不要频繁采用反接制动。

例题 8-4 已知绕线式异步电动机的额定数据为：$P_N = 22\text{kW}, n_N = 723\text{r/min}, E_{2N} = 197\text{V}, I_{2N} = 70.5\text{A}, \lambda = 3$。如果拖动额定负载运行时，采用反接制动停车，要求制动开始时最大制动转矩为 $2T_N$，求转子每相串入的制动电阻值。

解 电动机额定转差率
$$s_N = \frac{n_1 - n_N}{n_1} = \frac{750 - 723}{750} = 0.036$$

转子每相电阻
$$R_2 = \frac{E_{2N} s_N}{\sqrt{3} I_{2N}} = \frac{197 \times 0.036}{\sqrt{3} \times 70.5} = 0.0581\Omega$$

制动后，瞬间电动机转差率
$$s = \frac{n_1 + n_N}{n_1} = \frac{750 + 723}{750} = 1.964$$

过制动开始点（$s = 1.964, T = 2T_N$）的反接制动机械特性的临界转差率为
$$s'_m = s\left[\frac{\lambda T_N}{T} + \sqrt{\left(\frac{\lambda T_N}{T}\right)^2 - 1}\right]$$
$$= 1.964 \times \left[\frac{3}{2} + \sqrt{\left(\frac{3}{2}\right)^2 - 1}\right] = 5.142$$

固有机械特性的 s_m 为
$$s_m = s_N(\lambda + \sqrt{\lambda^2 - 1}) = 0.036 \times (3 + \sqrt{3^2 - 1}) = 0.21$$

转子串入反接制动电阻为
$$R_S = \left(\frac{s'_m}{s_m} - 1\right)R_2 = \left(\frac{5.142}{0.21} - 1\right) \times 0.0581 = 1.365\Omega$$

8.5.4   倒拉反转运行

对于拖动位能性恒转矩负载运行的三相绕线式异步电动机,若在转子回路内串入一定值的电阻,电动机转速可以降低。如果所串的电阻超过某一数值后,电动机还要反转,运行于第Ⅳ象限,如图 8.23 的 B 点,称之为倒拉反转运行状态。

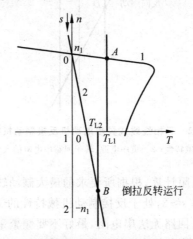

图 8.23   三相绕线式异步电动机的倒拉反转运行
1—固有机械特性;2—转子回路串较大电阻的人为机械特性

倒拉反转运行是转差率 $s>1$ 的一种稳态,其功率关系与反接制动过程一样,电磁功率 $P_M>0$,机械功率 $P_m<0$,转子回路总铜耗 $p_{Cu2}=P_M+|P_m|$。但是,倒拉反转运行时负载向电动机送入机械功率是靠着负载贮存的位能的减少。这种运行状态与直流电动机倒拉反转运行的情况是一样的,也是位能性负载倒过来拉着电动机反转。

8.5.5   回馈制动运行

运行在正向电动状态的三相异步电动机,当拖动的负载是位能性恒转矩性质时,如果进行反接制动停车,当转速降到 $n=0$ 时,若不采取停车措施而顺其自然,那么电动机将会反向启动,最后运行于反向回馈制动状态。如图 8.22 中的从 $A \rightarrow B \rightarrow C \rightarrow D \rightarrow E$ 过程,最后运行于 E 点。

从图 8.22 中看出,E 点运行时的转差率为

$$s = \frac{-n_1 - (-n)}{-n_1} < 0$$

这是因为 $|n|>|n_1|$ 之故。可见,这种情况三相异步电动机输出的机械功率为

$$P_m = 3I_2'^2 \frac{1-s}{s} R_2' < 0$$

电磁功率为

$$P_M = 3I_2'^2 \frac{R_2'}{s} < 0$$

$P_m < 0$,表示机械功率输送给电机,减去转子铜损耗变为电磁功率 P_M。$P_M < 0$,表示电机发出功率,减去定子损耗后,回馈给电网。

从图 8.22 运行点 E 看出,电磁转矩 T 为正,转速 n 为负,属制动运行状态,称为回馈制运行。

上面分别叙述了三相异步电动机的电动运行,能耗制动、反接制动、倒拉反转及回馈制动四个象限的各种运行状态。下面把各种运行状态的机械特性画到一张图中,如图 8.24 所示。实际的三相异步电机电力拖动系统,根据生产机械的工艺要求,可以在各种运行状态下运行。

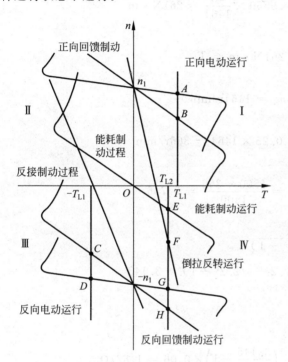

图 8.24　三相绕线式异步电动机的各种运行状态　　　图 8.25　例题 8-5 中电动机的机械特性

例题 8-5　某起重机吊钩由一台绕线式三相异步电动机拖动,电动机额定数据为:$P_N = 40kW$,$n_N = 1464r/min$,$\lambda = 2.2$,$K_T = 1$,$R_2 = 0.06\Omega$。电动机的负载转矩 T_L 的情况是,提升重物 $T_L = T_1 = 261N \cdot m$,下放重物 $T_L = T_2 = 208N \cdot m$。

(1) 提升重物,要求有低速、高速两挡,且高速时转速 n_A 为工作在固有特性上的转速,低速时转速 $n_B = 0.25n_A$,工作于转子回路串电阻的特性上。求两挡转速及转子回路应串入的电阻值。

(2) 下放重物要求有低速、高速二挡,且高速时转速 n_C 为工作在负序电源的固有机械特性上的转速,低速时转速 $n_D = -n_B$,仍然工作于转子回路串电阻的特性上。求两挡转速及转子应串入的电阻值。说明电动机运行在哪种状态。

解　首先根据题意画出该电动机运行时相应的机械特性,如图 8.25 所示。点 A, B 是提升重物时的两个工作点,点 C, D 是下放重物时的两个工作点。

其次,计算固有机械特性的有关数据。额定转差率

$$s_N = \frac{n_1 - n_N}{n_1} = \frac{1500 - 1464}{1500} = 0.024$$

固有机械特性的临界转差率

$$s_m = s_N(\lambda + \sqrt{\lambda^2 - 1})$$
$$= 0.024 \times (2.2 + \sqrt{2.2^2 - 1}) = 0.1$$

额定转矩

$$T_N = 9550 \frac{P_N}{n_N} = 9550 \times \frac{40}{1464} = 261 \text{N} \cdot \text{m}$$

（1）提升重物时负载转矩

$$T_1 = 261 \text{N} \cdot \text{m} = T_N$$

高速时转速为

$$n_A = n_N = 1464 \text{r/min}$$

低速时转速为

$$n_B = 0.25 n_A = 0.25 \times 1464 = 366 \text{r/min}$$

B 点的转差率

$$s_B = \frac{n_1 - n_B}{n_1} = \frac{1500 - 366}{1500} = 0.756$$

过 B 点的机械特性的临界转差率为

$$s_{mB} = s_B(\lambda + \sqrt{\lambda^2 - 1})$$
$$= 0.756 \times (2.2 + \sqrt{2.2^2 - 1}) = 3.145$$

低速时每相串入电阻 R_{SB},则

$$\frac{s_m}{s_{mB}} = \frac{R_2}{R_2 + R_{SB}}$$

$$R_{SB} = \left(\frac{s_{mB}}{s_m} - 1\right) R_2 = \left(\frac{3.145}{0.1} - 1\right) \times 0.06 = 1.827\Omega$$

（2）下放重物时负载转矩

$$T_2 = 208 \text{N} \cdot \text{m} = 0.8 T_N$$

负载转矩为 $0.8 T_N$,在固有机械特性上运行时的转差率 s 满足

$$0.8 T_N = \frac{2\lambda T_N}{\frac{s}{s_m} + \frac{s_m}{s}}$$

于是有

$$0.8 = \frac{2 \times 2.2}{\frac{s}{0.1} + \frac{0.1}{s}}$$

即

$$0.8s^2 - 4.4 \times 0.1s + 0.8 \times 0.1^2 = 0$$

解得

$$s = 0.0188(另一解不合理,舍去)$$

相应转速降落为

$$\Delta n = sn_1 = 0.0188 \times 1500 = 28\text{r/min}$$

负相序电源高速下放重物时,电动机运行于反向回馈制动运行状态,其转速为

$$n_C = -n_1 - \Delta n = -1500 - 28 = -1528\text{r/min}$$

低速下放重物时,电动机运行于倒拉反转状态。低速下放转速为

$$n_D = -n_B = -366\text{r/min}$$

相应转差率为

$$s_D = \frac{n_1 - n_D}{n_1} = \frac{1500 - (-366)}{1500} = 1.244$$

过 D 点的机械特性的临界转差率为

$$s_{mD} = s_D \left[\frac{\lambda T_N}{T_2} + \sqrt{\left(\frac{\lambda T_N}{T_2}\right)^2 - 1} \right]$$

$$= 1.244 \times \left[\frac{2.2}{0.8} + \sqrt{\left(\frac{2.2}{0.8}\right)^2 - 1} \right] = 6.608$$

若低速下放重物时转子每相串入电阻值为 R_{SD},则

$$\frac{s_{mD}}{s_m} = \frac{R_2 + R_{SD}}{R_2}$$

即有

$$R_{SD} = \left(\frac{s_{mD}}{s_m} - 1\right) R_2 = \left(\frac{6.608}{0.1} - 1\right) \times 0.06 = 3.905\Omega$$

三相绕线式异步电动机拖动恒转矩负载运行时,若忽略空载转矩,转子回路串入三相对称电阻,则转差率 s 与临界转差率 s_m 成正比。证明过程如下。

$$T = \frac{2\lambda T_N}{\dfrac{s}{s_m} + \dfrac{s_m}{s}}$$

即有

$$s_m^2 - 2\frac{\lambda T_N}{T} s s_m + s^2 = 0$$

解上式得到

$$s_m = s \left[\frac{\lambda T_N}{T} + \sqrt{\left(\frac{\lambda T_N}{T}\right)^2 - 1} \right]$$

若 $T = T_L = $ 常数,则

$$\frac{\lambda T_N}{T_L} + \sqrt{\left(\frac{\lambda T_N}{T_L}\right)^2 - 1} = 常数$$

$$s_m \propto s$$

从这个结论可知,拖动恒转矩负载,电动机电磁转矩恒定不变(T_0 忽略),绕线式三相异步电动机转子每相串入电阻 R_S 后,存在着如下比例关系:

$$s \propto s_m \propto (R_2 + R_S)$$

利用这一结果进行定量计算很方便。

例题 8-6　某三相异步电动机拖动起重机主钩,其 $P_N=20kW$,$U_N=380V$,丫接法 $n_N=960r/min$,$\lambda=2$,转子 $E_{2N}=208V$,$I_{2N}=76A$,丫接法。升降某重物 $T_L=0.72T_N$,忽略 T_0,请计算:

(1) 在固有机械特性上运行时转子转速;

(2) 转子回路每相串入 $R_A=0.88\Omega$ 时转子转速;

(3) 转速为 $-430r/min$ 时转子回路每相串入的电阻值。

解　(1) 固有机械特性上运行时,额定转差率

$$s_N=\frac{n_1-n}{n_1}=\frac{1000-960}{1000}=0.04$$

临界转差率

$$s_m=s_N(\lambda+\sqrt{\lambda^2-1})$$
$$=0.04\times(2+\sqrt{2^2-1})=0.1493$$

转速为 n,转差率为 s,则

$$T=\frac{2\lambda T_N}{\dfrac{s}{s_m}+\dfrac{s_m}{s}}$$

即有

$$0.72T_N=\frac{2\times2T_N}{\dfrac{s}{0.1493}+\dfrac{0.1493}{s}}$$

解得

$$s=0.0278(另一解为0.8016不合理,舍去)$$

又得

$$n=n_1-sn_1=1000-0.0278\times1000=972.2r/min$$

(2) 转子每相串 $R_{SA}=0.88\Omega$ 后,转子每相电阻

$$R_2=\frac{s_N E_{2N}}{\sqrt{3}I_{2N}}=\frac{0.04\times208}{\sqrt{3}\times76}=0.0632\Omega$$

转速为 n_A,转差率为 s_A,则

$$\frac{s_A}{s}=\frac{R_2+R_{SA}}{R_2}$$

即有

$$s_A=\frac{R_2+R_{SA}}{R_2}s=\frac{0.0632+0.88}{0.0632}\times0.0278=0.4149$$

又得

$$n_A=n_1-s_A n_1=1000-0.4149\times1000=585.1r/min$$

(3) 转速为 $-430r/min$ 时,转差率

$$s_B=\frac{n_1-n_B}{n_1}=\frac{1000-(-430)}{1000}=1.43$$

转子每相串入电阻值为 R_{SB},则

$$\frac{s_B}{s} = \frac{R_2 + R_{SB}}{R_2}$$

即有

$$R_{SB} = \left(\frac{s_B}{s} - 1\right)R_2 = \left(\frac{1.43}{0.0278} - 1\right) \times 0.0632 = 3.247\Omega$$

8.1　容量为几千瓦时,为什么直流电动机不能直接启动而鼠笼式三相异步电动机却可以直接启动?

8.2　两台一样的鼠笼式三相异步电动机同轴连接,启动时,把它们的定子绕组串联,启动后再改成并联。试分析这种启动方式时的启动电流与启动转矩,与它们并联直接启动相比较,有什么不一样?

8.3　某鼠笼式三相异步电动机铭牌上标注的额定电压为 380/220V,接在 380V 的交流电网上空载启动,能否采用丫-△降压启动?

8.4　深槽式与双鼠笼式异步电动机为什么启动转矩大而效率不低?

8.5　额定电压为 U_N,额定电流为 I_N 的某鼠笼式三相异步电动机,采用下表所列的各种方法启动,请通过计算填写下表内空格中的数据。

启动方法	定子绕组上的电压	定子绕组的启动电流	电源供给的启动电流	启动转矩
直接启动	U_N	$5I_N$	$5I_N$	$1.2T_N$
定子边串电抗启动	$0.8U_N$			
定子边接自耦变压器启动	$0.8U_N$			

8.6　判断下列各结论是否正确。

(1) 鼠笼式三相异步电动机直接启动时,启动电流很大,为了避免启动过程中因过大电流而烧毁电动机,轻载时需要采取降压启动。(　)

(2) 电动机拖动的负载越重,电流则越大,因此只要是空载,三相异步电动机就都可以直接启动了。(　)

(3) 深槽式与双鼠笼式三相异步电动机启动时,由于集肤效应而增大了转子电阻,因而具有较高的启动转矩倍数 K_T。(　)

8.7　填空。

(1) 三相异步电动机定子绕组接法为＿＿＿＿,才有可能采用丫-△启动。

(2) 某台鼠笼式三相异步电动机,绕组为△接法,$\lambda = 2.5$,$K_T = 1.3$,供电变压器容量足够大,该电动机＿＿＿＿用丫-△启动方式拖动额定负载启动。

(3) 一般鼠笼式三相异步电动机,采用自耦变压器启动时,＿＿＿＿拖动额定负载启动。

8.8　绕线式三相异步电动机转子回路串电阻启动,为什么启动电流不大但启动转矩却很大?

8.9 绕线式三相异步电动机,转子绕组串频敏变阻器启动时,为什么当参数合适时,可以使启动过程中电磁转矩较大,并基本保持恒定?

8.10 频敏变阻器是电感线圈,若在绕线式三相异步电动机转子回路中串入一个普通三相电力变压器的一次绕组(二次侧开路),能否增大启动转矩?能否降低启动电流?有使用价值吗?为什么?

8.11 判断下面结论是否正确。

(1)绕线式三相异步电动机转子回路串入电阻可以增大启动转矩,串入电阻值越大,启动转矩也越大。( )

(2)绕线式三相异步电动机若在定子边串入电阻或电抗,都可以减小启动转矩和启动电流;若在转子边串入电阻或电抗,都可以加大启动转矩和减小启动电流。( )

(3)绕线式三相异步电动机转子串电阻分级启动,若仅仅考虑启动电流与启动转矩这两个因素,那么级数越多越好。( )

8.12 三相异步电动机能耗制动时,定子绕组接线方式除了图8.16之外,还有其他方式吗?若有请画出一种来,并推导该方式接线时通入的直流电流 $I_=$ 与等效交流电流 $I_\sim$ 的关系式。

8.13 鼠笼式三相异步电动机能耗制动时,若定子接线方式不同而通入的 $I_=$ 大小相同,电动机的制动转矩在制动开始瞬间是一样大小吗?

8.14 三相异步电动机拖动反抗性恒转矩负载运行,若 $|T_L|$ 较小,采用反接制动停车时应该注意什么问题?

8.15 三相异步电动机运行于反向回馈制动状态时,是否可以把电动机定子出线端从接在电源上改变为接在负载(用电器)上?

8.16 六极绕线式三相异步电动机,定子绕组接在频率为 $f_1=50\text{Hz}$ 的三相电源上,拖动着起重机吊钩提放重物。若运行于 $n=-1250\text{r/min}$ 的转速,在电源相序为正序或负序的两种情况下,分别回答下列问题:

(1)气隙旋转磁通势的转速及转差率是多大?

(2)定、转子绕组感应电动势的频率是多大?相序如何?

(3)电磁转矩实际上是拖动性质的还是制动性质的?

(4)电动机处于什么运行状态?转子回路是否一定要串入电阻?

(5)电磁功率实际传递方向如何?机械功率实际是输入还是输出?

8.17 填写下表中的空格。

电源	转速/(r·min^{-1})	转差率	n_1/(r·min^{-1})	运 行 状 态	极数	P_1	P_m
正序	1450		1500			+	+
正序	1150				6		
正序		1.8	750				
正序	500			反接制动过程	10		
负序		0.05	500				
		−0.05		反向回馈制动运行	4		

8.18 填空。

(1) 拖动反抗性恒转矩负载运行于正向电动状态的三相异步电动机,对调其定子绕组任意两个出线端后,电动机的运行状态经_____和_____,最后稳定运行于_____状态。

(2) 拖动位能性恒转矩负载运行于正向电动状态的三相异步电动机,进行能耗制动停车,当 $n=0$ 时,_____其他停车措施;若采用反接制动停车,当 $n=0$ 时,_____其他停车措施。

(3) 由绕线式三相异步电动机拖动一辆小车,走在平路上,电机为正向电动运行,走下坡路时,位能性负载转矩比摩擦性负载转矩大,由此可判断电动机运行在_____状态。

8.19 选择正确答案。

(1) 一台八极绕线式三相异步电动机拖动起重机的主钩,当提升某重物时,负载转矩 $T_L=T_N$,电动机转速为 $n_N=710\text{r/min}$。忽略传动机构的损耗。现要以相同的速度把该重物下放,可以采用的办法是_____。

A. 降低交流电动机电源电压

B. 切除交流电源,在定子绕组通入直流电流

C. 对调定子绕组任意两出线端

D. 转子绕组中串入三相对称电阻

(2) 一台绕线式三相异步电动机拖动起重机的主钩,若重物提升到一定高度以后需要停在空中,在不使用抱闸等装置使卷筒停转的情况下,可以采用的办法是_____。

A. 切断电动机电源

B. 在电动机转子回路中串入适当的三相对称电阻

C. 对调电动机定子任意两出线端

D. 降低电动机电源电压

习 题

8.1 一台鼠笼式三相异步电动机技术数据为:$P_N=320\text{kW}$,$U_N=6000\text{V}$,$n_N=740\text{r/min}$,$I_N=40\text{A}$,丫接法,$\cos\varphi_N=0.83$,$K_I=5.04$,$K_T=1.93$,$\lambda=2.2$。试求:

(1) 直接启动时的启动电流与启动转矩;

(2) 把启动电流限定在 160A 时,应串入定子回路每相电抗是多少?启动转矩是多大?

8.2 一台鼠笼式三相异步电动机技术数据为:$P_N=40\text{kW}$,$U_N=380\text{V}$,$n_N=2930\text{r/min}$,$\eta_N=0.90$,$\cos\varphi_N=0.85$,$K_I=5.5$,$K_T=1.2$,定子绕组△接法。供电变压器允许启动电流为 150A 时,能否在下面情况下用丫-△启动方法启动:

(1) 负载转矩为 $0.25T_N$;

(2) 负载转矩为 $0.4T_N$。

8.3 某鼠笼式三相异步电动机,$P_N=300\text{kW}$,定子丫接法,$U_N=380\text{V}$,$I_N=527\text{A}$,

$n_N=1475\text{r/min}$,$K_I=6.7$,$K_T=1.5$,$\lambda=2.5$。车间变电站允许最大冲击电流为 1800A,生产机械要求启动转矩不小于 $1000\text{N}\cdot\text{m}$,试选择适当的启动方法。

8.4 一台绕线式异步电动机 $P_N=30\text{kW}$,$U_{1N}=380\text{V}$,$I_{1N}=71.6\text{A}$,$n_N=725\text{r/min}$,$E_{2N}=257\text{V}$,$I_{2N}=74.3\text{A}$,$\lambda=2.2$。拖动负载启动,$T_L=0.75T_N$。若用转子串入电阻四级启动,$\dfrac{T_1}{T_N}=1.8$,求各级启动电阻。

8.5 一台绕线式三相异步电动机,定子绕组丫接法,四极,其额定数据如下:$f_1=50\text{Hz}$,$P_N=150\text{kW}$,$U_N=380\text{V}$,$n_N=1455\text{r/min}$,$\lambda=2.6$,$E_{2N}=213\text{V}$,$I_{2N}=420\text{A}$。

(1) 求启动转矩;

(2) 欲使启动转矩增大一倍,转子每相应串入多大电阻?

8.6 某绕线式异步电动机的数据为:$P_N=5\text{kW}$,$n_N=960\text{r/min}$,$U_{1N}=380\text{V}$,$I_{1N}=14.9\text{A}$,$E_{2N}=164\text{V}$,$I_{2N}=20.6\text{A}$,定子绕组丫接法,$\lambda=2.3$。拖动 $T_L=0.75T_N$ 恒转矩负载,要求制动停车时最大转矩为 $1.8T_N$。现采用反接制动,求每相串入的制动电阻值。

8.7 某绕线式三相异步电动机,技术数据为:$P_N=60\text{kW}$,$n_N=960\text{r/min}$,$E_{2N}=200\text{V}$,$I_{2N}=195\text{A}$,$\lambda=2.5$。其拖动起重机主钩,当提升重物时电动机负载转矩 $T_L=530\text{N}\cdot\text{m}$。

(1) 电动机工作在固有机械特性上提升该重物时,求电动机的转速。

(2) 不考虑提升机构传动损耗,如果改变电源相序,下放该重物,下放速度是多少。

(3) 若使下放速度为 $n=-280\text{r/min}$,不改变电源相序,转子回路应串入多大电阻。

(4) 若在电动机不断电的条件下,欲使重物停在空中,应如何处理? 并做定量计算。

(5) 如果改变电源相序在反向回馈制动状态下放同一重物,转子回路每相串接电阻为 0.06Ω,求下放重物时电动机的转速。

第 9 章

同步电动机

9.1 概述

如果三相交流电机的转子转速 n 与定子电流的频率 f 满足方程式

$$n = \frac{60f}{p}$$

的关系,这种电机就称为同步电机。同步电动机的负载改变时,只要电源频率不变,转速就不变。

我国电力系统的频率规定为 50Hz,电机的极对数 p 又应为整数,这样一来,同步电动机的转速 n 与极对数 p 之间有着严格的对应关系,如 $p=1,2,3,4,\cdots,n=3000,1500,1000,750\text{r/min},\cdots$。

同步电机主要用作发电机,也可以用作电动机,不过比起三相异步电动机来,同步电动机用得不广泛。

随着工业的迅速发展,一些生产机械要求的功率越来越大,如空气压缩机、送风机、球磨机、电动发电机组等,它们的功率达数百乃至数千千瓦,这时,采用同步电动机拖动更为合适。这是因为,大功率同步电动机与同容量的异步电动机比较,有明显的优点。首先,同步电动机的功率因数较高,在运行时,不仅不使电网的功率因数降低,还能够改善电网的功率因数,这点是异步电动机做不到的。其次,对大功率低转速的电动机,同步电动机的体积比异步电动机的要小些。小功率永磁式同步电动机也在广泛应用。

同步电动机的结构主要也是由定子和转子两大部分组成的。定、转子之间是空气隙。同步电动机的定子部分与三相异步电动机的完全一样,也是由机座、定子铁心和电枢绕组三个部分组成的。其中电枢绕组也就是前面介绍过的三相对称交流绕组。

同步电动机的转子上装有磁极,一般做成凸极式的,即有明显的磁极,如图 9.1 所示,磁极用钢板叠成或用铸钢铸成。在磁极上套有线圈,各磁极上的线圈串联起来,构成励磁绕组。在励磁绕组里通入直流电流 I_f,便使磁极产生极性,如图 9.1 中的 N、S 极。

大容量高转速的同步电动机转子也有做成隐极式的,即转子是圆柱体,里面装有励磁绕组,如图 9.2 所示。隐极式同步电动机空气隙是均匀的。其他结构这里不作介绍。

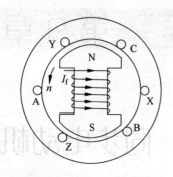

图 9.1　凸极式同步电动机

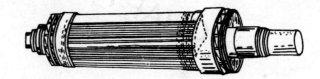

图 9.2　隐极式同步电动机转子

现代生产的同步电动机,其励磁电源有两种,即由励磁机供电或由交流电源经整流(可控的)而得到,所以每台同步电动机应配备一台励磁机或整流励磁装置,这样,可以很方便地调节它的励磁电流。

国产同步电动机的型号(如 TD118/41-6)含义如下:

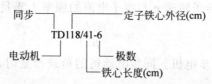

即极数为 6(同步转速为 1000r/min),铁心外径为 118cm,铁心长度为 41cm 的同步电动机。

常用的同步电动机型号有:

TD 系列是防护式,卧式结构一般同步电动机配直流励磁机或可控硅励磁装置。可拖动通风机、水泵、电动发电机组。

TDK 系列一般为开启式,也有防爆型或管道通风型拖动压缩机用的同步电动机,配可控硅整流励磁装置。用于拖动空压机,磨煤机等。

TDZ 系列是一般管道通风,卧式结构轧钢用同步电动机,配直流发电机励磁或可控硅整流励磁装置。用于拖动各种类型的轧钢设备。

TDG 系列是封闭式轴向分区通风隐极结构的高速同步电动机,配直流发电机励磁或可控硅整流励磁。用于化工、冶金或电力部门拖动空压机、水泵及其他设备。

TDL 系列是立式,开启式自冷通风同步电动机,配单独励磁机。用于拖动立式轴流泵或离心式水泵。

同步电动机的额定数据有:

(1) 额定容量 P_N　是指轴上输出的有功功率,单位为 kW。

(2) 额定电压 U_N　指加在定子绕组上的线电压,单位为 V 或 kV。

(3) 额定电流 I_N　电动机额定运行时,流过定子绕组的线电流,单位为 A。

(4) 额定功率因数 $\cos\varphi_N$　电动机额定运行时的功率因数。

(5) 额定转速 n_N　单位为 r/min。

(6) 额定效率 η_N　为电动机额定运行时的效率。

此外,同步电动机铭牌上还给出额定频率 f_N,单位为 Hz;额定励磁电压 U_{fN},单位为 V;额定励磁电流 I_{fN},单位为 A。

9.2 同步电动机的电磁关系

同步电动机中,同时环链着定子、转子绕组的磁通为主磁通,主磁通一定通过气隙,其路径为主磁路;只环链定子绕组不环链转子绕组的磁通为定子漏磁通,漏磁通感应产生的电动势可以用电流在电抗上的电压降来表示,这些与异步电机主、漏磁通的概念和处理方法完全一致。

9.2.1 同步电动机的磁通势

当同步电动机的定子三相对称绕组接到三相对称电源上时,就会产生三相合成旋转磁通势,简称电枢磁通势,用空间矢量 $\dot{F}_a$ 表示。设电枢磁通势 $\dot{F}_a$ 的转向为逆时针方向,转速为同步转速。

先不考虑同步电动机的启动过程,认为它的转子也是逆时针方向以同步转速旋转,并在转子上的励磁绕组里通入直流励磁电流 I_f。由励磁电流 I_f 产生的磁通势,称励磁磁通势,用 $\dot{F}_0$ 表示,它也是一个空间矢量。由于励磁电流 I_f 是直流,励磁磁通势 $\dot{F}_0$ 相对于转子而言是静止的,但转子本身以同步转速逆时针方向旋转着,所以励磁磁通势 $\dot{F}_0$ 相对于定子也以同步转速逆时针方向旋转。可见,作用在同步电动机的主磁路上一共有两个磁通势,即电枢磁通势 $\dot{F}_a$ 和励磁磁通势 $\dot{F}_0$,二者都以同步转速逆时针方向旋转,即所谓同步旋转。但是,二者在空间却不一定非位置相同不可,可能是一个在前,一个在后,一道旋转。

为了简单起见,不考虑电机主磁路有饱和现象,认为主磁路是线性磁路。这就是说,作用在电机主磁路上的各个磁通势,可以认为它们在主磁路里单独产生自己的磁通,当这些磁通与定子相绕组交链时,单独产生自己的相电动势。最后把相绕组里的各电动势根据基尔霍夫第二定律一起考虑即可。

先考虑励磁磁通势 $\dot{F}_0$ 单独在电机主磁路里产生磁通时的情况。

在研究磁通势产生磁通之前,先规定两个轴:把转子一个 N 极和一个 S 极的中心线称纵轴,或称 d 轴;与纵轴相距 90°空间电角度的地方称横轴,或称 q 轴,见图 9.3。d 轴、q 轴都随着转子一同旋转。

从图 9.3 中看出,励磁磁通势 $\dot{F}_0$ 作用在纵轴方向,产生的磁通如图 9.4 所示。若把由励磁磁通势 $\dot{F}_0$ 单独产生的磁通叫励磁磁通,用 Φ_0 表示,显然 Φ_0 经过的磁路是依纵轴对称的磁路,并且 Φ_0 随着转子一起旋转。

电枢磁通势 $\dot{F}_a$ 在主磁路里单独产生的磁通又怎样呢?前面已经说过,$\dot{F}_a$ 与 $\dot{F}_0$ 仅仅同步,但不一定位置相同,已经知道 $\dot{F}_0$ 作用在纵轴方向,只要 $\dot{F}_a$ 与 $\dot{F}_0$ 不同位置(包括相

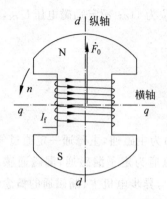

图 9.3　同步电机的纵轴与横轴

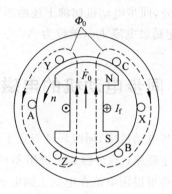

图 9.4　由励磁磁通势 $\dot{F}_0$ 单独产生的磁通 Φ_0

反方向在内),必然 $\dot{F}_a$ 的作用方向就肯定不在纵轴上。这样一来就遇到了困难。因为在凸极式同步电机中,沿着定子内圆的圆周方向气隙很不均匀,极面下的气隙小,两极之间的气隙较大,即使知道了电枢磁通势 $\dot{F}_a$ 的大小和位置,也无法求磁通。为此,需另想别的办法。

9.2.2　凸极式同步电动机的双反应原理

如果电枢磁通势 $\dot{F}_a$ 与励磁磁通势 $\dot{F}_0$ 的相对位置已给定,如图 9.5(a)所示,由于电枢磁通势 $\dot{F}_a$ 与转子之间无相对运动,可以把电枢磁通势 $\dot{F}_a$ 分成两个分量:一个分量叫纵轴电枢磁通势,用 $\dot{F}_{ad}$ 表示,作用在纵轴方向;一个分量叫横轴电枢磁通势,用 $\dot{F}_{aq}$ 表示,作用在横轴方向,即

$$\dot{F}_a = \dot{F}_{ad} + \dot{F}_{aq}$$

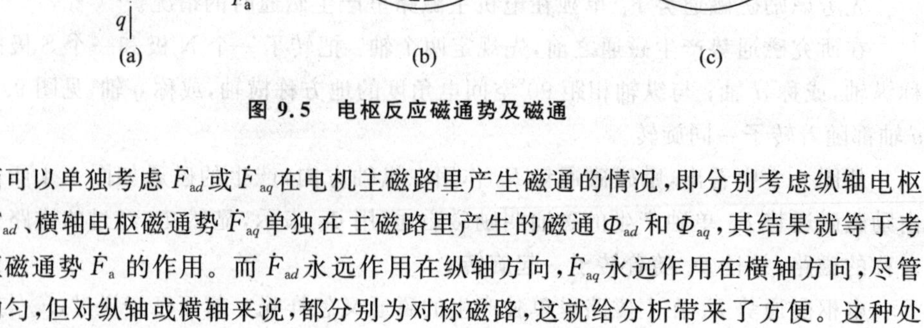

图 9.5　电枢反应磁通势及磁通

下面可以单独考虑 $\dot{F}_{ad}$ 或 $\dot{F}_{aq}$ 在电机主磁路里产生磁通的情况,即分别考虑纵轴电枢磁通势 $\dot{F}_{ad}$、横轴电枢磁通势 $\dot{F}_{aq}$ 单独在主磁路里产生的磁通 Φ_{ad} 和 Φ_{aq},其结果就等于考虑了电枢磁通势 $\dot{F}_a$ 的作用。而 $\dot{F}_{ad}$ 永远作用在纵轴方向,$\dot{F}_{aq}$ 永远作用在横轴方向,尽管气隙不均匀,但对纵轴或横轴来说,都分别为对称磁路,这就给分析带来了方便。这种处理问题的方法,称为双反应原理。

由纵轴电枢磁通势 $\dot{F}_{ad}$ 单独在电机的主磁路里产生的磁通,称纵轴电枢磁通,用 Φ_{ad} 表示,画在图 9.5(b)里。由横轴电枢磁通势 $\dot{F}_{aq}$ 单独在电机的主磁路里产生的磁通,称横轴电枢磁通,用 Φ_{aq} 表示,画在图 9.5(c)里。Φ_{ad},Φ_{aq} 都以同步转速逆时针方向旋转。

纵轴、横轴电枢磁通势 F_{ad},F_{aq} 除了单独在主磁路产生过气隙的磁通外,分别都要在定子绕组漏磁路里产生漏磁通,在图 9.5 里没有画出。

从第 6 章分析知道,电枢磁通势 $\dot{F}_a$ 的大小为

$$F_a = \frac{3}{2} \frac{4}{\pi} \frac{\sqrt{2}}{2} \frac{Nk_{dp}}{p} I$$

现在纵轴电枢磁通势 F_{ad} 可以写成

$$F_{ad} = \frac{3}{2} \frac{4}{\pi} \frac{\sqrt{2}}{2} \frac{Nk_{dp}}{p} I_d$$

横轴电枢磁通势 F_{aq} 写成

$$F_{aq} = \frac{3}{2} \frac{4}{\pi} \frac{\sqrt{2}}{2} \frac{Nk_{dp}}{p} I_q$$

若 $\dot{F}_{ad}$ 转到 A 相绕组轴线上,i_{dA} 为最大值;若 $\dot{F}_{aq}$ 转到 A 相绕组轴线上,i_{qA} 为最大值。显然 $\dot{I}_{dA}$ 与 $\dot{I}_{qA}$ 相差 90°时间电角度。由于三相对称,只取 A 相,简写为 $\dot{I}_d$ 与 $\dot{I}_q$ 便可。考虑到 $\dot{F}_a = \dot{F}_{ad} + \dot{F}_{aq}$ 的关系,所以有

$$\dot{I} = \dot{I}_d + \dot{I}_q$$

即把电枢电流 $\dot{I}$ 按相量的关系分成 $\dot{I}_d$ 和 $\dot{I}_q$ 两个分量,其中 $\dot{I}_d$ 产生了磁通势 $\dot{F}_{ad}$,$\dot{I}_q$ 产生了磁通势 $\dot{F}_{aq}$。

9.2.3 凸极式同步电动机的电压平衡方程式

下面分别考虑电机主磁路里各磁通在定子绕组里感应电动势的情况。

不管是励磁磁通 Φ_0,还是各电枢磁通 Φ_{ad},Φ_{aq},它们都以同步转速逆时针方向旋转,都要在定子绕组里感应电动势。

励磁磁通 Φ_0 在定子绕组里感应电动势用 $\dot{E}_0$ 表示,纵轴电枢磁通 Φ_{ad} 在定子绕组里感应电动势用 $\dot{E}_{ad}$ 表示,横轴电枢磁通 Φ_{aq} 在定子绕组里感应电动势用 $\dot{E}_{aq}$ 表示。

根据图 9.6 给出的同步电动机定子绕组各电量正方向,可以列出 A 相回路的电压平衡等式为

$$\dot{E}_0 + \dot{E}_{ad} + \dot{E}_{aq} + \dot{I}(R_1 + jX_1) = \dot{U} \tag{9-1}$$

式中 R_1 是定子绕组一相的电阻;

X_1 是定子绕组一相的漏电抗。

因磁路线性,E_{ad} 与 Φ_{ad} 成正比,Φ_{ad} 与 F_{ad} 成正比,F_{ad} 又与 I_d 成正比,所以 E_{ad} 与 I_d 成

正比。$\dot{I}$ 与 $\dot{E}$ 正方向相反,故 $\dot{I}_d$ 落后于 $\dot{E}_{ad}$ 90°时间电角度,于是电动势 $\dot{E}_{ad}$ 可以写成

$$\dot{E}_{ad} = j\dot{I}_d X_{ad} \tag{9-2}$$

同理,$\dot{E}_{aq}$ 可以写成

$$\dot{E}_{aq} = j\dot{I}_q X_{aq} \tag{9-3}$$

式中　X_{ad} 是个比例常数,称为纵轴电枢反应电抗;

X_{aq} 称为横轴电枢反应电抗,X_{ad},X_{aq} 对同一台
电机,都是常数。

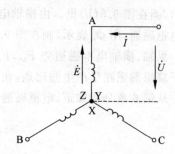

图 9.6 同步电动机各电量的正方向（用电动机惯例）

把式(9-2)和式(9-3)代入式(9-1),得

$$\dot{U} = \dot{E}_0 + j\dot{I}_d X_{ad} + j\dot{I}_q X_{aq} + \dot{I}(R_1 + jX_1)$$

把 $\dot{I} = \dot{I}_a + \dot{I}_q$ 代入上式,得

$$\dot{U} = \dot{E}_0 + j\dot{I}_d X_{ad} + j\dot{I}_q X_{aq} + (\dot{I}_d + \dot{I}_q)(R_1 + jX_1)$$
$$= \dot{E}_0 + j\dot{I}_d(X_{ad} + X_1) + j\dot{I}_q(X_{aq} + X_1) + (\dot{I}_d + \dot{I}_q)R_1$$

一般情况下,当同步电动机容量较大时,可忽略电阻 R_1,于是

$$\dot{U} = \dot{E}_0 + j\dot{I}_d X_d + j\dot{I}_q X_q \tag{9-4}$$

式中　$X_d = X_{ad} + X_1$ 称为纵轴同步电抗;

$X_q = X_{aq} + X_1$ 称为横轴同步电抗。

对同一台电机,X_d,X_q 都是常数,可以用计算或试验的方法求得。

同步电机要想作为电动机运行,电源必须向电机的定子绕组传输有功功率。从图 9.6 规定的电动机惯例知道,这时输入给电机的有功功率 P_1 必须满足

$$P_1 = 3UI\cos\varphi > 0$$

这就是说,定子相电流的有功分量 $I\cos\varphi$ 应与相电压 U 同相位。可见,$\dot{U}$,$\dot{I}$ 二者之间的功率因数角 φ 必须小于 90°,才能使电机运行于电动机状态。

9.2.4 凸极式同步电动机的电动势相量图

图 9.7 是根据式(9-4)的关系,当 $\varphi < 90°$(领先性)时,电机运行于电动机状态画出的相量图。当然也可以画 $\varphi < 90°$(落后性)的相量图。

图 9.7 中 $\dot{U}$ 与 $\dot{I}$ 之间的夹角为 φ,是功率因数角;$\dot{E}_0$ 与 $\dot{U}$ 之间的夹角是 θ;$\dot{E}_0$ 与 $\dot{I}$ 之间的夹角是 ψ。并且

$$I_d = I\sin\psi$$
$$I_q = I\cos\psi$$

θ 角称为功率角,很重要,后面分析时要用到。

综上所述,研究凸极式同步电动机的电磁关系是按照图 9.8 的思路进行的。

$\dot{E}_0$
$j\dot{I}_d X_d$
$j\dot{I}_q X_q$
$\dot{U}$
θ
$\dot{I}$
ψ
$\dot{I}_q$
φ
$\dot{I}_d$

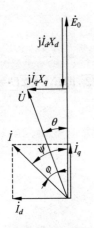

图 9.7 同步电动机当 $\varphi<90°$ (领先性)的相量图

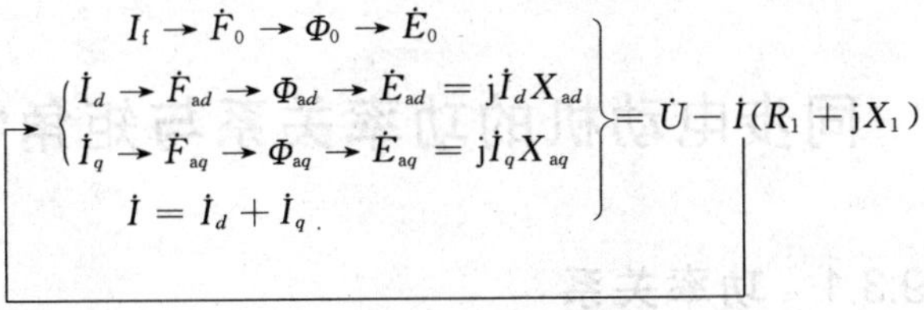

$I_f \rightarrow \dot{F}_0 \rightarrow \Phi_0 \rightarrow \dot{E}_0$
$\dot{I}_d \rightarrow \dot{F}_{ad} \rightarrow \Phi_{ad} \rightarrow \dot{E}_{ad} = j\dot{I}_d X_{ad}$
$\dot{I}_q \rightarrow \dot{F}_{aq} \rightarrow \Phi_{aq} \rightarrow \dot{E}_{aq} = j\dot{I}_q X_{aq}$
$\dot{I} = \dot{I}_d + \dot{I}_q$
$= \dot{U} - \dot{I}(R_1 + jX_1)$

图 9.8 凸极式同步电动机的电磁关系

9.2.5 隐极式同步电动机

以上分析的是凸极式同步电动机的电磁关系。如果是隐极式同步电动机，电机的气隙是均匀的，表现的参数，如纵、横轴同步电抗 X_d，X_q，二者在数值上彼此相等，即

$$X_d = X_q = X_c$$

式中 X_c 为隐极式同步电动机的同步电抗。

对隐极式同步电动机，式(9-4)变为

$$\begin{aligned}\dot{U} &= \dot{E}_0 + j\dot{I}_d X_d + j\dot{I}_q X_q \\ &= \dot{E}_0 + j(\dot{I}_d + \dot{I}_q) X_c \\ &= \dot{E}_0 + j\dot{I}X_c \end{aligned} \tag{9-5}$$

图 9.9 是隐极式同步电动机的电动势相量图。

$j\dot{I}X_c$
$\dot{E}_0$
$\dot{U}$
$\dot{I}$
ψ
φ
θ

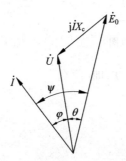

图 9.9 隐极式同步电动机的电动势相量图

$\dot{I}$
$j\dot{I}X_c$=j1
$\dot{U}$=1
$\dot{E}_0$
θ

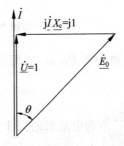

图 9.10 例题 9-1 的相量图

例题 9-1 已知一台隐极式同步电动机的端电压标幺值$\underline{U}=1$，电流的标幺值$\underline{I}=1$，同步电抗的标幺值$\underline{X}_c=1$ 和功率因数 $\cos\varphi=1$(忽略定子电阻)。求：

(1) 画出这种情况下的电动势相量图；

（2）E_0 的标幺值；

（3）θ。

解 （1）图 9.10 所示为这种情况下的电动势相量图。

（2）从图 9.10 相量图中直接看出，等边直角三角形斜边长为 $\sqrt{2}$，即 $\underline{E}_0 = \sqrt{2}\underline{U} = \sqrt{2}$。

（3）从图 9.10 中看出，这种情况下，$\theta = 45°$。

9.3 同步电动机的功率关系与矩角特性

9.3.1 功率关系

同步电动机从电源吸收的有功功率 $P_1 = 3UI\cos\varphi$，除去消耗于定子绕组的铜损耗 $p_{\mathrm{Cu}} = 3I^2R_1$ 后，就转变为电磁功率 P_{M}，即

$$P_1 - p_{\mathrm{Cu}} = P_{\mathrm{M}}$$

从电磁功率 P_{M} 里再扣除铁损耗 p_{Fe} 和机械摩擦损耗 p_{m} 后，转变为机械功率 P_2 输出给负载，即

$$P_{\mathrm{M}} - p_{\mathrm{Fe}} - p_{\mathrm{m}} = P_2 \tag{9-6}$$

其中铁损耗 p_{Fe} 与机械摩擦损耗 p_{m} 之和称为空载损耗 p_0，即

$$p_0 = p_{\mathrm{Fe}} + p_{\mathrm{m}}$$

图 9.11 所示为同步电动机的功率流程图。

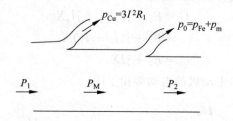

图 9.11 同步电动机的功率流程图

知道电磁功率 P_{M} 后，能很容易地算出它的电磁转矩 T，即

$$T = \frac{P_{\mathrm{M}}}{\Omega}$$

式中 $\Omega = \dfrac{2\pi n}{60}$，为电动机的同步角速度。

把式（9-6）等号两边都除以 Ω，就得到同步电动机的转矩平衡等式，即

$$\frac{P_2}{\Omega} = \frac{P_{\mathrm{M}}}{\Omega} - \frac{p_0}{\Omega}$$

$$T_2 = T - T_0$$

式中 T_0 称为空载转矩。

例题 9-2 已知一台三相六极同步电动机的数据为：额定容量 $P_{\mathrm{N}} = 250\mathrm{kW}$，额定电

压 $U_N = 380V$，额定功率因数 $\cos\varphi_N = 0.8$，额定效率 $\eta_N = 88\%$，定子每相电阻 $R_1 = 0.03\Omega$，定子绕组为丫接法。求：

(1) 额定运行时定子输入的电功率 P_1；

(2) 额定电流 I_N；

(3) 额定运行时的电磁功率 P_M；

(4) 额定电磁转矩 T_N。

解 (1) 额定运行时定子输入的电功率

$$P_1 = \frac{P_N}{\eta_N} = \frac{250}{0.88} = 284\text{kW}$$

(2) 额定电流

$$I_N = \frac{P_1}{\sqrt{3}U_N\cos\varphi_N} = \frac{284 \times 10^3}{\sqrt{3} \times 380 \times 0.8} = 539.4\text{A}$$

(3) 额定电磁功率

$$P_M = P_1 - 3I_N^2 R_1 = 284 - 3 \times 539.4^2 \times 0.03 \times 10^{-3} = 257.8\text{kW}$$

(4) 额定电磁转矩

$$T_N = \frac{P_M}{\Omega} = \frac{P_M}{\dfrac{2\pi n}{60}} = \frac{257.8 \times 10^3}{\dfrac{2\pi \times 1000}{60}} = 2462\text{N} \cdot \text{m}$$

9.3.2 电磁功率

当忽略同步电动机定子电阻 R_1 时，电磁功率

$$P_M = P_1 = 3UI\cos\varphi$$

从图 9.7 中看出 $\varphi = \psi - \theta$，ψ 角是 $\dot{E}_0$ 与 $\dot{I}$ 之间的夹角，θ 是 $\dot{U}$ 与 $\dot{E}_0$ 之间的夹角，于是

$$P_M = 3UI\cos\varphi$$
$$= 3UI\cos(\psi - \theta)$$
$$= 3UI\cos\psi\cos\theta + 3UI\sin\psi\sin\theta$$

从图 9.7 中知道，

$$I_d = I\sin\psi$$
$$I_q = I\cos\psi$$
$$I_d X_d = E_0 - U\cos\theta$$
$$I_q X_q = U\sin\theta$$

考虑以上这些关系，得

$$P_M = 3UI_q\cos\theta + 3UI_d\sin\theta$$
$$= 3U\frac{U\sin\theta}{X_q}\cos\theta + 3U\frac{E_0 - U\cos\theta}{X_d}\sin\theta$$
$$= 3\frac{E_0 U}{X_d}\sin\theta + 3U^2\left(\frac{1}{X_q} - \frac{1}{X_d}\right)\cos\theta\sin\theta$$

将三角函数关系式 $\sin2\theta = 2\cos\theta\sin\theta$，代入上式得

$$P_M = \frac{3E_0U}{X_d}\sin\theta + \frac{3U^2(X_d - X_q)}{2X_dX_q}\sin 2\theta \tag{9-7}$$

9.3.3　功角特性

接在电网上运行的同步电动机,已知电源电压 U、电源的频率 f 等都维持不变,如果保持电动机的励磁电流 I_f 不变,那么对应的电动势 E_0 的大小也是常数,另外电动机的参数 X_d、X_q 又是已知的数,这样一来,从式(9-7)看出,电磁功率 P_M 的大小与角度 θ 呈函数关系,即当 θ 角变化时,电磁功率 P_M 的大小也跟着变化。把 $P_M = f(\theta)$ 的关系称为同步电动机的功角特性,用曲线表示如图 9.12 所示。

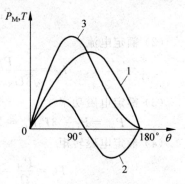

图 9.12　凸极式同步电动机的功角、矩角特性

式(9-7)凸极式同步电动机的电磁功率 P_M 中,第一项与励磁电动势 E_0 成正比,即与励磁电流 I_f 的大小有关,叫作励磁电磁功率。公式中的第二项,与励磁电流 I_f 的大小无关,是由参数 $X_d \neq X_q$ 引起的,也就是因电机的转子是凸极式的引起的。这一项的电磁功率叫凸极电磁功率。如果电机的气隙均匀(像隐极式同步电机),$X_d = X_q$,式(9-6)中的第二项为零,即不存在凸极电磁功率。

式(9-7)中第一项励磁电磁功率是主要的,第二项的数值比第一项小得多。

励磁电磁功率

$$P_{M励} = \frac{3E_0U}{X_d}\sin\theta$$

$P_{M励}$ 与 θ 呈正弦曲线变化关系,如图 9.12 中的曲线 1。

当 $\theta = 90°$ 时,$P_{M励}$ 为最大,用 P'_m 表示,则

$$P'_m = \frac{3E_0U}{X_d}$$

凸极电磁功率

$$P_{M凸} = \frac{3U^2(X_d - X_q)}{2X_dX_q}\sin 2\theta$$

当 $\theta = 45°$ 时,$P_{M凸}$ 为最大,用 P''_m 表示,则

$$P''_m = \frac{3U^2(X_d - X_q)}{2X_dX_q}$$

$P_{M凸}$ 与 θ 的关系,如图 9.12 中的曲线 2。图 9.12 中的曲线 3 是合成的总的电磁功率与 θ 角的关系。可见,总的最大电磁功率 P_{Mm} 对应的 θ 角小于 $90°$。

9.3.4 矩角特性

把式(9-7)等号两边同除以机械角速度 Ω，得电磁转矩为

$$T = \frac{3E_0U}{\Omega X_d}\sin\theta + \frac{3U^2(X_d - X_q)}{2X_dX_q\Omega}\sin2\theta$$

把电磁转矩 T 与 θ 的变化关系也画在图 9.12 中，称为矩角特性，与功角特性仅差个比例尺。

由于隐极同步电动机的参数 $X_d = X_q = X_c$，于是式(9-7)变为

$$P_M = \frac{3E_0U}{X_c}\sin\theta$$

是隐极式同步电动机的功角特性。可见，隐极式同步电动机没有凸极电磁功率这一项。

隐极式同步电动机的电磁转矩 T 与 θ 角的关系为

$$T = \frac{3E_0U}{\Omega X_c}\sin\theta \tag{9-8}$$

图 9.13 所示为隐极式同步电动机的矩角特性。

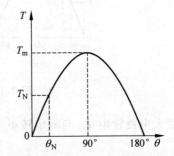

图 9.13　隐极式同步电动机的矩角特性

在某固定励磁电流条件下，隐极式同步电动机的最大电磁功率 P_{Mm} 与最大电磁转矩 T_m 分别为

$$P_{Mm} = \frac{3E_0U}{X_c}$$

$$T_m = \frac{3E_0U}{\Omega X_c}$$

9.3.5 稳定运行

下面简单介绍一下同步电动机能否稳定运行的问题。以隐极式同步电动机为例。

1. 当电动机拖动机械负载运行在 $\theta = 0°\sim90°$ 的范围内

本来电动机运行于 θ_1，见图 9.14(a)，这时电磁转矩 T 与负载转矩 T_L 相平衡，即 $T = T_L$。由于某种原因，负载转矩 T_L 突然增大为 T_L'。这时转子要减速使 θ 角增大，例如变为 θ_2，在 θ_2 时对应的电磁转矩为 T'，如果 $T' = T_L'$，电机就能继续同步运行。不过这时运行在 θ_2 角度上，如果负载转矩又恢复为 T_L，电动机的 θ 角恢复为 θ_1，$T = T_L$。所以电动机能够稳定运行。

2. 当同步电动机带负载运行在 $\theta = 90°\sim180°$ 范围内

本来电动机运行于 θ_3，见图 9.14(b)，这时电磁转矩 T 与负载转矩 T_L 相平衡，即 $T =$

T_L。由于某种原因,负载转矩突然增大为 T'_L。这时 θ 角要增大,例如为 θ_4,见图 9.14(b)。但 θ_4 对应的电磁转矩 T' 比增大了的负载转矩 T'_L 小,即 $T'<T'_L$。于是电动机的 θ 角还要继续增大,而电磁转矩反而变得更小,找不到新的平衡点。这样继续的结果,电机的转子转速会偏离同步速,即失去同步,因而无法工作。可见,在 $\theta=90°\sim180°$ 范围内,电机不能稳定运行。

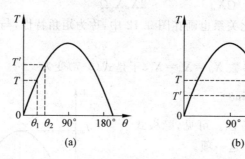

图 9.14 同步电动机的稳定运行

最大电磁转矩 T_m 与额定转矩 T_N 之比,叫过载倍数,用 λ 表示,即

$$\lambda = \frac{T_m}{T_N} \approx \frac{\sin90°}{\sin\theta_N} = 2\sim3.5$$

隐极式同步电动机额定运行时,$\theta_N \approx 30°\sim16.5°$。凸极式同步电动机额定运行的功率角还要小些。

当负载改变时,θ 角随之变化,就能使同步电动机的电磁转矩 T 或电磁功率 P_M 跟着变化,以达到相平衡的状态,而电机的转子转速 n 却严格按照同步转速旋转,不发生任何变化,所以同步电动机的机械特性为一条直线,是硬特性。

仔细分析同步电动机的原理,知道 θ 角有着双重的含义。一为电动势 $\dot{E}_0$ 与 $\dot{U}$ 之间的夹角,显然是个时间电角度。另外一层的含义是,产生电动势 $\dot{E}_0$ 的励磁磁通势 $\dot{F}_0$ 与作用在同步电动机主磁路上总的合成磁通势 $\dot{R}(\dot{R}=\dot{F}_0+\dot{F}_a)$ 之间的角度,这是个空间电角度。$\dot{F}_0$ 对应着 $\dot{E}_0$,$\dot{R}$ 近似地对应着 $\dot{U}$。我们把磁通势 $\dot{R}$ 看成为等效磁极,由它拖着转子磁极以同步转速 n 旋转,如图 9.15 所示。

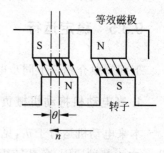

如果转子磁极在前,等效磁极在后,即转子拖着等效磁极旋转,是同步发电机运行状态。

由此可见,同步电机作电动机运行还是作发电机运行,要视转子磁极与等效磁极之间的相对位置来决定。

图 9.15 等效磁极

例题 9-3 已知一台隐极式同步电动机,额定电压 $U_N=6000V$,额定电流 $I_N=71.5A$,额定功率因数 $\cos\varphi_N=0.9$(领先性),定子绕组为 Y 接,同步电抗 $X_c=48.5\Omega$,忽略定子电阻 R_1。当这台电机在额定运行,且功率因数为 $\cos\varphi_N=0.9$ 领先时,求:

(1) 空载电动势 E_0;

(2) 功率角 θ_N;

(3) 电磁功率 P_M；

(4) 过载倍数 λ。

解 (1) 已知 $\cos\varphi_N = 0.9$，所以

$$\varphi_N = \arccos 0.9 = 25.8°$$

于是可以画出图 9.16 所示的电动势相量图。从图中直接可量出 E_0 的大小。

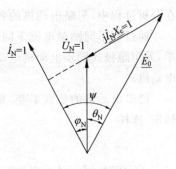

图 9.16 电动势相量图

也可以根据图 9.16 各相量的几何关系算出 E_0 的大小。用标幺值计算。已知 $\underline{U}_N = 1$，$\underline{I}_N = 1$，所以

$$\underline{E}_0 = \sqrt{(\underline{U}_N\sin\varphi_N + \underline{I}_N\,\underline{X}_c)^2 + (\underline{U}_N\cos\varphi_N)^2}$$

式中

$$\sin\varphi_N = \sin 25.8° = 0.4359$$

$$\underline{X}_c = \frac{X_c}{\dfrac{U_N}{\sqrt{3}}\dfrac{1}{I_N}} = \frac{48.5}{\dfrac{6000}{\sqrt{3}}\dfrac{1}{71.5}} = 1$$

于是

$$\underline{E}_0 = \sqrt{(1\times0.4359+1)^2+0.9^2} = 1.69$$

$$E_0 = \underline{E}_0 U_N = 1.69\times\frac{6000}{\sqrt{3}} = 5854.3\text{V}$$

(2) 先求 ψ 角

$$\psi = \arctan\frac{\underline{U}_N\sin\varphi_N + \underline{I}_N\,\underline{X}_c}{\underline{U}_N\cos\varphi_N} = \arctan\frac{0.435+1}{0.9} = 57.9°$$

所以

$$\theta_N = \psi - \varphi_N = 57.9° - 25.8° = 32.1°$$

(3) 电磁功率为

$$P_M = \frac{3U_N E_0}{X_c}\sin\theta_N = \frac{3\times6000\times5854.5}{\sqrt{3}\times48.5}\times0.53$$

$$= 664.9\text{kW}$$

(4) 过载倍数为

$$\lambda = \frac{1}{\sin\theta_N} = \frac{1}{0.53} = 1.87$$

9.4 同步电动机功率因数的调节

9.4.1 同步电动机的功率因数调节

当同步电动机接在电源上，认为电源的电压 U 以及频率 f 都不变，维持常数。另外让电动机拖动的有功负载也保持为常数，仅改变它的励磁电流，就能调节它的功率因数。

在分析过程中,忽略电动机的各种损耗。

通过画不同励磁电流下同步电动机的电动势相量图,可以使问题得到解答。为了简单,采用隐极式同步电动机电动势相量图来进行分析,所得结论完全可以用于凸极式同步电动机。

同步电动机的负载不变,是指电动机转轴输出的转矩 T_2 不变,为了简单,忽略空载转矩,这样

$$T = T_2$$

当 T_2 不变时,可以认为电磁转矩 T 也不变。

根据式(9-8)知道

$$T = \frac{3}{\Omega}\frac{E_0 U}{X_c}\sin\theta = 常数$$

由于电源电压 U,电源频率 f 以及电机的同步电抗等都是常数,上式中

$$E_0\sin\theta = 常数 \tag{9-9}$$

当改变励磁电流 I_f 时,电动势 E_0 的大小要跟着变化,但必须满足式(9-9)的关系。

当负载转矩不变时,也认为电动机的输入功率 P_1 不变(因为忽略了电机的各种损耗),于是

$$P_1 = 3UI\cos\varphi = 常数$$

在电压 U 不变的条件下,必有

$$I\cos\varphi = 常数 \tag{9-10}$$

式(9-10)实则是电动机定子边的有功电流,应维持不变。

图 9.17 是根据式(9-9)和式(9-10)这两个条件,画出了三种不同励磁电流 I_f,I_f',I_f'' 对应的电动势 $\dot{E}_0$,$\dot{E}_0'$,$\dot{E}_0''$ 的电动势相量图,其中

$$I_f'' < I_f < I_f'$$

所以

$$E_0'' < E_0 < E_0'$$

从图 9.17 中看出,不管如何改变励磁电流的大小,为了要满足式(9-10)的条件,电流 $\dot{I}$ 的轨迹总是在与电压 $\dot{U}$ 垂直的虚线上。另外,要满足式(9-9)的条件,$\dot{E}_0$ 的轨迹总是在与电压 $\dot{U}$ 平行的虚线上。这样我们就可以从图 9.17 看出,当改变励磁电流 I_f 时,同步电动机功率因数变化的规律如下。

(1) 当励磁电流为 I_f 时,使定子电流 $\dot{I}$ 与 $\dot{U}$ 同相,称为正常励磁状态,见图 9.17 中

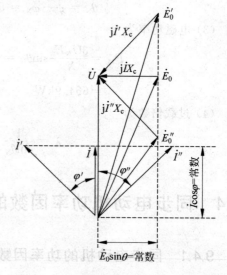

图 9.17 同步电动机拖动机械负载不变时,仅改变励磁电流的电动势相量图

的 $\dot{E}_0$、$\dot{I}$ 相量。这种情况下，同步电动机只从电网吸收有功功率，不吸收任何无功功率。也就是说，这种情况下运行的同步电动机像个纯电阻负载，功率因数 $\cos\varphi=1$。

（2）当励磁电流比正常励磁电流小时，称为欠励状态，见图 9.17 中的 $\dot{E}_0''$ 和 $\dot{I}''$。这时 $E_0''<U$，定子电流 $\dot{I}''$ 落后 $\dot{U}$ 一个 φ'' 角。同步电动机除了从电网吸收有功功率外，还要从电网吸收滞后性的无功功率。这种情况下运行的同步电动机，像是个电阻电感负载。

本来电网就供应着如异步电动机、变压器等这种需要滞后性无功功率的负载，现在欠励的同步电动机，也需要滞后性的无功功率，这就加重了电网的负担，所以，很少采用这种运行方式。

（3）当励磁电流比正常励磁电流大时，称为过励状态，见如图 9.17 中的 $\dot{E}_0'$ 和 $\dot{I}'$。这时 $E_0'>U$，定子电流 $\dot{I}'$ 领先 $\dot{U}$ 一个 φ' 角。同步电动机除了从电网吸收有功功率外，还要从电网吸收领先的无功功率。这种情况下运行的同步电动机，像是个电阻电容负载。

可见，过励状态下的同步电动机对改善电网的功率因数有很大的好处。

总之，当改变同步电动机的励磁电流时，能够改变它的功率因数，这点三相异步电动机是办不到的。所以同步电动机拖动负载运行时，一般要过励，至少运行在正常励磁状态下，不会让它运行在欠励状态。

例题 9-4 一台隐极式同步电动机，同步电抗的标幺值 $X_c=1$，忽略定子绕组电阻，不考虑磁路饱和。

（1）该电动机接在额定电压的电源上，运行时定子为额定电流，且功率因数等于1，这时的 E_0（标幺值）及 θ 角为多少？

（2）如在输出有功功率不变的条件下，仅把该电动机的励磁电流增加20%，这时电动机定子电流及功率因数各为多少？

（3）如在输出有功功率不变的条件下，把该电动机的励磁电流减小20%，这时电动机定子电流及功率因数又各为多少？

解 （1）已知电源电压的标幺值 $U_N=1$，负载电流为额定值，用标幺值表示时 $I_N=1$。这种情况下的电动势相量图，如图 9.18 所示。

可以从图 9.18 直接量出 E_0 及 θ 角的大小，也可用计算的办法求 E_0，即

$$E_0 = \sqrt{U_N^2+(I_N X_c)^2} = \sqrt{1^2+(1\times1)^2} = 1.41$$

$$\theta = \arctan\frac{I_N X_c}{U_N} = \arctan\frac{1\times1}{1} = 45°$$

（2）励磁电流增加20%的情况。这种情况即 E_0 增加20%，用 E_0' 表示。已知

$$E_0'=1.2 E_0=1.2\times1.41 = 1.69$$

由于电动机输出有功功率不变，因此增加励磁电流后的 $E_0'\sin\theta'=I_N X_c=1$，得

$$\theta'=\arcsin\frac{1}{E_0'} = \arcsin\frac{1}{1.69} = 36.3°$$

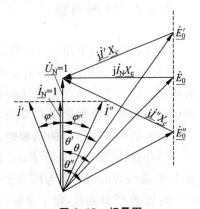

图 9.18 相量图

于是

$$I'X_c = \sqrt{(E_0')^2 + U_N^2 - 2E_0'U_N\cos\theta'}$$
$$= \sqrt{1.69^2 + 1^2 - 2 \times 1.69 \times 1 \times 0.8}$$
$$= 1.07$$

所以

$$I' = \frac{I'X_c}{X_c} = \frac{1.07}{1} = 1.07$$

这种情况下的功率因数为

$$\cos\varphi' = \frac{I_N}{I'} = \frac{1}{1.07} = 0.93$$

$$\varphi' = \arccos 0.93 = 20.8°$$

(3) 励磁电流减少20%的情况。这种情况即E_0减少20%,用E_0''表示。已知

$$E_0'' = 0.8 E_0 = 0.8 \times 1.41 = 1.13$$

由于电动机输出有功功率不变,减少励磁电流后的$E_0''\sin\theta'' = I_N X_c = 1$。于是

$$\theta'' = \arcsin\frac{1}{E_0''} = \arcsin\frac{1}{1.13} = 62.2°$$

从图9.18看出

$$I''X_c = \sqrt{(E_0'')^2 + U_N^2 - 2E_0''U_N\cos\theta''}$$
$$= \sqrt{1.13^2 + 1^2 - 2 \times 1.13 \times 1 \times \cos 62.2°}$$
$$= 1.1$$

所以

$$I'' = 1.1$$

这种情况下的功率因数为

$$\cos\varphi'' = \frac{I_N}{I''} = \frac{1}{1.1} = 0.9$$

$$\varphi'' = 25.8°$$

9.4.2 U形曲线

现在再研究一下图9.17,当改变励磁电流时电动机定子电流变化情况。从图中看出,三种励磁电流情况下,只有正常励磁时,定子电流为最小,过励或欠励时,定子电流都会增大。把定子电流I的大小与励磁电流I_f大小的关系用曲线表示,如图9.19所示。图中定子电流变化规律像U字形,故称U形曲线。

当电动机带有不同的负载时,对应有一组U形曲线,如图9.19所示。输出功率越大,在相同的励磁电流条件下,定子电流增大,所得U形曲线往右上方移。图9.19中各条U形曲线对应的功率为$P_2''' > P_2'' > P_2'$。

对每条U形曲线,定子电流有一最小值,这时定子仅从电网吸收有功功率,功率因数$\cos\varphi = 1$。把这些点连起来,称为$\cos\varphi = 1$的线。它微微向右倾斜,说明输出为纯有功功

率时,输出功率增大的同时,必须相应地增加一些励磁电流。

cosφ＝1 线的左边是欠励区,右边是过励区。

当同步电动机带了一定负载时,减小励磁电流,电动势 E_0 减小,P_M 与 E_0 成正比,当 P_M 小到一定程度,θ 超过 90°,电动机就失去同步,如图 9.19 中虚线所示的不稳定区。从这个角度看,同步电动机最好也不运行于欠励状态。

对同步电动机功率因数可调的原因不妨简单地这样理解:同步电动机的磁场由定子边电枢反应磁通势 F_a 和转子边励磁磁通势 F_0 共同建立的,因此,①转子边欠励时,定子边需要从电源输入滞后的无功功率建立磁场,定子边便呈滞后性功率因数。②转子边正常励磁,不需要定子边提供无功功率,定子边便呈纯电阻性,cosφ＝1。③转子边过励时,定子边反而要吸收领先性无功功率,定子边便呈领先性的功率因数。所以同步电动机功率因数呈电感性还是呈电阻性或是呈电容性,完全可以人为地调节励磁电流改变励磁磁通势大小来实现。

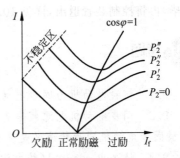

图 9.19 同步电动机的 U 形曲线

9.5 同步电动机的启动

9.5.1 同步电动机的异步启动

同步电动机本身没有启动转矩,所以不能自启动,这给使用带来极大的不便。为了解决启动的问题,在凸极同步电动机的转子磁极上装启动绕组,其结构型式就像鼠笼式异步电动机的鼠笼绕组。这样一来,当同步电动机定子绕组接到电源上时,由启动绕组的作用,产生启动转矩,使电动机能自启动。这个启动过程实际上和异步电动机的启动过程完全一样。一般启动的最终转速达同步转速的 95% 左右,然后给同步电动机的励磁绕组通入直流电流,转子即可自动牵入同步,以同步转速 n 运行。

同步电动机采用异步启动时,可以在额定电压下直接启动,也可用降压启动,如Y-△启动、自耦变压器降压启动或串电抗器等。

值得注意的是,启动同步电动机时,励磁绕组不能开路。否则,在大转差时,气隙旋转磁密在励磁绕组里感应出较高的电动势,有可能损坏它的绝缘。但是,在启动过程中,也不能把励磁绕组短路。那样,励磁绕组中感应的电流产生的转矩,有可能使电动机启动不到接近同步速的转速。解决这个问题的办法,是在同步电动机启动过程中,在它的励磁绕组中串入大约 5~10 倍励磁绕组电阻值的附加电阻,这样就可以克服上述的缺点,达到启动的目的。等启动到接近同步转速时,再把所串的电阻去除,通以直流电流,电动机自动牵入同步,完成启动的过程。

同步电动机的启动过程都是用自动控制线路来完成的。目前广泛采用晶闸管整流励磁装置,除了自动控制启动,还可以顺极性自动投励。

9.5.2　变频启动

大型同步电动机启动,在启动过程中将电动机改为自控式同步电动机控制方式、启动完毕,再将控制装置退出,详见 10.3 节。

思考题

9.1　何种电动机为同步电动机?

9.2　同步电动机电源频率为 50Hz 和 60Hz 时,10 极同步电动机同步转速是多少? 18 极同步电动机同步转速又是多少?

9.3　请画出 $\cos\varphi=1$(纯电阻性)时凸极同步电动机的电动势相量图。

9.4　在凸极电动机中为什么要把电枢反应磁通势分成纵轴和横轴两个分量?

9.5　已知一台同步电动机电动势 E_0、电流 I、参数 X_d 和 X_q,画出 $\dot{I}$ 落后于 $\dot{E}_0$ 的相位角为 φ 时的电动势相量图。

9.6　同步电动机功率角 θ 是什么角?

9.7　隐极式同步电动机电磁功率与功率角有什么关系? 电磁转矩与功率角有什么关系?

9.8　一台凸极同步电动机转子若不加励磁电流,它的功角特性和矩角特性是什么样的?

9.9　一台凸极同步电动机空载运行时,如果突然失去励磁电流,电动机转速怎样?

9.10　一台隐极式同步电动机增大励磁电流时,其实际电磁转矩是否增大? 其实际电磁功率是否增大(忽略绕组电阻和漏电抗的影响)?

9.11　隐极式同步电动机的过载倍数 $\lambda=2$,额定负载运行时的功率角 θ 为多大?

9.12　同步电动机的 U 形曲线指的是什么?

9.13　一台拖动恒转矩负载运行的同步电动机,忽略定子电阻,当功率因数为领先性的情况下,若减小励磁电流,电枢电流怎样变化? 功率因数又怎样变化?

9.14　同步电动机运行时,要想增加其吸收的滞后性无功功率,该怎样调节?

习题

9.1　已知一台隐极式同步电动机的端电压标幺值 $\underline{U}=1$,电流标幺值 $\underline{I}=1$,同步电抗的标幺值 $\underline{X}_c=1$ 和功率因数 $\cos\varphi=\dfrac{\sqrt{3}}{2}$(领先性),忽略定子电阻。

(1) 画出电动势相量图;

(2) 求 $\underline{E}_0$ 的值;

(3) 求 θ 角。

9.2　已知一台三相十极同步电动机的数据为：额定容量 $P_N=3000\text{kW}$，额定电压 $U_N=6000\text{V}$，额定功率因数 $\cos\varphi_N=0.8$（领先性），额定效率 $\eta_N=0.96$，定子每相电阻 $R_1=0.21\Omega$，定子绕组为Y接法。求：

(1) 额定运行时定子输入的功率；

(2) 额定电流 I_N；

(3) 额定电磁功率 P_M；

(4) 额定电磁转矩 T_N。

9.3　已知一台隐极式同步电动机的数据为：额定电压 $U_N=400\text{V}$，额定电流 $I_N=23\text{A}$，额定功率因数 $\cos\varphi_N=0.8$（领先性），定子绕组为Y接法，同步电抗 $X_c=10.4\Omega$，忽略定子电阻。当这台电机在额定运行，且功率因数为 $\cos\varphi_N=0.8$（领先性）时，求：

(1) 空载电动势 E_0；

(2) 功率角 θ_N；

(3) 电磁功率 P_M；

(4) 过载倍数 λ。

9.4　一台三相隐极式同步电动机，定子绕组为Y接法，额定电压为 380V，已知电磁功率 $P_M=15\text{kW}$ 时对应的 $E_0=250\text{V}$（相值），同步电抗 $X_c=5.1\Omega$，忽略定子电阻。求：

(1) 功率角 θ 的大小；

(2) 最大电磁功率。

9.5　一台三相凸极式同步电动机，定子绕组为Y接法，额定电压为 380V，纵轴同步电抗 $X_d=6.06\Omega$，横轴同步电抗 $X_q=3.43\Omega$。运行时电动势 $E_0=250\text{V}$（相值），$\theta=28°$（领先性），求电磁功率 P_M。

第 10 章

CHAPTER 10

三相交流电动机调速

近 20 年来,随着电力电子技术、微电子技术、计算机技术以及自动控制技术的飞速发展,交流调速日趋完善,大有取代直流调速的趋势。

交流调速在工业应用中,大体上有三大领域:①凡是能用直流调速的场合,都能改用交流调速;②直流调速达不到的,如大容量、高转速、高电压以及环境十分恶劣的场所,都能使用交流调速;③原来不调速的风机、泵类负载,采用交流调速后,可以大幅度节能。

交流电动机主要包括同步电动机与异步电动机两种。异步电动机又有鼠笼式异步电动机和绕线式异步电动机两种。

10.1 鼠笼式异步电动机调速

10.1.1 降电压调速

三相异步电动机降低电源电压的人为机械特性,其同步转速 n_1 不变,电磁转矩 $T \propto U^2$。若电动机拖动恒转矩负载,降低电源电压可以降低转速。如图 10.1 所示,A 点为固有机械特性曲线上的运行点,B 点为降低电压后的运行点,分别对应的转速为 n_A 与 n_B,可见,$n_B < n_A$,可以调速,但调速范围很窄,没有实用价值。

若电动机拖动风机负载,负载特性如图 10.1 曲线 2 所示,调压时,C, D, E 三个运行点转速虽然相差较大,但应注意电动机在低速运行时存在的过电流及功率因数低的问题。一般鼠笼式异步电动机不采用降压调速方式。

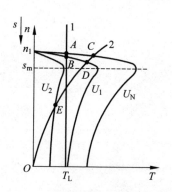

图 10.1 三相异步电动机降压调速

1—恒转矩负载;2—风机负载

10.1.2 变极对数调速

异步电动机旋转磁通势同步转速 n_1 与电机极对数成反比，改变鼠笼式三相异步电动机定子绕组的极对数，就改变了同步转速 n_1，实现变极调速。

通过改变定子绕组的接线方式，可以改变其磁极对数。

图 10.2 所示为三相异步电动机定子绕组接线及产生的磁极数，只画出了 A 相绕组的情况。每相绕组为两个等效集中线圈正向串联，例如 AX 绕组为 $a_1 x_1$ 与 $a_2 x_2$ 头尾串联，如图 10.2(a)所示。因此由 AX 绕组产生的磁极数便是四极的，如图 10.2(b)所示。三相绕组的磁极数则仍旧为四极的，即为四极异步电动机。

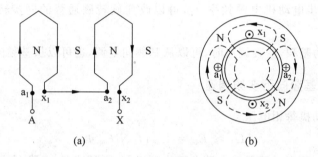

图 10.2　四极三相异步电动机定子 A 相绕组

如果把图 10.2 中的接线方式改变一下，每相绕组不再是两个线圈头尾串联，而变为两个线圈尾尾串联，即 A 相绕组 AX 为 $a_1 x_1$ 与 $a_2 x_2$ 反向串联，如图 10.3(a)所示；或者，每相绕组两个线圈变为头尾串联后再并联，即 AX 为 $a_1 x_1$ 与 $a_2 x_2$ 反向并联，如图 10.3(b)所示。那么改变后的两种接线方式，A 相绕组产生的磁极数都是二极，如图 10.3(c)所示。当然，三相绕组的磁极数也是二极，即为二极异步电动机。

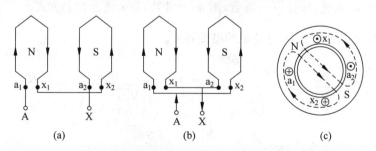

图 10.3　二极三相异步电动机定子 A 相绕组

可见，三相鼠笼式异步电动机的定子绕组，若改变每相绕组中一半线圈的电流方向，即半相绕组反向，则电动机的极数便成倍变化。因此，同步转速 n_1 也成倍变化，转子的转速也接近成倍改变。

鼠笼式异步电动机转子磁极数决定于定子的磁极数，变极运行时，不必进行任何改动。

绕线式异步电动机转子极数不能自动随定子极数变化,如果同时改变定、转子绕组极对数又比较麻烦,因此不采用变极调速。

以上仅简单叙述变极的原理,实际的双速乃至多速电机其定子绕组要复杂得多,这里不再叙述。

10.1.3   变频调速

三相异步电动机同步转速为

$$n_1 = \frac{60 f_1}{p}$$

因此,改变三相异步电动机电源频率 f_1,可以改变旋转磁通势的同步转速,达到调速的目的。

额定频率称为基频,变频调速时,可以从基频向上调,也可以从基频向下调。

10.1.3.1   从基频向下变频调速

三相异步电动机每相电压

$$U_1 \approx E_1 = 4.44 f_1 N_1 k_{dp1} \Phi_1$$

如果降低电源频率时还保持电源电压为额定值,则随着 f_1 下降,气隙每极磁通 Φ_1 增加。电动机磁路本来就刚进入饱和状态,Φ_1 增加,磁路过饱和,励磁电流会急剧增加,这是不允许的。因此,降低电源频率时,必须同时降低电源电压。降低电源电压 U_1 有两种方法。

1. 保持 $\dfrac{E_1}{f_1}$ = 常数

降低频率 f_1 调速,保持 $\dfrac{E_1}{f_1}$ = 常数,则 Φ_1 = 常数,是恒磁通控制方式。

在这种变频调速过程中,电动机的电磁转矩

$$T = \frac{P_M}{\Omega_1} = \frac{m_1 (I_2')^2 \dfrac{R_2'}{s}}{\dfrac{2\pi n_1}{60}} = \frac{m_1 p}{2\pi f_1} \left(\frac{E_2'}{\sqrt{\left(\dfrac{R_2'}{s}\right)^2 + (X_2')^2}} \right)^2 \frac{R_2'}{s}$$

$$= \frac{m_1 p f_1}{2\pi} \left(\frac{E_1}{f_1}\right)^2 \frac{\dfrac{R_2'}{s}}{\left(\dfrac{R_2'}{s}\right)^2 + (X_2')^2}$$

$$= \frac{m_1 p f_1}{2\pi} \left(\frac{E_1}{f_1}\right)^2 \frac{1}{\dfrac{R_2'}{s} + \dfrac{s(X_2')^2}{R_2'}} \tag{10-1}$$

式(10-1)是保持气隙每极磁通为常数变频调速时的机械特性方程式。下面根据该方程式,具体分析最大转矩 T_m 及相应的转差率 s_m。

最大转矩点 $\dfrac{\mathrm{d}T}{\mathrm{d}s}=0$，对应的转差率为 s_{m}，即

$$\frac{\mathrm{d}T}{\mathrm{d}s}=\frac{m_1 p f_1}{2\pi}\left(\frac{E_1}{f_1}\right)^2 \frac{-\left[-\dfrac{R_2'}{s^2}+\dfrac{(X_2')^2}{R_2'}\right]}{\left[\dfrac{R_2'}{s}+\dfrac{s(X_2')^2}{R_2'}\right]^2}=0$$

$$\frac{R_2'}{s^2}=\frac{(X_2')^2}{R_2'}$$

因此

$$s_{\mathrm{m}}=\frac{R_2'}{X_2'} \tag{10-2}$$

把式(10-2)代入式(10-1)，得出

$$\begin{aligned}
T_{\mathrm{m}} &=\frac{m_1 p f_1}{2\pi}\left(\frac{E_1}{f_1}\right)^2 \frac{1}{X_2'+X_2'}\\
&=\frac{1}{2}\frac{m_1 p}{2\pi}\left(\frac{E_1}{f_1}\right)^2 \frac{f_1}{X_2'}\\
&=\frac{1}{2}\frac{m_1 p}{2\pi}\left(\frac{E_1}{f_1}\right)^2 \frac{1}{2\pi L_2'}=\text{常数}
\end{aligned} \tag{10-3}$$

式中　L_2' 为转子静止时转子一相绕组漏电感系数折合值，漏电抗折合值 $X_2'=2\pi f_1 L_2'$。

最大转矩点的转速降落为

$$\Delta n_{\mathrm{m}}=s_{\mathrm{m}} n_1=\frac{R_2'}{X_2'}\frac{60 f_1}{p}=\frac{R_2'}{2\pi L_2'}\frac{60}{p}=\text{常数} \tag{10-4}$$

从式(10-3)与式(10-4)看出，当改变频率 f_1 时，若保持 $\dfrac{E_1}{f_1}=$ 常数，最大转矩 $T_{\mathrm{m}}=$ 常数，与频率无关，并且最大转矩对应的转速降落相等，也就是不同频率的各条机械特性是平行的，硬度相同。

根据式(10-1)画出保持恒磁通变频调速的机械特性曲线，如图 10.4 所示。这种调速方法与他励直流电动机降低电源电压调速相似，机械特性较硬，在一定的静差率要求下，调速范围宽，而且稳定性好。由于频率可以连续调节，因此变频调速为无级调速，平滑性好。另外，电动机在正常负载运行时，转差率 s 较小，因此转差功率 P_s 较小，效率较高。

恒磁通变频调速是属于什么性质调速方式呢？先分析一下电磁转矩为常数时，转差率 s 与电源频率 f_1 的关系。

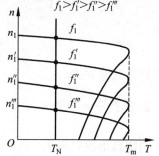

图 10.4　保持 $\dfrac{E_1}{f_1}=$ 常数时变频
调速的机械特性曲线

当 $\dfrac{E_1}{f_1}=$ 常数，变频调速时电动机电磁转矩用式(10-1)表示，若 $T=$ 常数，即

$$T=\frac{m_1 p}{2\pi}\left(\frac{E_1}{f_1}\right)^2 \frac{f_1 \dfrac{R_2'}{s}}{\left(\dfrac{R_2'}{s}\right)^2+(X_2')^2}=\text{常数}$$

则

$$\frac{f_1 \dfrac{R'_2}{s}}{\left(\dfrac{R'_2}{s}\right)^2 + (X'_2)^2} = C$$

式中　C=常数。那么又有

$$f_1 \frac{R'_2}{s} = C\left(\frac{R'_2}{s}\right)^2 + C(X'_2)^2$$

整理得

$$f_1 R'_2 s = C(R'_2)^2 + C(X'_2)^2 s^2$$

$$C(2\pi f_1 L'_2)^2 s^2 - f_1 R'_2 s + C(R'_2)^2 = 0$$

解得

$$s = \frac{f_1 R'_2 + \sqrt{(f_1 R'_2)^2 - 4C(2\pi f_1 L'_2)^2 C(R'_2)^2}}{2C(2\pi f_1 L'_2)^2} = \frac{K}{f_1}$$

式中

$$K = \frac{R'_2 + \sqrt{(R'_2)^2 - 4C^2(2\pi L'_2)^2 (R'_2)^2}}{2C(2\pi L'_2)^2} = 常数$$

上式结果说明，T＝常数，$s \propto \dfrac{1}{f_1}$。这是容易理解的，因为 $s = \dfrac{\Delta n}{n_1}$，而 $n_1 \propto f_1$，又由于各

条机械特性曲线是互相平行的，对同一个 T，Δn 相等，所以 $s \propto \dfrac{1}{f_1}$。

根据 $s = \dfrac{K}{f_1}$ 的结论，$\dfrac{E_1}{f_1} = k$（常数）变频调速中，在 T 不变时，转子电流

$$I'_2 = \frac{E_1}{\sqrt{\left(\dfrac{R'_2}{s}\right)^2 + (X'_2)^2}} = \frac{kf_1}{\sqrt{\left(\dfrac{R'_2 f_1}{K}\right)^2 + (2\pi f_1 L'_2)^2}} = 常数$$

因此

$$T = T_N, \quad I'_2 = I'_{2N}, \quad I_1 = I_{1N}$$

为恒转矩调速方式。

2. 保持 $\dfrac{U_1}{f_1}$ ＝ 常数

当降低电源频率 f_1 时，保持 $\dfrac{U_1}{f_1}$＝常数，则气隙每极磁通 $\Phi_1 \approx$ 常数，这时电动机的电

磁转矩为

$$T = \frac{m_1 p U_1^2 \dfrac{R'_2}{s}}{2\pi f_1 \left[\left(R_1 + \dfrac{R'_2}{s}\right)^2 + (X_1 + X'_2)^2\right]}$$

$$= \frac{m_1 p}{2\pi}\left(\frac{U_1}{f_1}\right)^2 \frac{f_1 \dfrac{R'_2}{s}}{\left(R_1 + \dfrac{R'_2}{s}\right)^2 + (X_1 + X'_2)^2} \tag{10-5}$$

最大转矩为

$$T_{\mathrm{m}} = \frac{1}{2} \frac{m_1 p U_1^2}{2\pi f_1 \left[R_1 + \sqrt{R_1^2 + (X_1 + X_2')^2}\right]}$$

$$= \frac{1}{2} \frac{m_1 p}{2\pi} \left(\frac{U_1}{f_1}\right)^2 \frac{f_1}{R_1 + \sqrt{R_1^2 + (X_1 + X_2')^2}} \tag{10-6}$$

由上式可以看出,保持 $U_1/f_1 =$ 常数,当 f_1 减小时,最大转矩 T_{m} 不等于常数。已知 $X_1 + X_2'$ 与 f_1 成正比变化,R_1 与 f_1 无关。因此,在 f_1 接近额定频率时,$R_1 \ll (X_1 + X_2')$,随着 f_1 的减小,T_{m} 减少得不多,但是,当 f_1 较低时,$X_1 + X_2'$ 比较小,R_1 相对变大了。这样一来,随着 f_1 的降低,T_{m} 减小了。

根据式(10-5),画出保持 $\dfrac{U_1}{f_1} =$ 常数、降低频率调速时的机械特性曲线,如图 10.5 所示。其中虚线部分是恒磁通调速时 $T_{\mathrm{m}} =$ 常数的机械特性曲线,以示比较。显然,保持 $\dfrac{U_1}{f_1} =$ 常数的机械特性和保持 $\dfrac{E_1}{f_1} =$ 常数的机械特性有所不同,特别在低频低速时,前者的机械特性变坏。

保持 $\dfrac{U_1}{f_1} =$ 常数降低频率调速近似为恒转矩调速方式。证明从略。

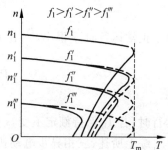

图 10.5 保持 $\dfrac{U_1}{f_1} =$ 常数的变频调速机械特性曲线

10.1.3.2 从基频向上变频调速(弱磁升速)

升高电源电压是不允许的,因此升高频率向上调速时,只能保持电压为 U_{N} 不变,频率越高,磁通 Φ_1 越低,是一种降低磁通升速的方法,类似他励直流电动机弱磁升速情况。

保持 U_{N} 不变升高频率时,电动机电磁转矩为

$$T = \frac{m_1 p U_1^2 \dfrac{R_2'}{s}}{2\pi f_1 \left[\left(R_1 + \dfrac{R_2'}{s}\right)^2 + (X_1 + X_2')^2\right]} \tag{10-7}$$

由于 f_1 较高,R_1 比 X_1,X_2' 及 $\dfrac{R_2'}{s}$ 都小很多,故最大转矩 T_{m} 及 s_{m} 分别为

$$T_{\mathrm{m}} = \frac{1}{2} \frac{m_1 p U_1^2}{2\pi f_1 \left[R_1 + \sqrt{R_1^2 + (X_1 + X_2')^2}\right]}$$

$$\approx \frac{1}{2} \frac{m_1 p U_1^2}{2\pi f_1 (X_1 + X_2')} \propto \frac{1}{f_1^2} \tag{10-8}$$

$$s_{\mathrm{m}} = \frac{R_2'}{\sqrt{R_1^2 + (X_1 + X_2')^2}} \approx \frac{R_2'}{X_1 + X_2'}$$

$$= \frac{R_2'}{2\pi f_1 (L_1 + L_2')} \propto \frac{1}{f_1}$$

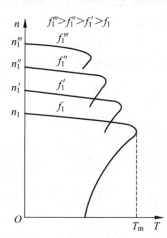

图 10.6 保持 U_{N} 不变升频调速的机械特性曲线

因此,频率升高时,T_m 减小,s_m 也减小,最大转矩对应的转速降落为

$$\Delta n_m = s_m n_1 \approx \frac{R_2'}{2\pi f_1 (L_1 + L_2')} \frac{60 f_1}{p} = 常数 \tag{10-9}$$

根据电磁转矩方程式画出升高电源频率的机械特性曲线,其运行段近似平行,如图 10.6 所示。

升高频率保持 U_N 不变时,近似为恒功率调速方式,证明如下:

$$P_M = T\Omega_1 = \frac{m_1 p U_1^2 \dfrac{R_2'}{s}}{2\pi f_1 \left[\left(R_1 + \dfrac{R_2'}{s} \right)^2 + (X_1 + X_2')^2 \right]} \frac{2\pi f_1}{p}$$

由于正常运行时,s 很小,$\dfrac{R_2'}{s}$ 比 R_1,$(X_1 + X_2')$ 都大得多,因此若忽略 R_1 和 $(X_1 + X_2')$,则

$$P_M \approx \frac{m_1 p U_1^2}{2\pi f_1 \dfrac{R_2'}{s}} \frac{2\pi f_1}{p} = \frac{m_1 U_1^2}{R_2'} s$$

运行时,若 I_1 保持额定不变,s 变化就很小,可近似认为是不变的,则 $P_M \approx$ 常数。

综上所述,三相异步电动机变频调速具有以下几个特点:

(1) 从基频向下调速,为恒转矩调速方式;从基频向上调速,近似为恒功率调速方式;

(2) 调速范围大;

(3) 转速稳定性好;

(4) 运行时 s 小,效率高;

(5) 频率 f_1 可以连续调节,变频调速为无级调速。

异步电动机变频调速具有很好的调速性能,可与直流电动机调速相媲美。

异步电动机变频调速的电源是一种能调压的变频装置,近年来,变频调速已经在很多领域内获得广泛应用,如轧钢机、辊道、纺织机、球磨机、鼓风机及化工企业中的某些设备等。随着生产技术水平不断提高,变频调速必将获得更大的发展。

例题 10-1   一台绕线式三相异步电动机,其额定数据为:$P_N = 75\text{kW}$,$n_N = 720\text{r/min}$,$U_N = 380\text{V}$,$I_N = 148\text{A}$,$\lambda = 2.4$,$E_{2N} = 213\text{V}$,$I_{2N} = 220\text{A}$。拖动恒转矩负载 $T_L = 0.85 T_N$ 时,欲使电动机运行在 $n = 540\text{r/min}$。

(1) 若采用转子回路串入电阻,求每相电阻值;

(2) 若采用降压调速,求电源电压;

(3) 若采用变频调速,保持 $U/f =$ 常数,求频率与电压。

解   (1) 额定转差率

$$s_N = \frac{n_1 - n_N}{n_1} = \frac{750 - 720}{750} = 0.04$$

临界转差率

$$s_m = s_N \left(\lambda + \sqrt{\lambda^2 - 1} \right) = 0.04 \left(2.4 + \sqrt{2.4^2 - 1} \right) = 0.183$$

转子每相电阻值

$$R_2 = \frac{s_N E_{2N}}{\sqrt{3}\,I_{2N}} = \frac{0.04 \times 213}{\sqrt{3} \times 220} = 0.0224\,\Omega$$

$n = 540\mathrm{r/min}$ 时的转差率

$$s' = \frac{n_1 - n}{n_1} = \frac{750 - 540}{750} = 0.28$$

设串电阻后的临界转差率为 s'_m,由

$$T_L = \frac{2\lambda T_N}{\dfrac{s'}{s'_m} + \dfrac{s'_m}{s'}}$$

即

$$\frac{s'}{s'_m} + \frac{s'_m}{s'} = \frac{2\lambda T_N}{T_L}$$

亦即

$$\frac{s'^2_m}{s'} - \frac{2\lambda T_N}{T_L}s'_m + s' = 0$$

解得

$$s'_m = \frac{\dfrac{2\lambda T_N}{T_L} \pm \sqrt{\left(\dfrac{2\lambda T_N}{T_L}\right)^2 - 4\dfrac{1}{s'}s'}}{2\dfrac{1}{s'}}$$

$$= s'\left[\frac{\lambda T_N}{T_L} \pm \sqrt{\left(\frac{\lambda T_N}{T_L}\right)^2 - 1}\right]$$

$$= 0.28\left[\frac{2.4 T_N}{0.85 T_N} \pm \sqrt{\left(\frac{2.4 T_N}{0.85 T_N}\right)^2 - 1}\right]$$

$$= 1.53(0.05\ \text{值不合理,舍去})$$

转子回路每相串入电阻 R_S 值为

$$\frac{R_2 + R_S}{R_2} = \frac{s'_m}{s_m}$$

$$R_S = \left(\frac{s'_m}{s_m} - 1\right)R_2 = \left(\frac{1.53}{0.183} - 1\right) \times 0.0224$$

$$= 0.165\,\Omega$$

(2) 降低电源电压调速时 s_m 不变,$s' > s_m$,因此不能稳定运行,故不能用降压调速。

(3) 变频调速,$U/f =$ 常数,$T_L = 0.85 T_N$ 时,根据

$$T_L = \frac{2\lambda T_N}{\dfrac{s}{s_m} + \dfrac{s_m}{s}}$$

即

$$0.85 T_N = \frac{2 \times 2.4 T_N}{\dfrac{s}{0.183} + \dfrac{0.183}{s}}$$

亦即

$$\frac{s^2}{0.183} - 5.647s + 0.183 = 0$$

可得转差率

$$s = 0.033（另一值舍去）$$

运行时的转速降落

$$\Delta n = sn_1 = 0.033 \times 750 = 25\text{r/min}$$

变频调速后的同步转速

$$n_1' \approx n + \Delta n = 540 + 25 = 565\text{r/min}$$

变频的频率为

$$f' = \frac{n_1'}{n_1} f_{1\text{N}} = \frac{565}{750} \times 50 = 37.67\text{Hz}$$

变频的电压为

$$U' = \frac{f'}{f_{1\text{N}}} U_{\text{N}} = \frac{n_1'}{n_1} U_{\text{N}} = \frac{565}{750} \times 380 = 286.3\text{V}$$

例题 10-1 中推导的绕线式异步电动机转子回路串入电阻后,对应的人为机械特性上 s_m' 的公式为

$$s_m' = s' \left[\frac{\lambda T_{\text{N}}}{T_{\text{L}}} \pm \sqrt{\left(\frac{\lambda T_{\text{N}}}{T_{\text{L}}} \right)^2 - 1} \right]$$

若 $T_{\text{L}} = T_{\text{N}}$ 时,则为

$$s_m' = s' \left[\lambda \pm \sqrt{\lambda^2 - 1} \right]$$

上式可作为一般公式直接使用。

10.1.3.3　变频电源

随着电力电子技术、控制技术的飞速发展,变频电源大都由大功率半导体器件构成。一般采用可关断器件,如目前流行的绝缘门极双极晶体管 IGBT。

目前市场上有各种类型的变频器供不同需求的用户进行选择。风机、泵类属通用生产机械,广泛用于国民经济的各行各业。采用变速运行,在满足使用要求的前提下,可实现高效经济运行,大幅度节约能源。下面仅介绍用于量大面广风机、泵类负载的通用变频器,着重介绍几种变频器主电路的电路拓扑。

图 10.7 所示为低压变频器主电路,它是由整流桥、滤波电容和逆变桥组成的。整流桥为三相不控整流器,将工频 380V 电压整流为直流电压,再经逆变桥进行脉宽调制控制,输出三相可变频率和电压的三相交流电(其电压最高也仅为 380V)加在三相异步电动机定子绕组上。采用最简单的变压变频控制方法,对异步电动机进行调速。直流部分电容的作用,除了滤波外,应能支撑直流电压在运行时保持稳定,提高变频器的运行性能。为此,滤波电容的容量不能太小。这种变频器也称电压型变频器。

图 10.7 主电路工作时,例如上桥臂和下桥臂各有一个晶体管导通,输出电压最高,为直流侧电压,称为输出高电平,当这两只管子关断时,则输出电压为零,称之为低电平,可见,图 10.7 输出电压为两电平的变频器。

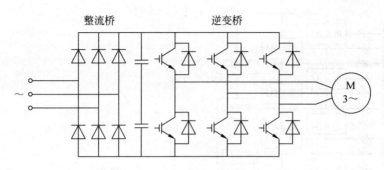

图 10.7 低压变频器

受 IGBT 单管本身耐压的限制,当电源电压升高时,例如为 1140V、3kV,图 10.7 所示电路拓扑,很难适应。可以采用图 10.8 所示二极管嵌位式三电平变频器。

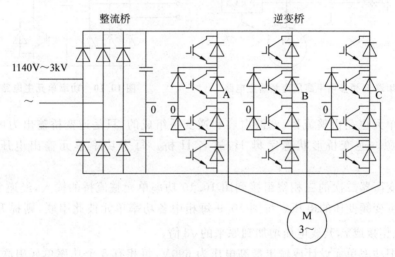

图 10.8 二极管嵌位式三电平变频器

关于图 10.8 三电平变频器的工作原理,这里不详细介绍。仅从桥臂上有两个晶体管串联,就可知提高了耐压等级。所谓三电平指的是变频器输出电压波形,像楼梯一样,多了一台阶,与两电平波形比,接近了正弦波形。也就是说,输出的电压谐波减小了。三电平变频器尚有许多优点,这里不再叙述。

如果供电电压更高,例如为 6kV 或 10kV,采用哪种变频器更好? 如果能用多个低压变频器输出电压彼此串联,得到高压,是较理想的方案。

图 10.9 所示为串联 H 桥多电平高压变频器主电路。

图 10.9 中移相变压器一次绕组是三相高压绕组,采用△接法,可以设计为 6kV 或 10kV。二次绕组根据需要设计成多个彼此独立的三相低压绕组,每个三相绕组为延边三角形连接,实现二次三相绕组输出电压之间的移相功能,减小网侧谐波。变频器每相由许多低压功率单元串联组成。每个功率单元主电路如图 10.10 所示。

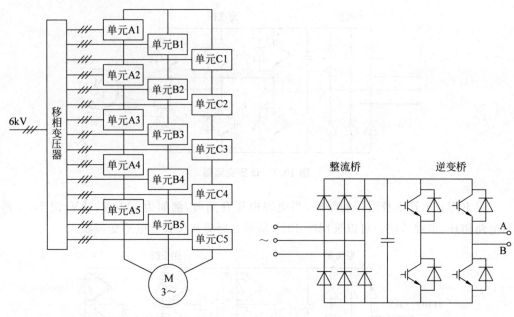

图 10.9 串联 H 桥多电平高压变频器主电路　　　图 10.10 功率单元主电路

　　功率单元也是由整流桥、滤波电容和逆变桥组成的,只是逆变桥输出为可变频变压的单相电源。逆变桥形状像字母 H,故名 H 桥。每个功率单元输出电压大小是一样的。

　　移相变压器二次的三相绕组接到图 10.10 功率单元整流桥的输入,经逆变在 AB 间输出单相可变频变压的电压。将图 10.9 每相中各功率单元彼此串联,则提升了每相电压,再把每相接成丫,其线电压增加到原来的 $\sqrt{3}$ 倍。

　　如果把功率单元设计成输出最高电压为 690V,每相有 5 个功率单元串联,相电压可达 3450V,线电压接近 6kV,可控制额定电压为 6kV 的三相异步电动机。如果要求变频器输出 10kV 的电压,则每相采用 8 个功率单元串联即可。

　　串联 H 桥变频器输出电压为多电平,谐波很小,输出电压更接近正弦形,对电网和电机无影响。

10.1.4　电磁转差离合器

　　电磁转差离合器是一个离合器,但与一般机械离合器的结构、原理以及作用都不同。

　　电磁转差离合器由电枢与磁极两个旋转部分组成。电枢部分与异步电动机连接,是主动部分;磁极部分与机械负载连接,是从动部分。图 10.11 为电磁转差离合器示意图。

　　电磁转差离合器结构有多种形式,但原理是相同的。图 10.11 中电枢部分可以是鼠笼式绕组,也可以是整块铸钢。为整块铸钢时,可以看成是无限多根鼠笼条并联,其中流过的涡流类似于鼠笼导条中的电流。磁极上装有励磁绕组,由直流电流励磁,极数可多可少。

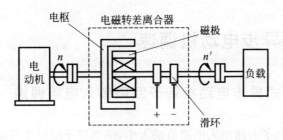

图 10.11 电磁转差离合器示意图

在异步电动机运行时,电枢部分随电机转子同速旋转,转向设为顺时针方向,转速为 n,如图 10.12 所示。若励磁绕组中不加电流,电枢与磁极之间无磁的联系,磁极不转,这时机械负载相当于被"离开"。若励磁电流 $I_f \neq 0$,磁极与电枢之间就有了磁的联系。由于电枢与磁极之间有相对运动,电枢鼠笼导条要感应电动势并产生电流,对着 N 极的导条电流流出纸面,对着 S 极的则流入纸面。于是导条受力为 f,使电枢受到逆时针方向的电磁转矩 T。电枢由异步电动机拖着同速转动,T 就是与异步电动机输出转矩相平衡的阻转矩。磁极则受到与电枢同样大小、相反方向的电磁转矩 T。在它的作用下,磁极部分便顺时针转动,转速为 n',此时机械负载相当于被"合上"。转差离合器的转速 n' 小于电动机转速 n(若 $n'=n$,则 $T=0$),所谓转差离合器的"转差"指的就是这点。

电磁转差离合器原理与异步电动机很相似,机械特性也相似,但理想空载点的转速为电动机转速 n 而不是同步转速 n_1。励磁电流 I_f 越大,磁通增多,改变 I_f 的大小好像改变异步电动机电源电压的大小一样:若转速相同,则 I_f 越大,电磁转矩 T 也越大;若转矩相同,则 I_f 越大,转速越高。电磁转差离合器的机械特性曲线如图 10.13 所示。改变励磁电流 I_f,就可以调节负载的转速。

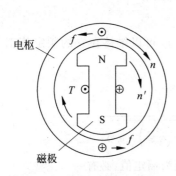

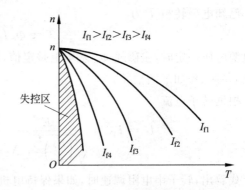

图 10.12 电磁转差离合器的
电磁转矩

图 10.13 电磁转差离合器的机械特性曲线

电磁转差离合器设备简单,控制方便,可平滑调速,这是它的优点。但是,由于其机械特性较软,转速稳定性较差,调速范围较小。低速时,效率也较低。适合于通风机和泵类负载。

电磁转差离合器与异步电动机装成一体,称为滑差电机或电磁调速异步电动机。

10.2　绕线式异步电动机调速

10.2.1　绕线式异步电动机转子回路串入电阻调速

我们知道,改变转子回路串入电阻值的大小,例如转子绕组本身电阻为 R_2 ,分别串入电阻 R_{s1} , R_{s2} , R_{s3} 时,其机械特性曲线如图 10.14 所示。当拖动恒转矩负载,且为额定负载转矩,即 $T_L = T_N$ 时,电动机的转差率由 s_N 分别变为 s_1 , s_2 , s_3 ,见图 10.14。显然,所串入电阻越大,转速越低。

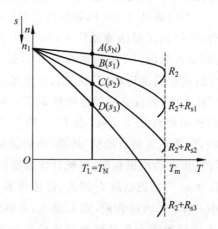

图 10.14　绕线式异步电动机转子串入电阻调速机械特性曲线

已知电磁转矩 T 为

$$T \propto \Phi_m I_2 \cos\varphi_2$$

当电源电压一定时,主磁通 Φ_m 基本上是定值,转子电流 I_2 可以维持在它的额定值工作。至于 $\cos\varphi_2$,作如下的推导。

根据转子电流

$$I_2 = I_{2N} = \frac{E_2}{\sqrt{\left(\dfrac{R_2}{s_N}\right)^2 + X_2^2}} = \frac{E_2}{\sqrt{\left(\dfrac{R_2 + R_s}{s}\right)^2 + X_2^2}}$$

从上式看出,转子串电阻调速时,如果保持电机转子电流为额定值,必有

$$\frac{R_2}{s_N} = \frac{R_2 + R_s}{s} = 常数 \tag{10-10}$$

式中　R_s 为转子回路所串联的电阻。

当电机转子回路串了电阻后,转子回路的功率因数为

$$\cos\varphi_2 = \frac{(R_2 + R_s)/s}{\sqrt{\left(\dfrac{R_2 + R_s}{s}\right)^2 + X_2^2}}$$

考虑式(10-10)后,则

$$\cos\varphi_2 = \frac{(R_2+R_s)/s}{\sqrt{\left(\frac{R_2+R_s}{s}\right)^2+X_2^2}} = \frac{R_2/s_N}{\sqrt{\left(\frac{R_2}{s_N}\right)^2+X_2^2}}$$

$$= \cos\varphi_{2N} = 常数$$

可见,转子回路串电阻是属恒转矩调速方法。

图10.14中,当负载转矩 $T_L=T_N$ 时,根据式(10-10)则有

$$\frac{R_2}{s_N} = \frac{R_2+R_{s1}}{s_1} = \frac{R_2+R_{s2}}{s_2} = \frac{R_2+R_{s3}}{s_3} = \cdots$$

式中 $s_1,s_2,s_3,\cdots$ 分别是转子串入不同的电阻 $R_{s1},R_{s2},R_{s3},\cdots$ 后的转差率。

这种调速方法的调速范围不大,一般为2～3。负载小时,调速范围就更小。

由于转子回路电流很大,使电阻的体积笨重,抽头不易,所以调速的平滑性不好,基本上属有级调速。

从三相异步电动机的功率关系知道,电磁功率 P_M、转子回路总铜损耗 p_{Cu2} 和机械功率 P_m 三者之间的关系为

$$P_M : p_{Cu2} : P_m = 1 : s : (1-s)$$

异步电动机采用降压调速或串电阻调速时,欲扩大调速范围,必须增大转差率 s。这样一来,将使转子回路总铜损耗增大,降低了电机的效率。例如,$s=0.5$ 时,电磁功率中只有一半转换为机械功率输出,其余的一半则损耗在电机转子回路中。转速越低,情况越严重。

这种调速方式多用于断续工作的生产机械上,这类机械在低速运行的时间不长,且要求调速性能不高,如桥式起重机。

例题 10-2 某起重机主钩的原动机是一台绕线式三相异步电动机,额定数据与例题8-3中的电动机相同,采用转子串电阻调速,其调速电阻即启动电阻,数据为例题8-3计算结果。若提升重物时 $T_L=0.75T_N$,试计算可能运行的几种转速的数值。

解 (1)运行在固有机械特性上的最高转速计算。临界转差率

$$s_m = s_N(\lambda+\sqrt{\lambda^2-1}) = 0.027(2.6+\sqrt{2.6^2-1}) = 0.135$$

由

$$0.75T_N = \frac{2T_m}{\frac{s_1}{s_m}+\frac{s_m}{s_1}}$$

将有关参数代入得

$$0.75T_N = \frac{2\times2.6T_N}{\frac{s_1}{0.135}+\frac{0.135}{s_1}}$$

即

$$7.41s_1^2 - 6.93s_1 + 0.135 = 0$$

解得最高转速时的转差率 s_1 为

$$s_1 = 0.02$$

最高转速

$$n_1' = n_1(1 - s_1) = 1500(1 - 0.02) = 1470 \text{r/min}$$

（2）转子回路总电阻 $R_{Z1} = 0.271\Omega$ 时的转速计算。由

$$\frac{s_2}{R_{Z1}} = \frac{s_1}{R_2}$$

得转差率 s_2 为

$$s_2 = \frac{R_{Z1}}{R_2}s_1 = \frac{0.271}{0.106} \times 0.02 = 0.051$$

转速为

$$n_2' = n_1(1 - s_2) = 1500(1 - 0.051) = 1424 \text{r/min}$$

（3）转子回路总电阻 $R_{Z2} = 0.695\Omega$ 时的转速计算。由

$$\frac{s_3}{R_{Z2}} = \frac{s_1}{R_2}$$

得转差率 s_3 为

$$s_3 = \frac{R_{Z2}}{R_2}s_1 = \frac{0.695}{0.106} \times 0.02 = 0.131$$

转速为

$$n_3' = n_1(1 - s_3) = 1500(1 - 0.131) = 1304 \text{r/min}$$

（4）转子回路总电阻为 $R_{Z3} = 1.778\Omega$ 时转速计算。转差率 s_4 为

$$s_4 = \frac{R_{Z3}}{R_2}s_1 = \frac{1.778}{0.106} \times 0.02 = 0.335$$

转速为

$$n_4' = n_1(1 - s_4) = 1500(1 - 0.335) = 998 \text{r/min}$$

10.2.2 双馈电机调速

绕线式异步电动机多用在要求启动转矩大或要求调速的负载场合，例如，用来拖动球磨机、矿井提升机、桥式起重机等。传统的办法是在转子回路中串联电阻。这种调速方法显然是低效率的，且调速性能也不理想。如果采用双馈电机调速，则效果较好。所谓双馈，是指绕线式异步电动机的定、转子三相绕组分别接到两个独立的三相对称电源，其中定子绕组的电源为固定频率的工业电源，而转子电源电压的幅值、频率和相位则需按运行要求分别进行调节。双馈调速法对转子电源频率的要求很严格，即要求在任何情况下都应与转子感应电动势同频率。随着电力电子技术的发展，大功率半导体器件构成的变频器和绕线式异步电动机组成的双馈调速系统，得到了许多人的重视。经过试验研究，已经取得了重要的技术成就。下面讨论这一技术问题。

1. 双馈电机的原理

绕线式异步电动机双馈调速系统不仅能调节电动机的转速，还能改变电动机定子边的功率因数。

当普通异步电动机定子边加额定电压且带上机械负载时，转子有功电流的有效值为

$$I_{2a} = \frac{sE_2}{\sqrt{R_2^2 + X_{2s}^2}} \frac{R_2}{\sqrt{R_2^2 + X_{2s}^2}} = \frac{sR_2E_2}{R_2^2 + X_{2s}^2}$$

式中 E_2 是转子不转一相感应电动势;

R_2, X_{2s} 分别是转子一相的电阻和转差频率时的漏电抗;

s 是转差率。

为了简化分析,暂时忽略转子漏电抗 X_{2s} 的影响。当定子电源电压及负载转矩保持不变的条件下, I_{2a} 应为常数,即

$$I_{2a} \approx \frac{sE_2}{R_2} = 常数$$

现在分析绕线式异步电动机转子回路接有外电源的情况。为了简单,在下面的分析中,凡是转子的各物理量都应理解为已经进行过折合,不再用带撇的符号表示。定、转子电压、电动势和电流的正方向如图 10.15 所示,其中 U_2 是转子外接三相对称电源相电压的有效值。下面分几种情况讨论。

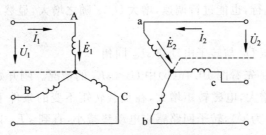

图 10.15　定、转子各量的正方向

(1) 转子外接电压 $\dot{U}_2$ 与转子电动势 $s\dot{E}_2$ 反相

这种情况的相量图如图 10.16(a)所示。一开始,由于转子回路合成电动势的减小,使电流 I_{2a} 减小,于是电磁转矩随之减小,因负载转矩不变,转子便减速。随着转速的降低,转子回路感应电动势增大,当转差率增大到 s' 时,转子感应电动势为 $s'E_2$。直到 $s'E_2 + U_2$ 等于原来的 sE_2,就能保持电子电流 I_{2a} 不变。电磁转矩与负载转矩达到新的平衡,电机在新的转差率 s' 下运行,即 $s' > s$,转速降低。注意,这里的转差率 s 不再是电动机实际运行的转差率,它的含义是在同样负载转矩下,转子回路未接电压 $\dot{U}_2$ 时的转差率,是个固定的数值。

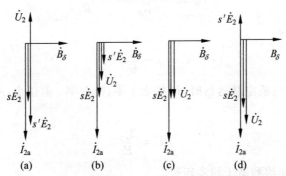

图 10.16　绕线式异步电动机转子接转差频率电压调速

这种情况下转子电流为

$$I_{2a} = \frac{s'\dot{E}_2 + \dot{U}_2}{R_2} = \frac{s\dot{E}_2}{R_2}$$

或

$$I_{2a} = \frac{s'E_2 - U_2}{R_2} = \frac{sE_2}{R_2}$$

所以电机实际运行的转差率为

$$s' = s + \frac{U_2}{E_2}$$

由上式看出,当电机空载运行时,I_{2a}接近于零,转差率s值很小,这时电机的空载转差率为

$$s_0' \approx \frac{U_2}{E_2}$$

可见,即使电机空载运行,也能进行调速,增大U_2,s'随之增大,显然,可以有s'等于1或大于1的运行情况。

(2) 转子外接电压$\dot{U}_2$与转子电动势$s\dot{E}_2$同相

分几种情况讨论。先看图10.16(b)中$U_2 < sE_2$的情况。刚开始时,由于转子回路合成电动势增大,使$\dot{I}_{2a}$增大,电磁转矩增大,在负载转矩不变的条件下,转子加速。随着转速的增加(转差率减小为s'),转子回路感应电动势减小,直到$s'E_2 + U_2$等于原来的sE_2,才能保持$\dot{I}_{2a}$不变,电磁转矩与负载转矩达到新的平衡,电机在新的转差率s'下运行。这时,$s' < s$,即电机的转速升高。

当$U_2 = sE_2$时,仅由$\dot{U}_2$的作用就能产生$\dot{I}_{2a}$,电机的转速达同步速,$s'E_2$为零,见图10.16(c)。

显然,当$U_2 > sE_2$时,在负载转矩不变的条件下,电机的转速可以超过同步速,转差率$s' < 0$,如图10.16(d)所示。这种情况下,转子电流为

$$\dot{I}_{2a} = \frac{s'\dot{E}_2 + \dot{U}_2}{R_2} = \frac{s\dot{E}_2}{R_2}$$

或

$$I_{2a} = \frac{s'E_2 + U_2}{R_2} = \frac{sE_2}{R_2}$$

电机的实际转差率为

$$s' = s - \frac{U_2}{E_2}$$

由上式看出,当电机空载运行时,I_{2a}接近于零,转差率s值很小,此时电机的空载转差率为

$$s_0' \approx \frac{U_2}{E_2}$$

同样能把电机的转速调到高于同步转速。

（3）转子外接电压 $\dot{U}_2$ 与转子电动势 $s\dot{E}_2$ 相位差 $90°$

分析时仍假设负载转矩不变，即 $s\dot{E}_2$ 不变。图 10.17(a) 所示为 $\dot{U}_2$ 领先 $s\dot{E}_2$ $90°$ 的情况。这种情况转子回路的合成电动势 $\sum\dot{E}_2$ 与产生的转子电流 $\dot{I}_2$ 同相（仅考虑 R_2 的作用），其中有功电流为 $\dot{I}_{2a}$，无功电流为 $\dot{I}_{2r}$。由于无功电流 $\dot{I}_{2r}$ 与气隙磁密 $\dot{B}_\delta$ 同相，起了励磁电流的作用。已知电机定子电流为

$$\dot{I}_1 = \dot{I}_0 + (-\dot{I}_2)$$

式中　$\dot{I}_0$ 为定子励磁电流。

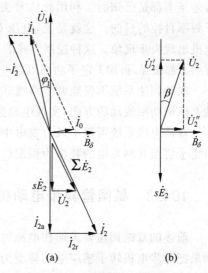

为了简单，忽略定子边漏阻抗压降，将定子端电压 $\dot{U}_1$、电流 $\dot{I}_1$ 都画在图 10.17(a) 中。可见，定子边的功率因数 $\cos\varphi_1$ 得到改善。

如果令 $\dot{U}_2$ 滞后 $s\dot{E}_2$ $90°$ 时，读者可自己分析，这时，使定子边功率因数 $\cos\varphi_1$ 减小。这种情况是不可取的。

图 10.17　$\dot{U}_2$ 对 $\cos\varphi_1$ 的影响

如果 $\dot{U}_2$ 与 $s\dot{E}_2$ 的相位差为某一角度时，如图 10.17(b) 所示，可以将 $\dot{U}_2$ 分成 $\dot{U}_2'$ 和 $\dot{U}_2''$ 两个分量，分别按上述的方法进行分析。图 10.17(b) 所示的情况是电机运行于次同步速，既能调速，又能提高定子功率因数。

在调速范围较大时，不能忽略转子漏阻抗的影响，因为它对转子电流 $\dot{I}_2$ 的大小及相位都有影响。

2. 异步电动机双馈调速系统的组成

如前所述，双馈电机转子回路要求能提供可控幅值、频率及相位的电源。实现的办法是采用交直交变频器或交交变频器，如图 10.18 所示，其中图(a)是由交直交变频器供电，图(b)是由交交变频器供电。

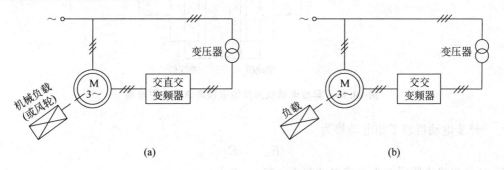

图 10.18　异步电动机双馈调速系统

由于异步电动机转子感应电动势的频率是随转速的变化而变化的，因此，要求在任何转速下，变频器输出的电压 $\dot{U}_2$ 应与转子感应电动势同频率。

在绕线式异步电动机的转轴上装上转子频率检测器,无论电机运行在什么转速下,其转差频率都是已知的。利用此信号去自动控制变频器输出电压 $\dot{U}_2$ 的频率,即可达到转子频率自控的目的。这就是说,电压 $\dot{U}_2$ 的频率能自动跟踪转子感应电动势的频率,避免电机出现失步现象。这种控制方式的异步电动机可以拖动冲击性负载,其过载倍数及抗干扰能力都很强,再加上定子功率因数可调,因而已用于某些调速场合,例如,用于轧钢机中。

双馈调速系统不仅能调节绕线式异步电机的转速和定子边的功率因数,还能根据转轴上机械功率流动的方向,实现电动运行或能量回馈运行,即发电状态运行。

双馈电机系统可用于风力发电中,实现风力机械(风轮)转速随风力大小而变化,但电机定子绕组并网发电的频率为恒定(50 Hz),即变速恒频发电。

10.2.3　晶闸管异步电动机串级调速

前述的双馈调速要求加在电机转子绕组的电压频率与转子绕组感应电动势同频率。如果把异步电机转子感应电动势变为直流电动势,同时把转子外加电压也变为直流量(即频率都为零),也能满足同频率的要求,这就是串级调速的基本思路。

图 10.19 所示是异步电动机内反馈串级调速系统主电路。电动机转子绕组接到整流桥输入侧,由晶闸管组成的有源逆变桥输出接到绕线式异步电动机定子里的反馈绕组(电动机定子里有两套独立的三相绕组)。运行时,整流桥把异步电动机转子的转差电动势、电流变成直流,逆变器的作用是给电机转子回路提供直流电动势,同时给转子电流提供通路,并把转差功率 sP_M(扣除转子绕组铜损耗)通过电动机的反馈绕组反送回交流电源。

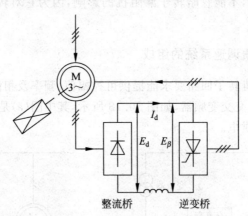

图 10.19　异步电动机内反馈串级调速系统主电路

异步电动机转子相电动势为

$$E_{2s} = sE_2$$

E_{2s} 经三相整流器后变为直流电动势 E_d,有

$$E_d = k_1 E_{2s} = k_1 s E_2$$

式中　k_1 为整流系数。

逆变器直流侧直流电动势为

$$E_\beta = k_2 U_2 \cos\beta$$

式中　k_2 为逆变器的系数；

　　　U_2 为变压器二次绕组相电压；

　　　β 为逆变角。

于是直流回路电流(见图 10.19)为

$$I_\mathrm{d} = \frac{E_\mathrm{d} - E_\beta}{R}$$

式中　R 为直流回路等效电阻。

上式可写为

$$E_\mathrm{d} = E_\beta + I_\mathrm{d}R$$

因 R 较小,可忽略不计,上式变为

$$E_\mathrm{d} = E_\beta = k_1 s E_2 = k_2 U_2 \cos\beta$$

当整流器、逆变器都为三相桥式电路时,$k_1 = k_2$,得转差率为

$$s = \frac{U_2}{E_2}\cos\beta$$

从上式看出,改变逆变角 β 的大小,就能改变电动机的转差率 s。β 角增大,s 减小,它们之间的关系符合余弦规律。

这种调速方法适合于高电压、大容量绕线式异步电动机拖动风机、泵类负载等对调速要求不高的场合。

异步电动机运行时输入的有功功率为 P_1,减去定子铜损耗 p_Cu1 和铁损耗 p_Fe 后,为电磁功率 P_M。P_M 中,一部分转换为机械功率 $P_\mathrm{m} = (1-s)P_\mathrm{M}$;一部分为转差功率 $P_\mathrm{s} = sP_\mathrm{M}$。转差功率 P_s 中,一部分消耗在转子电阻中,即 p_Cu2;另一部分功率为 $(P_\mathrm{s} - p_\mathrm{Cu2})$ 送入整流器。再减去整流器、逆变器、电抗器及变压器的损耗 p_B,就是回馈给交流电网的功率 P_B,即 $P_\mathrm{B} = P_\mathrm{s} - p_\mathrm{Cu2} - p_\mathrm{B}$。

实际上,电网送给异步电动机的功率为 P,$P = P_1 - P_\mathrm{B}$;电动机输出的功率为 P_2,$P_2 = P_\mathrm{m} - p_\mathrm{m} - p_\mathrm{a}$,其中 p_a 为附加损耗。

总效率为

$$\eta = \frac{P_2}{P} \times 100\%$$

图 10.20 所示是串级调速的功率流程图。电动机在低速运行时,转差功率 P_s 较大,采用串级调速,能把其中大部分功率回馈给电源,因此,总效率较高。

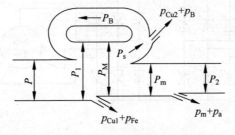

图 10.20　串级调速功率流程图

10.3 同步电动机调速

由同步电动机、变频器、磁极位置检测器以及控制器组成的调速系统,称为自控式同步电动机调速系统,如图 10.21 所示,图中 MS 是同步电动机,PS 是磁极位置检测器。

改变同步电动机电枢电压即可调节其转速,并具有类似于直流电机的调速特性,但不需要直流机那样的机械式换向器,所以亦称无换向器电机或无刷直流电机调速系统。

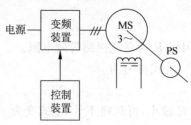

图 10.21 自控式同步电动机调速系统

自控式同步电动机调速系统可以用于拖动轧钢机、造纸机以及数控机床用伺服电机等要求高精度、高性能的场合,也可用于拖动风机、泵类负载等只要求调速节能而对特性要求不高的场合。有些大容量同步电动机,为了能平稳地启动,在启动过程中,改接成自控式同步电动机运行,待启动完毕,再把同步电动机直接并网运行。小型无刷直流电机可用于电动汽车和电动自行车。显然,针对不同的使用场合,应采取不同的控制方法。

根据所用变频器结构的不同,自控式同步电动机主要有交直交电流型自控式同步电动机、交直交电压型自控式同步电动机、交交电压型自控式同步电动机三种基本类型。

10.3.1 交直交电流型自控式同步电动机

图 10.22 所示为交直交电流型自控式同步电动机的原理图。变频器主电路是由整流桥、逆变桥及平波电感 L_d 组成的,使用的电力半导体器件均为晶闸管。整流桥的作用是把 50Hz 的市电整流为可控的直流电,然后再由逆变器转变为频率可调的交流电,供给同步电动机电枢绕组,以实现变频调速。通常把这种系统称为电流型自控式同步电动机。它有如下的特点:①逆变桥采用反电动势换流,结构简单,使用的晶闸管较少,控制方便,能适应恶劣环境运行,以及大容量、高电压和高转速调速系统;②实现无级调速,调速范围为 10,并能四象限运行;③因低速采用断续换流,低速运行性能不好,但能实现恒流启动,启动方便,运行平稳。其缺点是过载倍数较小。

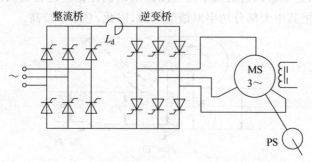

图 10.22 交直交电流型自控式同步电动机原理图

交直交电流型自控式同步电动机,除了作为一般的调速系统使用外,还有一个很重要的使用场合,就是用来启动大容量、高电压的同步电动机。

10.3.2　交直交电压型自控式同步电动机

图 10.23 所示为交直交电压型自控式同步电动机的原理图。图中 MS 为永磁同步电动机。主电路由三相不控整流桥、滤波电感及电容以及大功率晶体管逆变器组成。整流桥的作用是把 50 Hz 的市电转换为恒定的直流电压,经滤波后加在晶体管逆变器上。采用脉宽调制的方法,使逆变器产生幅值可调、波形接近正弦或方波的电压,然后加在永磁同步电动机的电枢绕组上进行调速。至于逆变器输出的频率,仍为自控式。

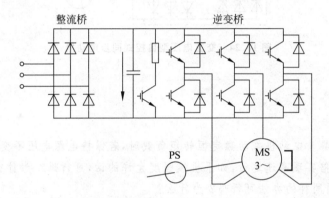

图 10.23　交直交电压型自控式同步电动机(无刷直流电机)原理图

这种电机有以下的特点:①逆变桥采用自关断器件,结构更为简单,控制灵活;②调速范围宽,可达到 3000 或更高;③永磁同步电机转子无损耗,不发热,除自身的效率较高外,对负载无热传导的影响。这种电机适合于高性能的伺服拖动系统,例如,用于高档数控机床的进给拖动系统,也可用于家用电器中,一般称为无刷直流电机。

10.3.3　交交电压型自控式同步电动机

图 10.24 所示为交交电压型自控式同步电动机。主电路由三个两组反并联连接的变流器组成,即循环变流器,可提供三相正弦形电压。这种变频器输出的频率在 $(1/3 \sim 1/2)$ 电源频率以下。这种结构的电机有如下的特点:①循环变流器结构复杂,控制也很复杂;②电机只能在 $(1/3 \sim 1/2)$ 同步转速下调速;③电动机的过载倍数大;④变流器产生的谐波大。目前多用于钢厂初轧或连轧机上,功率可达数千千瓦。

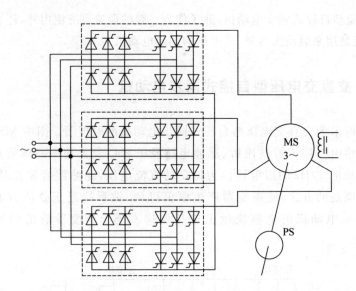

图 10.24　交交电压型自控式同步电动机

10.1　三相异步电动机拖动额定恒转矩负载时,若保持电源电压不变,将频率升高到额定频率的 1.5 倍实现高速运行,如果机械强度允许的话,可行吗? 为什么? 若拖动额定恒功率负载,采用同样的办法可行吗? 为什么?

10.2　填空。

(1) 拖动恒转矩负载的三相异步电动机,采用保持 E_1/f_1＝常数控制方式时,降低频率后电动机过载倍数_____,电动机电流_____,电动机 Δn_____。

(2) 一台空载运行的三相异步电动机,当略微降低电源频率而保持电源电压大小不变时,电动机的励磁电流_____,电动机转速_____。

(3) 变频调速的异步电动机,在基频以上调速,应使 U_1 _____,近似属于_____调速方式。

(4) 拖动恒转矩负载的三相异步电动机保持 $\dfrac{E_1}{f_1}$＝常数,当 f_1＝50Hz,n＝2900r/min,若频率降低到 f_1＝40Hz,电动机的转速则为_____ r/min。

10.3　绕线式三相异步电动机转子回路串入电抗器能否起调速的作用? 为什么不采用串入电抗器的调速方法?

10.4　定性分析绕线式异步电动机转子回路突然串入电阻后降速的电磁过程,假设拖动的负载是恒转矩负载。

10.5　绕线式三相异步电动机拖动恒转矩负载运行,当转子回路串入不同电阻时,电动机转速不同,转子的功率因数及电流是否变化? 定子边的电流及功率因数是否变化?

10.6　选择正确答案。

(1) 三相绕线式异步电动机拖动恒转矩负载运行时,若转子回路串入电阻调速,那么运行在不同的转速上,电动机的 $\cos\varphi_2$ 是_____。

　　A. 转速越低,$\cos\varphi_2$ 越高

　　B. 基本不变

　　C. 转速越低,$\cos\varphi_2$ 越低

(2) 绕线式三相异步电动机,拖动恒转矩负载运行,若采取转子回路串入对称电抗器方法进行调速,那么与转子回路串入电阻调速相比,串入电抗器后,则_____。

　　A. 不能调速

　　B. 有完全相同的调速效果

　　C. 串入电抗器,电动机转速升高

　　D. 串入电抗器,转速降低,但同时功率因数也降低

10.7　图 10.25 为电机型串级调速系统示意图,他励直流电动机 M 产生直流电动势串入绕线式异步电动机 M 转子回路中,交流电机 G 与 M 同轴。试分析该调速系统的功率流程图。

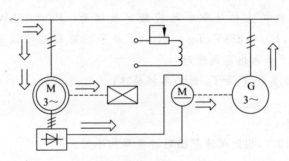

图 10.25　电机型串级调速系统

10.8　填空。

(1) 一台三相绕线式异步电动机拖动恒转矩负载运行,增大转子回路串入的电阻,电动机的转速_____,过载倍数_____,电流_____。

(2) 三相绕线式异步电动机带恒转矩负载运行,电磁功率 $P_M = 10\text{kW}$,当转子串入电阻调速运行在转差率 $s = 0.4$ 时,电机转子回路总铜耗 $p_{Cu2} = \underline{\quad\quad}$ kW,机械功率 $P_m = \underline{\quad\quad}$ kW。

(3) 一台定子绕组为丫接法的三相鼠笼式异步电动机,如果把如图 10.3(a) 连接的定子每相绕组中的半相绕组反向,见图 10.2(a),通入三相对称电流,则电动机的极数_____,同步转速_____。

(4) 晶闸管串级调速的异步电动机,其转子回路中转差功率的主要部分通过_____和_____以及_____装置,回馈到_____。理想空载转速比同步转速_____。

 题

10.1　一台鼠笼式三相异步电动机 $P_N = 75\mathrm{kW}, U_N = 380\mathrm{V}, n_N = 980\mathrm{r/min}, \lambda = 2.15$。采用变频调速时,若调速范围 $D = 1.44$ 计算:

(1) 最大静差率;

(2) f_1 分别为 $40\mathrm{Hz}$ 和 $30\mathrm{Hz}$,且 $T_L = T_N$ 时的电动机转速。

10.2　一台绕线式三相异步电动机拖动一台桥式起重机的主钩,其额定数据为: $P_N = 60\mathrm{kW}, n_N = 577\mathrm{r/min}, I_N = 133\mathrm{A}, I_{2N} = 160\mathrm{A}, E_{2N} = 253\mathrm{V}, \lambda = 2.9, \cos\varphi_N = 0.77, \eta_N = 0.89$。

(1) 设电动机转子转动 35.4 转时,主钩上升 1m,如要求带额定负载时,重物以 $8\mathrm{m/min}$ 的速度上升,求电动机转子电路每相串入的电阻值;

(2) 为消除启动时起重机各机构齿轮间的间隙所引起的机械冲击,转子电路备有预备级电阻。设计时如要求转子串接预备级电阻后,电动机启动转矩为额定转矩的 40%,求预备级电阻值。

10.3　一台绕线式三相异步电动机额定数据为: $P_N = 75\mathrm{kW}, U_N = 380\mathrm{V}, n_N = 976\ \mathrm{r/min}, \lambda = 2.05, E_{2N} = 238\mathrm{V}, I_{2N} = 210\mathrm{A}$。转子回路每相可以串入电阻为 0.05Ω, 0.1Ω 和 0.2Ω,求转子串入电阻调速时:

(1) 拖动恒转矩负载 $T_L = T_N$ 时的各挡转速;

(2) 调速范围;

(3) 最大静差率;

(4) 对比习题 10.1,相同调速范围时静差率的不同。

CHAPTER 11

第 11 章

电动机的选择

11.1 电动机的发热与温升

11.1.1 电动机的发热

电动机负载运行时,电机内的功率损耗最终都将变成热能,这就会使电动机温度升高,超过周围环境温度。电动机温度比环境温度高出的值称为温升。一旦有了温升,电动机就要向周围散热,温升越高、散热越快。当电动机单位时间发出的热量等于散出的热量时,电动机温度不再增加,而保持在一个稳定不变的温升,即处于发热与散热平衡的状态。

以上简单说明了温度升高的原因,下面分析一下发热的过渡过程。分析热过渡过程有以下假设:

(1) 电动机长期运行,负载不变,总损耗不变;

(2) 电动机本身各部分温度均匀;

(3) 周围环境温度不变。

电动机单位时间产生的热量为 Q,则 dt 时间内产生的热量则为 $Q dt$。

电动机单位时间散出的热量为 $A\tau$(其中 A 为散热系数,它表示温升为 1°C 时,每秒钟的散热量;τ 为温升),则 dt 时间内散出的热量为 $A\tau dt$。

在温度升高的整个过渡过程中,电动机温度在升高,因此本身吸收了一部分热量。电动机的热容量为 C,dt 时间内的温升为 $d\tau$,则 dt 时间内电动机本身吸收的热量为 $C d\tau$。

dt 时间内,电动机的发热等于本身吸热与向外散热之和,即

$$Q dt = C d\tau + A\tau dt \tag{11-1}$$

这就是热平衡方程式。整理后为

$$\frac{C}{A} \frac{d\tau}{dt} + \tau = \frac{Q}{A}$$

$$T_\theta \frac{d\tau}{dt} + \tau = \tau_L \tag{11-2}$$

这是一个非齐次常系数一阶微分方程式。当初始条件为 $t=0, \tau=\tau_{F0}$ 时,特解为

$$\tau = \tau_L + (\tau_{F0} - \tau_L) e^{-\frac{t}{T_\theta}} \tag{11-3}$$

式中 $T_\theta = \dfrac{C}{A}$，为发热时间常数，表征热惯性的大小；

$\tau_L = \dfrac{Q}{A}$，为稳态温升；

τ_{F0} 为起始温升。

式(11-3)表明，热过渡过程中温升包括两个分量：一个是强制分量 τ_L，它是过渡过程结束时的稳态值；另一个是自由分量 $(\tau_{F0} - \tau_L)e^{-\frac{t}{T_\theta}}$，它按指数规律衰减至零。时间常数为 T_θ，其数量对小电机约为十几分钟到几十分钟，容量电机的 T_θ 则很大。热容量越大，热惯性越大，时间常数也越大；散热越快，达到热平衡状态就越快，时间常数 T_θ 则越小。

式(11-3)表示的发热过程，如图 11.1 所示。较长时间没有运行的电动机重新负载运行时，$\tau_{F0} = 0$；运行一段后温度还没有完全降下来的电动机再运行时，或者运行着的电动机负载增加时，$\tau_{F0} \neq 0$，为某一具体数值。

一台负载运行的电动机，在温升稳定之后，如果减少它的负载，电机损耗 $\sum p$ 及单位时间发热量 Q 都将随之减少。这样一来，本来的热平衡状态被破坏，变成发热少于散热，电动机温度就要下降，即温升降低。降温的过程中，随着温升减小，单位时间散热量 $A\tau$ 也减少。当重新达到 $Q = A\tau$ 即发热等于散热时，电动机不再继续降温，而稳定在新的温升上。温升下降的过程称为冷却过程。

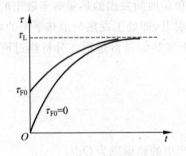

图 11.1　电动机发热过程的温升曲线

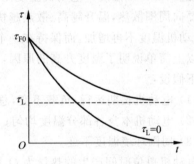

图 11.2　电动机冷却过程的温升曲线

冷却过程的微分方程式及它的解都与发热过程的一样，即为式(11-1)、式(11-2)及式(11-3)。至于初始值 τ_{F0} 和稳态值 τ_L，要由冷却过程的具体条件来确定。譬如上面的冷却过程，减少负载之前的稳定温升为 τ_{F0}，而重新稳定后的温升 $\dfrac{Q}{A}$ 为 τ_L，由于 Q 已减少，因此 $\tau_{F0} > \tau_L$。

电动机冷却过程的温升曲线如图 11.2 所示。当负载减小到某一值时，$\tau_L \neq 0$，大小为 $\tau_L = \dfrac{Q}{A}$；若负载全部去掉，且电动机脱离电源后，其 $\tau_L = 0$。时间常数 T_θ 与发热时的相同。

从上面对电动机发热和冷却过程的分析看出，电动机温升 $\tau = f(t)$ 曲线的确定，依赖于起始值、稳态值和时间常数三个要素。本节分析热过渡过程，主要目的不在于定量计算，而在于定性了解，为进一步正确理解和选择电动机额定功率打下理论基础。

11.1.2　电动机的允许温升

电动机负载运行时,从尽量发挥它的作用出发,所带负载输出功率越大越好(若不考虑机械强度)。但是输出功率越大、损耗 Δp 越大,温升越高。电动机内耐温最薄弱的是绝缘材料。绝缘材料耐温有个限度,在这个限度之内,绝缘材料的物理、化学、机械、电气等方面性能比较稳定,其工作寿命一般约为 20 年。超过了这个限度,绝缘材料的寿命就急剧缩短,甚至会很快烧毁。这个温度限度,称为绝缘材料的允许温度。绝缘材料的允许温度,就是电动机的允许温度;绝缘材料的寿命,一般也就是电动机的寿命。

环境温度随时间、地点而异,设计电机时规定取 40℃ 为我国的标准环境温度。因此,绝缘材料或电动机的允许温度减去 40℃ 即为允许温升,用 τ_{max} 表示,单位为 K。

不同绝缘材料的允许温度不一样,按照允许温度的高低,电机常用的绝缘材料分为A,E,B,F,H 五种。按环境温度为 40℃ 计算,这五种绝缘材料及其允许温度和允许温升如表 11.1 所示。

表 11.1　绝缘材料的允许温度和允许温升

等级	绝 缘 材 料	允许温度/℃	允许温升/K
A	经过浸渍处理的棉、丝、纸板、木材等,普通绝缘漆	105	65
E	环氧树脂、聚酯薄膜、青壳纸、三醋酸纤维薄膜、高强度绝缘漆	120	80
B	用提高了耐热性能的有机漆作黏合剂的云母、石棉和玻璃纤维组合物	130	90
F	用耐热优良的环氧树脂黏合或浸渍的云母、石棉和玻璃纤维组合物	155	115
H	用有机硅树脂黏合或浸渍的云母、石棉和玻璃纤维组合物,有机硅橡胶	180	140

11.2　电动机的额定功率

11.2.1　电动机的工作方式

为了使用方便,我国把电动机分成三种工作方式或工作制。

(1) 连续工作方式

连续工作方式是指电动机工作时间 $t_r > (3 \sim 4)T_\theta$,温升可以达到稳态值 τ_L,也称为长期工作制。电动机铭牌上对工作方式没有特别标注的电动机都属于连续工作方式。通风机、水泵、纺织机、造纸机等很多连续工作方式的生产机械,都应使用连续工作方式电动机。

（2）短时工作方式

短时工作方式是指电动机的工作时间 $t_r<(3\sim4)T_\theta$，而停歇时间 $t_0>(3\sim4)T_\theta$，这样工作时温升达不到 τ_L，而停歇后温升降为零。短时工作的水闸闸门启闭机等应该使用短时工作方式电动机。我国短时工作方式的标准工作时间有 15min、30min、60min、90min 四种。

（3）周期性断续工作方式

周期性断续工作方式指电动机工作与停歇交替进行，时间都比较短，即 $t_r<(3\sim4)T_\theta$，$t_0<(3\sim4)T_\theta$。工作时温升达不到稳态值，停歇时温升降不到零。按国家标准规定每个工作与停歇的周期 $t_t=t_r+t_0\leqslant10min$。周期性断续工作方式又称作重复短时工作制。

每个周期内工作时间占的百分数叫作负载持续率（又称暂载率），用 FS% 表示，为

$$\mathrm{FS}\% = \frac{t_r}{t_r + t_0} \times 100\%$$

我国规定的标准负载持续率有 15%、25%、40%、60% 四种。

周期性断续工作方式的电动机频繁启、制动，其过载倍数强、GD^2 值小、机械强度好。

起重机械、电梯、自动机床等具有周期性断续工作方式的生产机械应使用周期性断续工作方式电动机。但许多生产机械周期断续工作的周期并不很严格，这时负载持续率只具有统计性质。

11.2.2　连续工作方式下电动机的额定功率

连续工作方式下，电动机输出功率以后，电动机温升达到一个与负载大小相对应的稳态值，如图 11.3 所示。图中纵坐标有两个量，一个是输出的功率、一个是温升；横坐标是时间。该图表示当电动机输出功率是一个长期内大小恒定不变的 P 时，则电动机温升必然达到由 P 决定的稳态值 τ_L。若 P 的大小不同，则 τ_L 也随之变化。

从出力和寿命综合考虑，要最充分使用电动机，就要使其长期负载运行时达到的稳态温升等于允许温升，因此，就取使稳态温升 τ_L 等于（或接近于）允许温升 τ_{max} 时的输出功率 P 作为电动机的额定功率。

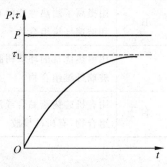

图 11.3　连续工作方式电动机的负载与温升

下面推导连续工作方式下，电动机额定负载运行时，额定功率与温升的关系。

额定负载时，电动机温升的稳态值为

$$\tau_L = \frac{Q_N}{A} = \frac{0.24\sum p_N}{A} \tag{11-4}$$

又知

$$\sum p_N = P_{1N} - P_N = \frac{P_N}{\eta_N} - P_N = \left(\frac{1-\eta_N}{\eta_N}\right)P_N$$

代入上式，得

$$\tau_L = \frac{0.24}{A}\left(\frac{1-\eta_N}{\eta_N}\right)P_N$$

额定负载运行时，τ_L 应为电动机的允许温升 τ_{max}，因此上式整理后变为

$$P_N = \frac{A\eta_N\tau_{max}}{0.24(1-\eta_N)} \tag{11-5}$$

上式说明，当 A 与 η_N 均为常数时，电动机额定功率 P_N 与允许温升 τ_{max} 成正比关系，绝缘材料的等级越高，电动机额定功率越大。该式还表明，一台电动机允许温升不变时，若设法提高效率、提高散热能力，都可以增大它的额定功率。

11.2.3　短时工作方式下电动机的额定功率

短时工作方式下，电动机每次负载运行时，其温升都达不到稳态值 τ_L，而停下来后，温升却都下降到零。负载运行时，电动机的温升与输出功率之间的关系如图 11.4 所示。从该图中看出，在工作时间 t_r 内，电动机实际达到的最高温升 τ_m 低于稳态温升 τ_L。

短时工作方式的电动机，由于 $\tau_m < \tau_L$，其额定功率的大小当然要依据实际达到的最高温升 τ_m 来确定，即在规定的工作时间内，电动机负载运行达到的实际最高温升恰好等于（或接近于）允许温升 $\tau_m = \tau_{max}$ 时，电动机的输出功率则定为额定功率 P_N。

短时工作方式电动机的额定功率 P_N 是与规定的工作时间 t_r 相对应的，这一点需要注意，与连续工作方式的情况不完全一样。这是因为，若电动机输出同样大小的功率，工作时间短的，实际达到的最高温升 τ_m 低；工作时间长的，τ_m 则高。因此，只有在规定的工作时间内，输出额定功率时，其 τ_m 才正好等于允许温升 τ_{max}。

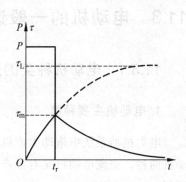

图 11.4　短时工作方式电动机的负载与温升

11.2.4　周期性断续工作方式下电动机的额定功率

周期性断续工作方式的电动机，负载时温度升高，但还达不到稳态温升；停歇时，温度下降，但也降不到环境的温度。那么每经一个周期，电动机的温升都升一次降一次。经过足够的周期以后，当每周期时间内的发热量等于散热量时，温升就将在一个稳定的小范围内波动，如图 11.5 所示。电动机实际达到的最高温升为 τ_m。当 τ_m 等于（或接近于）电动机允许温升 τ_{max} 时，相应的输出功率则规定为电动机的额定功率。

显然，与短时工作方式的情况相似，周期性断续工作方式下电动机额定功率是对应于某一负载持续率 FS% 的。因为电机在同一个输出功率情况下，负载持续率大的，τ_m 高；负载持续率小的，τ_m 低；只有在规定的负载持续率上，τ_m 才恰好等于电动机的允许温升 τ_{max}。

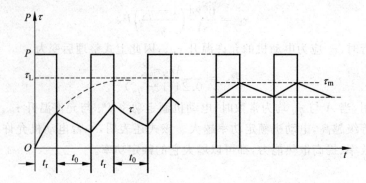

图 11.5　周期性断续工作方式电动机的负载与温升

同一台电动机,负载持续率不同时,其额定功率大小也不同。只是在各自的负载持续率上,输出各自不同的额定功率,其最后达到的温升都等于电动机的允许温升。FS%值大的,额定功率小; FS%值小的,额定功率大。

11.3　电动机的一般选择

11.3.1　电动机种类的选择

1. 电动机主要种类

电力拖动系统中拖动生产机械运行的原动机即驱动电机,包括直流电动机和交流电动机两种。交流电动机又有异步电动机和同步电动机两种。电动机主要种类如表 11.2 所列。

表 11.2　电动机主要种类

直流 电动机			他励直流电动机
			并励直流电动机
			串励直流电动机
			复励直流电动机
交　流 电动机	异步电动机	三相异步 电动机	鼠笼式	普通鼠笼式
				高启动转矩式(包括高转差率式、深槽式、双鼠笼式)
				多速电动机
			绕线式
		单相异步电动机	
	同步电动机	凸极式	
		隐极式	
		永磁式同步电动机	

各种电动机具有的特点包括性能方面、所需电源、维修方便与否、价格高低等各项,这是选择电动机种类的基本知识。当然生产机械工艺特点是选择电动机的先决条件。这两方面都具备了,便可以为特定的生产机械选择到合适的电动机。表 11.3 粗略列出了各种电动机最重要的性能特点。

表 11.3 电动机最主要的性能特点

电动机种类		最主要的性能特点
直流电动机	他励、并励	机械特性硬,启动转矩大,调速性能好
	串励	机械特性软,启动转矩大,调速方便
	复励	机械特性软硬适中,启动转矩大,调速方便
三相异步电动机	普通鼠笼式	机械特性硬,启动转矩不太大,可以调速
	高启动转矩	启动转矩大
	多速	多速(2~4 速)
	绕线式	机械特性硬,启动转矩大,调速方法多,调速性能好
三相同步电动机		转速不随负载变化,功率因数可调
单相异步电动机		功率小,机械特性硬
单相同步电动机		功率小,转速恒定

2. 电动机种类选择时考虑的主要内容

(1)电动机的机械特性

生产机械具有不同的转矩转速关系,要求电动机的机械特性与之相适应。例如,负载变化时要求转速恒定不变的,就应选择同步电动机;要求启动转矩大及特性软的如电车、电气机车等,就应选用串励或复励直流电动机。

(2)电动机的调速性能

电动机的调速性能包括调速范围、调速的平滑性、调速系统的经济性(设备成本、运行效率等)诸方面,都应该满足生产机械的要求。例如,调速性能要求不高的各种机床、水泵、通风机多选用普通鼠笼式三相异步电动机;功率不大、有级调速的电梯及某些机床可选用多速电动机;而调速范围较大、调速要求平滑的龙门刨床、高精度车床、可逆轧钢机等选用变频调速同步电动机或异步电动机。

(3)电动机的启动性能

一些启动转矩要求不高的,例如机床可以选用普通鼠笼式三相异步电动机;但启动、制动频繁,且启动、制动转矩要求比较大的生产机械就可选用绕线式三相异步电动机,例如矿井提升机、起重机、不可逆轧钢机、压缩机等。

(4)电源

交流电源比较方便,直流电源则一般需要有整流设备。

采用交流电机时,还应注意,异步电动机从电网吸收滞后性无功功率使电网功率因数下降,而同步电动机则可吸收领先性无功功率。要求改善功率因数情况下,不调速的大功率电机应选择同步电动机。

(5) 经济性

满足了生产机械对于电动机启动、调速、各种运行状态运行性能等方面要求的前提下,优先选用结构简单、价格便宜、运行可靠、维护方便的电动机。一般来说,在这方面交流电动机优于直流电动机,鼠笼式异步电动机优于绕线式异步电动机。除电机本身外,启动设备、调速设备等都应考虑经济性。

最后应着重强调的是综合的观点,所谓综合是指: ①以上各方面内容在选择电动机时必须都考虑到,都得到满足后才能选定。②能同时满足以上条件的电动机可能不是一种,还应综合其他情况,诸如节能、货源等加以确定。

11.3.2　电动机类型的选择

1. 安装方式

分为卧式和立式。卧式电动机的转轴安装后为水平位置,立式的转轴则为垂直地面的位置。两种类型的电动机使用的轴承不同,立式的价格稍高。

2. 轴伸个数

伸出到端盖外面与负载连接或安装测速装置的转轴部分,称为轴伸。电动机有单轴伸与双轴伸两种,多数情况下采用单轴伸。

3. 防护方式

按防护方式分,电动机有开启式、防护式、封闭式和防爆式几种。

开启式电动机的定子两侧和端盖上都有很大的通风口,它散热好,价格便宜,但容易进灰尘、水滴和铁屑等杂物,只能在清洁、干燥的环境中使用。

防护式电动机的机座下面有通风口,它散热好,能防止水滴、沙粒和铁屑等杂物溅入或落入电机内,但不能防止潮气和灰尘侵入,适用于比较干燥、没有腐蚀性和爆炸性气体的环境。

封闭式电动机的机座和端盖上均无通风孔,完全封闭。封闭式又分为自冷式、自扇冷式、他扇冷式、管道通风式及密封式等。前四种,电机外的潮气及灰尘不易进入电机,适用于尘土多、特别潮湿,有腐蚀性气体,易受风雨、易引起火灾等较恶劣的环境。密封式的可以浸在液体中使用,如潜水泵。

防爆式电动机在封闭式基础上制成隔爆形式,机壳有足够的强度,适用于有易燃易爆气体的场所,如矿井、油库、煤气站等。

11.3.3 电动机额定电压和额定转速的选择

1. 额定电压的选择

电动机电压等级、相数、频率都要与供电电压相一致。我国生产电动机额定电压与额定功率的情况如表 11.4 所列。

表 11.4 电动机的额定电压

电压/V	容量范围/kW		
	交流电动机		
	同 步	鼠笼式异步	绕线式异步
380	3～320	0.37～320	0.6～320
6000	250～10000	200～5000	200～500
10000	1000～10000		
	直流电动机		
110	0.25～110		
220	0.25～320		
440	1.0～500		
600～870	500～4600		

2. 额定转速的选择

对电动机本身而言，额定功率相同的电动机额定转速越高，体积越小，造价越低，一般来说，电动机转子越细长，转动惯量越小，启、制动时间就越短。

选择电动机的转速需要综合考虑。既要考虑负载的要求，又要考虑电动机与传动机构的经济性等。具体根据某一负载的运行要求，进行方案设计。但一般情况下，多选同步转速为 1500r/min 的异步电动机。

11.4 电动机额定功率的选择

电动机额定功率的选择是一个满足电机发热温升限定的重要问题。拖动生产机械时，电动机额定功率过大，不但增加成本和体积，而且经常处于轻载运行状态，变成"大马拉小车"，使电动机运行效率低、性能不好(异步电动机的功率因数也低了)。反过来，电动机额定功率比生产机械要求的小，那便是"小马拉大车"，电动机电流超过额定电流，电机内损耗加大，不仅降低工作效率，重要的是电动机的温升超过允许温升，会缩短电机的使用寿命，即使过载不多也是如此。过载较多时，还会烧毁电机。

下面介绍电动机在工作时间内负载大小不变(包括连续、短时两种工作方式在内)条件下额定功率的选择方法。

（1）标准工作时间

生产机械工作机构（负载）与电动机的工作方式和工作时间是一回事。所谓标准工作时间，是指电动机三种工作方式中所规定的有关时间。例如，连续工作方式标准工作时间是 3～4 倍以上发热时间常数，短时工作方式是 15min、30min、60min、90min。

环境温度为 40℃、电动机不调速的前提下，按照工作方式及工作时间选择该类电动机，那么电动机的额定功率应满足

$$P_N \geqslant P_L$$

式中　P_L 为生产机械的负载功率，P_N 越接近 P_L 越经济。

（2）非标准工作时间

例如短时工作时间为 20min 的属非标准工作时间。预选电动机额定功率时，按发热和温升等效的观点先把负载功率由非标准工作时间变成标准工作时间，即折算，然后按标准工作时间预选额定功率。折算推导过程从略，只给出结果如下。

短时工作方式负载工作时间为 t_r，最接近的标准工作时间为 t_{rb}，预选电动机额定功率应满足

$$P_N \geqslant P_L \sqrt{\frac{t_r}{t_{rb}}}$$

式中的 t_{rb} 应尽量接近 t_r 的标准工作时间，而 $\sqrt{\dfrac{t_r}{t_{rb}}}$ 则为折算系数，$t_r > t_{rb}$ 时，折算系数大于 1；$t_r < t_{rb}$ 时，折算系数小于 1。

（3）短时工作方式负载选连续工作方式电动机

从发热与温升的角度考虑，电动机在短时工作方式下，应该输出功率比连续工作方式时大才能充分发挥电动机的能力。或者说，预选电动机时也要把短时工作的负载功率折算到连续工作方式上去。

设电动机中不变损耗（空载损耗）为 p_0，额定负载运行时可变损耗为 p_{Cu}，前者与后者比值为 α，预选电动机额定功率应满足

$$P_N \geqslant P_L \sqrt{\frac{1 - e^{-\frac{t_r}{T_\theta}}}{1 + \alpha e^{-\frac{t_r}{T_\theta}}}}$$

式中　T_θ 为发热时间常数，t_r 为短时工作时间，二者单位均为 s，α 数值因电动机不同而异。

一般来说，普通直流电动机 $\alpha=1\sim1.5$，冶金专用直流电动机 $\alpha=0.5\sim0.9$，冶金专用中、小型三相绕线式异步电动机 $\alpha=0.45\sim0.6$，冶金专用大型三相绕线式异步电动机 $\alpha=0.9\sim1.0$，普通鼠笼式三相异步电动机 $\alpha=0.5\sim0.7$。对于具体电动机，T_θ 和 α 可以从技术数据中找出或估算。

若实际工作时间极短，$t_r < (0.3\sim0.4)T_\theta$，发热温升不是主要矛盾，只需从额定转矩、过载倍数及启动能力选择电动机。

（4）温度修正

以上关于额定功率选择都是在国家标准环境温度为 40℃ 前提下进行的。若环境温度常年都比较低或比较高，为了充分利用电动机的容量，应对电动机的额定功率进行修

正。例如常年温度偏低,电动机实际额定功率应比标准规定的 P_N 高,相反,常年温度偏高的,应降低额定功率使用。电机允许输出功率为

$$P \approx P_N \sqrt{1 + \frac{40 - \theta}{\tau_{max}}(\alpha + 1)}$$

式中 τ_{max} 为电动机环境温度为 40℃时的允许温升。

11.5 电动机额定转矩的选择

生产机械有很多类型,并不是所有的机械选择电动机时都首先考虑电动机的温升是否接近或等于允许温升,不能"大马拉小车",下面以电动汽车为例进行说明。电动汽车在水平路面上行驶时,负载转矩是摩擦性阻转矩,在上坡路上行驶时,负载转矩是由摩擦性阻转矩和位能性阻转矩两部分组成的,坡路越陡,位能性阻转矩越大,往往比摩擦性阻转矩大很多。电动汽车选择电动机时,为了在不同路况上都能安全正常行驶,负载转矩应该以上坡路上行驶的大负载转矩为准。电动机的额定转矩 M_N 应该满足

$$M_N \geqslant M_L$$

式中 M_L 是负载转矩。对于电动汽车这样的大转矩机械,应首先按照转矩选择电动机,因此被选的电动机额定功率会偏大,出现"大马拉小车"的情况也是在所难免。

11.6 电动机的过载倍数与启动能力

依据负载功率选择了电动机的额定功率,或者依据负载转矩选择了电动机的额定转矩进而确定出电动机的额定功率,都属于预选电动机。而后,需要校核预选电动机的过载倍数和启动能力,以通过为准,若有一项不通过,都需重选电动机,加大电动机额定功率,直至通过。

过载倍数指电动机负载运行时,可以在短时间内出现的电流或转矩过载的允许倍数,对不同类型电动机不完全一样。

对直流电动机而言,限制其过载倍数的是换向问题,因此它的过载倍数就是电枢允许电流的倍数 λ。λI_N 为允许电流,应比可能出现的最大电流大。

异步电动机和同步电动机的过载倍数即最大转矩倍数 λ,但校核过载倍数时要考虑到交流电网电压可能向下波动 $10\% \sim 15\%$,因此最大转矩按 $(0.81 \sim 0.72)\lambda T_N$ 来计算,它应比负载可能出现的最大转矩大。

电动机的启动能力要求拖动负载顺利启动。对于风机、水泵类负载,负载的启动转矩很小,启动没有问题。具有反抗性和位能性恒转矩的负载机械,满负荷启动的机械电动机能否启动,就需要校核。鼠笼式三相异步电动机启动能力差,启动转矩倍数可能小于 $1(0.8 \sim 1.2)$,必须校核。被选电动机和启动能力,应满足

$$M_S \geqslant 1.1 M_L$$

式中 M_S 是被选电动机的启动转矩；M_L 是负载转矩（启动时的负载转矩）。

从以上对电动机额定数据的选择分析中可以看出，针对具体生产机械，给出其负载功率、负载转矩、负载的过载要求和启动转矩等数据，这是选择电动机的依据，也是前提。负载的这些数据如何计算，不属于本门课程范围之内。

例题 11-1 一台直流电动机，额定功率为 $P_N = 20\text{kW}$，过载倍数 $\lambda = 2$，发热时间常数 $T_\theta = 30\text{min}$，额定负载时铁损耗与铜损耗之比 $\alpha = 1$。请校核下列两种情况下是否能用此台电动机：

(1) 短期负载，$P_L = 40\text{kW}$，$t_r = 20\text{min}$；

(2) 短期负载，$P_L = 44\text{kW}$，$t_r = 10\text{min}$。

解 (1) $P_L = 40\text{kW}$，$t_r = 20\text{min}$ 时，校核能否应用。

折算成连续工作方式下负载功率为

$$P'_L = P_L \sqrt{\frac{1 - e^{-\frac{t_r}{T_\theta}}}{1 + \alpha e^{-\frac{t_r}{T_\theta}}}} = 40 \times \sqrt{\frac{1 - e^{-\frac{20}{30}}}{1 + e^{-\frac{20}{30}}}} = 40 \times \sqrt{\frac{1 - 0.5134}{1 + 0.5134}} = 22.68\text{kW}$$

$$P_N = 20\text{kW} < P'_L$$

不能用。

(2) $P_L = 44\text{kW}$，$t_r = 10\text{min}$ 时，校核能否应用。

折算成连续工作方式下负载功率为

$$P'_L = 44 \times \sqrt{\frac{1 - e^{-\frac{10}{30}}}{1 + e^{-\frac{10}{30}}}} = 44 \times \sqrt{\frac{1 - 0.7165}{1 + 0.7165}} = 17.88\text{kW} < P_N = 20\text{kW}$$

实际过载倍数为

$$\lambda' = \frac{P_L}{P_N} = \frac{44}{20} = 2.2 > \lambda = 2$$

过载倍数不够，不能用。

例题 11-2 一台额定功率 $P_N = 200\text{kW}$ 连续工作制的冶金专业绕线式异步电动机，如果常年在 $80℃$ 环境下工作，电机绝缘等级为 B 级，请计算电机在高温环境下的实际额定功率。

解 实际额定功率

$$P'_N = P_N \sqrt{1 + \frac{40 - \theta}{\tau_{max}}(\alpha + 1)}$$

$$= 200 \times \sqrt{1 + \frac{40 - 80}{90} \times (0.9 + 1)}$$

$$= 78.88\text{kW}$$

思 考题

11.1 电机运行时温升按什么规律变化？两台同样的电动机，在下列条件下拖动负载运行时，它们的起始温升、稳定温升是否相同？发热时间常数是否相同？

(1) 相同的负载,但一台环境温度为一般室温,另一台为高温环境;

(2) 相同的负载,相同的环境,一台未运行,一台运行刚停下又接着运行;

(3) 同一个环境下,一台半载,另一台满载;

(4) 同一个房间内,一台自然冷却,一台用冷风吹,都是满载运行。

11.2 同一台电动机,如果不考虑机械强度问题或换向问题等,在下列条件下拖动负载运行时,为充分利用电动机,它的输出功率是否一样? 如果不一样,哪个大? 哪个小?

(1) 自然冷却,环境温度为 40℃;

(2) 强迫通风,环境温度为 40℃;

(3) 自然冷却,高温环境。

11.3 一台电动机原绝缘材料等级为 B 级,额定功率为 P_N,若把绝缘材料改为 E 级,其额定功率应该怎样变化?

11.4 一台连续工作方式的电动机额定功率为 P_N,如果在短时工作方式下运行时额定功率该怎样变化?

11.5 电力拖动系统中电动机的选择主要包括哪些内容?

11.6 选择电动机额定功率和额定转矩时应该考虑哪些因素?

11.7 现有两台普通三相鼠笼式异步电动机 $FS_1\% = 15\%$,$P_{N1} = 30kW$ 与 $FS_2\% = 40\%$,$P_{N2} = 20kW$ 的电动机,哪一台实际容量大?

11.8 选择正确答案。

(1) 电动机若周期性地工作 15min、停歇 85min,则工作方式应属于_____。

　　A. 周期断续工作方式,$FS\% = 15\%$

　　B. 连续工作方式

　　C. 短时工作方式

(2) 电动机若周期性地额定负载运行 5min、空载运行 5min,则工作方式属于_____。

　　A. 周期断续工作方式,$FS\% = 50\%$

　　B. 连续工作方式

　　C. 短时工作方式

(3) 连续工作方式的绕线式三相异步电动机运行于短时工作方式时,若工作时间极短($t_r < 0.4T_\theta$),选择其额定功率主要考虑_____。

　　A. 电动机的发热与温升

　　B. 过载倍数与启动能力

　　C. 过载倍数

　　D. 启动能力

(4) 一绕线式三相异步电动机额定负载长期运行时,其最高温升 τ_m 等于允许温升 τ_{max}。现采用转子回路串入电阻调速方法,拖动恒转矩负载 $T_L = T_N$ 运行,若不考虑低速时散热条件恶化这个因素,那么长期运行时_____。

　　A. 由于经常处于低速运行,转差功率 P_s 大,总损耗大,会使得 $\tau_m > \tau_{max}$,不行

　　B. 由于经常处于低速运行,转差功率 P_s 大,输出功率 P_2 变小,因而 $\tau_m < \tau_{max}$,
　　　电动机没有充分利用

C. 由于转子电流恒定不变，$I_2 = I_{2N}$，因而正好达到 $\tau_m = \tau_{max}$

（5）确定电动机在某一工作方式下额定功率的大小，是电动机在这种工作方式下运行时实际达到的最高温升应_____。

A. 等于绝缘材料的允许温升

B. 高于绝缘材料的允许温升

C. 必须低于绝缘材料的允许温升

D. 与绝缘材料允许温升无关

（6）一台电动机连续工作方式额定功率为 40kW，短时工作方式 15min 工作时间额定功率为 P_{N1}，30min 工作时间额定功率为 P_{N2}，则_____。

A. $P_{N1} = P_{N2} = 40\text{kW}$

B. $P_{N1} < P_{N2} < 40\text{kW}$

C. $P_{N1} > P_{N2} > 40\text{kW}$

第 12 章

微控电机

本章介绍驱动微电机和控制电机两部分,简称微控电机。

驱动微电机用来拖动各种小型负载,功率一般都在 750W 以下,最小的不到 1W,外形尺寸也较小,机壳外径一般不大于 160mm。驱动微电机有单相异步电动机、微型同步电动机、微型直流电动机和微型交流换向器电动机等。本章介绍单相异步电动机及微型同步电动机。

控制电机是有着特殊性能的电机,它在自动控制系统中传递和变换信号,用作执行元件或信号元件。控制电机的功率和外形尺寸与驱动微电机差不多。在自动控制系统中作执行元件的主要有伺服电动机、步进电动机、力矩电动机和低速电机;作信号元件的主要有旋转变压器、自整角机、测速发电机和感应同步器。本章介绍伺服电动机、步进电动机、旋转变压器、自整角机和测速发电机。

驱动微电机与普通电机相比,除功率小、尺寸小之外,还有结构简单、只需单相交流电源、操作容易等特点。控制电机具有性能精确、响应快速等特点,但是在力能指标、效率等方面都没有普通电机那样高的要求。

从原理上讲,微控电机运行的电磁过程及遵循的基本规律,与普通电机是一致的,但又有自己的特殊性。本章将在前面所述直流电机、异步电动机、同步电动机与变压器的基础上,着重分析各种微控电机的基本原理。对各种微控电机的结构,从分析原理出发予以提及,不作单独介绍。为了方便,介绍的顺序不按驱动微电机与控制电机的分类进行。

12.1 单相异步电动机

单相异步电动机是指用单相交流电源的异步电动机,具有结构简单、成本低廉、噪声小等优点。由于只需要单相电源供电,使用方便,因此被广泛应用于工业和人民生活的各个方面,尤以家用电器、电动工具、医疗器械等使用较多。与同容量的三相异步电动机相比较,单相异步电动机的体积较大,运行性能较差,因此一般只做成小容量的,我国现有产品功率从几瓦到几千瓦。

单相异步电动机通常在定子上有两相绕组,转子是鼠笼式的。根据定子两个绕组在定子上的分布以及供电情况的不同,可以产生不同的启动特性和运行特性。单相异步电动机有以下几种类型:

(1) 单相电阻分相启动异步电动机;

(2) 单相电容分相启动异步电动机;

(3) 单相电容运转异步电动机;

(4) 单相电容启动与运转异步电动机;

(5) 单相罩极式异步电动机。

12.1.1 一相定子绕组通电时的机械特性

单相异步电动机定子两相绕组是主绕组 m 及副绕组 a,它们相距 $90°$ 空间电角度,通电时产生空间正弦分布的空间磁通势。下面首先分析只有一相绕组通电时的机械特性。

从交流电机绕组产生磁通势的原理知道,若单相异步电动机只有主绕组 m 通入单相交流电流时,产生空间正弦分布的脉振磁通势 $\dot{F}$。一个脉振磁通势可以看成为转速相同、转向相反的两个旋转磁通势合成的:一个是正转磁通势 $\dot{F}^+$,一个是反转磁通势 $\dot{F}^-$,$\dot{F}^+ = \dot{F}^-$。单相异步电动机转子在脉振磁通势作用下受到的电磁转矩,等于在正转磁通势 $\dot{F}^+$ 和反转磁通势 $\dot{F}^-$ 二者分别作用下受到的电磁转矩的合成。

在三相异步电动机原理分析中,旋转磁通势及其产生的电磁转矩已经很清楚。单相异步电机中,鼠笼式转子在正转磁通势或反转磁通势分别作用下受的电磁转矩 T^+ 或 T^-,与鼠笼式转子在三相异步电动机正向旋转磁通势(电源相序为正)或反向旋转磁通势(电源相序为负)分别作用下受的电磁转矩是完全一样的,$T^+ = f(s)$ 与 $T^- = f(s)$ 两条转矩特性如图 12.1 所示。单相异步电动机转子在脉振磁通势作用下的转矩为 $T = T^+ + T^-$,$T = f(s)$ 为主绕组通电时的机械特性曲线,为 $T^+ = f(s)$ 与 $T^- = f(s)$ 两条曲线的合成,见图 12.1。其机械特性 $T = f(s)$ 具有下列特点:

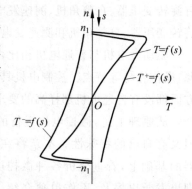

图 12.1 主绕组一相通电时单相异步电动机的机械特性

(1) 当转速 $n=0$ 时,电磁转矩 $T=0$,即无启动转矩,电机不能够启动。

(2) 当转速 $n>0$,转矩 $T>0$,机械特性在第 I 象限,电磁转矩是拖动性质的转矩,如果由于其他原因使电机正转后,电磁转矩使电动机继续正转运行。当转速 $n<0,T<0$,机械特性在第 III 象限,T 仍是拖动性质的,如果电机反转,仍能继续反转运行。

(3) 理想空载转速 $n_0<n_1$,单相异步电动机额定转差率比三相异步电动机的略大一些。

综上所述,单相异步电动机定子上如果只有主绕组,则无启动转矩,可以运行,但不能启动,因此必须有两相绕组才行。

12.1.2　两相绕组通电时的机械特性

当单相异步电动机主绕组与副绕组同时通入不同相位的两相交流电流时,一般情况下产生椭圆旋转磁通势 $\dot{F}$。一个椭圆旋转磁通势也可以分成两个旋转磁通势,一个是正转磁通势 $\dot{F}^+$,一个是反转磁通势 $\dot{F}^-$,$F^+ \neq F^-$。鼠笼转子在 $\dot{F}^+$ 作用下产生电磁转矩 T^+,$T^+ = f(s)$ 为正向转矩特性。在 $\dot{F}^-$ 作用下,产生电磁转矩 T^-,$T^- = f(s)$ 为反向转矩特性。这样合成转矩特性 $T = f(s)$ 即机械特性为不过坐标原点的一条曲线。当 $F^+ > F^-$ 时,电动机的 $T^+ = f(s)$、$T^- = f(s)$ 及 $T = f(s)$ 三条曲线如图 12.2 所示。

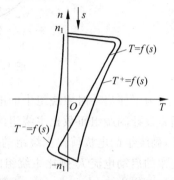

图 12.2　椭圆磁通势时单相异步电动机机械特性

从图 12.2 椭圆磁通势时单相异步电动机机械特性中看出:$F^+ > F^-$ 的情况下,当 $n = 0$ 时,$T > 0$,这就是说电动机有正向启动转矩,可以正向启动。当 $n > 0$,$T > 0$,即电动机启动后仍能继续运行。当然,如果 $F^+ < F^-$,则有 $n = 0$,$T < 0$;$n < 0$,$T < 0$,即电动机可以反向启动并反向电动运行。

不言而喻,如果两相绕组 m 和 a 通入相位相差 90°的两相交流电流并产生圆形旋转磁通势,例如为 $\dot{F} = \dot{F}^+$,$\dot{F}^- = 0$ 时,则电动机转矩 $T = T^+$,$T^- = 0$;机械特性 $T = f(s)$,与三相异步电动机机械特性的情况一样了,由于 $T^- = 0$,启动转矩相对地比椭圆磁通势时的大。

从上面分析的结果看出,单相异步电动机的关键问题是如何启动,而启动的必要条件是:①定子具有空间不同相位的两个绕组;②两相绕组中通入不同相位的交流电流。

单相异步电动机之优点主要是使用单相交流电源,但是单相异步电动机启动的必要条件要求两相绕组中通入相位不同的两相电流。如何把工作绕组与启动绕组中的电流相位分开,即所谓的"分相",是单相异步电动机的十分重要的问题。单相异步电动机的分类,也就依它不同的分相方法而区别。

12.1.3　单相异步电动机的分类

1. 单相电阻分相启动异步电动机

单相电阻分相启动异步电动机的副绕组通过一个启动开关和主绕组并联接单相电源上,如图 12.3(a)所示。启动开关的作用是:当转子转速上升到一定大小(一般为 75%～80%的同步转速)时,断开副绕组电路,使电机运行在只有主绕组通电的情况下。一种常用的启动开关是离心开关,它装在电动机的转轴上随着转子一起旋转,当转速升到一定值时,依靠离心块的离心力克服弹簧的拉力(或压力),使动触头与静触头脱离接触,切断副绕组电路。

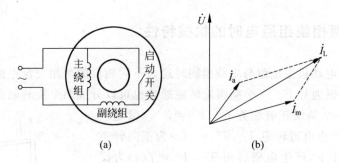

(a)   (b)

图 12.3　单相电阻分相启动异步电动机

　　为了使启动时主绕组中的电流与副绕组中的电流之间有相位差,从而产生启动转矩,通常设计副绕组匝数比主绕组的少一些,副绕组的导线截面积比主绕组的小得更多。这样,副绕组的电抗就比主绕组的小,而电阻却比主绕组的大。当两绕组并联接电源时,副绕组的启动电流 $\dot{I}_a$ 则比主绕组的启动电流 $\dot{I}_m$ 相位领先,如图 12.3(b)所示。从电源送来的线电流为 $\dot{I}_L$, $\dot{I}_L = \dot{I}_m + \dot{I}_a$,电源电压为 $\dot{U}$。这种单相异步电动机,由于两相绕组中电流的相位相差不大,气隙磁通势椭圆度较大,其启动转矩较小。

　　电阻分相启动的单相异步电动机改变转向的方法是:把主绕组或者副绕组中的任何一个绕组接电源的两出线端对调,也就是把气隙旋转磁通势旋转方向改变,因而转子转向随之也改变。

2. 单相电容分相启动异步电动机

　　单相电容分相启动异步电动机接线如图 12.4(a)所示,其副绕组回路串联一个电容器和一个启动开关,然后再和主绕组并联到同一个电源上。电容器的作用是使副绕组回路的阻抗呈容性,从而使副绕组在启动时的电流领先电源电压 $\dot{U}$ 一个相位角。由于主绕组的阻抗是感性的,它的启动电流落后电源电压 $\dot{U}$ 一个相位角。因此电动机启动时,副绕组启动电流 $\dot{I}_a$ 领先主绕组启动电流 $\dot{I}_m$ 一个相当大的相位角,如图 12.4(b)所示。

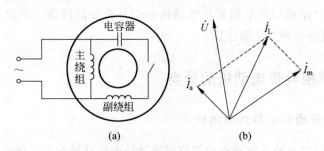

(a)   (b)

图 12.4　单相电容分相启动异步电动机

　　与电阻分相单相异步电动机比较,电容分相电动机有一些优点:①如果电容器的电容量配得合适,能够做到使启动时副绕组电流 $\dot{I}_a$ 差不多比主绕组电流 $\dot{I}_m$ 领先 90°电角度;②副绕组的容抗可以抵消感抗使总的电抗值小些,所以副绕组的匝数不像电阻分相时受到限制,可以多些,从而可以增大副绕组的磁通势。以上两点都可使得电动机在启动时能产生一个接近圆形的旋转磁通势,得到较大的启动转矩;③由于 $\dot{I}_\mathrm{a}$ 和 $\dot{I}_\mathrm{m}$ 接近 $90°$ 电角度,合成的线电流 $\dot{I}_\mathrm{L}$ 比较小,所以电容分相启动的单相异步电动机的启动电流较小,启动转矩却比较大。

在副绕组中也串接一个启动开关,当转子转速达到 $75\%\sim80\%$ 同步转速时,启动开关动作,使副绕组脱离电源。在转子转速上升的过程中,副绕组电流加大,电容器的端电压会升高,启动开关及时动作可以降低对电容器耐压的要求。

电容分相启动单相异步电动机改变转子转向的方法与电阻分相启动单相异步电动机的一样。

3. 单相电容运转异步电动机

在单相电容运转异步电动机中,副绕组不仅在启动时起作用,而且在电动机运转时也起作用,长期处于工作状态,电动机定子接线如图 12.5 所示。

电容运转异步电动机实际上是个两相电机,运行时电机气隙中产生较强的旋转磁通势,其运行性能较好,功率因数、效率、过载倍数都比电阻分相启动和电容分相启动的异步电动机要好。一般电容运转电动机中电容器电容量的选配主要考虑运行时能产生接近圆形的旋转磁通势,提高电动机运行时的性能。这样一来,由于异步电动机从绕组看进去的总阻抗是随转速变化的,而电容的容抗为常数,因此运行时接近圆形磁通势的某一确定电容量,就不能使启动时的磁通势仍旧接近圆形磁通势,而变成椭圆磁通势。这样,造成启动转矩较小、启动电流较大,启动性能不如单相电容分相启动异步电动机。

改变单相电容运转异步电动机转向的方法,同单相电阻分相启动异步电动机改变转向的方法一样。

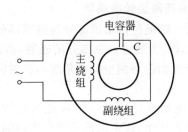

图 12.5 单相电容运转异步电动机

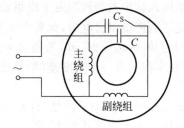

图 12.6 单相电容启动与运转异步电动机

4. 单相电容启动与运转异步电动机

为了使电动机在启动时和运转时都能得到比较好的性能,在副绕组中采用两个并联的电容器,如图 12.6 所示。电容器 C 是运转时长期使用的电容,电容器 C_S 是在电动机启动时使用的,它与一个启动开关串联后再和电容器 C 并联起来。启动时,串联在副绕组回路中的总电容为 $C+C_\mathrm{S}$,比较大,可以使电机气隙中产生接近圆形的磁通势。当电动机转到转速比同步转速稍低时,启动开关动作,将启动电容器 C_S 从副绕组回路中切除,这样使电动机运行时气隙中的磁通势也接近圆形磁通势。

电容启动与运转的单相异步电动机,与电容启动单相异步电动机比较,启动转矩和最大转矩有所增加,功率因数和效率有所提高,电机噪声较小,所以它是单相异步电动机中最理想的一种。

单相电容启动与运转异步电动机也能改变转向,办法与前边其他单相异步电动机相同。

5. 单相罩极式异步电动机

单相罩极式异步电动机的结构分为凸极式和隐极式两种。凸极式单相罩极异步电动机的主要结构如图 12.7(a)所示,转子是普通的鼠笼转子,定子有凸起的磁极。在每个磁极上有集中绕组,即为主绕组。极面的一边约 1/3 处开有小槽,经小槽放置一个闭合的铜环 K,叫短路环,把磁极的小部分罩起来,故称之为罩极式异步电动机。

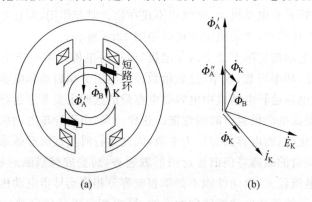

(a)　　　　(b)

图 12.7　单相罩极式异步电动机

罩极式异步电动机当定子绕组通电时,产生气隙椭圆旋转磁通势。

定子磁极绕组通电后,就要产生交变的磁通 $\dot{\Phi}_A$。磁极包括未罩部分与被罩部分两部分。因为 $\dot{\Phi}_A = \dot{\Phi}'_A + \dot{\Phi}''_A$,$\dot{\Phi}'_A$ 为通过未罩部分的磁通,$\dot{\Phi}''_A$ 为通过被罩部分的磁通,因此,$\dot{\Phi}'_A$ 与 $\dot{\Phi}''_A$ 在空间上有一个角度差(所差之空间角为半个极面占据的空间电角度),在时间上却同相位。

如果短路环 K 不是短路的,那么被罩部分中的磁通就只是 $\dot{\Phi}''_A$,但 K 是短路的,情况则不一样。由于短路环中 $\dot{\Phi}''_A$ 交变,短路环就会有电流产生,这个电流又要产生磁通势、磁通。最后,短路环与主绕组中两部分磁通势的合成磁通势,在磁极被罩部分产生的磁通为 $\dot{\Phi}_B$。

罩极式异步电动机中的主磁通包括两部分:①通过磁极未罩部分磁通 $\dot{\Phi}'_A$;②通过磁极被罩部分磁通 $\dot{\Phi}_B$。这两部分磁通的相位关系,如图 12.7(b)所示。相量图中,电动势 $\dot{E}_K$ 是由磁通 $\dot{\Phi}_B$ 感应而在短路环中产生的电动势,$\dot{E}_K$ 比 $\dot{\Phi}_B$ 落后 90° 相位。短路环像任何一个闭合绕组一样,都有漏电感,因此,由 $\dot{E}_K$ 产生的电流 $\dot{I}_K$ 要比 $\dot{E}_K$ 落后一个相位角。由于 $\dot{I}_K$ 的作用,在磁极被罩部分中产生的磁通为 $\dot{\Phi}_K$,忽略铁损耗时,$\dot{\Phi}_K$ 与 $\dot{I}_K$ 同相位。$\dot{\Phi}_K$ 与 $\dot{\Phi}''_A$ 合成即为 $\dot{\Phi}_B$。从相量图上看出,$\dot{\Phi}'_A$ 与 $\dot{\Phi}_B$ 在时间上相差一个相位差角,$\dot{\Phi}'_A$ 领先一个电角度。

综上所述,罩极式异步电动机中的磁通 $\dot{\Phi}'_A$ 与 $\dot{\Phi}_B$,在空间上相差一个电角度,在时间上也相差一个电角度。从前面对交流电机磁通势的分析中知道,对两相绕组来说,如果两组绕组轴线在空间上有电角度差,通以不同相位的交流电流时,产生的气隙合成磁通势是椭圆旋转磁通势。因此罩极式电动机也是一个椭圆旋转磁场,旋转的方向是从领先相绕组的轴线($\dot{\Phi}'_A$的轴线)向着落后相绕组的轴线($\dot{\Phi}_B$的轴线),这也是转子旋转的方向。

由于$\dot{\Phi}'_A$与$\dot{\Phi}_B$轴线相差的空间电角度等于半个磁极极面所占的空间电角度,比较小,而且$\dot{\Phi}_B$本身也较小,因此启动转矩很小,一般只能用于启动转矩小于$0.5T_N$的轻载启动。由于其结构简单,制造方便,罩极式的单相异步电动机常用于小型风扇、电唱机等启动转矩要求不大的机器中。

罩极式电动机中,$\dot{\Phi}'_A$永远领先$\dot{\Phi}_B$,因此电动机的转向总是从磁极的未罩部分向着被罩部分的方向不变,即使改变电源两个端点,也不能改变它的转向。

12.2　伺服电动机

伺服电动机把输入的信号电压变为转轴的角位移或角速度输出,转轴的转向与转速随信号电压的方向和大小而改变,并且能带动一定大小的负载,在自动控制系统中作为执行元件,故伺服电动机又称为执行电动机。

例如在雷达天线系统中,雷达天线是由交流伺服电动机拖动的。当天线发出的无线电波遇到目标时,就会被反射回来送给雷达接收机。雷达接收机将目标的方位和距离确定后,向交流伺服电动机送出电信号。交流伺服电动机按照该电信号拖动雷达天线跟踪目标转动。

伺服电动机有直流和交流两大类。直流伺服电动机输出功率较大,一般可达几百瓦;交流伺服电动机输出功率较小,一般为几十瓦。目前,虽有采用空心转子结构的直流伺服电动机,但因其力能指标较低,新的国家统一设计都不采用这种结构形式。

12.2.1　直流伺服电动机

直流伺服电动机就是微型的他励直流电动机,其结构与原理都与他励直流电动机相同。直流伺服电动机按磁极的种类划分为两种:一种是永磁式直流伺服电动机,它的磁极是永久磁铁;另一种是电磁式直流伺服电动机,它的磁极是电磁铁,磁极外面套着他励励磁绕组。

直流伺服电动机就其用途来讲,既可作驱动电动机(例如一些便携式电子设备中用永磁式直流电动机),也可作为伺服电动机(例如录像机,精密机床)。下面就其作伺服电动机时的性能进行分析。

一般用电压信号控制直流伺服电动机的转向与转速大小。改变电枢绕组电压U_a的方向与大小的控制方式,叫电枢控制;改变电磁式直流伺服电动机励磁绕组电压U_f的方向与大小的控制方式,叫磁场控制。后者性能不如前者,很少采用。下面只介绍电枢控制时的特性。

电枢绕组也就是控制绕组,控制电压为U_a。对于电磁式直流伺服机来说,励磁电压

U_f 为常数不变,不考虑电枢反应的影响。在这些前提下,电枢控制的直流伺服电动机的机械特性表达式为

$$n = \frac{U_a}{C_e \Phi} - \frac{R_a}{C_e C_T \Phi^2} T = n_0 - \beta T$$

当 U_a 大小不同时,机械特性为一组平行的直线,如图 12.8(a)所示。当 U_a 大小一定时,转矩 T 大时,转速 n 低,转矩的增加与转速的下降之间成正比关系,这是十分理想的特性。

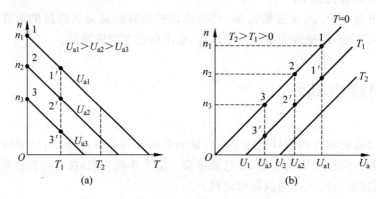

图 12.8   直流伺服电动机的特性

(a) 机械特性;(b) 调节特性

电枢控制的另一个重要特性是调节特性。所谓调节特性是指在一定的转矩下,转速 n 与控制电压 U_a 的关系。调节特性可以从机械特性得到,例如 $T=0$ 的这一调节特性,是从机械特性上 $T=0$(即纵轴)上的 1、2、3 点得到的:点 1 的转速和电枢电压为 n_1 和 U_{a1},点 2 的为 n_2 和 U_{a2},点 3 的为 n_3 和 U_{a3}。那么,在 n 和 U_a 坐标平面上,根据 n_1,U_{a1} 找到调节特性上的点 1,根据 n_2,U_{a2} 找到调节特性上的点 2。根据 n_3,U_{a3} 找到调节特性上的点 3,过 1、2、3 点的直线就是 $T=0$ 的调节特性,如图 12.8(b)所示。同样的方法,根据机械特性得到 $T=T_1$、$T=T_2$ 各条调节特性,如图 12.8 所示。机械特性与调节特性中相同标号的点互相对应。直流伺服电动机的调节特性,是一组平行直线。

从直流伺服电动机的调节特性上看出,T 一定时,控制电压 U_a 高时,转速 n 也高,控制电压增加与转速增加之间成正比关系。另外,还可以看出,当 $n=0$ 时,不同的转矩 T 需要的控制电压 U_a 也不同。例如 $T=T_1$,$U_a=U_1$,表示只有当控制电压 $U_a>U_1$ 的条件下,电动机才能转起来,而当 $U_a=0 \sim U_1$,电动机不转,称 $0 \sim U_1$ 区间为死区或失灵区,称 U_1 为始动电压。T 不同,始动电压也不同,T 大的始动电压也大,$T=0$,即电动机理想空载时,只要有信号电压 U_a,电动机就转动。直流伺服电动机的调节特性也是很理想的。

12.2.2   交流伺服电动机

交流伺服电动机就是两相异步电动机,它的定子上有空间相差 90°电角度的两相分布绕组,一相为励磁绕组 f,一相为控制绕组 K,转子为鼠笼式的。电动机工作时,励磁绕

组 f 接单相交流电压 $\dot{U}_f$,控制绕组接控制信号电压 $\dot{U}_K$,$\dot{U}_f$ 与 $\dot{U}_K$ 二者同频率。

交流伺服机必须像直流伺服机一样具有伺服性,即控制信号电压强时,电动机转速高;控制信号电压弱时,电动机转速低;若控制信号电压等于零,则电动机不转。为了满足信号电压强时转速高、信号电压弱时转速低这一要求,可以让信号强时电机气隙磁通势接近圆形旋转磁通势,弱时椭圆度大接近脉振磁通势即可,后边再具体分析。要求信号电压消失即 $U_K = 0$ 后,电动机不转是怎样做到的呢?下面首先分析这一点。

前一节分析过,单相异步电动机定子若只有一相绕组通电时,其机械特性为过原点($T=0$,$n=0$)的对称曲线,在其正转电磁转矩特性曲线 $T^+ = f(s)$ 上,$T^+ = T_m^+$ 时的临界转差率 $s_m^+ < 1$,$T^- = f(s)$ 与 $T^+ = f(s)$ 对称。因此 $0 < n < n_0$(n_0 为理想空载转速,$n_0 < n_1$),合成转矩 $T > 0$;而 $0 > n > -n_0$,合成转矩 $T < 0$。如果交流伺服电动机的定子绕组与一般单相异步电动机的一样,那么正在运行的交流伺服电动机的控制信号电压一旦变为零,电机就运行于只有励磁绕组一相通电的情况下,那么电机还必然在原来的旋转方向上继续旋转,只是转速略有下降,但绝不可能停下来。这种信号电压消失后电动机仍然旋转不停的现象称为自转,自转现象破坏了伺服性,显然是要避免的。那么交流伺服电动机怎样避免单相运行时的自转呢?看图 12.9 中所示的机械特性,这也是只有一相绕组通电时的机械特性,其正转电磁转矩特性曲线 $T^+ = f(s)$ 上,$T^+ = T_m^+$ 时的临界转差率 $s_m^+ = 1$,$T^- = f(s)$ 与 $T^+ = f(s)$ 对称。因此电机总的电磁转矩特性 $T = f(s)$ 具有这样的特点:①过零点,无启动转矩;②$0 < n < n_1$ 时,$T < 0$,是制动性转矩;$0 > n > -n_1$ 时,$T > 0$,也是制动性转矩。在这种情况下,本来运转的交流伺服电动机,若控制信号电压消失后,由于一相绕组通电运行时的电磁转矩是制动性的,电动机转速将被制动到 $n = 0$,只要 $s_m^+ \geqslant 1$,都能避免自转现象。

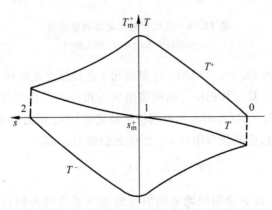

图 12.9　交流伺服电动机自转现象的避免

实际的交流伺服电动机,只有正转磁通势(或反转磁通势)单独作用时的 s_m 很大。加大 s_m 的方法是增大转子回路的电阻 R_2,因为 $s_m \propto R_2$,所以交流伺服电动机转子电阻相对于一般异步电动机来说很大。

设计交流伺服电动机时,当励磁绕组与控制绕组分别为额定值大小时(对控制绕组来讲,额定电压指最大的控制电压),两绕组产生的磁通势幅值也一样大。交流伺服电动机运行时,励磁绕组所接电源为额定电压上,改变控制绕组所加的电压 $\dot{U}_K$ 的大小和相位,电动机气隙磁通势则随着信号电压 $\dot{U}_K$ 的大小和相位而改变,有可能为圆形旋转磁通势,有可能为不同椭圆度的椭圆旋转磁通势,也有可能为脉振磁通势。而由于气隙磁通势的不同,电动机机械特性也相应改变,那么拖动负载运行的交流伺服电动机的转速 n 也随之变化。这就是交流伺服电动机利用控制信号电压 $\dot{U}_K$ 的大小和相位的变化,控制转速随之变化的道理。

改变 $\dot{U}_K$ 的大小与相位即实现对交流伺服电动机的控制,控制方法主要有三种:幅值控制、相位控制和幅值-相位控制。

1. 幅值控制

由加在控制绕组上信号电压的幅值大小来控制交流伺服电动机转速,这种控制方式称为幅值控制。

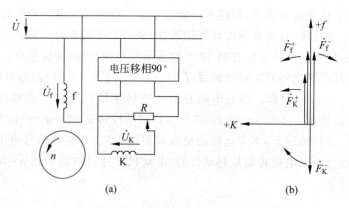

图 12.10 交流伺服电动机幅值控制
(a) 控制接线图;(b) F_f 最大瞬间

幅值控制接线如图 12.10(a)所示。励磁绕组 f 直接接交流电源,电压大小为额定值。控制绕组所加的电压为 $\dot{U}_K$,其相位与励磁绕组电压相差 $90°$,例如落后 $90°$,$\dot{U}_K$ 大小可以改变。U_K 的大小为 $U_K=\alpha U_{KN}$,U_{KN} 为控制绕组额定电压,α 称为有效信号系数,α 最大值为 1。若以 U_{KN} 为基值,控制信号电压 U_K 的标幺值即为 α,即

$$\frac{U_K}{U_{KN}}=\underline{U}_K=\alpha$$

若有效信号系数 $\alpha\neq1$,控制绕组磁通势幅值与励磁绕组磁通势幅值不一样大,而两绕组空间相差 $90°$ 电角度,所加电压及所通电流时间相差 $90°$ 电角度,电机总的气隙合成磁通势为椭圆形旋转磁通势,空间磁通势矢量图如图 12.10(b)所示。该图中 $\dot{F}_f^+$ 与 $\dot{F}_f^-$ 为励磁绕组脉振磁通势 $\dot{F}_f$ 分解成的两个正、反旋转磁通势,$\dot{F}_K^+$ 与 $\dot{F}_K^-$ 为控制绕组脉振磁通势 $\dot{F}_K$ 分解成的两个正、反旋转磁通势,电机内正转磁通势为 $\dot{F}^+=\dot{F}_f^++\dot{F}_K^+$,反转磁通势 $\dot{F}^-=\dot{F}_f^-+\dot{F}_K^-$,这是最一般的情况。当 $\alpha=1$ 时,$F_f=F_K$,$\dot{F}^+=2\dot{F}_f^+$,$\dot{F}^-=0$,气隙磁通势 $\dot{F}=\dot{F}^+$,为圆磁通势;当 $\alpha=0$ 时,$F_K=0$,气隙磁通势 $\dot{F}=\dot{F}_f$ 为脉振磁通势,$F^+=F^-=\frac{1}{2}F_f$;

而 $0<\alpha<1$ 时，气隙中 $F^{+}=F_{\mathrm{f}}^{+}+F_{\mathrm{K}}^{+}$，$F^{-}=F_{\mathrm{f}}^{-}-F_{\mathrm{K}}^{-}$，为椭圆磁通势，$\alpha$ 值越小，椭圆度越大，越接近脉振磁通势。

采用分析单相异步电动机两相绕组通电时的同样方法，正转磁通势与反转磁通势分别产生电磁转矩 T^{+} 与 T^{-}，总的电磁转矩 $T=T^{+}+T^{-}$，最后可以得出有效信号系数 α 为不同值时相应的机械特性，如图 12.11(a) 所示。该图中，电磁转矩与转速都采用标幺值。转矩的基值是 $\alpha=1$ 圆形磁通势时电机的启动转矩，转速的基值是同步转速 n_{1}。机械特性不是直线。

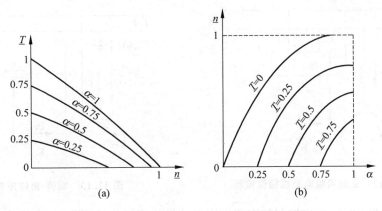

图 12.11 幅值控制时的机械特性与调节特性

(a) 机械特性；(b) 调节特性

从图 12.11(a) 所示的机械特性看出，有效信号系数 $\alpha=1$ 时，气隙磁通势为圆磁通势，$F^{-}=0$，$T^{-}=0$，在一定的转速下电磁转矩 $T=T^{+}$ 最大；$\alpha<1$ 时，正转磁通势 F^{+} 减小，T^{+} 减小，反转磁通势 F^{-} 出现，$T^{-}\neq0$，在一定转速下电磁转矩 $T=T^{+}+T^{-}$，比 $\alpha=1$ 时小；而 $\alpha=0$，正转磁通势 F^{+} 与反转磁通势 F^{-} 大小相等，机械特性 $T=f(s)$ 如图 12.9 所示，在图 12.11(a) 中则过原点不在第 Ⅰ 象限内（图中未画出）。同时还可以看出，$\alpha=1$ 时，理想空载转速为同步转速 n_{1}，而 $\alpha<1$ 时，由于 T^{-} 存在，使得理想空载转速小于 n_{1}，道理与单相异步电动机相同。α 越小，理想空载转速越低。机械特性中，在 $0\leqslant\alpha\leqslant1$ 整个范围内，启动转矩的标幺值 $T_{\mathrm{S}}=\alpha$。

交流伺服电动机幅值控制时的调节特性也可以从机械特性得到的，如图 12.11(b) 所示。幅值控制时调节特性也不是直线，只在 n 较小时近似为直线。为了尽量使交流伺服电动机调节特性用在 n 较小的区域，以保证伺服系统的动态误差较小，许多交流伺服电动机采用频率为 $400\,\mathrm{Hz}$ 的交流电源，提高它的同步转速 n_{1}。与直流伺服电动机相似，调节特性与横轴交点的有效信号系数 α 的值为始动电压的标幺值，转矩大时，始动电压高，始动电压与转矩标幺值的数值相等。

2. 相位控制

由加在控制绕组上的信号电压的相位来控制交流伺服电动机转速的控制方式，称为相位控制。

相位控制接线如图 12.12 所示。励磁绕组接在交流电源上,大小为额定电压,控制绕组所加信号电压的大小为额定值,但是相位可以改变。$\dot{U}_f$ 与 $\dot{U}_K$ 是同频率的,二者相位差为 β,$\beta = 0° \sim 90°$,例如 $\dot{U}_K$ 落后于 $\dot{U}_f$。这样 $\sin\beta = 0 \sim 1$,$\sin\beta$ 称为相位控制的信号系数。

3. 幅值-相位控制

交流伺服电动机幅值-相位控制接线如图 12.13 所示。励磁绕组外边串电容器后再接交流电源,控制电压为 $\dot{U}_K$,其大小可以改变。

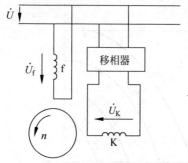

图 12.12 交流伺服电动机相位控制

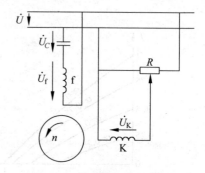

图 12.13   幅值-相位控制

相位控制、幅值-相位控制的交流伺服电动机的控制信号变化时,电机内合成磁通势的性质或椭圆度也随之改变,从而具有不同的机械特性,使电机具有伺服性。这两种控制方法的机械特性和调节特性与幅值控制的相似,为非线性,在转速标幺值较小时线性好。

由于幅值-相位控制线路简单,输出功率较大,采用较多。

12.3 力矩电动机

力矩电动机能输出较大转矩,直接拖动负载运行,运行中直接受控制信号电压控制进行转速调节,在自动控制系统中作为执行元件。

由于没有中间的减速装置,采用力矩电动机拖动负载(单轴拖动系统)与采用高速的伺服电动机经过减速装置拖动负载(多轴拖动系统)相比有很多优点,主要是:响应快速、高精度、机械特性及调节特性线性好,而且结构紧凑、运行可靠、维护方便、振动小等,尤其突出表现在低速运行时,转速可低到 0.00017r/min(4 天才转一圈,低于地球自转速度),其调速范围可以高达几万、几十万。

力矩电动机有直流和交流两大类,从作用原理看,就是低速直流和交流伺服电动机,但转矩较大,转速较低,外形轴向长度短,径向长度长,通常为扁平式结构,极数较多。应用广泛的是直流力矩电动机。

直流力矩电动机总体结构型式有分装式和内装式两种。分装式直流力矩电动机主要由定子、转子和电刷架三大件构成,转子直接套在轴上,转轴和机壳按控制系统要求配制。图 12.14(a)所示为分装式结构。内装式直流力矩电动机与一般电动机一样,把定子、转子、刷架与转轴、端盖装成整机,如图 12.14(b)所示。

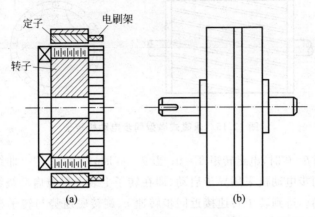

图 12.14 直流力矩电动机

(a) 分装式;(b) 内装式

电动机加电压后,转速为零时的电磁转矩称为堵转转矩,转速为零的运行状态称堵转状态。一般电机不能长时间运行于堵转状态,但力矩电动机经常使用于低速和堵转状态。电机长时间堵转时,稳定温升不超过允许值时输出的最大堵转转矩称为连续堵转转矩,相应的电枢电流为连续堵转电流。运行转速大于零时,输出转矩小于堵转转矩。力矩电动机机械特性是直线。

在很短时间内电枢电流超过连续堵转电流而又不使电机发热烧坏,这样电机输出较大的堵转转矩。但电流太大会使永久磁铁去磁,受去磁限制的最大堵转转矩称为峰值转矩,相应的电枢电流称为峰值电流,在永磁式直流力矩电动机技术数据中给出。

12.4 微型同步电动机

微型同步电动机与交流同步电动机一样,转子转速恒为同步转速 n,使用在转速要求恒定的装置中,例如电唱机、录音机、电视设备、电钟、时间机构、记录仪表装置、陀螺仪等。

微型同步电动机的定子结构与异步电动机定子一样,有单相的,也有三相的。定子绕组通电后建立气隙旋转磁通势。转子的极数与定子极数相同,依据转子不同的类型,微型同步电动机分成永磁式、反应式和磁滞式几种。

12.4.1 永磁式微型同步电动机

永磁式微型同步电动机的转子是一个永久磁铁,N,S 极沿着圆周方向交替排列。当电动机运行时,定子产生转速为 n 的旋转磁通势,转子则以 n 转速随之同步旋转,图 12.15 所示为永磁式微型同步电动机永磁转子,其中 1 为永久磁铁,2 为启动绕组。

转子永久磁铁磁力线与定子磁力线的夹角为 θ,永磁式微型同步电动机电磁转矩大小

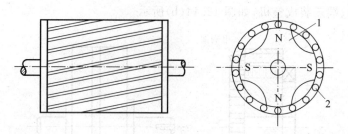

图 12.15 永磁式微型同步电动机转子

与 $\sin\theta$ 成正比。当 $\theta=0°$ 时,电磁转矩 $T=0$;当 $\theta=90°$ 时,$T=T_{max}$,$T\text{-}\theta$ 曲线为正弦曲线。

永磁式微型同步电动机采用异步启动,即在转子上装上鼠笼启动绕组,在启动过程中产生异步转矩启动。待到转子转速接近同步转速 n,旋转磁通势与转子相对速度很小时,转子被牵入同步,转速升到 n。在同步电动机运行时,鼠笼绕组不再起作用。

12.4.2 反应式微型同步电动机

反应式微型同步电动机的转子由铁磁材料制成,其纵轴与横轴方向的磁阻大小相差比较多,纵轴方向的磁阻最小,横轴方向的磁阻最大,纵轴与横轴相差 90° 空间电角度。纵轴与定子磁极轴线夹角为 θ,规定转子纵轴逆时针方向领先定子磁极轴线时,θ 为正。

转子处于磁场中,其纵轴与横轴磁阻不对称时,磁通必然要走磁阻最小的路径。图 12.16 所示为转子位置不同时磁通路径的几种情况。在磁场中,转子受力,由于磁通的路径不同,转子受力的大小与方向也都不同,规定转矩的逆时针方向为正。

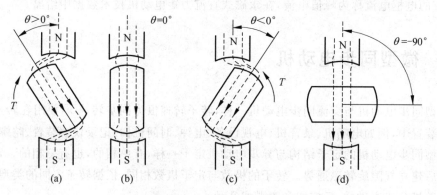

图 12.16 磁阻不对称时的反应转矩

分析磁场力的方向可以采用电磁场课程中所讲法拉第力管的看法,形象的比喻就是把每根磁力线都看成为被拉长的橡皮筋,它有纵向收缩、横向扩张的趋势,由此对磁场中的导体或铁磁体产生力的作用,即磁场力。按照这个方法,图 12.16(a)中,$0°<\theta<90°$ 时,定子与转子之间的磁力线都有纵向收缩的趋势,因此被磁力线连着的定子和转子沿着磁力线方向互相吸引,也就是转子受到电磁转矩 T,方向为顺时针,按照正方向规定,$T<0$。同理,图 12.16(b)中,$\theta=0°$,被磁力线连着的定子与转子互相吸引的电磁力方向在转子纵

轴上,因此转矩 $T=0$。不言而喻,图 12.16(c)中,$-90°<\theta<0°$,$T>0$;图 12.16(d)中,$\theta=-90°$,$T=0$。这种由于转子横、纵轴磁阻不对称而使转子在磁场中受到转矩,该转矩称为反应转矩,或称磁阻转矩。该转矩即为凸极式同步电动机的凸极电磁转矩。

由于反应转矩的存在,定子磁通势若以同步转速 n 旋转时,转子也随之同步旋转。反应式微型同步电动机以 n 转速负载运行时,其 $T=T_L$,也就是说 θ 的大小由负载转矩 T_L 决定。

反应式微型同步电动机转子上也装有鼠笼绕组,用来启动,同时鼠笼绕组还可作为阻尼绕组,消除转子的振荡。图 12.17 所示为不同形式的转子冲片,冲片上的小圆孔内系装鼠笼条。

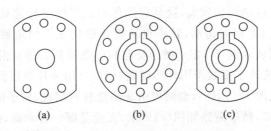

图 12.17 反应式微型同步电动机转子冲片

(a) 外反应式;(b) 内反应式;(c) 内外反应式

12.4.3 磁滞式同步电动机

磁滞式同步电动机转子由硬磁材料制造。

硬磁材料的磁滞现象非常显著,其磁滞回线宽,剩磁与矫顽力数值很大,反映出硬磁材料磁化时,阻碍磁分子运动的相互间摩擦力甚大。铁磁材料在交变磁化时,磁滞现象表现为 B 滞后于 H 一个时间角。磁滞式同步电动机转子,是处于旋转磁化状态,磁滞现象表现为铁磁材料的磁通势滞后于外磁通势一个空间角,具体分析如下。

图 12.18(a)中电机转子是一个硬磁材料的实心转子,大小不变的定子磁通势(或磁力线、或磁通,方向都一样)在空间固定方向,转子处于恒定磁化状态。转子上的磁分子沿定子磁通势方向排列,转子总磁通势 F 与定子磁通 Φ 方向一致,转子受转矩 $T=0$。若定

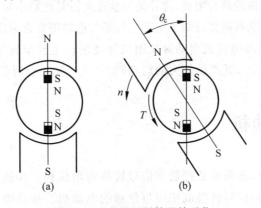

图 12.18 硬磁材料转子的磁化

子磁通势逆时针方向在空间旋转,如图12.18(b)所示,转子处于旋转磁化状态,其上的磁分子都不停地改变方向,以使其磁通势的方向与定子旋转磁通势的方向一致,但是磁分子旋转时彼此甚大的摩擦力,使得它们不能即时跟上定子旋转磁通势的速度,而始终落后一个空间角度 θ_c,这就是转子磁通势 F 与定子磁通 Φ 的空间夹角,称为磁滞角。旋转磁化时由于磁滞角存在,转子受转矩 $T_c \neq 0$,是逆时针方向,称为磁滞转矩。磁滞式同步电动机启动时,转子之所以能随定子旋转磁通势旋转并达到同步转速 n,其原因就在于磁滞转矩的存在。磁滞式同步电动机中,磁滞角 θ_c 的大小只取决于硬磁材料的磁化特性,与旋转磁通势的转速无关,当 Φ 一定时,在 $0 \sim n$ 范围内,θ_c 与 T_c 都为常数。磁滞式同步电动机可以自行启动,而且启动转矩较大,这是它的优点。当转子转速到达 n 同步运行以后,旋转磁通势与转子之间无相对运动,转子也从旋转磁化变为恒定磁化,成为一个永久磁铁,带的负载大小可以从 0 到 T_c,定子磁通势与转子磁通势夹角 θ 相应地从 0 到 θ_c。

磁滞式同步电动机转子多数采用环形硬磁材料,可用冲片叠压而成,也可用整块铸造而成。里面有套筒,见图12.19(a),套筒可由非磁性材料制成,转子磁路如图(b)所示;套筒也可由磁性材料制成,转子磁路如图(c)所示,无论是哪一种套筒,磁通都必经硬磁材料的有效环。

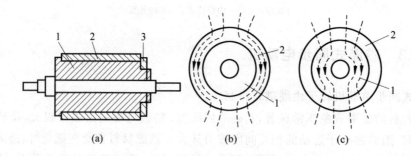

图 12.19 磁滞式电动机的转子

(a) 转子结构;(b) 非磁性套筒;(c) 磁性套筒
1—套筒;2—硬磁材料的有效环;3—挡环

功率较小的磁滞电动机,定子可以采用罩极结构,与罩极式单相异步电动机的定子一样。转子则可由硬磁材料的薄片组成,薄片的形状还可以是磁路不对称的,即有纵轴与横轴之分。这样运行时转矩既有磁滞转矩又有反应转矩。电钟里常常采用罩极式磁滞电动机。

前边讲的永磁式同步电动机启动时除用鼠笼绕组产生异步转矩以外,也可以采用转子上装上硬磁材料的圆环,既产生较大的启动转矩,又增加运行时的同步转矩。

12.5 步进电动机

在自动控制系统中,常常需要把数字信号转换为角位移。步进电动机就是一种用电脉冲进行控制、将电脉冲信号转换成相应角位移的电动机。步进电动机输入一个电脉冲就前进一步,其输出的角位移与输入的脉冲数成正比,转速与脉冲频率成正比。它在数控开环系统中作为执行元件,例如用在数字程序控制线切割机、平面绘图机中。

使用最多的一种步进电动机是反应式步进电动机。永磁式步进电动机和感应子式永磁步进电动机的基本原理与反应式步进电动机相似。本节以反应式步进电动机为例,分析其基本原理与运行性能。

12.5.1 矩角特性及稳定平衡点

反应式步进电动机定子相数 m 为 2、3、4、5、6,定子磁极个数为 $2m$,每个磁极上套着该相控制绕组。图 12.20 是一台三相六极反应式步进电动机,转子有四个齿。工作时,以电脉冲向 A,B,C 三相控制绕组轮流通入直流电流 I,转子就会向一个方向一步一步转动。步进电动机不改变通电情况的运行状态叫静态运行。我们先分析 A 相绕组通电,B,C 两相断电的静态运行的情况。

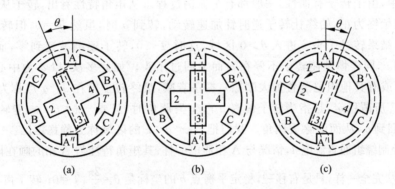

图 12.20 A 相绕组通电时的静转矩与失调角

(a) $0°<\theta<180°$; (b) $\theta=0°$; (c) $-180°<\theta<0°$

A 相控制绕组通直流电流 I,电机中就产生反应转矩,其原理与反应式同步电动机相同,如图 12.20 所示。步进电动机静态运行时转子受到的反应转矩 T 叫做静转矩,规定逆时针方向为正。定子磁极 A 的轴线与转子齿 1 的轴线夹角 θ 叫做失调角,规定齿 1 轴线逆时针领先定子磁极 A 的轴线 θ 为正。θ 的大小用电角度表示,规定转子每一个齿距所占空间角度为 2π 电角度。控制绕组匝数固定、忽略磁路饱和影响时,在上述正方向前提下,静转矩与失调角的关系为

$$T = -C\sin\theta$$

式中 常数 C 值由电流大小、气隙磁阻情况和控制绕组匝数确定;

$T = f(\theta)$ 为步进电动机的矩角特性。

图 12.21 所示为 A 相绕组通电时的矩角特性曲线,为了简单,图中只画出 $-\pi \leqslant \theta \leqslant \pi$ 这一段,与图 12.20 是完全一致的。

电机空载($T_L = 0$)时,转子位置只要在 $-\pi < \theta < \pi$ 区域,例如转子 $\theta = -\dfrac{2\pi}{3}$,当 A 相绕组通电后,从矩角特性上看出是曲线上的 a_1 点,其静转矩 $T > 0$。在 T 作用下转子逆时针转,到 a 点,此时 $T = 0$,在矩角特性曲线上简单地表示为沿曲线从 $a_1 \rightarrow a$。实际上在这个

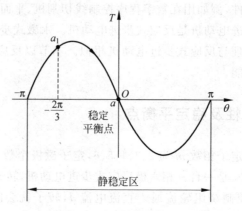

图 12.21　A相的矩角特性曲线

转动过程中，由于转子有惯性，一般都有个振荡过程。从矩角特性看出，转子从 a_1 到 a 之前，静转矩始终为正，始终让转子逆时针加速转动，转到 a 时，虽然 $T=0$，但转子有惯性，停不下来，结果转过了头。进入 $\theta>0$ 区域，这时 $T<0$，转子逐渐减速到零，而后顺时针转，再回到 a，同样惯性使转子不停在 a 而又回过了头。如此多次，以 a 为中心振荡。由于有摩擦（或有其他阻尼装置加大摩擦），振荡衰减，最终转子停在 a。a 点称为 A 相的稳定平衡点。所谓稳定，是指当转子偏离 a 产生失调角时，只要 $-\pi<\theta<\pi$，静转矩 T 自动把转子拉回到 a，从而消除失调角。我们把 $-\pi<\theta<\pi$ 的区域称为静稳定区。

B 相控制绕组通直流电 I，情况与 A 相通电一样，其矩角特性与 A 相的画在同一个坐标上，曲线形状完全一样，只是右移 $\frac{2\pi}{3}$，稳定平衡点 b 的坐标是 $\theta=\frac{2\pi}{3}$，$T=0$；转子齿 2 与磁极 B 对齐；静稳定区是 $\left(-\pi+\frac{2\pi}{3}\right)<\theta<\left(\pi+\frac{2\pi}{3}\right)$。C 相绕组通直流电 I，其矩角特性又右移 $\frac{2\pi}{3}$，稳定平衡点 c 的坐标是 $\theta=\frac{4\pi}{3}$，$T=0$；转子齿 3 与磁极 C 对齐；静稳定区是 $\left(-\pi+\frac{4\pi}{3}\right)<\theta<\left(\pi+\frac{4\pi}{3}\right)$。图 12.22 中 A,B,C 曲线为 A,B,C 三相绕组分别通电时的矩角特性。

12.5.2　步进运行状态

向步进电机送入脉冲，三相控制绕组轮流通电，通电的顺序是 A—B—C。下面分析脉冲周期比转子振荡过渡过程时间长的条件下电动机的运行情况。

先分析电动机空载 $T_L=0$ 的运行情况见图 12.22。第一个脉冲是 A 相通电，通电前转子停在静稳定区内，例如 $\theta=-\frac{2\pi}{3}$，通电瞬间该处静转矩 $T>0$，转子逆时针旋转，停到稳定平衡点 a，此处 $\theta=0$，$T=0$。第二个脉冲是 B 相通电，通电瞬间 $\theta=0$，转子处在 B 相的静稳定区内，$T>0$，为矩角特性曲线上的 b_1 点，转子又逆时针旋转，停到 b，此处 $\theta=\frac{2\pi}{3}$，$T=0$，该过程简单表示为 $a\to b_1\to b$。第三个脉冲是 C 相通电，过程相同，为 $b\to c_1\to c$。第四个脉冲又是 A 相通电,为 $c \to a_1' \to a'$,a' 点为 A 相矩角特性 $\pi < \theta < 3\pi$ 这段的稳定平衡点。转子从 $a \to b \to c \to a'$,每一个脉冲走一步,每步走同样的角度,叫做步距角 θ_b,上述 $\theta_b = \dfrac{2\pi}{3}$ 电角度。若脉冲持续不断,上述过程重复不止,转子一步一进旋转不停,每经一个通电循环,即 A,B,C 三相各通电一次,失调角 θ 增加 2π,转子转过去一个齿距。上述一个脉冲走一步、一步一停的运行状态叫做步进运行。图 12.23(a)、(b)、(c)、(d)分别表示空载步进运行时转子停在 a,b,c,a' 各稳定平衡点的情况。通电绕组的静稳定区称为静稳定区,下一个通电绕组的静稳定区称为动稳定区,例如 A 相通电时,$-\pi < \theta < \pi$ 为静稳定区,$\left(-\pi + \dfrac{2\pi}{3}\right) < \theta < \left(\pi + \dfrac{2\pi}{3}\right)$ 为动稳定区,见图 12.22。上述过程表明,通电时,转子每旋转一步最后停留的位置必须在动稳定区内,也就是说静、动稳定区必须有所重叠,重叠区域 $(\pi - \theta_b) \neq 0$,下一步就可继续沿原来旋转方向进行,$(\pi - \theta_b)$ 越大越好。

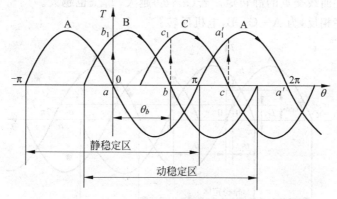

图 12.22 步进电动机三相矩角特性曲线与空载步进运行

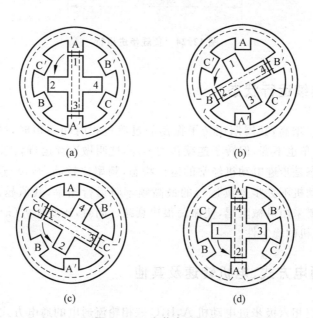

(a)　　　　　　　　(b)

(c)　　　　　　　　(d)

图 12.23 空载步进运行

再看步进电机带负载($T_L \neq 0$)时步进运行的情况。空载时,转子每一步之所以停在稳定平衡点上,是因为各点上静转矩 $T=0$,满足了 $T=T_L$ 的转矩平衡关系。带负载后,转矩平衡关系不变,转子每一步停留的点上其静转矩都为 $T=T_L$,因此与空载相比,转子每一步都要落后一个电角度 θ_L,如图 12.24 中的 a_1,b_1,c_1,a_1' 等。每一步的过程相同,例如从 a_1 到 b_1 的过程是:A 相绕组通电转子最后停在 a_1,该处 $\theta = -\theta_L$,$T=T_L$;B 相通电后,$\left(-\pi + \dfrac{2\pi}{3}\right) < -\theta_L < \left(\pi + \dfrac{2\pi}{3}\right)$,且 $\theta = -\theta_L$ 的 b_2 点 $T > T_L$,转子逆时针旋转,最后到 b_1 停止,这里 $T=T_L$ 转矩平衡,简单表示为 $a_1 \to b_2 \to b_1$。脉冲不停、前进不止,每一步一停、步距角 $\theta_b = \dfrac{2\pi}{3}$ 电角度,与空载时一样。负载运行时,转子除了每一步必须停在动稳定区这一个条件外,还要满足在每一步的平衡点处,下一相通电的静转矩 $T > T_L$,这样下一步沿原旋转方向继续进行。从图 12.24 看出,步进运行可能带的最大负载是 T_{Lmax},等于相邻两相矩角特性曲线交点的静转矩。若($\pi - \theta_b$)越大,T_{Lmax} 也越大。

若通电顺序相反,为 A—C—B,电机反转。

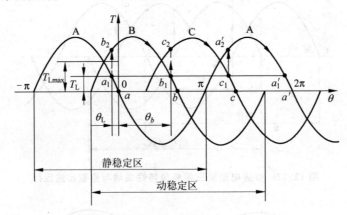

图 12.24　负载步进运行

12.5.3　连续运行状态

当脉冲频率 f 增高,其周期比转子振荡的过渡过程时间还短时,虽然仍旧是一个脉冲前进一步,步距角也不变,但转子连续转动不停,这叫做连续运行状态。

连续运行状态是步进电动机经常的运行状态,频率比较高,转速与频率成正比,调速范围也很大。电动机不丢步连续运行的最高频率叫运行频率,其值越高电机转速越高。步进电动机一般要采用机械阻尼,使振荡很快衰减。同时,还要加大($\pi - \theta_b$)的范围,即减小步距角,增加电机的稳定性。

12.5.4　通电方式、电机转速及其他

上面介绍的三相六极步进电动机 A,B,C 三相轮流通电的通电方式是三相单三拍,每改变一次通电方式叫作一拍,"三拍"指一个通电循环为三拍,"单"是指每拍只有一相绕组

通电。三相单三拍通电顺序为 A—B—C—A 或 A—C—B—A。除了单三拍外，还可以有双三拍，"双"是指每拍是两相绕组通电，即 AB—BC—CA—AB 或 AC—CB—BA—AC；三拍为一循环，一个循环转一个齿距，步距角 $\theta_b = \dfrac{2\pi}{3}$ 电角度，与单三拍相同。但是，双三拍的每一步平衡点，转子受到两个相反方向的转矩而平衡，振荡弱，稳定性好，如图 12.25 所示。还可以有三相单、双六拍通电方式，即 A—AB—B—BC—C—CA—A 或 A—AC—C—CB—B—BA—A，六拍为一通电循环，每循环仍旧旋转一个齿距，步距角 $\theta_b = \dfrac{\pi}{3}$ 电角度。该通电方式空载运行时每步的平衡位置为图 12.23 和图 12.25 所示的几个位置。显然，$(\pi - \theta_b) = \dfrac{2\pi}{3}$，比三拍的大 1 倍，所能带的最大负载增加，稳定性更好。

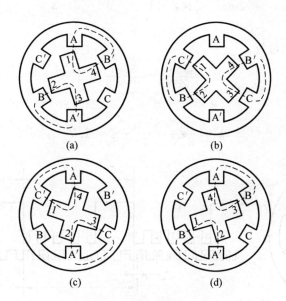

图 12.25 三相双三拍空载步进运行

步进电动机中一个通电循环的拍数 N（通常拍数 $N=m$ 或 $2m$）与步距角 θ_b 乘积为一个齿距角。前面采用的是电角度，一个齿距角为 2π 电角度，三相三拍步距角为 $2\pi/3$，三相六拍步距角为 $\pi/3$。实际应用中，步进电动机步距角往往采用机械角度表示，转子齿数为 Z_r，这样步距角（机械角）为

$$\theta_b = \frac{360°}{Z_r N} \tag{12-1}$$

定子一相绕组通电时在气隙圆周上形成的磁极个数为 $2p$（一般 $2p=2$），这样步进电动机转速为

$$n = \frac{60 f \theta_b}{360} = \frac{60 f}{Z_r N} \quad (\text{r/min})$$

步进电动机定子磁极数与转子齿数之间有一定的关系，每一个极下的齿数不能是正整数，而需要差 $1/m$ 个齿，经过 m 个极相差一个齿，这样每极下的齿数则为

$$\frac{Z_r}{2mp} = K \pm \frac{1}{m}$$

其中 K 为正整数。上面分析的三相六极电机即为 $2mp = 2m = 6$，$K = 1$，"$\pm 1/m$"的符号取"$+$"。

实际的步进电动机步距角（机械角）太大，影响使用，希望做得小些，国内常见的反应式步进电动机步距角有 $1.2°/0.6°$，$1.5°/0.75°$，$1.8°/0.9°$，$2°/1°$，$3°/1.5°$，$4.5°/2.25°$等。从式（12-1）看出，减小电动机步距角主要是增加转子齿数 Z_r。图 12.26 所示为一台三相六极转子 40 个齿的反应式步进电动机，定、转子齿要一样大，所以定子每个磁极上也有齿，图（a）为结构示意图，图（b）为展开图。显然，每极下的齿数为

$$\frac{Z_r}{2mp} = \frac{40}{2 \times 3 \times 1} = 6\frac{2}{3} = 7 - \frac{1}{3}$$

差 $1/3$ 才为整数 7。

$N = 3$ 时，其步距角为

$$\theta_b = \frac{360°}{Z_r N} = \frac{360°}{40 \times 3} = 3°$$

$N = 6$ 时，步距角为

$$\theta_b = \frac{360°}{Z_r N} = \frac{360°}{40 \times 6} = 1.5°$$

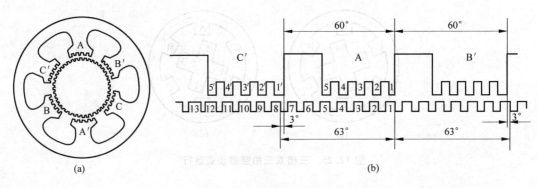

图 12.26 小步距角三相反应式步进电动机

12.6 旋转变压器

旋转变压器是一种控制电机。其转子上输出的电压与转子转角之间为正弦、余弦或其他函数关系，在自动控制系统中可作为解算元件，进行三角函数运算、坐标转换；也可以在随动系统中作为同步元件，传输与角度有关的电信号，代替控制式自整角机（控制式自整角机见 12.7 节）；旋转变压器也可以作为移相器。

旋转变压器的种类很多，输出电压与转子转角呈正弦和余弦关系的旋转变压器称为正、余弦旋转变压器。在一定工作转角范围内，输出电压与转子转角呈正比关系的旋转变压器称为线性旋转变压器。还有输出电压与转子转角呈正割函数、倒数函数、对数函数、

弹道修正函数等各种特殊函数旋转变压器等等。就其原理与结构来说,基本上相同,本节仅介绍正、余弦旋转变压器。

旋转变压器的结构与绕线式异步电动机相似,一般都是一对极,图 12.27(a)为其示意图。定子上装有两套完全相同的绕组 D 和 Q,在空间成 90°角,每套绕组的有效匝数为 N_1,D 绕组轴线 d 为电机的纵轴,Q 绕组的轴线 q 为电机的横轴。转子上也装有两套互相垂直且完全相同的绕组 A 和 B,分别经滑环和电刷引出,每套绕组的有效匝数为 N_2。转子的转角是这样规定的:以 d 轴为基准,转子绕组 A 的轴线与 d 轴的夹角 α 为转子的转角。

D 绕组为励磁绕组,接交流电压 $\dot{U}_1$,转子上的绕组开路,就是空载运行。

D 绕组中有励磁电流 $\dot{I}_{D0}$ 和励磁磁通势 $\dot{F}_D = \dot{I}_{D0}N_1$,$\dot{F}_D$ 是 d 轴方向上空间正弦分布的脉振磁通势,在图 12.27(b)的空间磁通势图上给出 $\dot{F}_D$ 的位置。

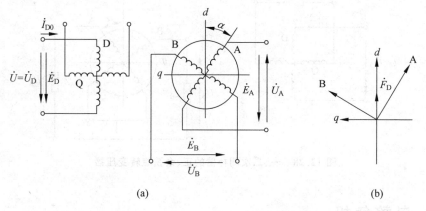

(a)　　　　　　　　　　　　　　　　　(b)

图 12.27　空载时的正、余弦旋转变压器

把 $\dot{F}_D$ 分成两个脉振磁通势 $\dot{F}_A$ 和 $\dot{F}_B$,$\dot{F}_A$ 在绕组 A 的轴线上,$\dot{F}_B$ 在绕组 B 的轴线上,则

$$\dot{F}_D = \dot{F}_A + \dot{F}_B$$

$$F_A = F_D\cos\alpha$$

$$F_B = F_D\sin\alpha$$

$\dot{F}_A$ 在 $+A$ 轴线方向产生正弦分布的脉振磁密,在绕组 A 中产生感应电动势 $\dot{E}_A$,磁路不饱和时,E_A 的大小正比于磁密,正比于磁通势 F_A,也就是说,E_A 的大小与 $\cos\alpha$ 成正比。同理,绕组 B 中感应电动势 E_B 的大小正比于磁通势 F_B,也就是与 $\sin\alpha$ 成正比,即

$$E_A \propto F_A = F_D\cos\alpha$$

$$E_B \propto F_B = F_D\sin\alpha$$

忽略各绕组漏阻抗,则绕组 A 和 B 的端电压

$$U_A = E_A \propto \cos\alpha$$

$$U_B = E_B \propto \sin\alpha$$

这就是正弦、余弦旋转变压器的原理。使用时,α 的大小可以根据需要调节,但不论 α 为多大,只要是常数,输出绕组就送出与其正弦量或余弦量成正比的电压。

当输出绕组接上负载时,绕组中便有电流,会产生电枢反应磁通势。绕组 A 的电枢反应磁通势肯定在＋A轴线上,绕组B的电枢反应磁通势肯定在＋B轴线上。它们若同时存在,就会使q轴方向上合成磁通势为零,这最为理想。因为只剩下d轴方向的合成磁通势可以被定子励磁绕组磁通势平衡,仍保持d轴磁通势F_D不变,输出的电压可以保持与转角α的正弦和余弦关系。因此正、余弦旋转变压器实际使用时即便是一个输出绕组工作,另一绕组也要通过阻抗短接,称为二次侧补偿。还可以是定子上的Q绕组短接,在二次侧电枢反应产生q轴方向磁通势时,Q绕组可以感应电动势,有电流,产生q轴方向磁通势,补偿电枢反应q轴磁通势,这称为一次侧补偿。如果不采用二次侧或一次侧补偿,q轴方向有磁通势会引起输出电压的畸变,这是不行的。实际使用中,接线如图12.28所示,一、二次侧均补偿,而且阻抗Z_A和Z_B尽量大些为好。

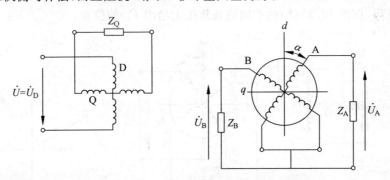

图12.28 一、二次侧补偿的正、余弦旋转变压器

12.7 自整角机

在自动控制系统中,需要指示位置和角度的数值,或者需要远距离调节执行机构的速度,或者需要某一根或多根轴随着另外的与其无机械连接的轴同步转动,都可采用自整角机来实现自动指示角度和同步传输角度。

通常,自整角机的结构是一个两极电机,有一个单相励磁绕组。控制式自整角接收机的励磁绕组嵌放在电机转子上。其他的自整角机,励磁绕组可以是分布绕组,其磁极为隐极;也可以是集中绕组,磁极为凸极,多数放在转子上,有的也放在定子上,如图12.29所示,图中(a)、(b)属于凸极结构,(c)属于隐极结构。电机中一边嵌放励磁绕组,另一边嵌放三相对称的整步绕组,又称同步绕组。三相整步绕组是分布绕组,在电路上三相接成星形(Y)连接,有三个引出端。

自整角机一台发送机与一台接收机相连接,成对使用,两台电机的结构和参数一样。自整角机工作时,发送机的励磁绕组接在单相交流电源上,发送机与接收机的三相整步绕组中,同样相号的引出线接在一起,接线如图12.30(a)所示。画接线图时,为了表示清楚,把励磁绕组与整步绕组分开画,习惯上励磁绕组画在上边,整步绕组画在下边。图中下标为F的是发送机,画在左边,下标为J的是接收机,画在右边。先分析只有发送机励磁绕组接电源时的电磁关系,暂不考虑接收机励磁绕组情况。

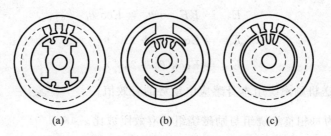

图 12.29　接触式自整角机定、转子的结构型式

12.7.1　发送机励磁绕组通电时自整角机的磁通势

把发送机励磁绕组的轴线定为 d 轴,与其垂直的方向为 q 轴,整步绕组中 A 相的轴线为 A 轴,A 轴与 d 轴夹角 θ_F 为转子位置角。接收机中 d 轴和 q 轴分别与发送机的 d 轴和 q 轴同方向,A 轴与 d 轴夹角 θ_J 为接收机的转子位置角,$\theta_F - \theta_J = \theta$ 叫失调角,如图 12.30(a)所示。

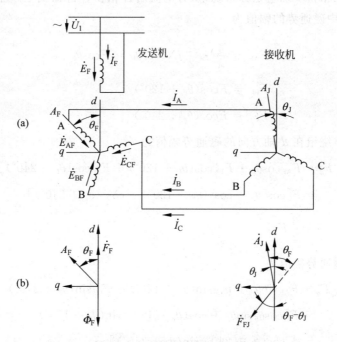

图 12.30　发送机励磁绕组通电时的情况

不论是凸极还是隐极,发送机励磁绕组接上单相交流电后,电源电压为 $\dot{U}_1$、在绕组的轴线 d 方向上产生空间为正弦分布的脉振磁通势,设其磁通为 Φ_F,在 $(-d)$ 方向,如图 12.30(b)所示。发送机三相整步绕组中感应电动势,其相位相同,与旋转变压器励磁绕组通交流电时其正、余弦绕组中感应电动势的情况完全一样。整步绕组中电动势的有效值为

$$E_{AF} = KE_F\cos\theta_F = E\cos\theta_F$$

$$E_{BF} = E\cos(\theta_F + 120°)$$

$$E_{CF} = E\cos(\theta_F + 240°)$$

式中 E_F 为发送机励磁绕组本身感应电动势的有效值;

$K = \dfrac{N_2}{N_1}$ 为每相整步绕组与励磁绕组的有效匝数比。

发送机与接收机的整步绕组接通后构成三相对称电路。整步绕组中有电流,且同相位,其有效值为

$$I_A = \frac{E}{2Z}\cos\theta_F = I\cos\theta_F$$

$$I_B = I\cos(\theta_F + 120°)$$

$$I_C = I\cos(\theta_F + 240°)$$

式中 Z 为每相整步绕组的漏阻抗。

自整角机三相整步绕组是分布绕组,有电流后各相在各自轴线上产生同相位的脉振磁通势,发送机中磁通势的幅值为

$$F_{AF} = \frac{4}{\pi} \cdot \frac{\sqrt{2}}{2} IN_2\cos\theta_F = F\cos\theta_F$$

$$F_{BF} = F\cos(\theta_F + 120°)$$

$$F_{CF} = F\cos(\theta_F + 240°)$$

发送机三相整步绕组在 d 轴方向的磁通势幅值为

$$F_d = F_{AF}\cos\theta_F + F_{BF}\cos(\theta_F + 120°) + F_{CF}\cos(\theta_F + 240°)$$

$$= F[\cos^2\theta_F + \cos^2(\theta_F + 120°) + \cos^2(\theta_F + 240°)]$$

$$= \frac{3}{2}F$$

在 q 轴方向的磁通势幅值为

$$F_q = F_{AF}\sin\theta_F + F_{BF}\sin(\theta_F + 120°) + F_{CF}\sin(\theta_F + 240°)$$

$$= F[\cos\theta_F\sin\theta_F + \cos(\theta_F + 120°)\sin(\theta_F + 120°)$$

$$+ \cos(\theta_F + 240°)\sin(\theta_F + 240°)]$$

$$= 0$$

发送机三相整步绕组总磁通势为 d 轴方向磁通势,即

$$F_F = F_d = \frac{3}{2}F$$

也就是说,在 d 轴脉振磁通势作用下,三相对称的整步绕组产生的磁通势 $\dot{F}_F$ 也在 d 轴上脉振,与 Φ_F 的实际方向相反,大小是常数,与定、转子相对位置无关。

在接收机中,三相整步绕组中有电流也有磁通势 $\dot{F}_{FJ}$,由发送机励磁绕组通电流而在接收机整步绕组中产生磁通势,这种磁通势 $\dot{F}$ 的下标为 FJ。与发送机相比较,绕组整步电流是一个,对发送机为流出,对接收机为流入,因此 $F_{FJ} = F_F$,但方向刚好相反,即在发送机中,$\dot{F}_F$ 与 A 轴夹角为 θ_F,在接收机中$(-\dot{F}_{FJ})$ 与 A 轴夹角也为 θ_F,$\dot{F}_{FJ}$ 与 $(-d)$ 轴夹角则为失调角 $\theta = \theta_F - \theta_J$,见图 12.30(b)。

12.7.2 控制式自整角机

控制式自整角机工作在变压器状态,又称为自整角变压器,其接收机的励磁绕组放在 q 轴上,如图 12.31(a)所示。从该图(b)可以看出,接收机整步绕组磁通势 $\dot{F}_{FJ}$ 产生的磁通在励磁绕组中感应电动势 $\dot{E}_2$,有效值大小为

$$E_2 = E_{2m} \sin\theta \tag{12-2}$$

式中 E_{2m} 为 $\theta = 90°$ 时励磁绕组的感应电动势,也是励磁绕组最大电动势。

空载时,输出电压 $U_2 = E_2$,负载时,由于自整角机励磁绕组有漏阻抗压降,输出电压比空载时下降,为了尽量使输出电压接近绕组电动势,绕组所接负载阻抗(放大器的输入阻抗)越大越好。输出电压 U_2 与失调角 θ 的关系曲线见图 12.32 所示。$\theta = 0°$ 的位置称为自整角机的协调位置,这时输出电压 $U_2 = 0$。当 $\theta = 1°$ 时自整角变压器输出电压的值叫比电压,比电压越大,系统工作越灵敏。

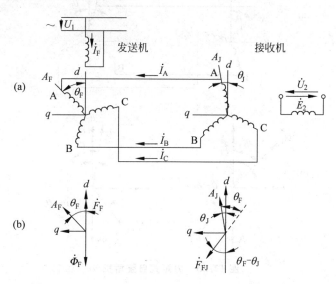

图 12.31 控制式自整角机

从式(12-2)看出,两台一起工作的控制式自整角机,当其主令轴的位置角 θ_F 与随动轴位置 θ_J 不一样时,即自整角机离开了协调位置产生失调角,这时自整角变压器就输出正比于 $\sin\theta$ 的电压,经放大后去控制交流伺服机,使它带动与该伺服电动机装在同轴上的负载和自整角变压器转子转动,直到使 $\theta_J = \theta_F$ 消除失调角为止。若主令轴连续旋转,通过上述过程,随动轴也带负载同步旋转。

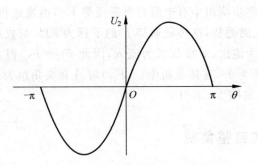

图 12.32   自整角变压器输出电压特性

12.7.3   力矩式自整角机

力矩式自整角机其接收机的励磁绕组与发送机的励磁绕组位置也完全一样,都在 d 轴上。工作时,两个励磁绕组接在同一个交流电源上,如图 12.33(a) 所示。

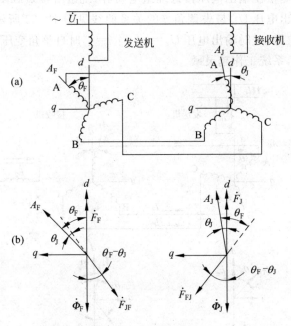

图 12.33   力矩式自整角机

力矩式自整角机工作时,无论是发送机还是接收机,其电机内磁通势的情况,在磁路不饱和条件下,都可以看成是发送机励磁绕组与接收机励磁绕组分别单独接电源时所产生磁通势的线性叠加。两台电机及接线都是对称的,两励磁绕组接电源各自所产生的磁通势也是对称的,知道了前者,后者也就知道了。后者即接收机励磁绕组接电源,在接收机中($-d$)轴方向上有励磁绕组产生的脉振磁通 $\dot{\Phi}_J$,$\Phi_J = \Phi_F$。由于 $\dot{\Phi}_J$ 交变,整步绕组中感应电动势,有电流,建立磁通势 $\dot{F}_J$,$\dot{F}_J$ 方向与 $\dot{\Phi}_J$ 相反,与 A 轴夹角为 θ_J,$F_J = F_F$。在发送机中,整步绕组产生磁通势 $\dot{F}_{JF}$,$(-\dot{F}_{JF})$ 与 A 轴夹角为 θ_J ,与 $(-d)$ 轴夹角为失调角 θ ,$F_{JF}=F_J=F_{FJ}$ 。力矩式自整角机工作时,两台电机励磁绕组都接电源,电机内磁通势的情况如图 12.33(b)所示;在两电机内磁通势是对称的。

在接收机中,整步绕组磁通势 $\dot{F}_{FJ}$ 与励磁绕组磁通 $\dot{\Phi}_J$ 不在一个方向上,夹角为 θ ,因此有转矩产生,称整步转矩。为了分析整步转矩的方向和大小,把图 12.33 中接收机等效为图 12.34 所示的一台电动机,励磁绕组建立的磁场看作有 N,S 极的定子磁场,磁通为 Φ ,整步绕组看成为转子上的一个线圈,磁通势为 F,磁通势与磁力线夹角为 θ ,即失调角。图 12.34 中转子受的转矩 T 相当于自整角接收机的整步转矩 T_J ,方向为逆时针,欲消除失调角 θ ,大小与 $\sin\theta$ 成正比,因此

$$T_J = T_m \sin\theta$$

式中　T_m 为 $\theta=90°$ 时的转矩,为转矩最大值。

整步转矩的作用是使转子朝消除失调角的方向转动。同样的分析方法可知,发送机也产生同样大小的整步转矩,$T_F=T_J$,方向是顺时针的,也欲使其转子消除失调角。若失调角 $\theta=0°$,则 $T_J=T_F=0$ 。

成对工作的力矩式自整角机,当主令轴位置角 θ_F 与随动轴位置角 θ_J 不同产生失调角时,自整角发送机与接收机中都产生整步转矩来消除失调角,当接收机转子不带负载时,主令轴 θ_F 为多少,随动轴也转到 θ_J 为多少,使 $\theta=0°$,力矩式自整角机仿佛一根机械轴,把主令轴与随动轴连接在一起。

图 12.34　自整角接收机等效电机简图

励磁绕组若为集中绕组(凸极结构),对脉振磁通来说,其横轴与纵轴的磁阻也不一样,存在着反应整步转矩。

失调角 $\theta=1°$ 时的静态整步转矩称为比整步转矩,其值越大,系统越灵敏。由于凸极结构的力矩式自整角机有反应整步转矩,其比整步转矩较大,因此力矩式自整角机大多采用凸极结构。

力矩式自整角机通常使用在自动指示系统中带动仪表指针。

12.8　测速发电机

测速发电机把机械转速变为电压信号,输出的电压与转速成正比关系,在自动控制系统和计算装置中作为检测元件、解算元件、角加速度信号元件等。例如,在速度控制系统中,检测转速,并产生反馈信号以提高系统的精度等。很多情况下,测速发电机代替测速计直接测量转速。

测速发电机有直流和交流两大类。

12.8.1　直流测速发电机

直流测速发电机有两种:一种是电磁式直流测速发电机,即微型他励直流发电机;一种是永磁式直流测速发电机,即磁极为永久磁铁的微型直流发电机。直流测速发电机结

构与原理都与直流发电机相同。

当每极磁通 $\Phi=$ 常数时,发电机的电动势为

$$E_a = C_e \Phi n$$

若负载电阻为 R,则其输出电压为

$$U = E_a - I_a R_a = E_a - \frac{U}{R} R_a$$

$$U = \frac{E_a}{1 + \dfrac{R_a}{R}} = \frac{C_e \Phi}{1 + \dfrac{R_a}{R}} n = Cn$$

即输出电压 U 与转速 n 成正比,负载时,$U < E_a$。

负载电阻 R 一定,当转速较高时 U 较大,I_a 也较大,电枢反应产生去磁作用使磁通 Φ 减小,输出电压 U 相应要降低。为了减少电枢反应的去磁作用,使用直流测速发电机时,转速范围不要太大,负载电阻不能太小,电磁式直流测速发电机可以安装补偿绕组。

12.8.2 交流测速发电机

自动控制系统中应用最广泛的是空心杯转子异步测速发电机,下面介绍它的结构和原理。

1. 结构简介

空心杯转子异步测速发电机定子上有两相互相垂直的分布绕组,其中一相为励磁绕组,另一相为输出绕组。转子是空心杯,用电阻率较大的磷青铜制成,属于非磁性材料。杯子里边还有一个由硅钢片叠成的定子,称作内定子,目的是减小主磁路的磁阻。图 12.35 所示为一台空心杯转子异步测速发电机简单的结构图。

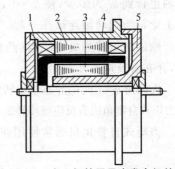

图 12.35 空心杯转子异步发电机结构
1—空心杯转子;2—定子;3—内定子;
4—机壳;5—端盖

2. 基本原理

励磁绕组的轴线为 d 轴,输出绕组的轴线为 q 轴。工作时,励磁绕组接单相交流电源,频率为 f,d 轴方向的脉振磁通为 $\dot{\Phi}_d$,电机转子逆时针方向旋转,转速为 n,如图 12.36 所示。

交流异步测速发电机工作时,空心杯的转子上有两种电动势存在,一种是变压器电动势,一种是切割电动势。

变压器电动势,指不考虑转子旋转而仅仅由于纵轴磁通 $\dot{\Phi}_d$ 交变时,在空心杯转子感应的电动势。分析变压器电动势时,由于转子结构是对称的,可以把空心杯转子等效为无数多个并联的两相或三相对称绕组,这样与旋转变压器或自整角机一样,在空心杯中,由于变压器电动势而引起的转子磁通势,大小是一个与转子位置无关的常数,方向始终在 d

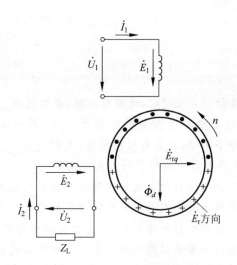

图 12.36　空心杯转子异步测速发电机原理

轴上。这样一来,励磁绕组磁通势与转子上变压器电动势引起的磁通势二者之合成磁通势 $\dot{F}_d$ 才是产生了纵轴磁通 $\dot{\Phi}_d$ 的励磁磁通势。励磁绕组磁通势与 F_d 数值上只相差一个常数。

切割电动势,是指仅仅考虑转子旋转时,转子切割纵轴磁通 $\dot{\Phi}_d$ 产生的电动势。空心杯转子转速为 n,逆时针方向,切割电动势 $\dot{E}_r$ 的方向用右手定则确定,如图中所示。分析切割电动势时,可以把转子看成为无数多根并联的导条,每根导条切割电动势的大小与导条所在处的磁密大小,与导条和磁密的相对切割速度成正比。转子杯轴向长度为 l,所在处磁密 $B_d \propto \Phi_d$,导条与磁密相对切割速度即转子旋转的线速度 $v \propto n$,且 Φ_d、l 和 v 三者方向互相垂直,则切割电动势大小为

$$E_r \propto \Phi_d n$$

异步测速发电机的空心杯转子材料,是具有高电阻率的非磁性材料磷青铜,因此转子漏磁通和漏电抗数值均很小,而转子电阻数值却很大,这样完全可以忽略转子漏阻抗中的漏电抗,而认为只有电阻存在,因此,切割电动势 $\dot{E}_r$ 在转子中产生的电流,与电动势 $\dot{E}_r$ 本身同方向、同相位。该电流建立的磁通势则在 q 轴方向,用 $\dot{F}_{rq}$ 表示,其大小正比于 E_r,即

$$F_{rq} \propto E_r \propto \Phi_d n$$

磁通势 $\dot{F}_{rq}$ 产生 q 轴方向的磁通,环链着 q 轴上的输出绕组,并在其中感应电动势 $\dot{E}_2$,由于 $\dot{\Phi}_d$ 以频率 f 交变,$\dot{E}_r$、$\dot{F}_{rq}$ 和 $\dot{E}_2$ 也都是时间交变量,频率也都是 f。输出绕组感应电动势 E_2 的大小与 F_{rq} 成正比,即

$$E_2 \propto F_{rq} \propto \Phi_d n$$

忽略励磁绕组漏阻抗时,$U_1 = E_1$,只要电源电压 $\dot{U}_1$ 不变,纵轴磁通 Φ_d 为常数,测速发电机输出电动势 E_2 只与电机转速 n 成正比,因此输出电压 U_2 也只与转速 n 成正比。

思考题

12.1 填空。

(1) 单相异步电动机若无启动绕组,通电启动时,启动转矩_____,_____启动。

(2) 定子绕组丫接的三相异步电动机轻载运行时,若一相引出线突然断掉,电机_____继续运行。若停下来后,再重新启动运行,电机_____。

(3) 改变电容分相式单相异步电动机转向的方法是_____。

12.2 罩极式单相异步电动机的转向如何确定? 该种电机主要优缺点是什么?

12.3 直流伺服电动机为什么有始动电压? 与负载的大小有什么关系?

12.4 交流伺服电动机控制信号降到零后,为什么转速为零而不继续旋转?

12.5 幅值控制的交流伺服电动机在什么条件下电机磁通势为圆形旋转磁通势?

12.6 交流伺服电动机额定频率为400Hz,调速范围却只有0～4000r/min,为什么?

12.7 力矩电动机与一般伺服电动机主要不同点是什么?

12.8 各种微型同步电动机转速与负载大小有关吗?

12.9 反应式微型同步电动机的反应转矩是怎样产生的? 一般异步电动机有无反应转矩? 为什么?

12.10 磁滞式同步电动机的磁滞转矩为什么在启动过程中始终为一常数?

12.11 磁滞式同步电动机主要优点是什么?

12.12 下列电动机中哪些应装鼠笼绕组:

(1) 普通永磁式同步电动机;

(2) 反应式微型同步电动机;

(3) 磁滞式同步电动机。

12.13 如何改变永磁式同步电动机的转向?

12.14 三相反应式步进电动机 A—B—C—A 送电方式时,电动机顺时针旋转,步距角为1.5°,请填入正确答案:

(1) 顺时针转,步距角为0.75°,送电方式应为_____;

(2) 逆时针转,步距角为0.75°,送电方式应为_____;

(3) 逆时针转,步距角为1.5°,送电方式可以是_____,也可以是_____。

12.15 步进电动机转速的高低与负载大小有关系吗?

12.16 五相十极反应式步进电动机为 A—B—C—D—E—A 通电方式时,电动机顺时针转,步距角为1°,若通电方式为 A—AB—B—BC—C—CD—D—DE—E—EA—A,其转向及步距角怎样?

12.17 自整角变压器输出绕组(即接收机的励磁绕组),如果不摆在横轴位置上而摆在纵轴位置上时,其输出电压 U_2 与失调角之间是什么关系?

12.18 自整角变压器的比电压是大些好还是小些好?

12.19 力矩式自整角机为什么大多采用凸极结构型式? 而自整角变压器为什么采用隐极结构型式? 整步转矩方向与失调角有什么关系?

12.20　交流测速发电机的输出绕组移到与励磁绕组相同的位置上,输出电压与转速有什么关系?

习　题

12.1　步距角为 1.5°/0.75°的反应式三相六极步进电动机转子有多少齿?若频率为 2000Hz,电动机转速是多少?

12.2　六相十二极反应式步进电动机步距角为 1.2°/0.6°,求每极下转子的齿数。负载启动时频率是 800Hz,电动机启动转速是多少?

参 考 文 献

1. 李发海,朱东起.电机学[M].3 版.北京:科学出版社,2001.
2. 顾绳谷.电机及拖动基础(上、下册)[M].3 版.北京:机械工业出版社,2004.
3. 李发海,王岩.电机与拖动基础[M].3 版.北京:清华大学出版社,2005.